新工科建设·计算机类规划教材

离散数学教程

（第3版）

邓米克　全笑梅　刘兆英　主编

同　磊　王少帆　公　备　张　婷　副主编

U0216623

Publishing House of Electronics Industry
北京·BEIJING

内容简介

"离散数学"是计算机和信息类专业重要的核心学科基础课程之一。本书内容主要包括集合论（集合、二元关系与函数）、组合数学初步、图论、数理逻辑（命题逻辑、谓词逻辑）、代数系统简介等 5 部分。在涵盖离散数学各方面内容的同时，本书有层次地精选了丰富的例题和多种解题思路与方法，各章配有适量的习题，帮助读者巩固和掌握所学知识，提高解题能力及技巧。本书结构清晰，概念准确，叙述严谨，力图做到"宜教易学"。

本书可作为高等学校计算机和信息类等专业的教材，也适合作为考研复习的辅助资料。

图书在版编目(CIP)数据

离散数学教程 / 邓米克，全笑梅，刘兆英主编. —3 版. —北京：电子工业出版社，2020.12
ISBN 978-7-121-40237-1

Ⅰ. ① 离…　Ⅱ. ① 邓… ② 全… ③ 刘…　Ⅲ. ① 离散数学－高等学校－教材　Ⅳ. ①O158

中国版本图书馆 CIP 数据核字（2020）第 255853 号

责任编辑：章海涛
印　　刷：保定市中画美凯印刷有限公司
装　　订：保定市中画美凯印刷有限公司
出版发行：电子工业出版社
　　　　　北京市海淀区万寿路 173 信箱　　邮编：100036
开　　本：787×1092　1/16　　印张：15.75　　字数：403 千字
版　　次：2009 年 4 月第 1 版
　　　　　2020 年 12 月第 3 版
印　　次：2025 年 3 月第 8 次印刷
定　　价：56.00 元

凡所购买电子工业出版社图书有缺损问题，请向购买书店调换。若书店售缺，请与本社发行部联系，联系及邮购电话：（010）88254888，88258888。
质量投诉请发邮件至 zlts@phei.com.cn，盗版侵权举报请发邮件至 dbqq@phei.com.cn。
本书咨询联系方式：192910558（qq 群）。

前　言

"离散数学"课程以离散结构为研究对象，是计算机类专业的学科基础理论的核心课程，信息类专业的主要必修课程，其他类专业的重要选修课程。"离散数学"是诸多计算机课程（如"数据结构""数据库原理""操作系统""自动机理论""编译原理""算法分析""系统结构""逻辑设计""人工智能""机器学习""密码学"等）的先导和基础课程，与计算机科学理论、应用技术有着密切的联系。其体现的现代数学思想对培养学生分析和解决问题的能力，特别是计算机问题求解最关键、最基础的离散化建模能力，起着至关重要的作用。这门课程可以培养学生较强的抽象思维和严密的逻辑推理能力，为进一步学习专业课打好基础，并为今后处理离散信息、提高专业理论水平、从事计算机的实际工作提供必备的数学工具。本书旨在助力老师教学和学生学习，为实现上述目标提供有力支撑。

除了保留传统的"离散数学"课程通常包括的"集合论""图论""数理逻辑"和"代数结构"四部分主要内容，本书还增加了在计算机应用技术中作用广泛的"组合数学初步"。这些内容既相对独立，又彼此关联。针对上述特点，本书精选例题，以揭示概念的实质和内涵，对于重要的定理给出详尽的证明，引导读者深入思考。充分考虑不同层次读者的需求，本书各章配有适量的难度不一的习题，帮助学生掌握和巩固所学知识，供授课教师依据实际情况酌情处理。

本书由北京工业大学的离散数学教学团队集体编写。其中，同磊老师负责第 1 章，王少帆老师负责第 2 章，公备老师负责第 3 章，刘兆英老师负责第 4 章，全笑梅老师负责第 5 章，张婷老师负责第 6 章，邓米克老师负责第 7 章。我们这支平均年龄刚满四十岁的团队，追求在继承长者们严谨求实的科学作风、保证内容的逻辑性同时，加入"后浪"们与时俱进的新鲜体会，提高教材的可读性。在此打磨的过程中，由于水平有限，加之时间的关系，难免瑕疵，敬请读者们不吝赐教。

在整个编写过程中，电子工业出版社的编辑们提出了极具见地的建设性意见，使本教材增色不少，也使作者受益匪浅。此外，我们还得到了北京工业大学的众位教师自始至终的关切支持与悉心帮助，在此一并对他们致以深深的谢意。

本书既可作为高等学校计算机类或信息类等专业的教材，亦可作为备考相关专业研究生的参考资料。

本书为任课教师提供配套的教学资源（包含电子教案和习题简答等），需要者可登录华信教育资源网（http://www.hxedu.com.cn），注册后免费下载。

作　者

目　录

第1章 集 合

集合论是由德国著名数学家康托于 19 世纪 70 年代创建的。由于集合的研究不依赖于构成集合的事物（元素）的具体特性，因此研究对象的广泛性成为集合论的重要特征，从而使集合论能渗透到现代数学的各分支，成为现代数学的基础。集合论在计算机科学理论的研究中有重要用途，在程序设计、形式语言、数据库、操作系统、并行处理等方面有广泛的应用。

集合论的内容是极其丰富的，有早期的朴素集合论和后来的公理化集合论。本章主要介绍朴素集合论的基本内容，包括：集合和子集、空集、全集、补集、幂集等基本概念，集合的基本运算和集合代数的有关公式等。

1.1 集合的基本概念

在数学理论的研究中，概念经常被分为原始概念和派生概念两种。其中，原始概念是指无法由其他概念给出定义的概念，如平面几何中的点、直线等。集合也是一种原始概念，无法给出精确的定义，只能给出说明性的描述。派生概念是指可以由其他概念给出定义的概念。例如，在平面几何中，正方形可以由邻边相等的矩形来定义，矩形则可以由内角为直角的平行四边形来定义等。

集合是具有某种特点的研究对象的聚合，每个研究对象被称为这个集合的元素。例如，当研究对象为大学生时，北京工业大学学生的全体可以构成一个集合，北京工业大学的每个学生就是这个集合中的一个元素。又如，在初等数论中，研究对象是整数，其中的正整数全体或负整数全体都可以构成集合，且每个正整数或负整数分别是这两个集合中的元素。

一般，大写的英文字母 $A, B, C, \cdots$ 代表集合，小写的英文字母 $a, b, c, \cdots$ 代表集合中的元素。如果 a 是集合 A 中的元素，称 a 属于 A，并记作 $a \in A$；如果 a 不是集合 A 中的元素，称 a 不属于 A，并记作 $a \notin A$。

1.1.1 集合的表示方法

集合有多种表示方法，下面介绍两种常用的表示方法。

1. 列举法

列举法是把集合中的所有元素置于 "{ }" 中，元素之间用 "，" 隔开。例如，集合 A 含有 8 个元素，分别是 $2, 3, 5, 7, 11, 13, 17, 19$，用列举法可把集合 A 表示成

$$A = \{2,3,5,7,11,13,17,19\}$$

易见，$5 \in A$，但$6 \notin A$。

2．特征法

特征法表示集合时，是以某个小写的英文字母来统一表示该集合的元素，并指出这类元素的共同特征。例如：

$$B = \{x \mid x是素数, x < 20\}$$

"{ }"中的符号"|"读作"系指"，"，"读作"并且"。因此，集合B中的元素是一些素数，并且小于20；或者简单地说，B是由小于20的素数组成的。实际上，集合B中的元素就是2,3,5,7,11,13,17,19。可见，集合B和列举法中所提到的集合A的元素完全相同，这种情况被称为集合的相等。

【定义1.1.1】 当两个集合X和Y的元素完全相同时，称这两个集合相等，记作$X = Y$。

易见，上面提到的两个集合A和B是相等的，即$A = B$。

1.1.2 子集

【定义1.1.2】 设A和B是集合，如果A中的每个元素都是B中的元素，则称A是B的子集，也称B包含A或A含在B中，记作

$$B \supseteq A \text{ 或 } A \subseteq B$$

如果A不是B的子集，即在A中的至少有一个元素不属于B，则称B不包含A或A不含在B中，记作

$$B \not\supseteq A \text{ 或 } A \not\subseteq B$$

如果A是B的子集，但A与B不相等，也就是说，在B中总有一些元素不属于A，则称A为B的真子集，记作

$$B \supset A \text{ 或 } A \subset B$$

例如，对于集合$P = \{1,2,3,4,5\}$，$Q = \{1,3,5\}$，$R = \{2,4\}$，易见集合Q和R都是P的子集，且都是真子集，即$P \supset Q$和$P \supset R$；但Q不是R的子集，R也不是Q的子集，所以有$Q \not\supseteq R$和$R \not\supseteq Q$。

由子集的定义，易得下列定理。

【定理1.1.1】 集合A和集合B相等的充分必要条件是：$A \subseteq B$且$B \subseteq A$。

此定理在证明两个集合相等时，是一种有效而基本的方法。

不含有任何元素的集合被称为空集，记作$\varnothing$，或$\{\}$。

由空集的定义可知，空集是任何集合的子集。

集合中的元素就是我们的研究对象。集合也可以成为研究对象，因此一个集合成为另一个集合的元素是完全可能的。

例如，集合$A = \{a, b, \{c, d\}\}$，表明集合A含有3个元素：$a, b, \{c, d\}$，其中集合$\{c, d\}$就是集合A的元素。

一般，从属关系"$\in$"是元素和集合之间的关系，包含关系"$\supseteq$"是集合和集合之间的关系。由于集合也可以作为另一个集合的元素，因此存在这样的情况：集合A含在集合B中，集合A又属于B。例如：

$$A = \{a, b\}$$
$$B = \{a, b, \{a, b\}\}$$

此时，A 既是 B 的子集又是 B 中的元素，即 $A \subseteq B$ 和 $A \in B$ 同时成立。

1.1.3 全集和补集

研究对象的全体被称为**全集**，记作 U。

例如，当我们研究世界妇女的生活状况时，研究对象可以是中国妇女，也可以是美国妇女、法国妇女等。但是，研究对象总是在"世界妇女"范围内，所以全世界妇女是研究对象的全体，它是一个全集。

又如，当我们研究自然数的特性时，所有自然数构成的集合就是全集。

全集与研究对象的范围密切相关。当我们研究的集合总是某个集合的子集时，这个集合就是全集。

下面介绍补集。

设 A 是集合，由属于全集 U 但不属于集合 A 的元素构成的集合称为 A 的**补集**，记作 $\overline{A}$（或 $\sim A$）。

例如，全集 U 是全体正整数构成的集合，若 $A = \{x \mid x \text{是正偶数}\}$，则 A 的补集为
$$\overline{A} = \{x \mid x \text{是正奇数}\}$$

又如，全集 $U = \{1, 2, 3, 4, 5, 6, 7, 8, 9, 10\}$，若 $A = \{1, 2, 3, 4\}$，则 A 的补集为
$$\overline{A} = \{5, 6, 7, 8, 9, 10\}$$

1.1.4 幂集

【定义 1.1.3】 设 A 是集合，由 A 的所有子集作为元素构成的集合称为 A 的**幂集**，记作 $P(A)$。

例如，集合 $A = \{a, b\}$ 的幂集为 $P(A) = \{\varnothing, \{a\}, \{b\}, \{a, b\}\}$。

又如，集合 $A = \{1, 2, 3\}$ 的幂集为 $P(A) = \{\varnothing, \{1\}, \{2\}, \{3\}, \{1, 2\}, \{2, 3\}, \{1, 3\}, \{1, 2, 3\}\}$。

当一个集合中的元素个数为有限时，则称该集合为**有限集**；集合中的元素个数为无限时，称该集合为**无限集**。

有限集 A 中元素的个数称为有限集 A 的**基数**，记作 $|A|$。例如，$A = \{1, 2, 3, 4\}$，则 $|A| = 4$。

在上面提到的两个求幂集的例子中，当集合 A 中含有 2 个元素时，即 $|A| = 2$，则其幂集 $P(A)$ 含有 4 个元素，即 $|P(A)| = 4$；当集合 A 含有 3 个元素时，即 $|A| = 3$，则其幂集 $P(A)$ 含有 8 个元素，即 $|P(A)| = 8$。一般情况下，有下列结论。

【定理 1.1.2】 设 A 是有限集，且 $|A| = n$，则其幂集的基数 $|P(A)| = 2^n$。

证明：

由排列组合的知识可知
$$|P(A)| = C_n^0 + C_n^1 + \cdots + C_n^n$$

又由二项式定理可知
$$(a + b)^n = C_n^0 a^n + C_n^1 a^{n-1} b + \cdots + C_n^n b^n$$

若取 $a = b = 1$，则
$$(1 + 1)^n = C_n^0 + C_n^1 + \cdots + C_n^n$$

由此证得 $|P(A)| = 2^n$。

证毕。

上述定理表明，当集合 A 的基数逐步增长时，幂集 $P(A)$ 的基数将以指数形式增长，因此当集合 A 的基数比较大时，写出其幂集 $P(A)$ 不但冗长，而且容易遗漏一些元素，也不便于计算机处理。下面给出一种比较规范的书写幂集的方法。

由于当 $|A| = n$ 时，$|P(A)| = 2^n$，因此 $P(A)$ 中的元素可以与 n 位二进制数序列 $00\cdots0 \sim 11\cdots1$ 建立一一对应关系，通常把 $P(A)$ 中的元素写成含有下标的集合 A_k，其中 k 是 n 位二进制数序列。具体做法如下：

把集合 A 中的 n 个元素确定排列顺序，如 $A = \{a_1, a_2, \cdots, a_n\}$，于是 $P(A)$ 中的元素 A_k 为这样的集合：当二进制数序列 k 中的第 i 位为 1 时，集合 A_k 含有元素 a_i，否则集合 A_k 不含有元素 a_i。

例如，$A = \{a_1, a_2, a_3\}$ 的幂集为 $P(A) = \{A_{000}, A_{001}, A_{010}, A_{011}, A_{100}, A_{101}, A_{110}, A_{111}\}$，其中

$$A_{000} = \varnothing$$
$$A_{001} = \{a_3\}$$
$$A_{010} = \{a_2\}$$
$$A_{011} = \{a_2, a_3\}$$
$$A_{100} = \{a_1\}$$
$$A_{101} = \{a_1, a_3\}$$
$$A_{110} = \{a_1, a_2\}$$
$$A_{111} = \{a_1, a_2, a_3\}$$

即

$$P(A) = \{\varnothing, \{a_3\}, \{a_2\}, \{a_2, a_3\}, \{a_1\}, \{a_1, a_3\}, \{a_1, a_2\}, \{a_1, a_2, a_3\}\}$$

【例 1.1】 设 $A = \{a, b, c, d\}$，写出其幂集 $P(A)$。

解：

把幂集 $P(A)$ 中的元素表示成下标集，于是

$$\begin{aligned} P(A) = \{ &A_{0000}, A_{0001}, A_{0010}, A_{0011}, A_{0100}, A_{0101}, A_{0110}, A_{0111}, \\ &A_{1000}, A_{1001}, A_{1010}, A_{1011}, A_{1100}, A_{1101}, A_{1110}, A_{1111}\} \\ = \{ &\varnothing, \{d\}, \{c\}, \{c, d\}, \{b\}, \{b, d\}, \{b, c\}, \{b, c, d\} \\ &\{a\}, \{a, d\}, \{a, c\}, \{a, c, d\}, \{a, b\}, \{a, b, d\}, \{a, b, c\}, \{a, b, c, d\}\} \end{aligned}$$

1.2 集合的基本运算

本节介绍 4 种常用的集合基本运算以及有关公式。

1.2.1 并和交

【定义 1.2.1】 设 A、B 是集合，由属于集合 A 或者属于集合 B 的所有元素构成的集合被称为 A 和 B 的并，记作 $A \cup B$，即 $A \cup B = \{x \mid x \in A \text{或} x \in B\}$。

例如，$A = \{1, 3, 5\}$，$B = \{2, 3, 4\}$，则 $A \cup B = \{1, 2, 3, 4, 5\}$。

又如，$A = \{a, b, c\}$，$B = \{b, c, d, e\}$，则 $A \cup B = \{a, b, c, d, e\}$。

集合的运算可以用文氏图形象地表示，在图 1.2-1 中，矩形表示全集 U，两个圆分别表示集合 A 和 B，阴影部分就是 $A\cup B$。

由集合并运算的定义可知，集合并运算具有以下性质。

（1）$A\cup B=B\cup A$

（2）$A\cup (B\cup C)=(A\cup B)\cup C$

（3）$A\cup A=A$

（4）$A\cup \varnothing =A$

（5）$A\cup U=U$

【定义 1.2.2】 设 A、B 是集合，由属于 A、B 两集合的所有共同元素构成的集合，称为 A 和 B 的交，记作 $A\cap B$，即 $A\cap B=\{x\,|\,x\in A \text{且} x\in B\}$。

例如，$A=\{1,3,5\}$，$B=\{1,2,3,4\}$，则 $A\cap B=\{1,3\}$。

又如，$A=\{a,b,c,d\}$，$B=\{c,d,e\}$，则 $A\cap B=\{c,d\}$。

集合的交运算的文氏图表示见图 1.2-2，图中阴影部分就是 $A\cap B$。

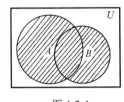

图 1.2-1

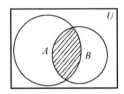

图 1.2-2

如果集合 $A\cap B=\varnothing$，即集合 A、B 没有共同元素，则称 A、B 不相交。

例如，$A=\{1,3,5\}$，$B=\{2,4,6\}$，则 $A\cap B=\varnothing$，即 A、B 不相交。

由集合交运算的定义可知，集合交运算具有以下性质。

（1）$A\cap B=B\cap A$

（2）$A\cap (B\cap C)=(A\cap B)\cap C$

（3）$A\cap A=A$

（4）$A\cap \varnothing =\varnothing$

（5）$A\cap U=A$

并运算与交运算有着密切联系。

【定理 1.2.1】 设 A、B、C 是集合，则下列分配律成立
$$A\cap (B\cup C)=(A\cap B)\cup (A\cap C)$$
$$A\cup (B\cap C)=(A\cup B)\cap (A\cup C)$$

证明：

只证第一等式，第二等式的证明方法相似。首先证明 $A\cap (B\cup C)\subseteq (A\cap B)\cup (A\cap C)$，再证 $A\cap (B\cup C)\supseteq (A\cap B)\cup (A\cap C)$，从而利用定理 1.1.1 证得
$$A\cap (B\cup C)=(A\cap B)\cup (A\cap C)$$

要证明 $A\cap (B\cup C)\subseteq (A\cap B)\cup (A\cap C)$，即证明 $A\cap (B\cup C)$ 是 $(A\cap B)\cup (A\cap C)$ 的子集，所以只需证明对于 $A\cap (B\cup C)$ 中的任意元素 x，都有 x 也是 $(A\cap B)\cup (A\cap C)$ 的元素。对于任意 $x\in A\cap (B\cup C)$，即有 $x\in A$ 且 $x\in B\cup C$；也即有 $x\in A$ 且 $x\in B$，或者 $x\in A$ 且 $x\in C$；于是有 $x\in A\cap B$ 或者 $x\in A\cap C$，所以 $x\in (A\cap B)\cup (A\cap C)$，由此证得

$$A \cap (B \cup C) \subseteq (A \cap B) \cup (A \cap C)$$

再证 $A \cap (B \cup C) \supseteq (A \cap B) \cup (A \cap C)$。对于任意 $x \in (A \cap B) \cup (A \cap C)$，则 $x \in A \cap B$ 或者 $x \in A \cap C$；即有 $x \in A$ 且 $x \in B$，或者 $x \in A$ 且 $x \in C$；也即有 $x \in A$ 且 $x \in B \cup C$，所以有 $x \in A \cap (B \cup C)$，由此证得 $A \cap (B \cup C) \supseteq (A \cap B) \cup (A \cap C)$。

综上所述，最后证得

$$A \cap (B \cup C) = (A \cap B) \cup (A \cap C)$$

证毕。

上述定理的第一等式表明集合的交运算对并运算是可分配的；第二等式表明集合的并运算对于交运算也是可分配的。

【定理 1.2.2（吸收律）】 设 A、B 是集合，则 $A \cup (A \cap B) = A$，$A \cap (A \cup B) = A$。

证明：

由于 $A \cap U = A$，因此

$$A \cup (A \cap B) = (A \cap U) \cup (A \cap B) = A \cap (U \cup B) = A \cap U = A$$

同样可证得 $A \cap (A \cup B) = A$。

证毕。

由补集的定义可知：$A \cup \overline{A} = U$，$A \cap \overline{A} = \varnothing$，且可以证明其逆为真。

【定理 1.2.3】 设 A、B 是集合，如果 $A \cup B = U$ 且 $A \cap B = \varnothing$，则 $B = \overline{A}$。

证明：

由交运算的性质可知

$$B = B \cap U = B \cap (A \cup \overline{A}) = (B \cap A) \cup (B \cap \overline{A}) = \varnothing \cup (B \cap \overline{A})$$
$$= (A \cap \overline{A}) \cup (B \cap \overline{A}) = (A \cup B) \cap \overline{A} = U \cap \overline{A} = \overline{A}$$

证毕。

【定理 1.2.4（摩根律）】 设 A、B 是集合，则 $\overline{A \cup B} = \overline{A} \cap \overline{B}$，$\overline{A \cap B} = \overline{A} \cup \overline{B}$。

证明：

先证第一个等式。要证明 $\overline{A \cup B} = \overline{A} \cap \overline{B}$，即证 $\overline{A} \cap \overline{B}$ 是 $A \cup B$ 的补集。由于

$$(A \cup B) \cup (\overline{A} \cap \overline{B}) = (A \cup B \cup \overline{A}) \cap (A \cup B \cup \overline{B}) = U \cap U = U$$
$$(A \cup B) \cap (\overline{A} \cap \overline{B}) = (A \cap \overline{A} \cap \overline{B}) \cup (B \cap \overline{A} \cap \overline{B}) = \varnothing \cup \varnothing = \varnothing$$

由定理 1.2.3 可知，$\overline{A} \cap \overline{B}$ 是 $A \cup B$ 的补集，即 $\overline{A \cup B} = \overline{A} \cap \overline{B}$，证毕。

第二个等式的证明可仿照第一个等式的证明方法或利用第一个等式的结论来证明。因为

$$A \cap B = \overline{\overline{A}} \cap \overline{\overline{B}} = \overline{\overline{A} \cup \overline{B}}$$

所以

$$\overline{A \cap B} = \overline{\overline{\overline{A} \cup \overline{B}}} = \overline{A} \cup \overline{B}$$

【推论】 设 $A_1, A_2, \cdots, A_n$ 是集合，则

$$\overline{A_1 \cup A_2 \cup \cdots \cup A_n} = \overline{A_1} \cap \overline{A_2} \cap \cdots \cap \overline{A_n}$$
$$\overline{A_1 \cap A_2 \cap \cdots \cap A_n} = \overline{A_1} \cup \overline{A_2} \cup \cdots \cup \overline{A_n}$$

【例 1.2】 设 A、B 是集合，证明下列等式。

（1）$A \cup (\overline{A} \cap B) = A \cup B$

（2）$(A \cap \overline{B}) \cup (\overline{A} \cap B) \cup (A \cap B) = A \cup B$

（3）$(A\cap B)\cup(\overline{A}\cap\overline{B})=(A\cup\overline{B})\cap(\overline{A}\cup B)$

证明：

（1）由分配律可知

$$A\cup(\overline{A}\cap B)=(A\cup\overline{A})\cap(A\cup B)=U\cap(A\cup B)=A\cup B$$

（2）

$$\begin{aligned}(A\cap\overline{B})\cup(\overline{A}\cap B)\cup(A\cap B)&=(A\cap\overline{B})\cup(B\cap(A\cup\overline{A}))\\&=(A\cap\overline{B})\cup(B\cap U)=(A\cap\overline{B})\cup B\\&=(A\cup B)\cap(B\cup\overline{B})=A\cup B\end{aligned}$$

（3）

$$\begin{aligned}(A\cap B)\cup(\overline{A}\cap\overline{B})&=((A\cap B)\cup\overline{A})\cap(A\cap B)\cup\overline{B})\\&=(A\cup\overline{A})\cap(B\cup\overline{A})\cap(A\cup\overline{B})\cap(B\cup\overline{B})\\&=U\cap(B\cup\overline{A})\cap(A\cup\overline{B})\cap U\\&=(A\cup\overline{B})\cap(\overline{A}\cup B)\end{aligned}$$

1.2.2　差和对称差

【定义 1.2.3】 设 A、B 是集合，由所有属于 A 但不属于 B 的元素构成的集合被称为 A 减 B 的差，记作 $A-B$，即 $A-B=\{x\mid x\in A且x\notin B\}$。

例如，对于集合 $A=\{1,2,3,4\}$，$B=\{3,4,5\}$，则差集 $A-B=\{1,2\}$。

又如对于集合 $A=\{1,2,3\}$，$B=\{4,5,6\}$，则差集 $A-B=\{1,2,3\}$。

差集的文氏图表示如图 1.2-3 所示，其中阴影部分为$A-B$。

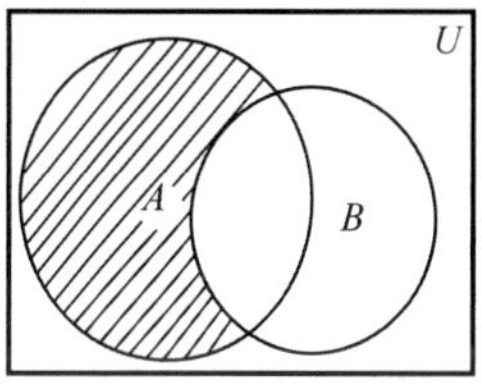

图 1.2-3

由集合差运算的定义可知，集合差运算具有以下性质：

（1）$A-A=\varnothing$　　（2）$A-\varnothing=A$

（3）$A-U=\varnothing$　　（4）$U-A=\overline{A}$

【定理 1.2.5】 设 A、B 是集合，则 $A-B=A\cap\overline{B}$。

证明：

对于任意 $x\in A-B$，由差集的定义可知，$x\in A$ 但 $x\notin B$，也即 $x\in A$ 且 $x\in\overline{B}$，所以 $x\in A\cap\overline{B}$。由此可知，$A-B\subseteq A\cap\overline{B}$。

对于任意 $x\in A\cap\overline{B}$，也即 $x\in A$ 且 $x\in\overline{B}$，所以 $x\in A$ 但 $x\notin B$，即 $x\in A-B$。由此可知，$A-B\supseteq A\cap\overline{B}$。

于是证得

$$A-B=A\cap\overline{B}$$

证毕。

【例 1.3】 设 A、B、C 是集合，证明：

（1）$A-(B\cap C)=(A-B)\cup(A-C)$

（2）$A-(B\cup C)=(A-B)\cap(A-C)$

（3）$A\cap(B-C)=(A\cap B)-(A\cap C)$

（4）$(A-B)\cup(B-C)\cup(C-A)=(A\cup B\cup C)\cap(\overline{A}\cup\overline{B}\cup\overline{C})$

证明：

（1）利用定理 1.2.5 可得

$$A - (B \cap C) = A \cap (\overline{B \cap C}) = A \cap (\overline{B} \cup \overline{C})$$
$$= (A \cap \overline{B}) \cup (A \cap \overline{C}) = (A - B) \cup (A - C)$$

（2）

$$A - (B \cup C) = A \cap (\overline{B \cup C}) = A \cap (\overline{B} \cap \overline{C})$$
$$= A \cap A \cap \overline{B} \cap \overline{C} = (A \cap \overline{B}) \cap (A \cap \overline{C})$$
$$= (A - B) \cap (A - C)$$

（3）

$$(A \cap B) - (A \cap C) = (A \cap B) \cap (\overline{A \cap C}) = (A \cap B) \cap (\overline{A} \cup \overline{C})$$
$$= (A \cap B \cap \overline{A}) \cup (A \cap B \cap \overline{C}) = \varnothing \cup (A \cap B \cap \overline{C})$$
$$= A \cap (B \cap \overline{C}) = A \cap (B - C)$$

（4）

$$(A - B) \cup (B - C) \cup (C - A) = (A \cap \overline{B}) \cup (B \cap \overline{C}) \cup (C \cap \overline{A})$$
$$= ((A \cup (B \cap \overline{C})) \cap (\overline{B} \cup (B \cap \overline{C}))) \cup (C \cap \overline{A})$$
$$= (A \cup (B \cap \overline{C}) \cup (C \cap \overline{A})) \cap ((\overline{B} \cup \overline{C}) \cup (C \cap \overline{A}))$$
$$= (A \cup C \cup (B \cap \overline{C})) \cap (\overline{B} \cup \overline{C} \cup \overline{A})$$
$$= (A \cup C \cup B) \cap (\overline{B} \cup \overline{C} \cup \overline{A})$$
$$= (A \cup B \cup C) \cap (\overline{A} \cup \overline{B} \cup \overline{C})$$

证毕。

【定义 1.2.4】 设 A、B 是集合，由所有属于 A 但不属于 B 或者属于 B 但不属于 A 的元素构成的集合，称为 A 和 B 的对称差，记作 $A \oplus B$，也即 $A \oplus B = (A - B) \cup (B - A)$。

例如，对于 $A = \{1,2,3,4\}$，$B = \{3,4,5,6\}$，则 $A \oplus B = \{1,2,5,6\}$。

又如，对于 $A = \{a,b,c\}$，$B = \{c,d,e,f\}$，则 $A \oplus B = \{a,b,d,e,f\}$。

集合对称差的文氏图表示如图 1.2-4 所示，图中的阴影部分就是 $A \oplus B$。

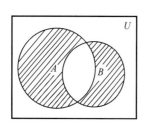

图 1.2-4

由对称差的定义，易得如下性质。

（1）$A \oplus B = B \oplus A$

（2）$(A \oplus B) \oplus C = A \oplus (B \oplus C)$

（3）$A \oplus A = \varnothing$

（4）$A \oplus \varnothing = A$

（5）$A \oplus U = \overline{A}$

【定理 1.2.6】 设 A、B 是集合，则 $A \oplus B = (A \cup B) - (A \cap B)$。

证明：

由定理 1.2.5 可知

$$(A \cup B) - (A \cap B) = (A \cup B) \cap (\overline{A \cap B}) = (A \cup B) \cap (\overline{A} \cup \overline{B})$$
$$= ((A \cup B) \cap \overline{A}) \cup ((A \cup B) \cap \overline{B}) = (B \cap \overline{A}) \cup (A \cap \overline{B})$$
$$= (A - B) \cup (B - A)$$
$$= A \oplus B$$

证毕。

【例 1.4】 设 A、B 是集合，若 $A \oplus B = \varnothing$，证明 $A = B$。

证明：

由于 $A \oplus B = \varnothing$，因此 $(A - B) \cup (B - A) = \varnothing$，于是有 $A - B = \varnothing$ 且 $B - A = \varnothing$，即 $B \supseteq A$ 且 $A \supseteq B$，由此证得 $A = B$。

证毕。

【例 1.5】 证明 $A \cap (B \oplus C) = (A \cap B) \oplus (A \cap C)$。

证明：

由定理 1.2.6 可知

$$
\begin{aligned}
(A \cap B) \oplus (A \cap C) &= (A \cap B) \cup (A \cap C) - (A \cap B \cap A \cap C) \\
&= A \cap (B \cup C) - (A \cap B \cap C) \\
&= A \cap (B \cup C) \cap \overline{A \cap B \cap C} \\
&= (B \cup C) \cap A \cap (\overline{A} \cup (\overline{B \cap C})) \\
&= (B \cup C) \cap ((A \cap \overline{A}) \cup (A \cap (\overline{B \cap C}))) \\
&= (B \cup C) \cap (\varnothing \cup (A \cap (\overline{B \cap C}))) \\
&= A \cap (B \cup C) \cap (\overline{B \cap C}) \\
&= A \cap ((B \cup C) - (B \cap C)) \\
&= A \cap (B \oplus C)
\end{aligned}
$$

证毕。

至此，我们已介绍了集合的 4 种基本运算，为了查阅方便，现将本节介绍的所有公式总结如下，这些公式也被称为集合代数公式。

（1）等幂律：$A \cup A = A$，$A \cap A = A$

（2）交换律：$A \cup B = B \cup A$，$A \cap B = B \cap A$，$A \oplus B = B \oplus A$

（3）结合律：$(A \cup B) \cup C = A \cup (B \cup C)$，$A \cap (B \cap C) = (A \cap B) \cap C$，$(A \oplus B) \oplus C = A \oplus (B \oplus C)$

（4）分配律：$A \cap (B \cup C) = (A \cap B) \cup (A \cap C)$，$A \cup (B \cap C) = (A \cup B) \cap (A \cup C)$

（5）摩根律：$\overline{A \cup B} = \overline{A} \cap \overline{B}$，$\overline{A \cap B} = \overline{A} \cup \overline{B}$

（6）吸收律：$A \cap (A \cup B) = A$，$A \cup (A \cap B) = A$

（7）补余律：$A \cup \overline{A} = U$，$A \cap \overline{A} = \varnothing$

（8）同一律：$A \cup \varnothing = A$，$A \cap U = A$

（9）零律：$A \cup U = U$，$A \cap \varnothing = \varnothing$

（10）$\overline{\overline{A}} = A$

（11）$A - B = A \cap \overline{B}$

（12）$A \oplus B = (A - B) \cup (B - A) = (A \cap \overline{B}) \cup (B \cap \overline{A}) = (A \cup B) - (A \cap B) = (A \cup B) \cap (\overline{A} \cup \overline{B})$

（13）$A \oplus A = \varnothing$

（14）$\overline{\varnothing} = U$，$\overline{U} = \varnothing$

习 题 1

1．用列举法表示下列集合。

（1）$\{x \mid x$ 是小于 15 的正奇数$\}$

(2) $\{x \mid x$ 是整数, $x^2 < 30\}$

(3) $\{x \mid x$ 是中国的直辖市$\}$

(4) $\{x \mid x = 3P, P$ 是小于10的素数$\}$

(5) $\{x \mid x$ 是能整除30的正整数$\}$

2. 用特征法表示下列集合。

(1) $\{1, 4, 9, 16, 25, 36\}$

(2) $\{a, e, i, o, u\}$

(3) $\{1, 3, 5, \cdots, 99\}$

(4) $\{5, 10, 15, \cdots, 100\}$

(5) $\left\{\dfrac{1}{3}, 1, \dfrac{5}{3}, \dfrac{7}{3}, 3, \dfrac{11}{3}, \dfrac{13}{3}\right\}$

3. 设 A、B、C 是集合，确定下列命题是否正确，并说明理由。

(1) 如果 $A \in B$，$B \subseteq C$，则 $A \subseteq C$

(2) 如果 $A \in B$，$B \subseteq C$，则 $A \in C$

(3) 如果 $A \subseteq B$，$B \in C$，则 $A \in C$

(4) 如果 $A \subseteq B$，$B \in C$，则 $A \subseteq C$

4. 确定下列命题是否正确？

(1) $\varnothing \subseteq \varnothing$

(2) $\varnothing \in \varnothing$

(3) $\varnothing \subseteq \{\varnothing\}$

(4) $\varnothing \in \{\varnothing\}$

5. 设 A、B、C 是集合。

(1) 若 $A \notin B$ 且 $B \notin C$，是否必有 $A \notin C$？

(2) 若 $A \in B$ 且 $B \notin C$，是否必有 $A \notin C$？

(3) 若 $A \subset B$ 且 $B \notin C$，是否必有 $A \notin C$？

6. 求下列集合的幂集。

(1) $\{2, 4, 6\}$

(2) $\{a, b, \{a, b\}\}$

(3) $\varnothing$

(4) $\{\varnothing\}$

(5) $\{0\}$

(6) $\{\varnothing, \{\varnothing\}\}$

7. 设 $\mathbf{N}_+$ 是所有正整数组成的集合，A、B、C 是其子集，且 $A = \{i \mid i^2 < 50\}$，$B = \{i \mid i$ 能整除30$\}$，$C = \{1, 3, 5, 7\}$，求下列集合。

(1) $A \cup C$

(2) $A \cup (B \cap C)$

(3) $C - (A \cap B)$

(4) $(B \cap C) - (A \cup B)$

(5) $B \cap \bar{C}$

(6) $A \oplus C$

8. 设 $\mathbf{Z}$ 是所有整数组成的集合，$A = \{x \mid \sqrt{x} < 3, x \in \mathbf{Z}\}$，$B = \{x \mid x = 2k, k \in \mathbf{Z}\}$，$C = \{1, 2, 3, 4, 5\}$，

求下列集合：

(1) $A \oplus C$

(2) $(A \oplus B) \cap C$

(3) $B \oplus C$

(4) $A \oplus (C - B)$

9. 设 A、B、C 是集合，$A = \{x \mid x = k\pi, k \in \mathbf{N}_+\}$，$B = \{x \mid x = 2k\pi + \pi/2, k \in \mathbf{N}_+\}$，$C = \{x \mid x = k\pi/2 + 2\pi, k \in \mathbf{N}_+\}$，求 $(A \cup B) - C$。

10. 设 A、B、C、D 是 $\mathbf{N}_+$ 的子集，且 $A = \{x \mid x < 12, k \in \mathbf{N}_+\}$，$B = \{x \mid x \leqslant 8, k \in \mathbf{N}_+\}$，$C = \{x \mid x = 2k, k \in \mathbf{N}_+\}$，$D = \{x \mid x = 3k, k \in \mathbf{N}_+\}$，试用 A、B、C、D 表示下列集合：

(1) $\{2, 4, 6, 8\}$

(2) $\{1, 3, 5, 7\}$

(3) $\{3, 6, 9\}$

(4) $\{10\}$

(5) $\{x \mid x$ 是大于 12 的奇数$\}$

11. 证明下列等式。

(1) $A \cap (B - A) = \varnothing$

(2) $A \cup (B - A) = A \cup B$

(3) $A \cap (A - B) = A - B$

(4) $(A \cap B) \cup (A - B) = A$

(5) $(A \cup B) - C = (A - C) \cup (B - C)$

(6) $A - (B - C) = (A - B) \cup (A \cap C)$

(7) $(A \oplus B) \cup (A \cap B) = A \cup B$

(8) $(A - B) \cup (B - C) \cup (C - A) \cup (A \cap B \cap C) = A \cup B \cup C$

12. 设 A、B、C 是集合，证明：

(1) 若 $A \cup B = A \cup C$ 且 $A \cap B = A \cap C$，则 $B = C$。

(2) 若 $A \cup B = A \cup C$ 且 $A - B = A - C$，则 $B = C$。

(3) 若 $A \cap B = A \cap C$ 且 $B - A = C - A$，则 $B = C$。

13. 说明下列等式成立的充分必要条件。

(1) $(A - B) \cup (A - C) = A$

(2) $(A - B) \cup (A - C) = \varnothing$

(3) $(A - B) \cap (A - C) = \varnothing$

(4) $(A - B) \oplus (A - C) = \varnothing$

14. 设 A、B、C 是集合，证明：

(1) 若 $B - A = C - A$，则 $A \cup B = A \cup C$。

(2) 若 $A \oplus B = A \cup B$，则 $A \cap B = \varnothing$。

15. 设 A、B、C 是集合，若 $A \oplus B = A \oplus C$，证明 $B = C$。

16. 证明对称差运算满足结合律，即 $(A \oplus B) \oplus C = A \oplus (B \oplus C)$。

17. 证明 $A \oplus \overline{B} = \overline{A \oplus B}$。

第 2 章　二元关系与函数

本章主要介绍二元关系的基本内容，包括：二元关系的定义，二元关系的 3 种表示和 5 种基本类型、复合关系和逆关系、二元关系的闭包运算以及有着广泛用途的等价关系和偏序关系等。函数是数学中最基本的概念之一，本章将把函数定义为一种特殊的二元关系，函数的定义域和值域可以是集合，从而扩大了函数的应用范围。

2.1　二元关系的基本概念

2.1.1　引言

现实世界中存在着各种各样的关系，如父子关系、师生关系、同学关系、数值的大小关系、数据排列的先后关系等。为了能使用数学的方法来研究各种关系，我们将用集合论的观点来描述和处理这类关系。首先把研究对象置于一个集合中，如集合 $A = \{a,b,c,d,e\}$，A 中五个元素分别表示 5 个男人，也就是研究对象，其中 a 是 b 的父亲，b 是 c 和 d 的父亲，d 是 e 的父亲。现在把这 5 个男人中所有符合父子关系的两个人，用父在前、子在后的有序对 (a,b)，$(b,c),(b,d),(d,e)$ 来表示。设 R 是以这些有序对作为元素构成的集合，即

$$R = \{(a,b),(b,c),(b,d),(d,e)\}$$

那么集合 R 就完整地描述了集合 A 中元素 a,b,c,d,e 的父子关系，称 R 为集合 A 上的一个关系（父子关系）。由于有序对仅由 A 中两个元素组成，因此这种关系称为二元关系。用类似的方法还可定义 n 元关系，如设 $\mathbf{Z}^+$ 是所有正整数作为元素组成的集合，当正整数 a 是 b 和 c 的最小公倍数时，$(a,b,c) \in R$，则 R 是 $\mathbf{Z}^+$ 上的一个三元关系，易知 $(6,2,3) \in R$，但 $(4,2,3) \notin R$。本章仅讨论二元关系，文后提到的关系也都是指二元关系。

在很多情况下还需研究两个集合中元素之间的关系。例如，$A = \{a,b,c,d\}$，$B = \{e,f,g\}$，假设 A 中元素 a,b,c,d 分别表示 4 位大学生，B 中元素 e,f,g 分别表示英语、法语、德语，那么有序对 $\{(a,e),(b,e),(c,f),(d,g)\}$ 就表示这 4 位大学生所选学的外语的情况，以这些有序对为元素构成的集合 R，即 $R = \{(a,e),(b,e),(c,f),(d,g)\}$，称 R 为 A 到 B 的一个二元关系。

为了进一步深入讨论二元关系，下面将引进新概念：集合的笛卡儿乘积。

2.1.2　笛卡儿乘积和二元关系的定义

【定义 2.1.1】设 A、B 是集合，A 到 B 的笛卡儿乘积用 $A \times B$ 表示，它是所有以形如 (a,b) 的有序对为元素的集合，其中 $a \in A, b \in B$。

例如，$A=\{a,b,c\}$，$B=\{x,y\}$，则 A 到 B 的笛卡儿乘积为

$$A\times B=\{(a,x),(a,y),(b,x),(b,y),(c,x),(c,y)\}$$

当 $B=A$ 时，$A\times A$ 称为集合 A 上的笛卡儿乘积。

易见，当集合 A 中含有 n 个元素，集合 B 中含有 m 个元素时，笛卡儿乘积 $A\times B$ 应含有 $n\times m$ 个有序对。

由于笛卡儿乘积 $A\times B$ 是所有以 A 中元素为第一元素，B 中元素为第二元素的有序对的集合，而 A 到 B 的二元关系仅仅是其中一部分有序对的集合，因此 A 到 B 的二元关系必然是笛卡儿乘积 $A\times B$ 的子集；同样，A 上的二元关系必然是笛卡儿乘积 $A\times A$ 的子集。因此，可以把二元关系抽象地定义为笛卡儿乘积的子集，于是有以下定义。

【定义 2.1.2】 设 A、B 是集合，R 是笛卡儿乘积 $A\times B$ 的子集，则称 R 是 A 到 B 的一个二元关系。

例如，$A=\{a,b,c\}$，$B=\{x,y,z\}$，$R=\{(a,x),(a,y),(b,x),(c,z)\}$，则 R 是 A 到 B 的一个二元关系。当 $(a,x)\in R$ 时，可记作 aRx，并称 a 和 x 以 R 相关；对于不属于 R 的元素，如 $(b,y)\notin R$，则称 b 和 y 不以 R 相关。

【定义 2.1.3】 设 A 是集合，R 是笛卡儿乘积 $A\times A$ 的子集，则称 R 是 A 上的一个二元关系。

例如，$A=\{a,b,c,d\}$，$R=\{(a,b),(b,c),(c,b),(c,d)\}$，则 R 是 A 上的一个二元关系。

【定义 2.1.4】 设 R 是二元关系，由 $(x,y)\in R$ 的所有 x 组成的集合称为 R 的前域，记作 $\mathrm{dom}(R)$；由 $(x,y)\in R$ 的所有 y 组成的集合称为 R 的值域，记作 $\mathrm{ran}(R)$。

例如，设 $A=\{a,b,c,d,e\}$，$B=\{1,2,3,4\}$，$R=\{(a,1),(b,1),(d,2),(d,4)\}$。由于 A 中仅有 a,b,d 与 B 中的元素以 R 相关，因此 R 的前域 $\mathrm{dom}(R)=\{a,b,d\}$；又由于 A 中元素与 B 中的 $1,2,4$ 以 R 相关，因此 R 的值域 $\mathrm{ran}(R)=\{1,2,4\}$。

又如，设 $A=\{a,b,c,d\}$，R 是 A 上的二元关系，且 $R=\{(a,a),(a,b),(b,c),(d,c)\}$。易见，$R$ 的前域 $\mathrm{dom}(R)=\{a,b,d\}$，$R$ 的值域 $\mathrm{ran}(R)=\{a,b,c\}$。

类似集合的平凡子集（任意集合 S、空集及集合本身都是其平凡子集）的概念，我们把笛卡儿乘积 $A\times B$ 的两个平凡子集 $\varnothing$ 和 $A\times B$ 分别称为空关系和全域关系。

2.1.3 二元关系的三种表示方法

由二元关系的定义可知，一个二元关系就是一个集合，因此可以用集合的各类表示方法（如列举法、特征法等）来表示二元关系，然而由于二元关系中的元素——有序对是二元组，因此更适合"平面表示"，常用表格、矩阵和图形表示二元关系。

1. 表格表示法

设 A、B 是有限集合，$A=\{a_1,a_2,\cdots,a_n\}$，$B=\{b_1,b_2,\cdots,b_n\}$。易知，笛卡儿乘积 $A\times B$ 中的元素个数为 $n\times m$。先画一个 n 行 m 列的表格，用 A 中元素 $a_1,a_2,\cdots,a_n$ 顺序标注在表格竖列的左方，用 B 中元素 $b_1,b_2,\cdots,b_n$ 顺序标注在表格横行的上方。第 i 行、第 j 列的方格表示有序对 (a_i,b_j)，显然 $n\times m$ 个方格恰好表示了笛卡儿乘积 $A\times B$ 中的 $n\times m$ 个有序对。由于 A 到 B 的二元关系 R 是笛卡儿乘积 $A\times B$ 的子集，因此当 a_i 和 b_j 以 R 相关时，在第 i 行、第 j 列的方格上填 "√"，这就是二元关系的表格表示。

例如，$A=\{a_1,a_2,a_3,a_4,a_5\}$，$B=\{b_1,b_2,b_3,b_4\}$，$R=\{(a_1,b_1),(a_1,b_2),(a_3,b_3),(a_4,b_4),(a_5,b_3)\}$，

则 R 的表格表示如表 2.1-1 所示。

又如，设 $A = \{a_1, a_2, a_3, a_4\}$，$R$ 是 A 上的二元关系，定义为

$$R = \{(a_1, a_2), (a_2, a_4), (a_3, a_3), (a_4, a_1), (a_4, a_4)\}$$

则 R 的表格表示如表 2.1-2 所示。

表 2.1-1

	b_1	b_2	b_3	b_4
a_1	√	√		
a_2				
a_3			√	
a_4				√
a_5			√	

表 2.1-2

	a_1	a_2	a_3	a_4
a_1		√		
a_2				√
a_3			√	
a_4	√			√

再如，设 $A = \{1, 2, 3, 4, 5, 6\}$，R 是 A 上的二元关系，对于 A 中元素 a、b，当且仅当 a 为奇数、b 为偶数，或 a 为偶数、b 为奇数时，$(a,b) \in R$，易知：

$$R = \{(1,2), (1,4), (1,6), (2,1), (2,3), (2,5), (3,2), (3,4), (3,6),$$
$$(4,1), (4,3), (4,5), (5,2), (5,4), (5,6), (6,1), (6,3), (6,5)\}$$

其表格表示如表 2.1-3 所示。

表 2.1-3

	1	2	3	4	5	6
1		√		√		√
2	√		√		√	
3		√		√		√
4	√		√		√	
5		√		√		√
6	√		√		√	

2. 矩阵表示法

由于矩阵是表格的数学表示，因此由二元关系的表格表示容易转化为二元关系的矩阵表示。

设集合 $A = \{a_1, a_2, \cdots, a_n\}$，$B = \{b_1, b_2, \cdots, b_m\}$，$R$ 是 A 到 B 的二元关系，R 的矩阵表示是一个 $n \times m$ 的矩阵 $\boldsymbol{C}$，矩阵 $\boldsymbol{C}$ 中的元素 C_{ij} 定义为：如果 a_i 和 b_j 以 R 相关，则 $C_{ij} = 1$，否则 $C_{ij} = 0$，即

$$C_{ij} = \begin{cases} 1, & (a_i, b_j) \in R \\ 0, & (a_i, b_j) \notin R \end{cases}$$

例如，设集合 $A = \{a_1, a_2, a_3, a_4, a_5\}$，$B = \{b_1, b_2, b_3\}$，且 $R = \{(a_1, b_1), (a_2, b_2), (a_2, b_3), (a_3, b_3), (a_4, b_2), (a_5, b_3)\}$ 是 A 到 B 的二元关系，则 R 的矩阵表示为

$$\begin{array}{c} \\ a_1 \\ a_2 \\ a_3 \\ a_4 \\ a_5 \end{array} \begin{array}{ccc} b_1 & b_2 & b_3 \\ \left[\begin{array}{ccc} 1 & 0 & 0 \\ 0 & 1 & 1 \\ 0 & 0 & 1 \\ 0 & 1 & 0 \\ 0 & 0 & 1 \end{array}\right] \end{array}$$

R 的矩阵表示也称为 R 的关系矩阵。

当 R 为 A 上的二元关系时，如果 A 中有 n 个元素：$a_1, a_2, \cdots, a_n$，那么 R 的关系矩阵为 n 阶方阵 $\boldsymbol{C}$ 且其中的元素 C_{ij} 定义为

$$C_{ij} = \begin{cases} 1, & (a_i, b_j) \in R \\ 0, & (a_i, b_j) \notin R \end{cases}$$

例如，集合 $A = \{a_1, a_2, a_3, a_4, a_5\}$，关系 $R = \{(a_1, a_1), (a_2, a_4), (a_2, a_5), (a_3, a_3), (a_4, a_1), (a_4, a_4), (a_5, a_2)\}$ 是 A 上的二元关系，则 R 的关系矩阵为

$$
\begin{array}{c}
\quad\quad a_1\ a_2\ a_3\ a_4\ a_5 \\
\begin{array}{c} a_1 \\ a_2 \\ a_3 \\ a_4 \\ a_5 \end{array}
\begin{bmatrix}
1 & 0 & 0 & 0 & 0 \\
0 & 0 & 0 & 1 & 1 \\
0 & 0 & 1 & 0 & 0 \\
1 & 0 & 0 & 1 & 0 \\
0 & 1 & 0 & 0 & 0
\end{bmatrix}
\end{array}
$$

又如，设 $A = \{1, 2, 3, 4, 5, 6, 7\}$，$R$ 是 A 上的模 3 同余关系，即当 $a, b \in A$ 且 a 和 b 被 3 除后余数相同时，$(a, b) \in R$。易知，$R = \{(1,1), (2,2), (3,3), (4,4), (5,5), (6,6), (7,7), (1,4), (4,1), (1,7), (4,7), (7,4), (2,5), (5,2), (3,6), (6,3)\}$，故 R 的关系矩阵为

$$
\begin{array}{c}
\quad\quad 1\ 2\ 3\ 4\ 5\ 6\ 7 \\
\begin{array}{c} 1 \\ 2 \\ 3 \\ 4 \\ 5 \\ 6 \\ 7 \end{array}
\begin{bmatrix}
1 & 0 & 0 & 1 & 0 & 0 & 1 \\
0 & 1 & 0 & 0 & 1 & 0 & 0 \\
0 & 0 & 1 & 0 & 0 & 1 & 0 \\
1 & 0 & 0 & 1 & 0 & 0 & 1 \\
0 & 1 & 0 & 0 & 1 & 0 & 0 \\
0 & 0 & 1 & 0 & 0 & 1 & 0 \\
1 & 0 & 0 & 1 & 0 & 0 & 1
\end{bmatrix}
\end{array}
$$

3．图形表示法

设集合 $A = \{a_1, a_2, \cdots, a_n\}$，$B = \{b_1, b_2, \cdots, b_m\}$，$R$ 是 A 到 B 的二元关系，R 的图形表示法是在平面上用 n 个点分别表示 A 中的元素，用 m 个点分别表示 A 中的元素，当 $(a_i, b_j) \in R$ 时，则从点 a_i 至点 b_j 画一条有向边，有向边的箭头自 a_i 指向 b_j，否则就没有边连接。

例如，集合 $A = \{a_1, a_2, a_3, a_4\}$，$B = \{b_1, b_2, b_3, b_4, b_5\}$，关系 $R = \{(a_1, b_2), (a_2, b_1), (a_3, b_3), (a_4, b_4), (a_4, b_5)\}$ 是 A 到 B 的二元关系，则 R 的图形表示如图 2.1-1 所示。

又如，集合 $A = \{a_1, a_2, a_3, a_4\}$，关系 $R = \{(a_1, a_2), (a_2, a_3), (a_3, a_4), (a_4, a_1), (a_4, a_5), (a_5, a_3)\}$ 是 A 上的二元关系，则 R 的图形表示如图 2.1-2(a) 所示。

当 R 为 $A = \{a_1, a_2, a_3, a_4\}$ 上的二元关系时，其图形表示还可以在平面上仅画 n 个点：$a_1, a_2, \cdots, a_n$，当 $(a_i, a_j) \in R$ 时，在点 a_i 和点 a_j 间画一条有向边，有向边的箭头自 a_i 指向 a_j，即图 2.1-2(a) 可以画成图 2.1-2(b) 所示的形式。

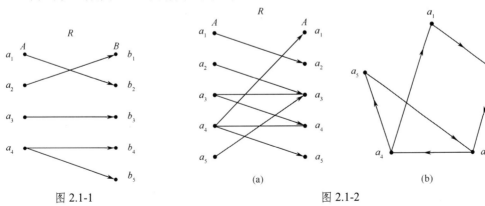

图 2.1-1　　　　　　　　　　　(a)　　　　　　　　(b)

图 2.1-2

二元关系的图形表示也称为关系图。

2.1.4　二元关系的基本类型

本节将介绍 5 种具有某种特性的、基本的二元关系，它们有重要用途。

1．自反的二元关系

【定义 2.1.5】　设 R 是 A 上的二元关系，如果对于 A 中每个元素 a 都有 $(a,a) \in R$，则称 R 为自反的二元关系。

例如，$A = \{a,b,c,d\}$，R 是 A 上的二元关系，且 $R = \{(a,a),(b,b),(c,c),(d,d),(a,b),(b,a)\}$，则 R 是 A 上的自反关系。

又如，$A = \{1,2,3,4,5\}$，R 是 A 上的模 3 同余关系。由于相同的正整数被 3 除后余数必相同，因此 $(1,1),(2,2),(3,3),(4,4),(5,5)$ 都属于 R，R 是 A 上的自反关系。

$$B = \begin{bmatrix} 0 & 1 & 1 & 1 & 0 \\ 0 & 0 & 1 & 1 & 0 \\ 0 & 0 & 0 & 0 & 1 \\ 0 & 0 & 0 & 1 & 1 \\ 0 & 0 & 0 & 1 & 0 \end{bmatrix} = \begin{bmatrix} 0 & 1 & 1 & 1 & 0 \\ 0 & 0 & 1 & 1 & 0 \\ 0 & 0 & 0 & 0 & 1 \\ 0 & 0 & 0 & 1 & 1 \\ 0 & 0 & 0 & 1 & 0 \end{bmatrix} \times \begin{bmatrix} 0 & 0 & 1 & 2 & 2 \\ 0 & 0 & 0 & 1 & 2 \\ 0 & 0 & 0 & 1 & 0 \\ 0 & 0 & 0 & 2 & 1 \\ 0 & 0 & 0 & 1 & 1 \end{bmatrix}$$

注意，在自反关系的定义中，要求对于 A 中每个元素 a 都有 $(a,a) \in R$，因此当 $A = \{a,b,c\}$ 时，如果 $R = \{(a,a),(b,b)\}$，那么 R 不是 A 上的自反关系，因为 $c \in A$ 但 $(c,c) \notin R$。

易见，当 R 为 A 上的自反关系时，R 的关系矩阵中的主对角线元素都为 1。

2．反自反的二元关系

【定义 2.1.6】　设 R 是 A 上的二元关系，如果对于 A 中的每个元素 a 都有 $(a,a) \notin R$，则称 R 为反自反的二元关系。

例如，$A = \{a,b,c\}$，$R = \{(a,b),(c,b)\}$。易见，对于 A 中的 3 个元素 a,b,c 都有 $(a,a) \notin R$，$(b,b) \notin R$，$(c,c) \notin R$，因此 R 是反自反关系。

又如，父子关系、夫妻关系等都是反自反关系。

易见，当 R 为 A 上的反自反关系时，R 的关系矩阵中的主对角线元素都为 0。

3．对称的二元关系

【定义 2.1.7】　设 R 是 A 上的二元关系，如果当 $(a,b) \in R$ 时必有 $(b,a) \in R$，则称 R 为对称的二元关系。

例如，$A = \{a,b,c,d\}$，$R = \{(a,a),(a,b),(b,a)\}$，则 R 是 A 上的对称关系。

又如，$A = \{a,b,c,d,e\}$，其中 a,b,c,d,e 代表 5 个大学生，R 是 A 上的同年龄关系，即当 a 和 b 年龄相同时，$(a,b) \in R$。易见，A 上的同年龄关系是对称关系。

显然，当 R 是 A 上的对称关系时，R 的关系矩阵是一个对称的方阵。

4．反对称的二元关系

【定义 2.1.8】　设 R 是 A 上的二元关系，如果当 $(a,b) \in R$ 且 $(b,a) \in R$ 时必有 $a = b$，则称 R 为反对称的二元关系。

为了便于理解，上述定义可陈述如下：设 R 是 A 上的二元关系，当 $a \neq b$ 时，若有 $(a,b) \in R$，必有 $(b,a) \notin R$，则称 R 为反对称的二元关系。

例如，$A = \{a,b,c\}$，$R = \{(a,b),(b,c)\}$，则 R 是 A 上的反对称关系。

又如，$A = \{2,4,6\}$，R 是 A 上的小于关系，即当 $a,b \in A$ 且 $a < b$ 时，$(a,b) \in R$。易知，$R = \{(2,4),(2,6),(4,6)\}$，可验证 R 是 A 上的反对称关系。

易见，当 R 是 A 上的反对称关系时，R 的关系矩阵中，以主对角线对称的两个元素不能同时为 1（即当 $i \neq j$ 时，$a_{ij} \times a_{ji} = 0$）。

5．传递的二元关系

【定义 2.1.9】设 R 是 A 上的二元关系，如果每当 $(a,b) \in R$ 且 $(b,c) \in R$ 时，必有 $(a,c) \in R$，则称 R 为传递的二元关系。

例如，设 $A = \{1,2,3,4,5\}$，R 是 A 上的整除关系，即当 $a,b \in A$ 且 a 能整除 b 时，$(a,b) \in R$，易知 R 是传递关系，如 $(1,2) \in R$，$(2,4) \in R$，而 $(1,4) \in R$。

又如，同年龄关系也是传递关系。

二元关系的传递性难以从它的关系矩阵中直观地判断，因此通常采用的方法是"逐个检查法"，逐个找出形如 $(a,b) \in R$ 和 $(b,c) \in R$ 的两个有序对，再检查是否存在 $(a,c) \in R$，如果 $(a,c) \notin R$，立即能判定此二元关系不是传递关系；如果 $(a,c) \in R$，则需再寻找、再检查。这项工作是繁复的，下面将介绍采用关系矩阵的乘法运算来判定二元关系的传递的方法。这种方法的优点是便于计算机处理。

6．传递性的判别方法

设 $A = \{a_1, a_2, \cdots, a_n\}$，$R$ 是 A 上的二元关系，R 的关系矩阵 $\boldsymbol{A}_R$ 为

$$\boldsymbol{A}_R = \begin{bmatrix} a_{11} & a_{12} & \cdots & a_{1n} \\ a_{21} & a_{22} & \cdots & a_{2n} \\ \vdots & \vdots & \ddots & \vdots \\ a_{n1} & a_{n2} & \cdots & a_{nn} \end{bmatrix}$$

其中

$$a_{ij} = \begin{cases} 1, & (a_i, b_j) \in R \\ 0, & (a_i, b_j) \notin R \end{cases}$$

令 $\boldsymbol{B} = \boldsymbol{A}_R \times \boldsymbol{A}_R$，$\boldsymbol{B}$ 中的元素为 b_{ij}，即

$$\boldsymbol{B} = \begin{bmatrix} b_{11} & b_{12} & \cdots & b_{1n} \\ b_{21} & b_{22} & \cdots & b_{2n} \\ \vdots & \vdots & \ddots & \vdots \\ b_{n1} & b_{n2} & \cdots & b_{nn} \end{bmatrix} = \begin{bmatrix} a_{11} & a_{12} & \cdots & a_{1n} \\ a_{21} & a_{22} & \cdots & a_{2n} \\ \vdots & \vdots & \ddots & \vdots \\ a_{n1} & a_{n2} & \cdots & a_{nn} \end{bmatrix} \times \begin{bmatrix} a_{11} & a_{12} & \cdots & a_{1n} \\ a_{21} & a_{22} & \cdots & a_{2n} \\ \vdots & \vdots & \ddots & \vdots \\ a_{n1} & a_{n2} & \cdots & a_{nn} \end{bmatrix}$$

由矩阵乘法运算法则可知

$$b_{ij} = a_{i1} \times a_{1j} + a_{i2} \times a_{2j} + \cdots + a_{in} \times a_{nj} = \sum_{k=1}^{n} a_{ik} \times a_{kj}$$

由于 a_{ik} 和 a_{kj} 的取值只能是 0 或 1，因此当且仅当 $a_{ik} = a_{kj} = 1$ 时，才有 $a_{ik} \times a_{kj} = 1$，对于其他情况，$a_{ik} \times a_{kj}$ 都为零。而当 $a_{ik} \times a_{kj} = 1$ 时，恰有 $b_{ij} \neq 0$（$b_{ij} \geqslant 1$）。

另外，当 $a_{ik} = a_{kj} = 1$ 时，说明在 R 中存在着有序对 $(a_i, a_k) \in R$ 且 $(a_k, a_j) \in R$。因此，如果 R 是传递关系，必有 $(a_i, a_j) \in R$，即应有 $a_{ij} = 1$。由此可得关于二元关系传递性的判定定理。

【定理 2.1.1】 设 $A = \{a_1, a_2, \cdots, a_n\}$，$R$ 是 A 上的二元关系，R 的关系矩阵 $\boldsymbol{A}_R = [a_{ij}]$，令 $\boldsymbol{B} = \boldsymbol{A}_R \times \boldsymbol{A}_R$，如果对于 B 中的所有非零元素 b_{ij}，都有 $a_{ij} = 1$，则 R 是 A 上的传递关系；否则 R 不是 A 上的传递关系。

为了能更直观地理解上述定理，下面以具体例子进行说明。

例如，设 $A = \{a_1, a_2, a_3, a_4, a_5\}$，$R$ 是 A 上的二元关系，且

$$R = \{(a_1, a_2), (a_1, a_3), (a_1, a_4), (a_2, a_3), (a_2, a_4), (a_3, a_5), (a_4, a_4), (a_4, a_5), (a_5, a_4)\}$$

易知，R 的关系矩阵 $\boldsymbol{A}_R$ 为

$$\boldsymbol{A}_R = \begin{bmatrix} 0 & 1 & 1 & 1 & 0 \\ 0 & 0 & 1 & 1 & 0 \\ 0 & 0 & 0 & 0 & 1 \\ 0 & 0 & 0 & 1 & 1 \\ 0 & 0 & 0 & 1 & 0 \end{bmatrix}$$

令 $\boldsymbol{B} = \boldsymbol{A}_R \times \boldsymbol{A}_R$，即

$$\boldsymbol{B} = \begin{bmatrix} 0 & 1 & 1 & 1 & 0 \\ 0 & 0 & 1 & 1 & 0 \\ 0 & 0 & 0 & 0 & 1 \\ 0 & 0 & 0 & 1 & 1 \\ 0 & 0 & 0 & 1 & 0 \end{bmatrix} \times \begin{bmatrix} 0 & 1 & 1 & 1 & 0 \\ 0 & 0 & 1 & 1 & 0 \\ 0 & 0 & 0 & 0 & 1 \\ 0 & 0 & 0 & 1 & 1 \\ 0 & 0 & 0 & 1 & 0 \end{bmatrix} = \begin{bmatrix} 0 & 0 & 1 & 2 & 2 \\ 0 & 0 & 0 & 1 & 2 \\ 0 & 0 & 0 & 1 & 0 \\ 0 & 0 & 0 & 2 & 1 \\ 0 & 0 & 0 & 1 & 1 \end{bmatrix}$$

下面分析 $\boldsymbol{B} = \boldsymbol{A}_R \times \boldsymbol{A}_R$ 中非零元素的取值过程。如考察非零元素 b_{13}，由于

$$b_{13} = a_{11} \times a_{13} + a_{12} \times a_{23} + a_{13} \times a_{33} + a_{14} \times a_{43} + a_{15} \times a_{53}$$
$$= 0 \times 1 + 1 \times 1 + 1 \times 0 + 1 \times 0 + 0 \times 0$$
$$= 1$$

由此可见，b_{13} 之因此取值为 1，是因为有 $a_{12} = 1$ 且 $a_{23} = 1$。这也说明了当 $b_{13} = 1$ 时，有 $(a_1, a_2) \in R$ 和 $(a_2, a_3) \in R$。因此，如果 R 是传递关系，那么上述两个有序对的存在，就要求有 $(a_1, a_3) \in R$，即有 $a_{13} = 1$。

以上事实表明，如果 R 是传递关系，那么 $\boldsymbol{A}_R \times \boldsymbol{A}_R$ 中的元素 $b_{13} \neq 0$ 时，必须有 $\boldsymbol{A}_R$ 中的对应元素 $a_{13} = 1$。

再分析 $\boldsymbol{B} = \boldsymbol{A}_R \times \boldsymbol{A}_R$ 中的另一个非零元素的取值过程。如考察 b_{14}，由于

$$b_{14} = a_{11} \times a_{14} + a_{12} \times a_{24} + a_{13} \times a_{34} + a_{14} \times a_{44} + a_{15} \times a_{54}$$
$$= 0 \times 1 + 1 \times 1 + 1 \times 0 + 1 \times 1 + 0 \times 1$$
$$= 2$$

易知，b_{14} 之因此取值为 2，因为有 $a_{12} = 1$ 且 $a_{24} = 1$，以及 $a_{14} = 1$ 且 $a_{44} = 1$。这也说明了当 $b_{14} = 2$ 时，有 $(a_1, a_2) \in R$，$(a_2, a_4) \in R$，以及 $(a_1, a_4) \in R$，$(a_4, a_4) \in R$。因此，如果 R 是传递关系，那么这两个有序对的存在都要求有 $(a_1, a_4) \in R$，即 $a_{14} = 1$。

综上所述，当 R 是传递关系时，对 $\boldsymbol{A}_R \times \boldsymbol{A}_R$ 中的所有非零元素 b_{ij}，则必有 $\boldsymbol{A}_R$ 中的对应元素 $a_{ij} = 1$。在本例中，$\boldsymbol{B}$ 中的元素 $b_{15} = 2$，而 $a_{15} = 0$，因此 R 不是传递关系。

【例 2.1】 设 $A = \{a_1, a_2, a_3, a_4, a_5, a_6\}$，$R$ 是 A 上的二元关系，且 $R = \{(a_1, a_2), (a_1, a_3), (a_1, a_4),$

$(a_1,a_6),(a_2,a_3),(a_2,a_4),(a_3,a_4),(a_5,a_4),(a_6,a_2),(a_6,a_3),(a_6,a_4)\}$，试判断 R 是否是传递关系。

解：

先写出 R 的关系矩阵

$$A_R = \begin{bmatrix} 0 & 1 & 1 & 1 & 0 & 1 \\ 0 & 0 & 1 & 1 & 0 & 0 \\ 0 & 0 & 0 & 1 & 0 & 0 \\ 0 & 0 & 0 & 0 & 0 & 0 \\ 0 & 0 & 0 & 1 & 0 & 0 \\ 0 & 1 & 1 & 1 & 0 & 0 \end{bmatrix}$$

令 $\boldsymbol{B} = \boldsymbol{A}_R \times \boldsymbol{A}_R$，即

$$B = \begin{bmatrix} 0 & 1 & 1 & 1 & 0 & 1 \\ 0 & 0 & 1 & 1 & 0 & 0 \\ 0 & 0 & 0 & 1 & 0 & 0 \\ 0 & 0 & 0 & 0 & 0 & 0 \\ 0 & 0 & 0 & 1 & 0 & 0 \\ 0 & 1 & 1 & 1 & 0 & 0 \end{bmatrix} \times \begin{bmatrix} 0 & 1 & 1 & 1 & 0 & 1 \\ 0 & 0 & 1 & 1 & 0 & 0 \\ 0 & 0 & 0 & 1 & 0 & 0 \\ 0 & 0 & 0 & 0 & 0 & 0 \\ 0 & 0 & 0 & 1 & 0 & 0 \\ 0 & 1 & 1 & 1 & 0 & 0 \end{bmatrix} = \begin{bmatrix} 0 & 1 & 2 & 3 & 0 & 0 \\ 0 & 0 & 0 & 1 & 0 & 0 \\ 0 & 0 & 0 & 0 & 0 & 0 \\ 0 & 0 & 0 & 0 & 0 & 0 \\ 0 & 0 & 0 & 0 & 0 & 0 \\ 0 & 0 & 1 & 2 & 0 & 0 \end{bmatrix}$$

由此可知，在 $\boldsymbol{B} = \boldsymbol{A}_R \times \boldsymbol{A}_R$ 中有 6 个非零元素，分别是 $b_{12},b_{13},b_{14},b_{24},b_{63},b_{64}$；由于在 $\boldsymbol{A}_R$ 中，$a_{12},a_{13},a_{14},a_{24},a_{63},a_{64}$ 取值都为 1，因此 R 是传递关系。

【例 2.2】 设 $A = \{a_1,a_2,a_3,a_4,a_5\}$，$R$ 是 A 上的二元关系，$R = \{(a_1,a_2),(a_1,a_3),(a_2,a_3),(a_3,a_2),(a_3,a_4),(a_5,a_2)\}$，试判断 R 是否是传递关系。

解： 先写出 R 的关系矩阵

$$A_R = \begin{bmatrix} 0 & 1 & 1 & 0 & 0 \\ 0 & 0 & 1 & 0 & 0 \\ 0 & 1 & 0 & 1 & 0 \\ 0 & 0 & 0 & 0 & 0 \\ 0 & 1 & 0 & 0 & 0 \end{bmatrix}$$

令 $\boldsymbol{B} = \boldsymbol{A}_R \times \boldsymbol{A}_R$，即

$$B = \begin{bmatrix} 0 & 1 & 1 & 0 & 0 \\ 0 & 0 & 1 & 0 & 0 \\ 0 & 1 & 0 & 1 & 0 \\ 0 & 0 & 0 & 0 & 0 \\ 0 & 1 & 0 & 0 & 0 \end{bmatrix} \times \begin{bmatrix} 0 & 1 & 1 & 0 & 0 \\ 0 & 0 & 1 & 0 & 0 \\ 0 & 1 & 0 & 1 & 0 \\ 0 & 0 & 0 & 0 & 0 \\ 0 & 1 & 0 & 0 & 0 \end{bmatrix} = \begin{bmatrix} 0 & 1 & 1 & 1 & 0 \\ 0 & 1 & 0 & 1 & 0 \\ 0 & 0 & 1 & 0 & 0 \\ 0 & 0 & 0 & 0 & 0 \\ 0 & 0 & 1 & 0 & 0 \end{bmatrix}$$

易见，$b_{14} = 1$ 而 $a_{14} = 0$，因此 R 不是传递关系。

2.2 等价关系和偏序关系

2.2.1 等价关系与划分

1. 等价关系的定义

【定义 2.2.1】 设 R 是 A 上的二元关系，且满足：① R 是自反关系，② R 是对称关系，

③ R 是传递关系；则称 R 是 A 上的等价关系。

例如，设 $A = \{a,b,c,d,e,f,g\}$，A 中元素分别表示 7 位大学生，其中 a,b,c 的年龄都为 20 岁，d 和 e 的年龄都为 22 岁，f 和 g 的年龄都为 25 岁。如果同年龄的大学生认为是相关的，不同年龄的大学生是无关的，那么这种同年龄关系 R 是等价关系。因为 A 中每个大学生都与自己是同年龄的，因此 R 是自反关系；另外，当 $(a,b) \in R$ 时，即 a 与 b 是同年龄的，显然有 b 与 a 也是同年龄的，于是 $(b,a) \in R$，因此 R 是对称关系；最后，当 $(a,b) \in R$ 且 $(b,c) \in R$ 时，即 a 与 b 是同年龄的，且 b 与 c 是同年龄的，显然 a 与 c 是同年龄的，即 $(a,c) \in R$，因此 R 是传递关系。由此可知，同年龄关系是等价关系。

又如，设集合 A 的情况同上所述，其中大学生 a,b,d,f 都姓张，c,e,g 都姓李。如果姓氏相同的大学生认为是相关的，不同姓氏的大学生是无关的，容易验证，这种同姓氏关系是自反的、对称的、传递的二元关系，因此同姓氏关系也是等价关系。

由以上两例可见，大学生集合 A 上的同年龄关系，同姓氏关系都是等价关系。如果作抽象讨论，我们将集合 A 中元素按照某种特征分成若干组（如按年龄分组，同龄人在同一组内；或按姓氏分组，同姓氏人在同一组内），并使 A 中每个元素必属于某一组且仅仅属于这一组，若定义在同一组内的元素是相关的，不在同一组内的元素是无关的，那么由此定义的二元关系必然是等价关系。

等价关系实质上是一种同组关系（每个元素必属于且仅属于一个组）。

再如，设 $A = \{1,2,3,4,5,6,7\}$，R 是 A 上的模 3 同余关系。容易验证 R 是自反的、对称的、传递的二元关系，因此 R 是 A 上的等价关系。若把 A 中元素按被 3 除后的不同余数进行分组：把被 3 除后余数为 1 的数作为第一组，把被 3 除后余数为 2 的数作为第二组，把被 3 除后余数为 0 的数作为第三组，即把 A 中的 7 个数分为 3 组：$\{1,4,7\},\{2,5\},\{3,6\}$，那么等价关系 R 就是这样分组后的同组关系。

2.等价关系的特征

当 A 为有限集合时，A 上的等价关系 R 的关系矩阵具有明显的特征。由于等价关系实质上是同组关系，因此若把 A 中的元素按"组"顺序排列，那么等价关系 R 的关系矩阵由若干元素全为 1 的小方阵构成。

例如，$A = \{a,b,c,d,e,f,g\}$，A 中元素分别表示 7 位大学生，其中 a,b,c 都为 20 岁，d,e 都为 22 岁，f,g 都为 25 岁。R 是同年龄关系，其关系矩阵为

$$
\begin{array}{c}
\quad\quad a\ b\ c\ d\ e\ f\ g \\
\begin{array}{c} a \\ b \\ c \\ d \\ e \\ f \\ g \end{array}
\left[
\begin{array}{ccccccc}
1 & 1 & 1 & 0 & 0 & 0 & 0 \\
1 & 1 & 1 & 0 & 0 & 0 & 0 \\
1 & 1 & 1 & 0 & 0 & 0 & 0 \\
0 & 0 & 0 & 1 & 1 & 0 & 0 \\
0 & 0 & 0 & 1 & 1 & 0 & 0 \\
0 & 0 & 0 & 0 & 0 & 1 & 1 \\
0 & 0 & 0 & 0 & 0 & 1 & 1
\end{array}
\right]
\end{array}
$$

易见，同年龄的等价关系的关系矩阵是由 3 个元素全为 1 的小方阵构成的。

又如，设集合 A 的情况同上所述，其中大学生 a,b,d,f 都姓张，c,e,g 都姓李。R 是 A 上的同姓氏关系，易知 R 是等价关系，如果把 A 中的元素按"同姓组"顺序排列，即 $A = \{a,b,d,$

$f,c,e,g\}$，则 R 的关系矩阵为

$$
\begin{array}{c}
\qquad\quad a\ b\ d\ f\ c\ e\ g \\
\begin{array}{c} a \\ b \\ d \\ f \\ c \\ e \\ g \end{array}
\begin{bmatrix}
1 & 1 & 1 & 1 & 0 & 0 & 0 \\
1 & 1 & 1 & 1 & 0 & 0 & 0 \\
1 & 1 & 1 & 1 & 0 & 0 & 0 \\
1 & 1 & 1 & 1 & 0 & 0 & 0 \\
0 & 0 & 0 & 0 & 1 & 1 & 1 \\
0 & 0 & 0 & 0 & 1 & 1 & 1 \\
0 & 0 & 0 & 0 & 1 & 1 & 1
\end{bmatrix}
\end{array}
$$

再如，$A = \{1,2,3,4,5,6,7,8\}$，R 是 A 上的模 3 同余关系，易知 R 是 A 上的等价关系。如果把 A 中的元素按被 3 除后余数为 1 的数、余数为 2 的数和余数为 0 的数的顺序排列，即 $A = \{1,4,7,2,5,8,3,6\}$，则 R 的关系矩阵为

$$
\begin{array}{c}
\qquad\quad 1\ 4\ 7\ 2\ 5\ 8\ 3\ 6 \\
\begin{array}{c} 1 \\ 4 \\ 7 \\ 2 \\ 5 \\ 8 \\ 3 \\ 6 \end{array}
\begin{bmatrix}
1 & 1 & 1 & 0 & 0 & 0 & 0 & 0 \\
1 & 1 & 1 & 0 & 0 & 0 & 0 & 0 \\
1 & 1 & 1 & 0 & 0 & 0 & 0 & 0 \\
0 & 0 & 0 & 1 & 1 & 1 & 0 & 0 \\
0 & 0 & 0 & 1 & 1 & 1 & 0 & 0 \\
0 & 0 & 0 & 1 & 1 & 1 & 0 & 0 \\
0 & 0 & 0 & 0 & 0 & 0 & 1 & 1 \\
0 & 0 & 0 & 0 & 0 & 0 & 1 & 1
\end{bmatrix}
\end{array}
$$

3．等价类和商集

【**定义 2.2.2**】 设 R 是 A 上的等价关系，a 是 A 中的任意元素，由 A 中所有与 a 相关的元素组成的集合，称为 a 关于 R 的等价类，记作 $[a]_R$，即

$$[a]_R = \{x \mid x \in A, (a,x) \in R\}$$

例如，$A = \{1,2,3,4,5,6,7,8\}$，R 是 A 上的模 3 同余关系，易知 R 是 A 上的等价关系。A 中各元素关于 R 的等价类分别为

$$[1]_R = \{1,4,7\}, \quad [2]_R = \{2,5,8\}, \quad [3]_R = \{3,6\}, \quad [4]_R = \{1,4,7\}$$
$$[5]_R = \{2,5,8\}, \quad [6]_R = \{3,6\}, \quad [7]_R = \{1,4,7\}, \quad [8]_R = \{2,5,8\}$$

易见，A 中虽然有 8 个元素，可得到 8 个等价类，但对于以 R 相关的元素，它们的等价类是相同的，即

$$[1]_R = [4]_R = [7]_R = \{1,4,7\}, \ [2]_R = [5]_R = [8]_R = \{2,5,8\}, \ [3]_R = [6]_R = \{3,6\}$$

因此不同的等价类仅有 3 个，可取 $[1]_R \backslash [2]_R \backslash [3]_R$。

【**定义 2.2.3**】 设 R 是 A 上的等价关系，由关于 R 的所有不同的等价类作为元素构成的集合称为 A 关于 R 的商集，记作 A/R。

例如，$A = \{1,2,3,4,5,6,7,8\}$，R 是 A 上的模 3 同余关系，已知有 3 个不同的等价类，即

$$[1]_R = \{1,4,7\}, \ [2]_R = \{2,5,8\}, \ [3]_R = \{3,6\}$$

因此 A 关于 R 的商集为

$$A/R = \{\{1,4,7\},\{2,5,8\},\{3,6\}\}$$

又如，$A = \{a,b,c,d,e,f,g\}$，把 A 中元素分为 3 组：a,b,c 为第 1 组；d,e 为第 2 组；f,g

为第 3 组，R 为 A 上的同组关系，易知：
$$[a]_R = [b]_R = [c]_R = \{a,b,c\}, [d]_R = [e]_R = \{d,e\}, [f]_R = [g]_R = \{f,g\}$$
因此 A 关于 R 的商集为
$$A/R = \{\{a,b,c\},\{d,e\},\{f,g\}\}$$

4．集合的划分

【定义 2.2.4】 设 A 是集合，$A_1,A_2,\cdots,A_n$ 是 A 的非空子集，且满足 $A_1 \cup A_2 \cup \cdots \cup A_n = A$，$A_i \cap A_j = \varnothing$，则以 $A_1,A_2,\cdots,A_n$ 作为元素构成的集合 S 称为集合 A 的**划分**，每个子集 A_i 称为块。

例如，集合 $A = \{a,b,c,d,e,f,g\}$，取其子集 $A_1 = \{a,b,d\}$，$A_2 = \{c,e\}$，$A_3 = \{f,g\}$。易知，$A_1 \cup A_2 \cup A_3 = A$，且 $A_i \cap A_j = \varnothing$，$1 \leqslant i \neq j \leqslant n$。因此若令
$$S = \{\{a,b,d\},\{c,e\},\{f,g\}\}$$
则 S 是 A 的一个划分，$\{a,b,d\}$，$\{c,e\}$，$\{f,g\}$ 都是块。

又如，集合 $A = \{1,2,3,4,5,6,7\}$，若令
$$S_1 = \{\{1,4,7\},\{2,5\},\{3,6\}\}, \quad S_2 = \{\{1,2,3,4\},\{5,6,7\}\}$$
则 S_1 和 S_2 都是 A 的划分。在划分 S_1 中，$\{1,4,7\},\{2,5\},\{3,6\}$ 是块；在划分 S_2 中，$\{1,2,3,4\}$，$\{5,6,7\}$ 是块。

显然，当 R 是 A 上的等价关系时，A 关于 R 的商集是 A 的一个划分，等价类就是块；反之，当 S 是 A 的一个划分时，只要定义在同一个块中的元素是相关的，不在同一个块中的元素是不相关的，这样定义的二元关系必是 A 上的等价关系，由此可得一下定理。

【定理 2.2.1】 集合 A 的划分能唯一地确定 A 上的一个等价关系；反之，确定了 A 上的等价关系也能唯一地确定 A 的一个划分，即 A 上的等价关系与划分是一一对应的。

例如，设集合 $A = \{a,b,c,d,e,f,g\}$，A 的划分 $S = \{\{a,b\},\{c,d,e\},\{f,g\}\}$，则由 S 确定的等价关系 R 对应的关系矩阵为

$$
\begin{array}{c c}
& \begin{matrix} a & b & c & d & e & f & g \end{matrix} \\
\begin{matrix} a \\ b \\ c \\ d \\ e \\ f \\ g \end{matrix} &
\begin{bmatrix}
1 & 1 & 0 & 0 & 0 & 0 & 0 \\
1 & 1 & 0 & 0 & 0 & 0 & 0 \\
0 & 0 & 1 & 1 & 1 & 0 & 0 \\
0 & 0 & 1 & 1 & 1 & 0 & 0 \\
0 & 0 & 1 & 1 & 1 & 0 & 0 \\
0 & 0 & 0 & 0 & 0 & 1 & 1 \\
0 & 0 & 0 & 0 & 0 & 1 & 1
\end{bmatrix}
\end{array}
$$

又如，设集合 $A = \{a,b,c,d,e,f,g\}$，R 是 A 上的等价关系，其关系矩阵为

$$
\begin{array}{c c}
& \begin{matrix} a & b & c & d & e & f & g \end{matrix} \\
\begin{matrix} a \\ b \\ c \\ d \\ e \\ f \\ g \end{matrix} &
\begin{bmatrix}
1 & 1 & 1 & 0 & 0 & 0 & 0 \\
1 & 1 & 1 & 0 & 0 & 0 & 0 \\
1 & 1 & 1 & 0 & 0 & 0 & 0 \\
0 & 0 & 0 & 1 & 1 & 0 & 0 \\
0 & 0 & 0 & 1 & 1 & 0 & 0 \\
0 & 0 & 0 & 0 & 0 & 1 & 1 \\
0 & 0 & 0 & 0 & 0 & 1 & 1
\end{bmatrix}
\end{array}
$$

则由等价关系 R 所确定 A 上的划分为

$$S = \{\{a,b,c\},\{d,e\},\{f,g\}\}$$

【例2.3】 设 R_1 和 R_2 是非空集合 A 上的等价关系,那么:

(1) $R_1 \cup R_2$ 是否是 A 上的等价关系?

(2) $R_1 \cap R_2$ 是否是 A 上的等价关系?

(3) $R_1 - R_2$ 是否是 A 上的等价关系?

(4) $R_1 \oplus R_2$ 是否是 A 上的等价关系?

解:

(1) 当 R_1 和 R_2 是 A 上的等价关系时,$R_1 \cup R_2$ 不一定是等价关系。例如,设 $A = \{a,b,c\}$,$R_1 = \{(a,a),(b,b),(c,c),(a,b),(b,a)\}$,$R_2 = \{(a,a),(b,b),(c,c),(b,c),(c,b)\}$。容易验证,$R_1$ 和 R_2 都是 A 上的等价关系;然而,$R_1 \cup R_2 = \{(a,a),(b,b),(c,c),(a,b),(b,a),(b,c),(c,b)\}$ 不是等价关系,这是因为 $(a,b) \in R_1 \cup R_2$ 且 $(b,c) \in R_1 \cup R_2$,但 $(a,c) \notin R_1 \cup R_2$,从而 $R_1 \cup R_2$ 不是传递关系。因此,$R_1 \cup R_2$ 不是等价关系。

(2) $R_1 \cap R_2$ 是 A 上的等价关系。下面进行证明。

R_1 和 R_2 都是 A 上的等价关系,因此 R_1 和 R_2 都是 A 上的自反关系,即对于 A 中任何元素 a 都有 $(a,a) \in R_1$ 和 $(a,a) \in R_2$,由此可知 $(a,a) \in R_1 \cap R_2$,即证得 $R_1 \cap R_2$ 是 A 上的自反关系。

当 $(a,b) \in R_1 \cap R_2$ 时,由集合交的定义可知,$(a,b) \in R_1$ 且 $(a,b) \in R_2$;由于 R_1 和 R_2 都是 A 上的对称关系,因此 $(b,a) \in R_1$ 且 $(b,a) \in R_2$。由此可知,$(b,a) \in R_1 \cap R_2$,即证得 $R_1 \cap R_2$ 是 A 上的对称关系。

当 $(a,b) \in R_1 \cap R_2$ 且 $(b,c) \in R_1 \cap R_2$ 时,必有 $(a,b) \in R_1$,$(b,c) \in R_1$ 且 $(a,b) \in R_2$,$(b,c) \in R_2$。由于 R_1 和 R_2 都是 A 上的传递关系,因此 $(a,c) \in R_1$ 且 $(a,c) \in R_2$,从而 $(a,c) \in R_1 \cap R_2$,即证得 $R_1 \cap R_2$ 是 A 上的传递关系。

综上,已证得 $R_1 \cap R_2$ 是 A 上的自反、对称和传递关系,因此 $R_1 \cap R_2$ 是 A 上的等价关系。

(3) $R_1 - R_2$ 一定不是等价关系。因为 R_1 和 R_2 都是自反关系,所以对于任意 $a \in A$,都有 $(a,a) \in R_1$ 和 $(a,a) \in R_2$,于是 $(a,a) \notin R_1 - R_2$。由此可知,$R_1 - R_2$ 不是自反关系,从而说明 $R_1 - R_2$ 不是等价关系。

(4) $R_1 \oplus R_2$ 也一定不是等价关系,同样因为 $R_1 \oplus R_2$ 不是自反关系。

【例2.4】 设 R 是 A 上的自反关系,并且当 $(a,b) \in R$ 和 $(a,c) \in R$ 时,必有 $(b,c) \in R$,证明 R 是 A 上的等价关系。

证明:

由于已知 R 是 A 上的自反关系,因此要证明 R 是 A 上的等价关系,只需证明 R 是 A 上的对称关系和传递关系即可。

先证 R 是 A 上的对称关系。由题设条件可知,当 $(a,b) \in R$ 和 $(a,c) \in R$,必有 $(b,c) \in R$。如果把条件中的 c 用 a 取代后,于是可得:当 $(a,b) \in R$ 和 $(a,a) \in R$ 时,必有 $(b,a) \in R$,而已知 R 是 A 上的自反关系,因此 (a,a) 必属于 R。由此可见,当 $(a,b) \in R$ 时,必有 $(b,a) \in R$。这就证明了 R 是 A 上的对称关系。

再证 R 是 A 上的传递关系。即当 $(a,b) \in R$ 和 $(b,c) \in R$ 时,要证明 $(a,c) \in R$。由题设可知,当 $(b,a) \in R$ 和 $(b,c) \in R$ 时,必有 $(a,c) \in R$。由于已证得 R 是 A 上的对称关系,因此当 $(a,b) \in R$ 时,必有 $(b,a) \in R$。于是得到当 $(a,b) \in R$ 和 $(b,c) \in R$ 时,也必有 $(b,a) \in R$ 和 $(b,c) \in R$,由题设

条件可知，必有$(a,c) \in R$。由此证得R是A上的传递关系。

综上所述，R是A上的等价关系。

【例2.5】 设$\mathbf{Z}^+$是所有正整数构成的集合，R是$\mathbf{Z}^+$上的二元关系，其定义为：对于$\mathbf{Z}^+$中的元素a,b，当a,b同为奇数或偶数时，$(a,b) \in R$。证明R是$\mathbf{Z}^+$上的等价关系，并写出所有不同的等价类和商集。

解：

首先说明R是$\mathbf{Z}^+$上的自反关系。对于任何正整数a，它与本身都有相同的奇偶性，因此$(a,a) \in R$，由此说明R是$\mathbf{Z}^+$上的自反关系。

当$(a,b) \in R$时，说明a和b有相同的奇偶性，显然b和a也有相同的奇偶性，即$(b,a) \in R$，由此说明了R是$\mathbf{Z}^+$上的对称关系。

当$(a,b) \in R$和$(b,c) \in R$时，说明a和b有相同的奇偶性且b和c有相同的奇偶性，因此a和c有相同的奇偶性，即$(a,c) \in R$，由此可知，R是A上的传递关系。

综上所述，R是A上的自反、对称和传递关系，因此R是A上的等价关系。

【例2.6】 设A是具有4个元素的集合，那么A上可定义多少种不同的等价关系？

解：

由于A上的等价关系与A上的划分是一一对应的，因此A上有多少种划分就有多少种等价关系。当A含有4个元素时，不妨设$A = \{a,b,c,d\}$，下面分4种情况讨论。

（1）当划分中仅含有一个块时，这样的划分仅有一种：$\{\{a,b,c,d\}\}$。

（2）当划分中含有两个块时，这样的划分应有$\binom{4}{1} + \frac{1}{2}\binom{4}{2} = 7$种：

$$\{\{a\},\{b,c,d\}\}$$
$$\{\{b\},\{a,c,d\}\}$$
$$\{\{c\},\{a,b,d\}\}$$
$$\{\{d\},\{a,b,c\}\}$$
$$\{\{a,b\},\{c,d\}\}$$
$$\{\{a,c\},\{b,d\}\}$$
$$\{\{b,c\},\{a,d\}\}$$

（3）当划分中含有3个块时，这样的划分应有$\binom{4}{2} = 6$种：

$$\{\{a\},\{b\},\{c,d\}\}$$
$$\{\{a\},\{c\},\{b,d\}\}$$
$$\{\{a\},\{d\},\{b,c\}\}$$
$$\{\{b\},\{c\},\{a,d\}\}$$
$$\{\{b\},\{d\},\{a,c\}\}$$
$$\{\{c\},\{d\},\{a,b\}\}$$

（4）当划分中含有4个块时，这样的划分仅有1种：$\{\{a\},\{b\},\{c\},\{d\}\}$。

由此可知，当A中含有4个元素时，A上可定义不同的等价关系有$1 + 7 + 6 + 1 = 15$种。

2.2.2 偏序关系

1．偏序关系的定义

【定义 2.2.5】 设 R 是 A 上的二元关系，且满足 R 是自反关系、反对称关系和传递关系，则称 R 是 A 上的偏序关系（或半序关系）。

例如，设 $\mathbf{Z}^+$ 是所有正整数的集合，R 是 $\mathbf{Z}^+$ 上的整除关系，即对于 $\mathbf{Z}^+$ 中的元素 a 和 b，当 a 能整除 b 时，$(a,b) \in R$。可以验证整除关系 R 是偏序关系。

事实上，由于任何正整数都能整除自己，因此 R 是自反关系；又由于当 $a \neq b$ 时，若 $(a,b) \in R$，即 a 能整除 b，则 b 不能整除 a，即 $(b,a) \notin R$，因此 R 是反对称关系；再由于当 $(a,b) \in R$ 且 $(b,c) \in R$ 时，即 a 能整除 b 且 b 能整除 c，即 a 能整除 b 且 b 又能整除 c，那么 a 么必能整除 c，即 $(a,c) \in R$。因此，R 是传递关系。由此可见，$\mathbf{Z}^+$ 上的整除关系 R 是偏序关系。

又如，设 R 是 $\mathbf{Z}^+$ 上的小于等于关系，即当 $a \leq b$ 时，$(a,b) \in R$，容易验证 R 是 $\mathbf{Z}^+$ 上的偏序关系。

当 R 是集合 A 上的偏序关系时，常把 $(a,b) \in R$ 记作 $a \prec b$，也可读作"a 先于 b"。

例如，R 是 $\mathbf{Z}^+$ 上的整除关系，由于 2 能整除 6，因此 $(2,6) \in R$，也可记作 $2 \prec 6$。

通常，集合 A 及 A 上的偏序关系 R 合在一起被称为偏序集，并记作 (A,R) 或 $(A,\prec)$。

2．偏序关系的哈斯图表示

利用偏序关系的自反性、反对称性和传递性，关系图可以得到简化。

例如，设 $A = \{1,2,3,4,6,12\}$，R 是 A 上的整除关系，易知

$$R = \{(1,1),(2,2),(3,3),(4,4),(6,6),(12,12),(1,2),(1,3),(1,4),(1,6),(1,12),$$
$$(2,4),(2,6),(2,12),(3,6),(3,12),(4,12),(6,12)\}$$

那么，R 的关系图如图 2.2-1(a)所示。

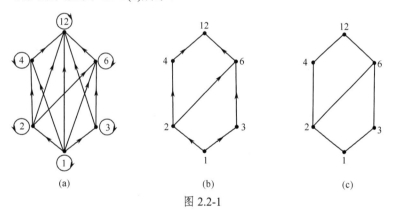

(a)　　　　　(b)　　　　　(c)

图 2.2-1

由于偏序关系是自反关系，关系图中的每个顶点都有自回路，为了简化图形，以后在画偏序关系的关系图时，不再画出各顶点上的自回路；又由于偏序关系是传递关系，如果有 $(a,b) \in R$ 和 $(b,c) \in R$ 时，必有 $(a,c) \in R$，因此 a 到 c 的有向边可以省略。经过这样的约定后，图 2.2-1(a)可简化为图 2.2-1(b)。如果再把图中各个顶点放在适当的位置，使得图中的所有有向边的箭头都是朝上的，那么可以把图中所有有向边的箭头也省略。图 2.2-1(c)是简化后的最后图形。图 2.2-1(a)称为偏序关系的哈斯图表示。

【例 2.7】 设 $A = \{1,2,3,4,6,8,10,12\}$，$R$ 是 A 上的整除关系，试画出 R 的哈斯图。

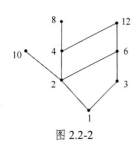

图 2.2-2

解:

偏序关系 R 的哈斯图表示如图 2.2-2 所示。

偏序关系的哈斯图表示不仅使偏序关系的图形表示得到简化，还使偏序关系的某些特征能够得到充分显示，是研究偏序关系的重要工具。

为了方便画出偏序关系的哈斯图表示，下面介绍"盖住"的概念。

【定义 2.2.6】 设 $(A, \prec)$ 是偏序集，a 和 b 是 A 中两个不同的元素，如果 $a \prec b$，且在 A 中不存在其他元素 c，使得 $a \prec c$，$c \prec b$，则称 b 盖住 a。

例如，在例 2.7 中，2 盖住 1，4 盖住 2，但 8 不盖住 2，因为在 A 中存在着元素 4，使得 $2 \prec 4$ 且 $4 \prec 8$，因此 8 不盖住 2。

利用元素间的盖住概念，我们能方便地画出哈斯图表示。

作图原则： 当 a 盖住 b 时，代表 b 的顶点应画在代表 a 的顶点的上方，并用直线段连接这两个顶点。

例如，设 $A = \{1,2,3,4,5,6,8,10,12,20,24\}$，$\prec$ 是 A 上的整除关系。在画偏序集 $(A, \prec)$ 的哈斯图时，先把元素 1 画在底层（因为元素 1 不盖住 A 中其他元素），把盖住 1 的元素 2、3、5 画在元素 1 的上方，并用直线段把 2、3、5 与 1 连接；再把盖住 2、3、5 的元素 4、6、10 分别画在 2、3、5 的上方，并用直线段连接 4 和 2，6 和 2、3，以及 10 和 2、5；然后把盖住 4、6、10 的元素 8、12、20 分别画在 4、6、10 的上方，并用直线段连接 8 和 4，12 和 4、6，以及 20 和 4、10；最后把盖住 8 和 12 的元素 24 画在 8 和 12 的上方，并用直线段连接 8 和 24，12 和 24。由此得到 $(A, \prec)$ 的哈斯图表示，如图 2.2-3 所示。

【例 2.8】 设 $A = \{1,2,3,4,5,6,7,8,9,10\}$，$\prec$ 是整除关系，请画出 $(A, \prec)$ 的哈斯图表示。

解:

由画哈斯图表示的原则可画出其哈斯图如图 2.2-4 所示。

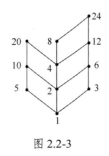

图 2.2-3

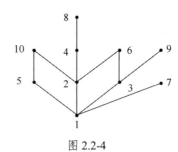

图 2.2-4

3. 偏序集中的特殊元素

【定义 2.2.7】 设 $(A, \prec)$ 是偏序集，如果 A 中存在元素 a，使得 A 中没有其他元素 x 满足 $x \prec a$，则称 a 为偏序集 $(A, \prec)$ 的极小元。

【定义 2.2.8】 设 $(A, \prec)$ 是偏序集，如果 A 中存在元素 a，使得 A 中没有其他元素 x 满足 $a \prec x$，则称 a 为偏序集 $(A, \prec)$ 的极大元。

例如，在例 2.8 所提到的偏序集 $(A, \prec)$ 中，元素 1 是极小元，元素 6、7、8、9、10 都是极大元。

还可以这样理解极小元和极大元的定义：当 $a \in A$ 且 a 再也不能盖住 A 中其他元素时，a

就是极小元；同样，当 $a \in A$ 且 A 中没有其他元素能盖住 a 时，a 就是极大元。由此可容易地从偏序集的哈斯图中找到极小元、极大元。

例如，$A = \{2,3,4,6,7,8,12,14,24\}$，$\prec$ 是整除关系，其哈斯图如图 2.2-5 所示。易知，2、3、7 是极小元，14、24 是极大元。

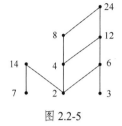

图 2.2-5

【定义 2.2.9】 设 $(A, \prec)$ 是偏序集，如果 A 中存在元素 a，使得对于 A 中任何元素 x 都满足 $a \prec x$，则称 a 为偏序集 $(A, \prec)$ 的最小元。

【定义 2.2.10】 设 $(A, \prec)$ 是偏序集，如果 A 中存在元素 a，使得对于 A 中任何元素 x 都满足 $x \prec a$，则称 a 为偏序集 $(A, \prec)$ 的最大元。

例如，$A = \{1,2,3,4,5,6,10\}$，$\prec$ 是整除关系，则偏序集 $(A, \prec)$ 有最小元 1，但没有最大元。

又如，$A = \{2,3,4,6,8,12,24\}$，$\prec$ 是整除关系，则偏序集 $(A, \prec)$ 有最大元 24，但没有最小元。

再如，$A = \{1,2,3,4,8,24\}$，$\prec$ 是整除关系，则偏序集 $(A, \prec)$ 有最小元 1，且有最大元 24。

注意：偏序集中的最小元与极小元是不同的，其不同之处在于，最小元必须与偏序集中的每一个元素都是有关系的（常称为可比的），而极小元无此要求。因此，偏序集中的最小元一定是极小元；但反之不然，即极小元未必是最小元。

同样，最大元与极大元的不同之处是：最大元必须与偏序集中的每一个元素是可比的，而极大元无此要求。

当偏序集为有限集合时，必有极小元和极大元，但不一定有最小元和最大元，如图 2.2-5 所示的偏序集中有极小元 2、3、7，有极大元 14、24，但没有最小元和最大元。

为了扩大偏序集的应用范围，还需研究其子集中的特殊元素。

【定义 2.2.11】 设 $(A, \prec)$ 是偏序集，B 是 A 的子集，如果 A 中存在元素 a，使得对于 B 中任何元素 x，都有满足 $a \prec x$，则称 a 为子集 B 的下界。

【定义 2.2.12】 设 $(A, \prec)$ 是偏序集，B 是 A 的子集，如果 A 中存在元素 a，使得对于 B 中任何元素 x，都有满足 $x \prec a$，则称 a 为子集 B 的上界。

例如，$A = \{1,2,3,4,5,6,8,10,12,16,24\}$，$\prec$ 是整除关系，偏序集 $(A, \prec)$ 的哈斯图表示如图 2.2-6 所示。在子集 $\{2,3,4,6\}$ 中，下界为 1，上界为 12、24；在子集 $\{1,2,3,6\}$ 中，下界为 1，上界为 6、12、24；在子集 $\{2,3,5,8\}$ 中，下界为 1，但上界不存在。

又如，设 $(A, \prec)$ 是偏序集，其哈斯图表示如图 2.2-7 所示，在子集 $\{d,e,g,i\}$ 中，a 是下界，i,j,k 都是上界；在子集 $\{d,g,i,j,k\}$ 中，a,c,d 都是下界，但此子集中没有上界。

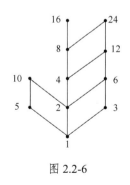

图 2.2-6

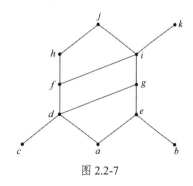

图 2.2-7

【定义 2.2.13】 设 $(A, \prec)$ 是偏序集，B 是 A 的子集，a 是子集 B 的下界，如果对于 B 的任何下界 x 都有 $x \prec a$，则称 a 为子集 B 的下确界，记作 $\inf(B) = a$。

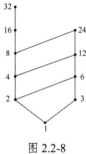
图 2.2-8

【定义 2.2.14】 设 $(A, \prec)$ 是偏序集，B 是 A 的子集，a 是子集 B 的上界，如果对于 B 的任何上界 x 都有 $x \prec a$，则称 a 为子集 B 的上确界，记作 $\sup(B) = a$。

例如，设 $(A, \prec)$ 是偏序集，其哈斯图见图 2.2-7，在子集 $\{d, e, f, g\}$ 中，其上确界为 i，下确界为 a；在子集 $\{a, b, c, d, e\}$ 中，其上确界为 g，下确界不存在；在子集 $\{a, b, e, g, i, j, k\}$ 中，既没有上确界，又没有下确界。

又如，$A = \{1, 2, 3, 4, 6, 8, 12, 16, 24, 32\}$，$\prec$ 为整除关系，偏序集 $(A, \prec)$ 的哈斯图如图 2.2-8 所示，在子集 $\{2, 4, 8\}$ 中，其上确界为 8，下确界为 2；在子集 $\{1, 2, 4, 6\}$ 中，其上确界为 12，下确界为 1；在子集 $\{2, 12, 32\}$ 中，没有上确界，下确界为 2。

4．全序集、良序集和拟序集

【定义 2.2.15】 设 $(A, \prec)$ 是偏序集，如果 A 中任意两个元素都是可比的（元素 a 和 b 可比，若 $a \prec b$ 或 $b \prec a$ 成立），则称 $\prec$ 是 A 上的全序关系，称 $(A, \prec)$ 是全序集。

例如，设 $A = \{1, 3, 6, 12\}$，$\prec$ 是整除关系，易见 A 中任意两个元素都是可比的，因此 $(A, \prec)$ 是全序集，并可把其中的元素写成：$1 \prec 3 \prec 6 \prec 12$。

又如，$\mathbf{Z}^+$ 是正整数集合，$\prec$ 是小于等于关系，则 $(\mathbf{Z}^+, \prec)$ 是全序集。

【定义 2.2.16】 设 $(A, \prec)$ 是全序集，如果 A 中任何非空子集都有最小元，则称 $\prec$ 是 A 上的良序关系，称 $(A, \prec)$ 是良序集。

例如，设 $\prec$ 是小于等于关系，则 $(\mathbf{Z}^+, \prec)$ 是良序集，但 $(\mathbf{Z}, \prec)$ 不是良序集。

【定义 2.2.17】 设 R 是 A 上的二元关系，且满足 R 是反自反关系、传递关系，则称 R 是 A 上的拟序关系。

【定理 2.2.2】 若 R 是 A 上的拟序关系，则 R 是 A 上的反对称关系。

证明：

因为当 $a \neq b$ 时，若有 $(a, b) \in R$，则必有 $(b, a) \notin R$，否则若 $(b, a) \in R$ 成立，由 R 的传递性可知，必有 $(a, a) \in R$，这与 R 的反自反关系的假设矛盾。因此，R 是反对称关系。

易知，$\mathbf{Z}$ 上的小于关系是拟序关系。

2.3　关系的特殊运算

2.3.1　复合关系

1．复合关系的定义

【定义 2.3.1】 设 R 是集合 A 到 B 的二元关系，S 是集合 B 到 C 的二元关系，R 和 S 的复合关系，记作 $R \circ S$，是集合 A 到 C 的二元关系，定义为仅当 $(a, b) \in R$ 且 $(b, c) \in S$ 时，$(a, c) \in R \circ S$。

例如，集合 $A = \{a_1, a_2, a_3\}$，$B = \{b_1, b_2, b_3, b_4\}$，$C = \{c_1, c_2, c_3\}$，$R$ 是 A 到 B 的二元关系，S 是 B 到 C 的二元关系，且

$$R = \{(a_1, b_1), (a_2, b_2), (a_3, b_3), (a_3, b_4)\}$$
$$S = \{(b_1, c_1), (b_2, c_1), (b_3, c_2), (b_4, c_3)\}$$

由复合关系的定义可知，由于

$$(a_1, b_1) \in R, \quad (b_1, c_1) \in S, \quad 应有 (a_1, c_1) \in R \circ S$$
$$(a_2, b_2) \in R, \quad (b_2, c_1) \in S, \quad 应有 (a_2, c_1) \in R \circ S$$
$$(a_3, b_2) \in R, \quad (b_2, c_1) \in S, \quad 应有 (a_3, c_1) \in R \circ S$$
$$(a_3, b_4) \in R, \quad (b_4, c_3) \in S, \quad 应有 (a_3, c_3) \in R \circ S$$

由此可得，复合关系 $R \circ S = \{(a_1, c_1), (a_2, c_1), (a_3, c_1), (a_3, c_3)\}$。

又如，$A = \{a, b, c, d\}$，R 和 S 都是 A 上的二元关系，且
$$R = \{(a, a), (b, b), (c, d), (d, c)\}$$
$$S = \{(a, b), (b, a), (b, c), (c, c), (c, d)\}$$

这次将用关系图来求得 $R \circ S$，先画出 R 和 S 的关系图，如图 2.3-1 所示。

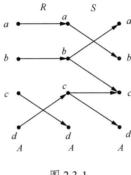

图 2.3-1

易见，在图 2.3-1 中两条连接的有向边中的第一条有向边的始点和第二条有向边的终点构成的有序对就是符合关系 $R \circ S$ 的元素。

由图 2.3-1 可知，$R \circ S = \{(a, b), (b, a), (b, c), (d, c), (d, d)\}$。

2．复合关系的矩阵表示

设 $A = \{a_1, a_2, \cdots, a_n\}$，$B = \{b_1, b_2, \cdots, b_m\}$，$C = \{c_1, c_2, \cdots, c_p\}$，$R$ 是 A 到 B 的二元关系，R 的关系矩阵为

$$M_R = \begin{bmatrix} x_{11} & x_{12} & \cdots & x_{1m} \\ x_{21} & x_{22} & \cdots & x_{2m} \\ \vdots & \vdots & \ddots & \vdots \\ x_{n1} & x_{n2} & \cdots & x_{nm} \end{bmatrix}$$

其中
$$x_{ij} = \begin{cases} 1, & (a_i, b_j) \in R \\ 0, & (a_i, b_j) \notin R \end{cases}$$

S 是 B 到 C 的二元关系，S 的关系矩阵为

$$M_S = \begin{bmatrix} y_{11} & y_{12} & \cdots & y_{1p} \\ y_{21} & y_{22} & \cdots & y_{2p} \\ \vdots & \vdots & \ddots & \vdots \\ y_{m1} & y_{m2} & \cdots & y_{mp} \end{bmatrix}$$

其中

$$y_{jk} = \begin{cases} 1, & (b_j, c_k) \in S \\ 0, & (b_j, c_k) \notin S \end{cases}$$

令 $\boldsymbol{M}_R \times \boldsymbol{M}_S = [z_{ij}]$，即

$$\boldsymbol{M}_R \times \boldsymbol{M}_S = \begin{bmatrix} z_{11} & z_{12} & \cdots & z_{1p} \\ z_{21} & z_{22} & \cdots & z_{2p} \\ \vdots & \vdots & \ddots & \vdots \\ z_{n1} & z_{n2} & \cdots & z_{np} \end{bmatrix}$$

由矩阵的乘法规则可知

$$z_{ij} = x_{i1} \times y_{1j} + x_{i2} \times y_{2j} + \cdots + x_{im} \times y_{mj} = \sum_{k=1}^{m} x_{ik} \times y_{kj}$$

由于 x_{ik} 和 y_{kj} 的取值仅为 0 或 1，因此只有当 x_{ik} 和 y_{kj} 同时为 1 时，$x_{ik} \times y_{kj} = 1$，也即当 $(a_i, b_k) \in R$ 且 $(b_k, c_j) \in S$ 时，才有 $x_{ik} \times y_{kj}$ 取值为 1，于是可得 $z_{ij} \neq 0$；而按照复合关系的定义，$(a_i, c_j) \in R \circ S$。因此，我们关心的是 z_{ij} 是零值还是非零值。

为运算方便，可把计算 z_{ij} 的表达式中的加法改为布尔加（即 $0+0=0$，$1+0=1$，$0+1=1$，$1+1=1$），由此可得，当 $x_{ik}=1$ 且 $y_{kj}=1$ 时，$z_{ij}=1$。这表明矩阵 $[z_{ij}]$ 就是复合关系 $R \circ S$ 的关系矩阵 $\boldsymbol{M}_{R \circ S}$，因此只要把矩阵的乘积 $\boldsymbol{M}_R \times \boldsymbol{M}_S$ 改为布尔乘积，记作 $\boldsymbol{M}_R \circ \boldsymbol{M}_S$，即可得到下列定理。

【**定理 2.3.1**】 设 R 是 A 到 B 的二元关系，其关系矩阵为 $\boldsymbol{M}_R$，S 是 B 到 C 的二元关系，其关系矩阵为 $\boldsymbol{M}_S$，则 R 和 S 的复合关系 $R \circ S$ 的关系矩阵为 $\boldsymbol{M}_{R \circ S} = \boldsymbol{M}_R \circ \boldsymbol{M}_S$，其中 $\circ$ 是矩阵的布尔乘。

例如，设集合 $A = \{a_1, a_2, a_3, a_4\}$，$B = \{b_1, b_2, b_3\}$，$C = \{c_1, c_2, c_3\}$，$R$ 是 A 到 B 的二元关系，S 是 B 到 C 的二元关系，且

$$R = \{(a_1, b_2), (a_2, b_1), (a_3, b_2), (a_4, b_1)\}$$
$$S = \{(b_1, c_1), (b_2, c_3), (b_3, c_1), (b_3, c_2)\}$$

易见，R 和 S 的关系矩阵分别为

$$\boldsymbol{M}_R = \begin{bmatrix} 0 & 1 & 0 \\ 1 & 0 & 0 \\ 0 & 1 & 0 \\ 1 & 0 & 0 \end{bmatrix} \qquad \boldsymbol{M}_S = \begin{bmatrix} 1 & 0 & 0 \\ 0 & 0 & 1 \\ 1 & 1 & 0 \end{bmatrix}$$

由此可得，复合关系 $R \circ S$ 的关系矩阵为

$$\boldsymbol{M}_{R \circ S} = \boldsymbol{M}_R \circ \boldsymbol{M}_S = \begin{bmatrix} 0 & 1 & 0 \\ 1 & 0 & 0 \\ 0 & 1 & 0 \\ 1 & 0 & 0 \end{bmatrix} \circ \begin{bmatrix} 1 & 0 & 0 \\ 0 & 0 & 1 \\ 1 & 1 & 0 \end{bmatrix} = \begin{bmatrix} 0 & 0 & 1 \\ 1 & 0 & 0 \\ 0 & 0 & 1 \\ 1 & 0 & 0 \end{bmatrix}$$

由此可知，复合关系 $R \circ S = \{(a_1, c_3), (a_2, c_1), (a_3, c_3), (a_4, c_1)\}$。

又如，$A = \{a_1, a_2, a_3, a_4\}$，$R$ 和 S 都是 A 上的二元关系，且

$$R = \{(a_1, a_2), (a_2, a_1), (a_3, a_2), (a_4, a_4)\}$$

$$S = \{(a_1, a_1), (a_2, a_3), (a_3, a_3), (a_4, a_1)\}$$

易见，R 和 S 的关系矩阵为

$$M_R = \begin{bmatrix} 0 & 1 & 0 & 0 \\ 1 & 0 & 0 & 0 \\ 0 & 1 & 0 & 0 \\ 0 & 0 & 0 & 1 \end{bmatrix} \qquad M_S = \begin{bmatrix} 1 & 0 & 0 & 0 \\ 0 & 1 & 0 & 0 \\ 0 & 0 & 1 & 0 \\ 1 & 0 & 0 & 0 \end{bmatrix}$$

由此可得，复合关系 $R \circ S$ 的关系矩阵为

$$M_{R \circ S} = M_R \circ M_S = \begin{bmatrix} 0 & 1 & 0 & 0 \\ 1 & 0 & 0 & 0 \\ 0 & 1 & 0 & 0 \\ 0 & 0 & 0 & 1 \end{bmatrix} \circ \begin{bmatrix} 1 & 0 & 0 & 0 \\ 0 & 1 & 0 & 0 \\ 0 & 0 & 1 & 0 \\ 1 & 0 & 0 & 0 \end{bmatrix} = \begin{bmatrix} 0 & 1 & 0 & 0 \\ 1 & 0 & 0 & 0 \\ 0 & 1 & 0 & 0 \\ 0 & 1 & 0 & 0 \end{bmatrix}$$

由此可知，复合关系 $R \circ S = \{(a_1, a_2), (a_2, a_1), (a_3, a_2), (a_4, a_2)\}$。

由于复合关系 $R \circ S$ 的关系矩阵等于 R 关系矩阵与 S 关系矩阵的布尔乘积，容易验证矩阵的布尔乘积运算是满足结合律的，因此如果把关系的复合看作一种运算，则二元关系的复合运算满足结合律，即

$$(R \circ S) \circ T = R \circ (S \circ T)$$

由于关系的复合运算满足结合律，因此二元关系的幂是有意义的，以 R 本身组成的复合关系 $R \circ R, R \circ R \circ R, \cdots$，分别记作 $R^2, R^3, \cdots$，容易验证

$$R^i \circ R^j = R^{i+j} \qquad (i, j \text{ 为正整数})$$

R^0 常被定义为 $\{(a_1, a_1), (a_2, a_2), \cdots, (a_n, a_n)\}$，即其关系矩阵为单位矩阵。

例如，设 $A = \{a_1, a_2, a_3, a_4\}$，$R$ 是 A 上的二元关系，且

$$R = \{(a_1, a_2), (a_2, a_1), (a_2, a_3), (a_3, a_2), (a_3, a_4), (a_4, a_2)\}$$

其关系矩阵为

$$M_R = \begin{bmatrix} 0 & 1 & 0 & 1 \\ 1 & 0 & 1 & 0 \\ 0 & 1 & 0 & 1 \\ 0 & 1 & 0 & 0 \end{bmatrix}$$

而 R^2 的关系矩阵为 $M_{R^2} = M_R \circ M_R$，从而

$$M_{R^2} = \begin{bmatrix} 0 & 1 & 0 & 1 \\ 1 & 0 & 1 & 0 \\ 0 & 1 & 0 & 1 \\ 0 & 1 & 0 & 0 \end{bmatrix} \circ \begin{bmatrix} 0 & 1 & 0 & 1 \\ 1 & 0 & 1 & 0 \\ 0 & 1 & 0 & 1 \\ 0 & 1 & 0 & 0 \end{bmatrix} = \begin{bmatrix} 1 & 0 & 1 & 0 \\ 0 & 1 & 0 & 1 \\ 1 & 1 & 1 & 0 \\ 1 & 0 & 1 & 0 \end{bmatrix}$$

由此可得，$R^2 = \{(a_1, a_1), (a_1, a_3), (a_2, a_2), (a_2, a_4), (a_3, a_1), (a_3, a_2), (a_3, a_3), (a_4, a_1), (a_4, a_3)\}$。

类似地，R^3 的关系矩阵为

$$M_{R^3} = M_{R^2} \circ M_R = \begin{bmatrix} 1 & 0 & 1 & 0 \\ 0 & 1 & 0 & 1 \\ 1 & 1 & 1 & 0 \\ 1 & 0 & 1 & 0 \end{bmatrix} \circ \begin{bmatrix} 0 & 1 & 0 & 1 \\ 1 & 0 & 1 & 0 \\ 0 & 1 & 0 & 1 \\ 0 & 1 & 0 & 0 \end{bmatrix} = \begin{bmatrix} 0 & 1 & 0 & 1 \\ 1 & 1 & 1 & 0 \\ 1 & 1 & 1 & 1 \\ 0 & 1 & 0 & 1 \end{bmatrix}$$

2.3.2　逆关系

【定义 2.3.2】　设 R 是 A 到 B 的二元关系，如果把 R 中的每个有序对中的元素互换，那么得到 B 到 A 的二元关系称为 R 的逆关系，记作 R^{-1}。

例如，$A=\{1,2,3\}$，$B=\{x,y,z\}$，R 是 A 到 B 的二元关系，且

$$R=\{(1,y),(1,z),(2,x),(3,y)\}$$

则 R^{-1} 是 B 到 A 的二元关系，且

$$R^{-1}=\{(y,1),(z,1),(x,2),(y,3)\}$$

又如，$A=\{a,b,c,d\}$，R 是 A 上的二元关系，且

$$R=\{(a,b),(b,c),(c,d),(d,a)\}$$

其逆关系为

$$R^{-1}=\{(b,a),(c,b),(d,c),(a,d)\}$$

易见，二元关系 R 的关系矩阵为 $\boldsymbol{M}_R$，则 $\boldsymbol{M}_R$ 的转置矩阵 $\boldsymbol{M}_R^{\mathrm{T}}$ 就是逆关系 R^{-1} 的关系矩阵。此外，根据矩阵的运算规则可知

$$(\boldsymbol{A}\times\boldsymbol{B})^{\mathrm{T}}=\boldsymbol{B}^{\mathrm{T}}\times\boldsymbol{A}^{\mathrm{T}}$$

由此可得以下定理。

【定理 2.3.2】　设 R 是 A 到 B 的二元关系，S 是 B 到 C 的二元关系，则

$$(R\circ S)^{-1}=S^{-1}\circ R^{-1}$$

【定理 2.3.3】　设 R 是 A 上的二元关系，R^{-1} 是其逆关系，则：

（1）若 R 是自反的，则 R^{-1} 也是自反的；

（2）若 R 是反自反的，则 R^{-1} 也是反自反的；

（3）若 R 是对称的，则 R^{-1} 也是对称的；

（4）若 R 是反对称的，则 R^{-1} 也是反对称的；

（5）若 R 是传递的，则 R^{-1} 也是传递的。

证明：

我们只证（5），其他部分的证明是类似的。

若 $(a,b)\in R^{-1}$ 且 $(b,c)\in R^{-1}$，则 $(b,a)\in R$ 且 $(c,b)\in R$，由于 R 是传递关系，因此 $(c,a)\in R$，即 $(a,c)\in R^{-1}$。由此证得 R^{-1} 是传递关系。

注意，R 的逆关系只是记作 R^{-1}，因此 R^{-1} 只是一个记号，其中的"-1"并非是 R 的指数，它不能参与指数的运算，如 $R\circ R^{-1}\neq R^0$（R^0 是以单位矩阵为关系矩阵的二元关系），甚至 $R\circ R^{-1}\neq R^{-1}\circ R$。

例如，$A=\{1,2,3,4\}$，A 上的二元关系定义为 $R=\{(1,1),(1,2),(2,3),(3,4),(4,2)\}$，易知 R 的关系矩阵为

$$\boldsymbol{M}_R=\begin{bmatrix}1&1&0&0\\0&0&1&0\\0&0&0&1\\0&1&0&0\end{bmatrix}$$

R^{-1} 的关系矩阵为

$$M_{R^{-1}} = \begin{bmatrix} 1 & 0 & 0 & 0 \\ 1 & 0 & 0 & 1 \\ 0 & 1 & 0 & 0 \\ 0 & 0 & 1 & 0 \end{bmatrix}$$

则二元关系 $R \circ R^{-1}$ 的关系矩阵为

$$M_{R \circ R^{-1}} = M_R \circ M_{R^{-1}} = \begin{bmatrix} 1 & 1 & 0 & 0 \\ 0 & 0 & 1 & 0 \\ 0 & 0 & 0 & 1 \\ 0 & 1 & 0 & 0 \end{bmatrix} \circ \begin{bmatrix} 1 & 0 & 0 & 0 \\ 1 & 0 & 0 & 1 \\ 0 & 1 & 0 & 0 \\ 0 & 0 & 1 & 0 \end{bmatrix} = \begin{bmatrix} 1 & 0 & 0 & 1 \\ 0 & 1 & 0 & 0 \\ 0 & 0 & 1 & 0 \\ 1 & 0 & 0 & 1 \end{bmatrix}$$

于是得到，$R \circ R^{-1} = \{(1,1),(1,4),(2,2),(3,3),(4,1),(4,4)\}$。

另一方面，二元关系 $R^{-1} \circ R$ 的关系矩阵为

$$M_{R^{-1} \circ R} = M_{R^{-1}} \circ M_R = \begin{bmatrix} 1 & 0 & 0 & 0 \\ 1 & 0 & 0 & 1 \\ 0 & 1 & 0 & 0 \\ 0 & 0 & 1 & 0 \end{bmatrix} \circ \begin{bmatrix} 1 & 1 & 0 & 0 \\ 0 & 0 & 1 & 0 \\ 0 & 0 & 0 & 1 \\ 0 & 1 & 0 & 0 \end{bmatrix} = \begin{bmatrix} 1 & 1 & 0 & 0 \\ 1 & 1 & 0 & 0 \\ 0 & 0 & 1 & 0 \\ 0 & 0 & 0 & 1 \end{bmatrix}$$

于是得到，$R^{-1} \circ R = \{(1,1),(1,2),(2,1),(2,2),(3,3),(4,4)\}$。

由此可见，$R \circ R^{-1} \neq R^{-1} \circ R$，且都不等于 R^0。

2.3.3 闭包运算

在给定的二元关系中，添加最少量的有序对后，使其成为自反的，或对称的，或传递的二元关系，这就是关系的闭包运算。

1．自反、对称和传递闭包的定义

【定义 2.3.3】 设 R 是 A 上的二元关系，R 的自反（对称、传递）闭包 R' 也是 A 上的二元关系，且满足：R' 是自反的（对称的、传递的），$R' \supseteq R$，对于任何 A 上的自反的（对称的、传递的）二元关系 R''，那么如果 $R'' \supseteq R$，则必有 $R'' \supseteq R'$。

由上述定义可知，R 的自反（对称、传递）闭包是含有 R 并具有自反（对称、传递）性质的"最小"的二元关系。

二元关系 R 的自反闭包常记作 $r(R)$，对称闭包记作 $s(R)$，传递闭包记作 $t(R)$。

求 R 的自反闭包比较简单，只需把所有的 $(x,x) \notin R$ 的有序对补上即可。例如，$A = \{a,b,c,d\}$，$R = \{(a,a),(c,c),(a,b),(c,d)\}$，则 R 的自反闭包 $r(R) = \{(a,a),(b,b),(c,c),(d,d), (a,b),(c,d)\}$。

求 R 的对称闭包也比较简单，每当 $(a,b) \in R$，而 $(b,a) \notin R$ 时，把有序对 (b,a) 添上就得到其对称闭包 $s(R)$。例如，$A = \{1,2,3\}$，$R = \{(1,1),(1,2),(2,3)\}$，则 R 的对称闭包 $s(R) = \{(1,1),(1,2),(2,1),(2,3),(3,2)\}$。

但求传递闭包却不是简单的，下面介绍求传递闭包的算法。

2．求传递闭包的算法

求自反闭包或对称闭包时采用"缺什么补什么"的方法，但在求传递闭包时不一定适用。

例如，$A = \{a,b,c,d\}$，A 上的二元关系 $R = \{(a,b),(b,c),(c,d)\}$。易见，$R$ 不是 A 上的传递关系，在 R 中有

$$(a,b) \in R \text{ 且 } (b,c) \in R，但 (a,c) \notin R$$
$$(b,c) \in R \text{ 且 } (c,d) \in R，但 (b,d) \notin R$$

如果把有序对 (a,c) 和 (b,d) 添加到 R 中，使之扩充为 R_1，即有
$$R_1 = \{(a,b),(b,c),(c,d),(a,c),(b,d)\}$$

但由于 $(a,c) \in R_1$ 和 $(c,d) \in R_1$，而 $(a,d) \notin R_1$，因此 R_1 仍然不是传递关系，也就是说，R_1 不是 R 的传递闭包。

一般来说，每当 $(a,b) \in R$ 和 $(b,c) \in R$ 但 $(a,c) \notin R$ 时，把有序对 (a,c) 添加到 R 中，使其扩充为 R_1，常称 R_1 为 R 的传递扩张；如果 R_1 是传递关系，那么 R_1 是 R 的传递闭包，否则需要再去求 R_1 的传递扩张 R_2；如果 R_2 是传递关系，那么 R_2 是 R 的传递闭包，否则需要再去求 R_2 的传递扩张……当 A 是有限集合时，$A \times A$ 中也仅有有限个有序对，所以经过有限次扩张，一定能得到 R 的传递闭包。

例如，设 $A = \{a,b,c,d\}$，$R = \{(a,a),(a,b),(b,c),(c,a),(d,d)\}$。易见，在 R 中有
$$(a,b) \in R \text{ 且 } (b,c) \in R，但 (a,c) \notin R$$
$$(b,c) \in R \text{ 且 } (c,a) \in R，但 (b,a) \notin R$$
$$(c,a) \in R \text{ 且 } (a,b) \in R，但 (c,b) \notin R$$

由此可知，R 的传递扩张为
$$R_1 = \{(a,a),(a,b),(b,c),(c,a),(d,d),(a,c),(b,a),(c,b)\}$$

又由于在 R_1 中有
$$(b,a) \in R_1 \text{ 且 } (a,b) \in R_1，但 (b,b) \notin R_1$$
$$(c,b) \in R_1 \text{ 且 } (b,c) \in R_1，但 (c,c) \notin R_1$$

由此可知，R_1 的传递扩张为
$$R_2 = \{(a,a),(a,b),(b,c),(c,a),(d,d),(a,c),(b,a),(c,b),(b,b),(c,c)\}$$

可以验证，R_2 是传递关系，所以 R_2 是 R 的传递闭包。

显然，利用求传递扩张的方法去求传递闭包是比较烦琐的，下面介绍由 Warshall 提出的求传递闭包的算法。

（1）置矩阵 $M = M_R$（M_R 是关系矩阵）。

（2）置 $j = 1$。

（3）对所有 i，如果 $m_{ij} = 1$，则对 $k = 1,2,\cdots,n$，置 $m_{ik} = m_{ik} + m_{jk}$。

（4）$j = j + 1$。

（5）如果 $j \leqslant n$，则转到步骤（3），否则停止。

【例 2.9】 设 $A = \{a_1,a_2,a_3,a_4,a_5\}$，$R = \{(a_1,a_2),(a_2,a_3),(a_3,a_1),(a_4,a_5),(a_5,a_4)\}$，求 R 的传递闭包。

解：

利用 Warshall 算法，求解过程如下。

先写出 R 的关系矩阵

$$M = M_R = \begin{bmatrix} 0 & 1 & 0 & 0 & 0 \\ 0 & 0 & 1 & 0 & 0 \\ 1 & 0 & 0 & 0 & 0 \\ 0 & 0 & 0 & 0 & 1 \\ 0 & 0 & 0 & 1 & 0 \end{bmatrix}$$

考察关系矩阵中的第 1 列元素，找出所有取值为 1 的元素。本例中仅有 $m_{31}=1$，应把第 1 行元素加到第 3 行（此处的加法运算都是指采用布尔加运算，以下同，不再说明），于是

$$M = \begin{bmatrix} 0 & 1 & 0 & 0 & 0 \\ 0 & 0 & 1 & 0 & 0 \\ 1 & 1 & 0 & 0 & 0 \\ 0 & 0 & 0 & 0 & 1 \\ 0 & 0 & 0 & 1 & 0 \end{bmatrix}$$

考察矩阵 M 中的第 2 列元素，并找出所有取值为 1 的元素，现在有 $m_{12}=1$ 和 $m_{32}=1$。对于 $m_{12}=1$，应把第 2 行元素加到第 1 行；对于 $m_{32}=1$，应把第 2 行元素加到第 3 行，于是

$$M = \begin{bmatrix} 0 & 1 & 1 & 0 & 0 \\ 0 & 0 & 1 & 0 & 0 \\ 1 & 1 & 1 & 0 & 0 \\ 0 & 0 & 0 & 0 & 1 \\ 0 & 0 & 0 & 1 & 0 \end{bmatrix}$$

考察第 3 列元素，现在有 $m_{13}=1$、$m_{23}=1$ 和 $m_{33}=1$，应把第 3 行元素分别加到第 1 行、第 2 行和第 3 行，于是

$$M = \begin{bmatrix} 1 & 1 & 1 & 0 & 0 \\ 1 & 1 & 1 & 0 & 0 \\ 1 & 1 & 1 & 0 & 0 \\ 0 & 0 & 0 & 0 & 1 \\ 0 & 0 & 0 & 1 & 0 \end{bmatrix}$$

考察第 4 列元素，仅有 $m_{54}=1$，所以只需把第 4 行元素加到第 5 行，于是

$$M = \begin{bmatrix} 1 & 1 & 1 & 0 & 0 \\ 1 & 1 & 1 & 0 & 0 \\ 1 & 1 & 1 & 0 & 0 \\ 0 & 0 & 0 & 0 & 1 \\ 0 & 0 & 0 & 1 & 1 \end{bmatrix}$$

考察第 5 列元素，现有 $m_{45}=1$ 和 $m_{55}=1$，应把第 5 行元素分别加到第 4 行和第 5 行，于是

$$M = \begin{bmatrix} 1 & 1 & 1 & 0 & 0 \\ 1 & 1 & 1 & 0 & 0 \\ 1 & 1 & 1 & 0 & 0 \\ 0 & 0 & 0 & 1 & 1 \\ 0 & 0 & 0 & 1 & 1 \end{bmatrix}$$

最后所得的矩阵 M 就是 R 的传递闭包 $t(R)$ 的关系矩阵，由此可知

$$t(R) = \{(a_1,a_1),(a_1,a_2),(a_1,a_3),(a_2,a_1),(a_2,a_2),(a_2,a_3),(a_3,a_3),$$
$$(a_4,a_4),(a_4,a_5),(a_5,a_4),(a_5,a_5),(a_3,a_1),(a_3,a_2)\}$$

2.4　函数

函数是数学中基本的概念，也被称为映射，它确定了两个集合中元素之间的对应关系。

2.4.1　函数的基本概念

【定义 2.4.1】　设有集合 A 和 B，f 是 A 到 B 的二元关系，如果 f 满足：对于 A 中的每个元素 a，存在着 B 中的一个元素且仅有一个元素 b，使得 $(a,b) \in f$，则称 f 为 A 到 B 的函数。并把 $(a,b) \in f$ 记作 $f(a) = b$，其中 a 称为自变元或原像，b 称为对应于 a 的函数值或映像，集合 A 称为函数 f 的定义域，由所有映像作为元素构成的集合称为函数 f 的值域，并记作 $f(A)$。

由上述定义可知，函数是一种特殊的二元关系，其特殊之处在于：

①　函数要求 A 中的每个元素与 B 中的元素以 f 相关，由此可方便地把 A 作为函数 f 的定义域。

②　函数要求 A 中的每个元素只能与 B 中的一个元素以 f 相关，这表明我们讨论的函数是单值函数。

例如，集合 $A = \{c_1, c_2, c_3\}$，$B = \{b, r, w\}$，A 到 B 的二元关系 $f = \{(c_1,b),(c_2,b),(c_3,w)\}$，则 f 是 A 到 B 的函数，且

$$f(c_1) = b$$
$$f(c_2) = b$$
$$f(c_3) = w$$

如果集合 A 中的元素表示三只猫；B 中的元素 b 表示黑色的，r 表示红色的，w 表示白色的，那么 A 到 B 的函数 f 就说明了 A 中三只猫的颜色，其中 1 号猫和 2 号猫都是黑色的，3 号猫是白色的。易知，函数 f 的值域为 $f(A) = \{b, w\}$。

又如，集合 $A = \{1,2,3,4\}$，$B = \{1,2,3,4,5,6,7,8\}$，f_1, f_2, f_3, f_4 分别是 A 到 B 的二元关系，且

$$f_1 = \{(1,2),(2,4),(3,6),(4,8)\}$$
$$f_2 = \{(1,1),(2,2),(3,3)\}$$
$$f_3 = \{(1,3),(2,4),(3,5),(4,6)\}$$
$$f_4 = \{(1,1),(2,2),(2,3),(3,3),(4,4)\}$$

其中，f_1 和 f_2 是 A 到 B 的函数。

易见 $f_1(x) = 2x$，f_1 的值域 $f_1(A) = \{2,4,6,8\}$，$f_3(x) = x + 2$，f_3 的值域 $f_3(A) = \{3,4,5,6\}$；但 f_2 不是 A 到 B 的函数，因为 $4 \in A$，而 4 与 B 中的任何元素都不相关，因此 f_2 不是 A 到 B 的函数；f_4 不是 A 到 B 的函数，因为 $2 \in A$，而 2 与 B 中的两个元素 2 和 3 都相关，因此 f_4 不是函数。

当 f 为 A 到 B 的函数时，常记作 $f : A \to B$。

当 f 为 A 到 A 的函数时，常称 f 是 A 上的函数。

由函数的定义可知，函数是一种特殊的二元关系，而二元关系是以有序对作为元素构成的集合，因此函数也是一个集合，可以用集合相等的定义来定义函数的相等。

【定义 2.4.2】 设 f 和 g 都是 A 到 B 的函数，若对于 A 中任意元素 x，都有 $f(x)=g(x)$，则称函数 f 和 g 相等，记作

$$f = g$$

下面讨论函数的计数问题。

【例 2.9】 设 A 是具有 3 个元素的集合，B 是具有两个元素的集合，即 $|A|=3$，$|B|=2$，那么 A 到 B 可定义多少种不同的函数？

解：

为了便于叙述，不妨设 $A=\{x,y,z\}$，$B=\{a,b\}$，f 是 A 到 B 的函数。

易知，$f(x)$ 可以取 a 或 b 两个值；当 $f(x)$ 取定一个值时，$f(y)$ 又可取 a 或 b 两个值；而当 $f(y)$ 取定一个值时，$f(z)$ 又可取 a 或 b 两个值。

因此，A 到 B 可定义种 $2^3=8$ 不同的函数，如图 2.4-1 所示。

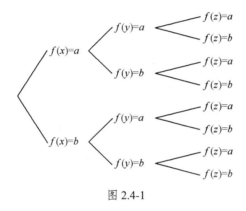

图 2.4-1

所以，这 8 种函数分别是：

$$f_1(x)=a, f_1(y)=a, f_1(z)=a$$
$$f_2(x)=a, f_2(y)=a, f_2(z)=b$$
$$f_3(x)=a, f_3(y)=b, f_3(z)=a$$
$$f_4(x)=a, f_4(y)=b, f_4(z)=b$$
$$f_5(x)=b, f_5(y)=a, f_5(z)=a$$
$$f_6(x)=b, f_6(y)=a, f_6(z)=b$$
$$f_7(x)=b, f_7(y)=b, f_7(z)=a$$
$$f_8(x)=b, f_8(y)=b, f_8(z)=b$$

一般，当 A 和 B 都是有限集时，若 $|A|=n$，$|B|=m$，则 A 到 B 可定义 m^n 个不同的函数。

【定义 2.4.3】 设 A、B 是集合，由所有 A 到 B 的函数作为元素构成的集合记作 B^A，即

$$B^A = \{f \mid f: A \to B\}$$

易见，当 A 和 B 为有限集时，若 $|A|=n$，$|B|=m$，则 $|B^A|=|B|^{|A|}=m^n$。

例如，在例 2.9 中，有

$$B^A = \{f_1, f_2, f_3, f_4, f_5, f_6, f_7, f_8\}$$

2.4.2 特殊函数

1．单射函数

【定义 2.4.4】 设 A、B 是集合，f 是 A 到 B 的函数，若对于 A 中任意两个元素 x_1，和 x_2，当 $x_1 \neq x_2$ 时，都有 $f(x_1) \neq f(x_2)$，则称 f 为单射函数。

单射函数要求不同的自变元有不同的函数值。

例如，设 $A = \{a,b,c\}$，$B = \{1,3,5,7\}$，f 是 A 到 B 的函数，且

$$f(a) = 1$$
$$f(b) = 3$$
$$f(c) = 7$$

易知，f 是 A 到 B 的单射函数。

又如，$\mathbf{Z}^+$ 是正整数集合，f 是 $\mathbf{Z}^+$ 到 $\mathbf{Z}^+$ 的函数，且对于任意正整数 n 都有 $f(n) = 3n+1$。当正整数 $n_1 \neq n_2$ 时，$3n_1+1 \neq 3n_2+1$，即 $f(n_1) \neq f(n_2)$，因此 f 是单射函数。

再如，如图 2.4-2 所示的两个函数中，图 2.4-2(a) 是单射函数，图 2.4-2(b) 不是单射函数。

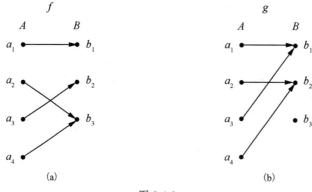

图 2.4-2

2．满射函数

【定义 2.4.5】设 A、B 是集合，f 是 A 到 B 的函数，若函数 f 的值域恰好是 B，即 $f(A) = B$，则称 f 为满射函数。

例如，$A = \{a,b,c,d\}$，$B = \{1,2,3\}$，f 是 A 到 B 的函数，且

$$f(a) = 2$$
$$f(b) = 1$$
$$f(c) = 2$$
$$f(d) = 3$$

易见，$f(A) = B$，因此 f 是满射函数。

又如，$\mathbf{Z}^+$ 是正整数集合，$\mathbf{E}^+$ 是正偶数集合，f 是 $\mathbf{Z}^+$ 到 $\mathbf{E}^+$ 的函数，且 $f(n) = 2n$，易见 f 是满射函数。

再如，如图 2.4-2 所示的两个函数中，图 2.4-2(a) 是满射函数，图 2.4-2(b) 不是满射函数。

3．双射函数

【定义 2.4.6】 设 A、B 是集合，f 是 A 到 B 的函数，若 f 既是单射函数又是满射函数，则

称 f 为 A 到 B 的双射函数或一一对应函数。

例如，$A = \{x, y, z\}$，$B = \{1, 2, 3\}$，f 是 A 到 B 的函数，且
$$f(x) = 1$$
$$f(y) = 3$$
$$f(z) = 2$$

则 f 是双射函数。

又如，$\mathbf{Z}^+$ 是正整数集合，$\mathbf{E}^+$ 是正偶数集合，f 是 $\mathbf{Z}^+$ 到 $\mathbf{E}^+$ 的函数，且 $f(n) = 2n$（n 是正整数），则 f 是 $\mathbf{Z}^+$ 到 $\mathbf{E}^+$ 的满射函数；又由于当 $n_1 \neq n_2$ 时，有 $2n_1 \neq 2n_2$，即 $f(n_1) \neq f(n_2)$，因此 f 又是 $\mathbf{Z}^+$ 到 $\mathbf{E}^+$ 的单射函数。由此可知，f 是 $\mathbf{Z}^+$ 到 $\mathbf{E}^+$ 的双射函数。

再如，如图 2.4-3 所示的两个函数中，图 2.4-3（a）是双射函数，图 2.4-3（b）不是双射函数。

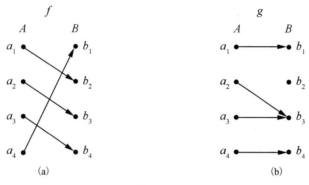

图 2.4-3

【例 2.10】 下列函数哪些是单射函数？哪些是满射函数？哪些是双射函数？

（1） $f : \mathbf{Z}^+ \to \mathbf{Z}^+, n \in \mathbf{Z}^+, f(n) = 2n$

（2） $f : A \to B, A = \{0, 1, 2\}, B = \{0, 1, 4\}, a \in A, f(a) = a^2$

（3） $f : \mathbf{Z} \to \mathbf{Z}, n \in \mathbf{Z}, f(n) = |n|$

（4） $f : \mathbf{R} \to \mathbf{R}, r \in \mathbf{R}, f(r) = r + 2$

（5） $f : \mathbf{Z} \to \{0, 1\}, n \in \mathbf{Z}, f(n) = \begin{cases} 0 & n = 0 \\ 1 & n \neq 0 \end{cases}$

（6） $f : \mathbf{Z}^+ \to \{0, 1, 2\}, n \in \mathbf{Z}^+, f(n) = \begin{cases} 0, & n\text{是偶数} \\ 1, & n\text{是奇数} \end{cases}$

解：

（1）f 是单射函数，但不是满射函数。

（2）f 是双射函数。

（3）f 不是单射函数，因为 $f(n) = |-n| = |n|$。f 也不是满射函数，如对于 $\mathbf{Z}$ 中的元素-1，不存在整数 n，使得 $f(n) = |n| = -1$。

（4）f 是双射函数。当 $r_1 \neq r_2$ 时，$r_1 + 2 \neq r_2 + 2$，即 $f(r_1) \neq f(r_2)$，因此 f 是单射函数；又由于对于任意实数 r，必存在实数 $r_1 = r - 2$，使得 $f(r_1) = f(r-2) = r$，因此 f 是满射函数。由

此可知，f 是双射函数。

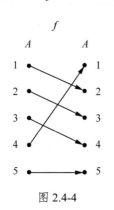

图 2.4-4

（5）f 是满射函数，但不是单射函数。

（6）f 既不是满射函数，也不是单射函数。

【例 2.11】 设 A 是集合，$|A|=5$，那么 A 上可定义多少种不同的双射函数？

解：

由于 $|A|=5$，不妨设 $A=\{1,2,3,4,5\}$，A 上的一种双射函数 f 如图 2.4-4 所示。f 所建立的对应关系可以写成如下形式：

$$f=\begin{vmatrix} 1 & 2 & 3 & 4 & 5 \\ 2 & 3 & 4 & 1 & 5 \end{vmatrix}$$

由此可知，当 $|A|=5$ 时，A 上的双射函数共 $5!=120$ 种。

【例 2.12】 设 A、B 是集合，$|A|=3$，$|B|=4$，那么：

（1）A 到 B 可定义多少种不同的单射函数？

（2）B 到 A 可定义多少种不同的满射函数？

解：

（1）由单射函数的定义可知，A 到 B 可定义 P_4^3 种单射函数，即 $P_4^3=4\times3\times2=24$ 种。

（1）如果把 B 中 4 个元素中的 2 个"合并"成一个元素，即把 B 看作由 3 个元素组成的集合。由于 3 个元素的集合到 3 个元素的集合的双射函数共 $3!=6$ 种，而把 4 个元素中的 2 个元素"合并"成一个元素的做法共 $C_4^2=6$ 种。由此可知，B 到 A 的满射函数共 $6\times6=36$ 种。

2.4.3 复合函数和逆函数

1. 复合函数

2.3 节中已经介绍了二元关系的复合，由于函数是一种特殊的二元关系，因此函数的复合方法应与二元关系的复合方法是一致的。但有一点尚需说明，当把函数 f 和 g 看作二元关系时，经复合后无疑是一个二元关系，但它是否是函数呢？回答是肯定的，函数经复合后仍然是函数。

【定理 2.4.1】 设 A,B,C 是集合，f 是 A 到 B 的二元关系，g 是 B 到 C 的二元关系。当 f 和 g 都是函数时，复合关系 $f\circ g$ 是 A 到 C 的函数。

证明：

需证对于 A 中任意元素 a，必存在 C 中唯一元素 c，使得 $(a,c)\in f\circ g$。

由于 f 是 A 到 B 的函数，因此 A 中任意元素 a，在 B 中有且仅有一个元素 b，使得 $(a,b)\in f$；又由于 g 是 B 到 C 的函数，因此对于 B 中元素 b，在 C 中有且仅有一个元素 c，使得 $(b,c)\in g$。

于是由复合关系的定义可知，对于 A 中任意元素 a，必有 C 中唯一的元素 c，使得 $(a,c)\in f\circ g$，由此证得复合关系 $f\circ g$ 是 A 到 C 的函数。

两个函数经复合后所得到的函数称为复合函数。复合函数在记法上与复合关系的记法稍有不同。

【定义 2.4.7】 设 A,B,C 是集合，f 是 A 到 B 的函数，g 是 B 到 C 的函数，f 和 g 的复

合函数记作 $g \circ f$，它是 A 到 C 的函数，当 $a \in A, b \in B, c \in C$ 且 $f(a)=b, g(b)=c$ 时，$g \circ f(a)=c$。

注意：当把 f 和 g 看作二元关系时，其复合关系记作 $f \circ g$；但当把 f 和 g 看作函数时，复合函数应记作 $g \circ f$。

复合函数之所以采用这样的记法，是为了便于进行函数的复合运算。这样的记法使得

$$g \circ f(x) = g(f(x))$$

例如，集合 $A=\{x,y,z\}, B=\{a,b,c,d\}, C=\{1,2,3\}$，$f$ 是 A 到 B 的函数，g 是 B 到 C 的函数，定义为

$$
\begin{aligned}
f(x) &= a & g(a) &= 2 \\
f(y) &= d & g(b) &= 3 \\
f(z) &= b & g(c) &= 1 \\
& & g(d) &= 1
\end{aligned}
$$

复合函数 $g \circ f$ 是 A 到 C 的函数，且

$$
\begin{aligned}
g \circ f(x) &= g(f(x)) = g(a) = 2 \\
g \circ f(y) &= g(f(y)) = g(d) = 1 \\
g \circ f(z) &= g(f(z)) = g(b) = 3
\end{aligned}
$$

由此可见，把复合函数记作 $g \circ f$ 时，能方便地进行函数的复合运算。

【例 2.13】 设集合 $A=\{a,b,c\}$，$f_1, f_2, f_3, f_4, f_5, f_6$ 是 A 上的函数，定义为

$$
\begin{aligned}
f_1(a) &= a, f_1(b) = b, f_1(c) = c \\
f_2(a) &= a, f_2(b) = c, f_2(c) = b \\
f_3(a) &= b, f_3(b) = a, f_3(c) = c \\
f_4(a) &= b, f_4(b) = c, f_4(c) = a \\
f_5(a) &= c, f_5(b) = a, f_5(c) = b \\
f_6(a) &= c, f_6(b) = b, f_6(c) = a
\end{aligned}
$$

求 $f_1 \circ f_2$，$f_3 \circ f_4$，$f_5 \circ f_6$。

解：

$$
\begin{aligned}
f_1 \circ f_2(a) &= f_1(f_2(a)) = f_1(a) = a \\
f_1 \circ f_2(b) &= f_1(f_2(b)) = f_1(c) = c \\
f_1 \circ f_2(c) &= f_1(f_2(c)) = f_1(b) = b
\end{aligned}
$$

由此可得 $f_1 \circ f_2 = f_2$。

$$
\begin{aligned}
f_3 \circ f_4(a) &= f_3(f_4(a)) = f_3(b) = a \\
f_3 \circ f_4(b) &= f_3(f_4(b)) = f_3(c) = c \\
f_3 \circ f_4(c) &= f_3(f_4(c)) = f_3(a) = b
\end{aligned}
$$

由此可得 $f_3 \circ f_4 = f_2$。

$$
\begin{aligned}
f_5 \circ f_6(a) &= f_5(f_6(a)) = f_5(c) = b \\
f_5 \circ f_6(b) &= f_5(f_6(b)) = f_5(b) = a \\
f_5 \circ f_6(c) &= f_5(f_6(c)) = f_5(a) = c
\end{aligned}
$$

由此可得 $f_5 \circ f_6 = f_3$。

【例 2.14】 设 $\mathbf{R}' = \mathbf{R} - \{0,1\}$ 是不含 0 和 1 的实数集合，在 $\mathbf{R}'$ 上定义函数

$$f_1(x) = \frac{1}{x} \qquad\qquad f_2(x) = 1 - x$$

$$f_3(x) = \frac{1}{1-x} \qquad f_4(x) = \frac{x-1}{x} \qquad f_5(x) = \frac{x}{x-1}$$

试证：$f_1 \circ f_2 = f_3$，$f_2 \circ f_3 = f_5$，$f_4 \circ f_5 = f_1$。

证明：

由题设可知

$$f_1 \circ f_2(x) = f_1(f_2(x)) = f_1(1-x) = \frac{1}{1-x} = f_3(x)$$

由此证得 $f_1 \circ f_2 = f_3$。

又由于

$$f_2 \circ f_3(x) = f_2(f_3(x)) = f_2\left(\frac{1}{1-x}\right) = 1 - \frac{1}{1-x} = f_5(x)$$

由此证得 $f_2 \circ f_3 = f_5$。

再由于

$$f_4 \circ f_5(x) = f_4(f_5(x)) = f_4\left(\frac{x}{x-1}\right) = \frac{\frac{x}{x-1}-1}{\frac{x}{x-1}} = \frac{1}{x} = f_1(x)$$

由此证得 $f_4 \circ f_5 = f_1$。

由于二元关系的复合运算满足结合律，因此函数的复合运算也满足结合律，即

$$(f \circ g) \circ h = f \circ (g \circ h)$$

对于特殊函数的复合运算有如下定理。

【定理 2.4.2】 f 是 A 到 B 的函数，g 是 B 到 C 的函数。

（1）如果 f 和 g 都是单射函数，则 $g \circ f$ 也是单射函数。

（2）如果 f 和 g 都是满射函数，则 $g \circ f$ 也是满射函数。

（3）如果 f 和 g 都是双射函数，则 $g \circ f$ 也是双射函数。

证明：

（1）由于 f 和 g 都是单射函数，因此当 $x_1, x_2 \in A$ 且 $x_1 \neq x_2$ 时，有

$$f(x_1) \neq f(x_2), \qquad\qquad g(f(x_1)) \neq g(f(x_2))$$

因此当 $x_1 \neq x_2$ 时，$g \circ f(x_1) \neq g \circ f(x_2)$，由此证得 $g \circ f$ 是单射函数。

（2）由于 g 是 B 到 C 的满射函数，对于 C 中任意元素 c，必有 $b \in B$，使得 $g(b) = c$；又由于 f 是 A 到 B 的满射函数，因此必有 $a \in A$，使得 $f(a) = b$，由此可得

$$g \circ f(a) = g(f(a)) = g(b) = c$$

因此，对于 C 中任意元素 c，必有 $a \in A$，使得 $g \circ f(a) = c$，由此证得 $g \circ f$ 是满射函数。

（3）由（1）和（2）的证明结果即可得证。

2．逆函数

对于二元关系 R，只要颠倒 R 中的所有有序对中两个元素的排列顺序，就能得到 R 的逆关系 R^{-1}。但对于函数 f，把 f 看作二元关系时，其逆关系不一定是函数。

例如，$A = \{a,b,c\}$，$B = \{1,2,3,4\}$，f 是 A 到 B 的函数，定义为 $f(a) = 1$，$f(b) = 1$，$f(c) = 3$，

如果把 f 写成有序对的形式 $f = \{(a,1),(b,1),(c,3)\}$，易知其逆关系为

$$f^{-1} = \{(1,a),(1,b),(3,c)\}$$

显然，f^{-1} 不能构成 B 到 A 的函数。

容易看到，只有当 f 为双射函数时，其逆关系才能成为函数。

【定理 2.4.3】 设 f 是 A 到 B 的双射函数，则 f 的逆关系是 B 到 A 的函数，并且是 B 到 A 的双射函数。

【定义 2.4.8】 设 f 是 A 到 B 的双射函数，其逆关系称为 f 的逆函数（或反函数），记作 f^{-1}。

例如，$A = \{x,y,z\}$，$B = \{1,2,3\}$，f 是 A 到 B 的双射函数，定义为

$$f(x) = 2，f(y) = 1，f(z) = 3$$

即

$$f = \{(x,2),(y,1),(z,3)\}$$

其逆关系为

$$f^{-1} = \{(2,x),(1,y),(3,z)\}$$

其逆函数为

$$f^{-1}(1) = y，f^{-1}(2) = x，f^{-1}(3) = z$$

习 题 2

1．设 $A = \{1,2\}$，$B = \{x,y\}$，求笛卡儿乘积 $A \times B$，$B \times A$，$A \times A$，$B \times B$。

2．设 $A = \{1,2,3\}$，$B = \{1,3,5\}$，$C = \{a,b\}$，求 $(A \cap B) \times C$。

3．设 $A = \{1,2\}$，$B = \{2,3\}$，$C = \{x,y\}$，求 $(A \cup B) \times C$。

4．设 $A = \{a,b\}$，写出 A 上所有不同的二元关系。

5．在一个有 n 个元素的集合上，可以有多少种不同的二元关系？

6．设 $A = \{1,2,3,4,5,6,7,8,9\}$，$R$ 是 A 上的模 4 同余关系，即当 $a,b \in A$ 且 a 和 b 被 4 除后余数相同时，$(a,b) \in R$。求 R 的表格表示与矩阵表示。

7．设 $A = \{a,b,c,d,e\}$，$B = \{1,2,3\}$，R 是 A 到 B 的二元关系，且

$$R = \{(a,2),(b,1),(c,3),(d,1),(d,2)\}.$$

求 R 的表格表示、关系矩阵和关系图，并写出 R 的前域和值域。

8．设 $A = \{1,2,3,4,5\}$，R 是 A 上的二元关系，且

$$R = \{(1,1),(1,2),(1,3),(1,5),(2,1),(2,3),(4,3),(4,5),(5,1),(5,2),(5,3),(5,5)\}.$$

写出 R 的关系矩阵和关系图，并写出 R 的前域和值域。

9．用设 $A = \{1,2,3,4,6,12\}$，R 是 A 上的小于等于关系，S 是 A 上的整除关系。写出 $R \cup S$，$R \cap S$ 的关系矩阵。

10．设 $A = \{1,2,3,4,6,12\}$，R 是 A 上的二元关系，满足对于 A 中元素 a 和 b，当 $a \cdot b > 0$ 时 $(a,b) \in R$。写出 R 的关系矩阵和关系图。

11．设 $A = \{1,2,3\}$，对于下列 A 上的二元关系，说明哪些是自反的、反自反的、对称的、反对称的、传递的。

（1）$R = \{(1,1),(1,2),(1,3),(3,2)\}$　　　（2）$R = \{(1,1),(2,2),(3,3),(1,2),(2,1)\}$

（3）$R = \{(1,1),(2,2),(3,1),(3,2)\}$　　　（4）$R = \{(2,2),(1,2),(1,3),(2,1)\}$

(5)　$R = \{(1,2),(2,3),(1,3)\}$　　　　　　(6)　$R = \{(1,1),(2,1),(1,2),(2,2),(2,3),(3,2),(3,3),(3,1)\}$

(7)　$R = \{(1,1),(2,2),(3,3),(1,2)\}$　　　　(8)　$R = \{(1,1),(2,2)\}$

(9)　$R = \{(1,2),(2,1)\}$　　　　　　　　(10)　$R = \{(1,1),(1,3),(3,1)\}$

12. 设 $A = \{a_1,a_2,a_3,a_4,a_5\}$，$R$ 是 A 上的二元关系，其关系矩阵为

$$M_R = \begin{bmatrix} 0 & 1 & 1 & 0 & 0 \\ 0 & 0 & 1 & 0 & 0 \\ 0 & 0 & 0 & 0 & 0 \\ 0 & 0 & 1 & 0 & 0 \\ 1 & 1 & 1 & 1 & 0 \end{bmatrix}$$

判断 R 是否为传递关系。

13. 设 $A = \{a_1,a_2,a_3,a_4,a_5,a_6\}$，$R$ 是 A 上的二元关系，其关系矩阵为

$$M_R = \begin{bmatrix} 0 & 1 & 0 & 0 & 0 & 1 \\ 0 & 0 & 0 & 0 & 0 & 1 \\ 0 & 1 & 1 & 0 & 0 & 1 \\ 1 & 1 & 0 & 0 & 0 & 0 \\ 0 & 0 & 0 & 0 & 1 & 0 \\ 1 & 1 & 1 & 0 & 1 & 0 \end{bmatrix}$$

判断 R 是否为传递关系。

14. 如果 R 和 R' 都是 A 上的对称关系，问：

(1)　$R \cup R'$ 是对称关系吗？　　　　　　(2)　$R \cap R'$ 是对称关系吗？

15. 如果 R 和 R' 都是 A 上的反对称关系，问：

(1)　$R \cup R'$ 是对称关系吗？　　　　　　(2)　$R \cap R'$ 是对称关系吗？

16. 设集合 A 中含有 5 个元素，问：。

(1)　A 上可定义多少种自反关系？　　　　(2)　A 上可定义多少种反自反关系？

(3)　A 上可定义多少种对称关系？

(4)　A 上可定义多少种既是自反又是对称的二元关系？

(5)　A 上可定义多少种既是对称又是反对称的二元关系？

17. 设 $A = \{1,2,3\}$，下列 A 上的二元关系中，哪些是等价关系？

(1)　$R = \{(1,1),(2,2),(3,3),(1,2),(2,1)\}$　　(2)　$R = \{(1,1),(2,2),(3,3),(2,3)\}$

(3)　$R = \{(1,1),(2,2),(1,2),(2,1)\}$　　　　(4)　$R = \{(1,2),(2,1),(1,3),(3,1)\}$

(5)　$R = \{(1,1),(2,2),(2,3)\}$

18. 设 $A = \{1,2,3,4,5,6,7,8,9,10\}$，$R$ 是 A 上的模 4 同余关系。请写出 A 中各元素的等价类以及 A 关于 R 的商集 A/R。

19. 设 $A = \{2,4,6,8,10,12,14,16\}$，$R$ 是 A 上的模 3 同余关系。请写出 A 中各元素的等价类以及 A 关于 R 的商集 A/R。

20. 设 R 是集合 A 上的自反关系，且当 $(a,b) \in R$ 和 $(b,c) \in R$ 时，必有 $(c,a) \in R$。证明：R 是 A 上的等价关系。

21. 用设 $A = \{1,2,3,4,5,6,7\}$，A 上的划分 $S = \{\{1,4,5\},\{2,7\},\{3,6\}\}$。请写出划分 S 所对应的等价关系的表格表示。

22. 设 $A = \{1,2,3,4,5\}$，请写出下列 A 上的等价关系所对应的划分。

(1)　R 是 A 上的全域关系（即 $R = A \times A$）　(2)　R 是 A 上的模 2 同余关系

(3)　$R = \{(1,1),(2,2),(3,3),(4,4),(5,5),(1,2),(2,1)\}$

23. 设集合 A 中有 3 个元素，问：A 上可定义多少种等价关系？

24. 设集合 A 中有 5 个元素，问：A 上有多少种恰好有两个块的划分？

25. 设 $A = \{1,2,3\}$，下列关系中，哪些是偏序关系？

(1) $R = \{(1,1),(2,2),(3,3),(1,2)\}$ (2) $R = \{(1,1),(2,2),(3,3),(1,2),(1,3),(2,3)\}$

(3) $R = \{(1,1),(2,2),(3,3),(1,2),(2,3)\}$ (4) $R = \{(1,1),(1,2),(1,3)\}$

(5) $R = \{(1,1),(2,2),(3,3),(2,1),(3,1),(3,2)\}$

26. 设 $(A,\prec)$ 是偏序集，$A = \{1,2,3,4,5,6,7,8,9,10,12,24\}$，$\prec$ 是整除关系。请画出偏序集 $(A,\prec)$ 的哈斯图。

27. 设 $(A,\prec)$ 是偏序集，$A = \{2,3,4,5,6,7,8,9,10,12,16,20\}$，$\prec$ 是整除关系。画出偏序集 $(A,\prec)$ 的哈斯图，并指出偏序集的极大元、极小元和最大元、最小元（如果存在的话）。

28. 设 $(A,\prec)$ 是偏序集，$A = \{1,2,3,4,5,6,8,10,12,16,24,32\}$，$\prec$ 是整除关系。写出子集 $\{1,2,3,4\}$ 的上界和上确界，写出子集 $\{2,4,8\}$ 的上界和上确界。

29. 设 $A = \{x,y,z\}$，$B = \{1,2,3,4\}$，$C = \{a,b,c,d\}$，R 是 A 到 B 的二元关系，S 是 B 到 C 的二元关系，分别定义为

$$R = \{(x,1),(x,2),(y,2),(z,3)\}, \quad S = \{(1,a),(2,a),(2,b),(3,d),(4,c)\}$$

试利用关系图求 $R \circ S$。

30. 设 $A = \{a,b,c,d\}$，R 和 S 都是 A 上的二元关系，分别定义为

$$R = \{(a,b),(b,c),(c,d),(d,b)\}, \quad S = \{(a,a),(b,a),(c,b),(d,a),(d,c)\}$$

试利用关系图求 $R \circ S$。

31. 设 $A = \{1,2,3,4\}$，R 和 S 都是 A 上的二元关系，分别定义为

$$R = \{(1,2),(2,3),(3,4),(4,1)\}, \quad S = \{(1,1),(1,3),(2,2),(2,4),(3,2),(3,4)\}$$

试利用关系矩阵求 $R \circ S$、$S \circ R$ 和 R^2。

32. 设 $A = \{a,b,c\}$，$R = \{(a,a),(a,b),(b,c),(c,c)\}$，求 $R \circ R^{-1}$ 和 $R^{-1} \circ R$。

33. 设 R 是 A 上的传递关系，证明 R^2 也是 A 上的传递关系。

34. 设 R 是 A 上的反自反关系，说明 R^2 不一定是 A 上的反自反关系。

35. 设 R 是 A 上的反对称关系，说明 R^2 不一定是 A 上的反对称关系。

36. 设 $A = \{a,b,c,d\}$，$R = \{(a,a),(a,b),(b,b),(b,c),(c,b),(a,d)\}$。求 R 的自反闭包和对称闭包。

37. 设 $A = \{a,b,c,d\}$，$R = \{(a,a),(a,b),(b,c),(c,d),(d,d)\}$。求 R 的传递闭包。

38. 设 $A = \{a_1,a_2,a_3,a_4,a_5\}$，$R$ 是 A 上的二元关系，其关系矩阵如下，求 R 的传递闭包。

$$
\begin{array}{ccccc}
a_1 & a_2 & a_3 & a_4 & a_5
\end{array}
$$
$$
\begin{bmatrix}
1 & 1 & 0 & 1 & 0 \\
1 & 0 & 0 & 0 & 0 \\
1 & 0 & 0 & 0 & 0 \\
0 & 0 & 1 & 0 & 0 \\
1 & 0 & 1 & 0 & 0
\end{bmatrix}
$$

39. 设 $A = \{x,y,z\}$，$B = \{1,2,3,4\}$，下列 A 到 B 的二元关系中，哪些是函数？

(1) $\{(x,1),(x,2),(y,3),(z,4)\}$ (2) $\{(x,2),(y,3),(z,4)\}$

(3) $\{(y,2),(z,3)\}$ (4) $\{(x,4),(y,4),(z,4)\}$

(5) $\{(x,1),(y,2),(y,4),(z,3)\}$ (6) $\{(x,1),(y,2)\}$

40. 设 $|A| = 3$，问：

（1）A 上可定义多少种函数？　　　　（2）A 到 $A \times A$ 可定义多少种函数？

（3）$A \times A$ 到 A 可定义多少种函数？　　　（4）$A \times A$ 到 $A \times A$ 可定义多少种函数？

41．设集合 $A = \{a,b,c\}$，$B = \{0,1\}$，请写出所有 A 到 B 的函数与所有 B 到 A 的函数。

42．设 $A = \{1,2\}$，求 A^A。

43．下列函数中，哪些是单射函数？哪些是满射函数？哪些是双射函数？

（1）$f : A \to B, A = \{1,2,3\}, B = \{1,2,3,4,5,6\}, f(a) = 2a$

（2）$f : \mathbf{Z}^+ \to \mathbf{Z}^+, f(n) = n^2$

（3）$f : \mathbf{Z} \to \mathbf{Z}, f(n) = n^2$

（4）$f : \mathbf{R} \to \mathbf{R}, f(x) = x^2 + 2$

（5）$f : \mathbf{R} \to \mathbf{R}, f(x) = 2x + 3$

（6）$f : \mathbf{Z} \to \mathbf{Z}, f(n) = n^3$

（7）$f : \mathbf{Z}^+ \to \mathbf{Z}^+, f(n) = \begin{cases} 0, & n\text{是偶数} \\ 1, & n\text{是奇数} \end{cases}$

（8）$f : \mathbf{Z} \to \{0,1\}, f(n) = \begin{cases} 1, & n = 1 \\ 0, & n \neq 1 \end{cases}$

（9）$f : \mathbf{R} \to \mathbf{R}, f(x) = 2^x$

（10）$f : \mathbf{Z}^+ \to \mathbf{Z}^+, f(n) = n + 1$

44．设 $A = \{x,y\}$，$B = \{1,2,3\}$，写出：

（1）A 到 B 的所有单射函数　　　　（2）B 到 A 的所有满射函数

（3）A 到 A 的所有双射函数　　　　（4）B 到 B 的所有双射函数

45．设集合 A 有 2 个元素，集合 B 有 5 个元素，问：

（1）A 到 B 可定义多少种单射函数？　　（2）B 到 A 可定义多少种满射函数？

46．在不含 0 和 1 的实数集上定义函数

$$f_1(x) = x, \quad f_2(x) = \frac{1}{1-x}, \quad f_3(x) = \frac{x-1}{x}$$

证明：$f_2 \circ f_3 = f_3 \circ f_2$，$f_2 \circ f_2 = f_3$，$f_3 \circ f_3 = f_2$。

47．设 $A = \{a,b\}$，f_1, f_2, f_3, f_4 是 A 上的函数，定义为

$$f_1(a) = a, f_1(b) = b$$
$$f_2(a) = b, f_2(b) = a$$
$$f_3(a) = a, f_3(b) = a$$
$$f_4(a) = b, f_4(b) = b$$

证明：$f_2 \circ f_3 = f_4$，$f_3 \circ f_2 = f_3$。

48．说明下列函数中哪些有逆函数。

（1）$f : \mathbf{R} \to \mathbf{R}, f(x) = 2x + 1$　　　（2）$f : \mathbf{R} \to \mathbf{R}, f(x) = x^2$

（3）$f : \{0,4\} \to \{0,16\}, f(a) = a^2$　　　（4）$f : \mathbf{Z} \to \mathbf{Z}, f(n) = |n|$

49．设 $A = \{1,2,3\}$，$B = \{a,b,c\}$，f 是 A 到 B 的双射函数，且 $f(1) = b, f(2) = a, f(3) = c$，求：$f^{-1}$、$f \circ f^{-1}$、$f^{-1} \circ f$。

第3章 组合数学初步

3.1 组合数学简述

生活中，组合数学随处可见。你是否曾经遇到这样的问题：有 n 个参赛队，每个队只能与其他队比赛一次，那么有多少场比赛呢？你是否曾经想过，在用笔遍历某个网络时，在笔不离开纸且网络任何一部分只能经过一次的条件下，有多少遍历方法呢？你是否尝试着解决一个数独问题呢？这些都是组合问题，组合数学扎根于数学和游戏之中。过去研究过的许多问题，不论是出于娱乐还是出于美学的需求，现今在纯科学和应用科学领域都有着高度的重要性。今天，组合数学是数学的一个重要分支、组合数学高速成长起来的原因之一是计算机在我们的社会中起着重要作用。因为计算机的速度不断增加，所以它们已经能够处理大型问题，这在之前是不可能做到的。

组合数学持续发展的另一个原因是它能够运用到很多学科，而之前这些学科与数学几乎没有关联。因此，我们会发现组合数学的思想和技术不仅用于传统的应用科学领域（如物理学），还应用于社会科学、生物科学、信息论等领域。另外，组合数学和组合数学思想在很多数学分支中变得越来越重要。

组合数学关心的问题就是把某个集合中的对象排列成某种模式，使其满足一些指定的规则。如果特定问题的排列数量较小，那么我们可以列出这些排列。这里，重要的是要理解列出所有排列和确定它们的数量之间的差异。一旦这些排列被列出来，那么我们可以对某个自然数 n 建立它们与整数集合 $\{1,2,3,\cdots,n\}$ 之间的一一对应，从而计算这些排列。我们的计算方法是 $1,2,3,\cdots,n$。然而我们主要关心的是，对于特定类型的排列，在不列出它们的情况下确定这些排列的技术问题。当然，这个排列数目也许非常大，以致我们无法把它们全部列出来。

下面是两种常常出现的组合问题。

① 研究已知的排列。完成构建满足特定条件的排列后，接下来研究它的性质和结构。

② 构造最优排列。如果存在多个可行的排列，那么我们也许想要确定满足某些优化标准的排列，也就是说，在某种指定的意义下去寻找一个"最好"或者"最优"的排列。

因此，关于组合数学的一般描述也许就是，组合数学是研究离散构造的存在、计数、分析和优化等问题的一门学科。

组合问题的解决方案通常可以使用专门论证来获取，有时需要结合一般理论的使用。我们不可能总是退回到公式或者已知的结果上。组合问题的一个典型解决方法可能包含如下步骤：① 建立数学模型；② 研究模型；③ 计算若干小案例，树立信心，洞察一切；④ 运用详细的推理和巧思最终找到问题的答案。与此同时，在解决组合问题时，经验是非常重要的。也就是说，用组合数学解决问题与用数学解决问题一样，你解决的问题越多，就越有可能解决随后的新问题。

下面考虑几个组合问题的粗浅例子。前几个问题相对简单，而后几个问题的结果曾经是组合数学的主要成就，将在后续章节中详细讨论。

3.1.1　棋盘的完美覆盖

一个普通棋盘被分成 8 行 8 列，共 64 个 1×1 方格，有一些形状相同的 1×2 多米诺骨牌，每张牌正好可以覆盖棋盘上两个相邻的方格。是否能够把 32 张多米诺骨牌摆放在棋盘上，使得没有两张牌重叠，且在每张牌覆盖两个方格的条件下覆盖棋盘上的所有方格呢？我们把这样的摆放称为棋盘的多米诺骨牌完美覆盖或者盖瓦。

这是一个简单的摆放问题，我们可以很快构造出很多不同的完美覆盖。计算出不同完美覆盖的数量虽然比较困难，但不是没有可能。我们可以用更一般的棋盘代替常用的棋盘，这个更一般的棋盘拥有 m 行 n 列，被分成 $m\times n$ 个方格。此时，它的完美覆盖不一定存在。事实上，3×3 棋盘就不存在完美覆盖。那么，什么样的 $m\times n$ 棋盘存在完美覆盖呢？不难看出，$m\times n$ 棋盘有完美覆盖，当且仅当 m 和 n 中至少有一个是偶数，或者等价地说成：当且仅当这个棋盘的方格总数是偶数。

再来考虑 8×8 棋盘，剪掉一条对角线上两个对角上的两个方格，于是剩余方格总数是 62 个。那么，是否有可能用 31 张多米诺骨牌得到这个"被剪过的"棋盘的完美覆盖呢？尽管这个棋盘与 8×8 棋盘非常接近，8×8 棋盘有 1200 多万个完美覆盖，但是这个被剪过的棋盘没有完美覆盖。这个结论的证明本身就是一个简单又巧妙的组合推理的实例。

在标准 8×8 棋盘上，把方格交替地涂上黑色和白色，于是有 32 个白色方格和 32 个黑色方格。如果剪掉一条对角线的两个对角上的方格，就剪掉了相同颜色的两个方格，如两个白色方格，因此剩下 32 个黑色方格和 30 个白色方格。但是每张多米诺骨牌要覆盖一个黑格和一个白格，因此在棋盘上 31 张不重叠的多米诺骨牌覆盖 31 个黑格和 31 个白格。这样我们得出的结论是，这个被剪过的棋盘没有完美覆盖。上述推理可以总结为：

$$31\ \boxed{\text{B}\ \ \text{W}}\ \neq\ 32\ \boxed{\text{B}}\ +30\ \boxed{\text{W}}$$

下面给出一个有特色的多米诺骨牌问题，并以此结束本节内容。

考虑 4×4 棋盘，用 8 张多米诺骨牌就可以完美覆盖它。证明，总可以把这个棋盘横着切成非空的两块或者竖着切成非空的两块而不切断 8 张多米诺骨牌中的任意一张，那么这样的水平切割直线或者垂直切割直线被称为这个完美覆盖的断层线（Fault Line）。因此，一条水平断层线表明这个 4×4 棋盘的完美覆盖是由这样两个完美覆盖组成的：对于某个 $k=1,2,3$，一个是 $k\times4$ 棋盘的完美覆盖，另一个是 $(4-k)\times4$ 棋盘的完美覆盖。假设 4×4 棋盘存在这样一个完美覆盖，使得把棋盘切成两个非空部分的三条水平切割线和垂直切割线都不是断层线。设 x_1,x_2,x_3 分别是被水平切割线切到的多米诺骨牌数，如图 3.1-1 所示。

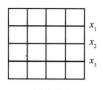

图 3.1-1

因为这个完美覆盖没有断层线，所以 x_1,x_2,x_3 都是正数。水平方向的多米诺骨牌覆盖一行上的两个方格，垂直方向的多米诺骨牌在两行上分别覆盖一个方格。于

是可以得出结论 x_1, x_2, x_3 都是偶数，即 $x_1 + x_2 + x_3 \geq 2 + 2 + 2 = 6$，而且在这个完美覆盖中至少有 6 个垂直方向上的多米诺骨牌。类似地，我们可以得出至少存在 6 个水平方向上的多米诺骨牌。由于 12>8，于是得到一个矛盾的结论。

因此，4×4 棋盘的多米诺骨牌的完美覆盖必产生断层线。

3.1.2　幻方

幻方是最古老且最流行的数学游戏之一，曾激起很多重要历史名人的兴趣。n 阶幻方就是一个由整数 $1,2,3,\cdots,n^2$ 按照下面的方式构成的 $n \times n$ 矩阵：它的每一行和每一列以及两条对角线上的数字总和相等，都等于某个整数 s。这个整数 s 被称为这个幻方的幻和。下面是幻和分别为 15 和 34 的 3 阶幻方和 4 阶幻方：

$$\begin{bmatrix} 8 & 1 & 6 \\ 2 & 5 & 7 \\ 4 & 9 & 2 \end{bmatrix} 和 \begin{bmatrix} 16 & 3 & 2 & 13 \\ 5 & 10 & 11 & 8 \\ 9 & 6 & 7 & 12 \\ 4 & 15 & 14 & 1 \end{bmatrix}$$

n 阶幻方中所有整数的和是

$$1 + 2 + 3 + \cdots + n^2 = \frac{n^2(n^2+1)}{2}$$

上面的和利用了算术级数的求和公式。因为 n 阶幻方有 n 行，且幻和是 s。所以可以得到关系式 $ns = n^2(n^2+1)/2$。因此，任意两个 n 阶幻方都有相同的幻和，即 $s = n(n^2+1)/2$。

与此相关的组合问题是确定可以构成 n 阶幻方的 n 的值以及寻找构造幻方的一般方法。不难验证，不存在 2 阶幻方（其幻和应该是 5），而对于其他所有 n，都可以构造出 n 阶幻方。特殊的构造方法有很多，这里介绍一种，是 la Loubere 在 17 世纪发现的构造方法，其中 n 是奇数。下面的幻方都是根据 la Loubere 的方法构造而成的。

$$\begin{bmatrix} 17 & 24 & 1 & 8 & 15 \\ 23 & 5 & 7 & 14 & 16 \\ 4 & 6 & 13 & 20 & 22 \\ 10 & 12 & 19 & 21 & 3 \\ 11 & 18 & 25 & 2 & 9 \end{bmatrix}$$

$$\begin{bmatrix} 52 & 61 & 4 & 13 & 20 & 29 & 36 & 45 \\ 14 & 4 & 62 & 51 & 46 & 35 & 30 & 19 \\ 53 & 60 & 5 & 12 & 21 & 28 & 37 & 44 \\ 11 & 6 & 59 & 54 & 43 & 38 & 27 & 22 \\ 55 & 58 & 7 & 10 & 23 & 26 & 39 & 42 \\ 9 & 8 & 57 & 56 & 41 & 40 & 25 & 24 \\ 50 & 63 & 2 & 15 & 18 & 31 & 34 & 47 \\ 16 & 1 & 64 & 49 & 48 & 33 & 32 & 17 \end{bmatrix}$$

构造阶数不等于 2 的偶数阶幻方和奇数阶幻方的其他方法可以在 Rouse Ball 的著作中找到。上面包含富兰克林构造的一个 8 阶幻方。

尽管幻方仍继续吸引着数学家们的注意，但本书不再对此进一步讨论。

3.1.3　四色问题

考虑平面地图或者球面地图，其上的国家（或地区）都是连通区域。为了快速区分出不同的国家（或地区），我们必须给它们着色，使得有共同边界的两个国家（或地区）是不同的颜

色（角点不算作共同边界）。能保证如此着色的每张地图所需要的最少颜色数量是多少？直到

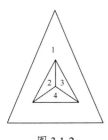

图 3.1-2

不久前，这一问题还是数学中尚未解决的著名问题之一。容易看到，有些地图需要四种颜色，如图 3.1-2 给出的地图，因为其中四个国家（或地区）的每对国家都有共同的边界，显然需要四种颜色。1890 年，Heawood 证明了五种颜色足以给任何一张地图着色（将在第 4 章进行证明）。事实上，在平面地图上不存在两两具有共同边界的五个国家，但不意味着四种颜色足以给地图着色，或存在某个平面地图由于某种微妙关系而需要五种颜色。目前有很多方法证明仅用四种颜色便可以给每张平面地图着色，但是它们实质上都需要借助计算机进行计算。

第 4 章将给出这个结论的证明，也不难证明不存在这样的平面地图，有五个国家（或地区），每对国家（或地区）都有共同的边界。如果这样的地图存在，那么它将需要五种颜色。但是没有每两个国家有共同边界的五个国家并不表示四种颜色足以给它着色，完全有可能存在某个平面地图因为某种很微妙的原因而需要五种颜色着色。

3.1.4　36 军官问题

给定来自 6 种军衔和 6 个军团的 36 名军官，能不能把他们排列成一个 6×6 编队，使得每一行和每一列满足每个军衔有一名军官且每个军团有一名军官呢？这个问题是 18 世纪由瑞典数学家欧拉提出的一个数学娱乐问题，对统计学特别是实验设计等产生了重要的影响。

可以给一名军官指定一个有序对 (i, j) ，其中 $i\,(i=1,2,\cdots,6)$ 表示他的军衔， $j\,(j=1,2,\cdots,6)$ 表示他所属的军团，并将其分割成两个 6×6 矩阵，分别表示军衔矩阵和军团矩阵。于是，这个问题可以陈述为：是否存在两个 6×6 矩阵，它们的项都取自整数 $1,2,\cdots,6$ ，使得在这两个矩阵中的每一行和每一列的整数 $1,2,\cdots,6$ 都以某种顺序出现，而且当并置（Juxtapose）这两个矩阵时，所有序对 $(i,j)\,(i,j=1,2,\cdots,6)$ 全部出现呢？

为了使这个问题具体化，假设有 9 名军官，分别来自 3 个不同的军衔和 3 个不同军团。于是，这个问题的一个解是

$$
\begin{bmatrix} 1 & 2 & 3 \\ 3 & 1 & 2 \\ 2 & 3 & 1 \end{bmatrix} \times \begin{bmatrix} 1 & 2 & 3 \\ 2 & 3 & 1 \\ 3 & 1 & 2 \end{bmatrix} \rightarrow \begin{bmatrix} (1,1) & (2,2) & (3,3) \\ (3,2) & (1,3) & (2,1) \\ (2,3) & (3,1) & (1,2) \end{bmatrix} \tag{3.1}
$$

军衔军阵　　军团矩阵　　　　并置矩阵

军衔矩阵和军团矩阵是 3 阶拉丁方（Latin Square）的例子，整数 1、2、3 分别在每一行和每一列上出现一次。式 (3.1) 中的两个 3 阶拉丁方称为正交的（Orthogonal），因为当把它们并置时，可以生成所有可能的 9 个有序对 $(i,j)\,(i,j=1,2,3)$ 。因此，我们可以改述欧拉问题如下：存在两个 6 阶正交拉丁方吗？

欧拉研究了更一般的 n 阶正交拉丁方问题。经过多次尝试，他给出了结论但没有证明，其结论是不存在 6 阶正交拉丁方对，而且猜测，对于整数 $6,10,14,18,\cdots,4k+2,\cdots$ ，不存在相应阶数的正交拉丁方对。1901 年，Tarry 利用穷举法证明了 $n=6$ 时欧拉的猜测是正确的。1960 年前后，三位数学统计学家 Bose、Parker 和 shrikhande 成功证明了对于所有 $n>6$ 的数，欧拉猜想是不正确的。也就是说，对于形如 $4k+2\,(k=2,3,4,\cdots)$ 的每个 n ，他们给出了构造 n 阶拉丁

方对的方法。至此给欧拉猜想打上了休止符。后面将揭示如何利用称为有限域的有限数系来构造正交拉丁方的方法，以及如何把它们运用于实验设计之中。

3.1.5　最短路径问题

考虑一个由街道和交叉路口组成的系统。有个人想从交叉路口 A 走到另一个路口 B，一般从 A 到 B 可能有多条可行的路径。我们的问题是确定这样一条路径，使得经过的距离尽可能短，即最短路径。同时，确定最短路径的算法必须具有的特性是在执行这个算法过程中所涉及的工作量不能随着系统规模的增大而增加太快。换句话说，工作量应该受到问题规模的一个多项式函数的限定。

寻找两个交叉路口之间的最短路径的问题可以抽象地叙述如下。设 V 是称为顶点（Vertice，对应交叉路口和死胡同的端点）的对象的有限集合，E 是称为边（Edge，对应街道）的无序顶点对的集合。于是，有些顶点对被边连接起来，而有些顶点之间没有边连接。序对 (V, E) 称为图（Graph）。在图中，连接顶点 x 和 y 的路径（Walk）是这样的顶点序列，其中第一个顶点是 x，最后一个顶点是 y，而且任意两个相邻的顶点由一条边连接。现在给每条边赋予一个非负的实数，即边的长度（Length）。的长度就是连接途径相邻顶点的边的长度之和。给定两个顶点 x 和 y，最短通路问题是寻找从 x 到 y 的长度最短的路径。图 3.1-3 中有 6 个顶点和 10 条边，边上的数字表示它们的长度。连接 x 和 y 的一条路径是 x, a, b, c, y，它的长度是 5。另一条路径是 x, b, d, y，它的长度是 3。后者的路径给出了连接 x 和 y 的最短通路。

3.1.6　相互重叠的圆

相互重叠（Mutually Overlap-ping）是指每对圆相交于两个不同点（因此不允许不相交和相切的圆）。普通位置（General Position）是指不存在只有一个共同点的三个圆。

考虑平面上以普通位置相互重叠的 n 个圆 $\gamma_1, \gamma_2, \cdots, \gamma_n$，这 n 个圆在平面内构建若干区域。我们的问题是确定如此构建的区域的数量。

设 h_n 等于构建的区域数，容易计算 $h_1 = 2$（圆 γ_1 的里面和外面两个区域），$h_2 = 4$（这就是两个集合的维恩图），$h_3 = 8$（这就是三个集合的维恩图）。从刚才的计算可以看出，区域数量好像是成倍增加，因此猜测 $h_4 = 16$。然而一张图可以很快说明 $h_4 = 14$（如图 3.1-4 所示）。

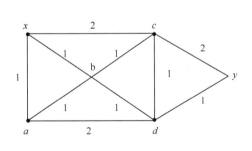

图 3.1-3

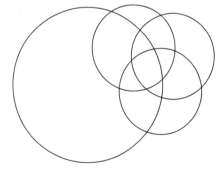

图 3.1-4

解决这类问题的一个方法是尝试确定当从 $n-1$ 个圆 $\gamma_1, \gamma_2, \cdots, \gamma_{n-1}$ 变到 n 个圆 $\gamma_1, \gamma_2, \cdots, \gamma_n$ 时出现的区域变化。用更一般的语言表述如下：尝试确定 h_n 的一个递推关系，即用前面的值

表示 h_n。

于是假设 $n \geqslant 2$ 而且在平面上已经画出普通位置下相互重叠的圆 $\gamma_1, \gamma_2, \cdots, \gamma_{n-1}$，它们构建了 h_{n-1} 个区域。然后加入第 n 个圆 γ，使得在普通位置下有 n 个相互重叠的圆。前 $n-1$ 个圆中的每个圆都与第 n 个圆相交出两个点，因为这些圆都处于普通位置上，所以得到 $2(n-1)$ 个不同点 $P_1, P_2, \cdots, P_{2(n-1)}$。这 $2(n-1)$ 个点把圆 γ_n 分割成 $2(n-1)$ 条弧：P_1 和 P_2 之间的弧，P_2 和 P_3 之间的弧……$P_{2(n-1)-1}$ 和 $P_{2(n-1)}$ 之间的弧，以及 $P_{2(n-1)}$ 与 P_1 之间的弧。这 $2(n-1)$ 条弧中的每条弧都把由前面 $n-1$ 个圆 $\gamma_1, \gamma_2, \cdots, \gamma_n$ 构成的区域分成两个区域，创建出额外 $2(n-1)$ 个区域。因此，满足下面的关系：

$$h_n = h_{n-1} + 2(n-1) \quad (n \geqslant 2) \tag{3.2}$$

利用递推关系 (3.2)，可以得到由参数 n 表示的 h_n 的公式。通过反复利用式 (3.2)，可得到

$$h_n = h_{n-1} + 2(n-1)$$
$$h_n = h_{n-2} + 2(n-2) + 2(n-1)$$
$$h_n = h_{n-3} + 2(n-3) + 2(n-2) + 2(n-1)$$
$$\vdots$$
$$h_n = h_1 + 2(1) + 2(2) + \cdots + 2(n-2) + 2(n-1)$$

因为 $h_1 = 2$ 且 $1 + 2 + \cdots + (n-1) = n(n-1)/2$，所以

$$h_n = 2 + 2 \times \frac{n(n-1)}{2} = n^2 - n + 2 \quad (n \geqslant 2)$$

当 $n = 1$ 时，这个公式成立，因为 $h_1 = 2$。我们用数学归纳法可给出这个公式的形式证明。

3.1.7 Nim 游戏

下面追溯组合数学在数学娱乐中的起源并研究 Nim 这个古老的游戏。这个游戏的解取决于奇偶性（Parity）。

Nim 是一种双人游戏，玩家甲、乙双方面对一堆硬币。假设有 $k \geqslant 1$ 堆硬币，每堆分别有 $n_1, n_2, \ldots, n_k$ 枚硬币，游戏的目标是取得最后一枚硬币。游戏的规则如下：

① 玩家轮番出场（称第一个取子的玩家为甲，而第二个玩家为乙）。

② 当轮到一个玩家取子时，他要从选择的硬币堆中至少取走一枚硬币。（他也可以把所选硬币堆的硬币都取走，于是剩下一个空堆，这时游戏"退出"。）

当所有硬币堆都空了的时候，游戏结束。那么，取走最后一枚硬币的玩家获胜。

在这个游戏中的变量是堆数 k 和堆中的硬币数 $n_1, n_2, \cdots, n_k$。那么，组合问题是确定是第一个玩家胜还是第二个玩家胜，以及这位玩家为了获胜应该如何取子，即获胜策略。

为了进一步理解 Nim 游戏，下面考虑一些特殊情况。如果一开始就只有一堆硬币，那么玩家甲取走所有硬币就可以获胜。假设 $k = 2$ 且分别有 n_1 枚和 n_2 枚硬币。玩家甲是否可以获胜不取决于 n_1 和 n_2 具体是多少，而是取决于它们是否相等。假设 $n_1 \neq n_2$，玩家甲可以从大堆中取走足够多的硬币，以便对于玩家乙来说，剩余两堆的大小相同。当轮到玩家甲时，他可以模仿玩家乙的取子方式。因此，如果玩家乙从一堆中取走了 c 枚，那么玩家甲从另一堆中取走相同数目的硬币。这样的策略保证玩家甲可以获胜。如果 $n_1 = n_2$，那么玩家乙通过模仿玩家甲的取子方式而获胜。因此，我们完全解决了两堆 Nim 游戏的取子问题。

下面考虑大小分别有 $n_1, n_2, \cdots, n_k$ 的一般 Nim 游戏。每个数字 n_i 表示成二进制数：

$$n_1 = a_s...a_1a_0$$
$$n_2 = b_s...b_1b_0$$
$$\vdots$$
$$n_k = e_s...e_1e_0$$

通过在数前补 0，可以假设所有堆的大小都是有相同位数的二进制数。

一个游戏是平衡的（balanced）是指各种大小的子堆数是偶数。因此，Nim 游戏是平衡的当且仅当

$$a_s + b_s + ... + e_s\text{是偶数}$$
$$\vdots$$
$$a_i + b_i + ... + e_i\text{是偶数}$$
$$\vdots$$
$$a_0 + b_0 + ... + e_0\text{是偶数}$$

若 Nim 游戏不是平衡的，则称它为非平衡的（unbalanced）。

第 i 位是平衡的是指，和 $a_i + b_i + ... + e_i$ 是偶数，否则就是非平衡的。

因此，若一个游戏是平衡的，则它在各位上都是平衡的，而对于非平衡游戏来说，至少存在一个非平衡位。

于是，我们得到如下陈述：玩家甲能够在非平衡 Nim 游戏中获胜，而玩家乙能够在平衡 Nim 游戏中获胜。

为了理解上述结论，我们扩展两堆 Nim 游戏中使用的策略。假设这个 Nim 游戏是非平衡的，最大不平衡位是第 j 位，于是玩家甲以某种方式取走硬币给玩家乙留下一个平衡游戏。他的作法是：选出一个第 j 位上是 1 的堆，并从中取走一定数目的硬币，使得剩下的游戏是平衡的。无论玩家乙怎样做，他都不得不给玩家甲留下一个不平衡的游戏，玩家甲又把这个游戏变成平衡游戏。如此继续，就可以保证玩家甲获胜。如果这个游戏开始时就是平衡游戏，那么玩家甲第一次取子使其变成不平衡游戏，此时轮到玩家乙采用平衡游戏的策略。

3.2　鸽巢原理

3.2.1　简单形式鸽巢原理

鸽巢原理的最简单形式是如下所示的相当显然的论断。

【定理 3.2.1】 如果要把 $n+1$ 个物体放进 n 个盒子，那么至少有一个盒子包含两个或更多的物体。

证明：

用反证法进行证明。如果这 n 个盒子中的每一个都至多包含一个物体，那么物体的总数最多是 n。这与有 $n+1$ 个物体矛盾，所以某个盒子至少有两个物体。

注意，无论是鸽巢原理还是它的证明，对于找出含有两个或更多物体的盒子都没有任何帮助。它们只是简单断言，如果人们检查每个盒子，会发现有的盒子里面放有多个物体。鸽巢原理只是保证这样的盒子存在。因此，无论何时用鸽巢原理去证明一个排列或某种现象的存在时，在不考察所有可能性的情况下，都不能对如何构造排列或寻找某一现象的例子给出

任何有价值的指导。

还要注意，当只有 n 个（或更少）物体时是无法保证鸽巢原理的结论的。这是因为可以在 n 个盒子的每个中放进一个物体。除非分配至少 $n+1$ 个物体。因此，鸽巢原理只是断言，无论我们在 n 个盒子中如何分配 $n+1$ 个物体，无法避免把两个物体放进同一个盒子中。

我们可以把物体放入盒子改为用 n 种颜色中的一种颜色对每个物体着色，此时鸽巢原理断言，如果使用 n 种颜色给 $n+1$ 个物体着色，那么必然有两个物体被着成相同的颜色。

下面是两个简单的应用。

应用 1：在 13 个人中存在两个人，他们的生日在同一个月份。

应用 2：有 n 对已婚夫妇，至少从这 $2n$ 个人中选出多少人才能保证能够选出一对夫妇？

为了在这种情形下应用鸽巢原理，考虑 n 个盒子，其中一个盒子对应一对夫妇。如果选择 $n+1$ 个人并把他们中的每个人放到他们夫妻所对应的那个盒子中，就有一个盒子含有两个人，也就是说，我们已经选择了一对已婚夫妇。选择 n 个人，使他们当中一对夫妻也没有的两种方法是选择所有的丈夫和选择所有的妻子。因此，$n+1$ 是保证能有一对夫妇被选中的最小的人数。

有必要正式叙述若干与鸽巢原理相关的其他原理。

❖ 如果将 n 个物体放入 n 个盒子且没有一个盒子是空的，那么每个盒子中恰好有一个物体。

❖ 如果将 n 个物体放入 n 个盒子且没有盒子被放入多于一个的物体，那么每个盒子中有一个物体。

在应用 2 中，如果这样选择 n 个人，即从每对夫妻中至少选一人，就从每对夫妻中恰好选出一个人。同样，如果选择 n 个人的方法是从每对夫妻中至多选一人，就从每对夫妻中至少（从而也恰好）选出一个人。

前面阐明的这三个原理的更抽象表述如下：

设 X 和 Y 是有限集合，并令 $f: X \to Y$ 是一个从 X 到 Y 的函数。

① 如果 X 的元素多于 Y 的元素，那么 f 不是一一对应的。

② 如果 X 和 Y 含有相同个数的元素，并且 f 是满射，那么 f 是一一对应的。

③ 如果 X 和 Y 含有相同个数的元素，并且 f 是一一对应的，那么 f 就是满射。

3.2.2　加强版鸽巢原理

定理 3.2.1 是下列定理的特殊情况。

【定理 3.2.2】 设 $q_1, q_2, q_3, \cdots, q_n$ 是正整数，如果将 $q_1 + q_2 + q_3 + \cdots + q_n - n + 1$ 个物体放入 n 个盒子，那么或者第一个盒子至少含有 q_1 个物体，或者第二个盒子至少含有 q_2 个物体……或者第 n 个盒子至少含有 q_n 个物体。

证明：

假设把 $q_1 + q_2 + q_3 + \cdots + q_n - n + 1$ 个物体分放到 n 个盒子中，对于每个 $i = 1, 2, \cdots, n$，第 i 个盒子含有少于 q_i 个物体，那么所有盒子中的物体总数不超过

$$(q_1 - 1) + (q_2 - 1) + (q_3 - 1) + \cdots + (q_n - 1) = q_1 + q_2 + q_3 + \cdots + q_n - n$$

由于上面这个数比分配的物体总数少 1，矛盾，因此我们得出结论，对于某个 $i = 1, 2, \cdots, n$，第 i 个盒子含有少于 q_i 个物体。

注意，我们完全有可能将 $q_1 + q_2 + q_3 + \cdots + q_n - n$ 个物体分配到 n 个盒子中，使得对于所有的 $i = 1, 2, \cdots, n$，第 i 个盒子都不含有 q_i 个或更多的物体。其方法是将 $q_1 - 1$ 个物体放入第一个盒子、将 $q_2 - 1$ 个物体放入第二个盒子等来实现的。

鸽巢原理的简单形式可以通过取 $q_1 = q_2 = q_3 = \cdots = q_n = 2$ 由加强版得到。此时

$$q_1 + q_2 + q_3 + \cdots + q_n - n + 1 = 2n - n + 1 = n + 1$$

鸽巢原理加强版用着色的术语表述是：如果 $q_1 + q_2 + q_3 + \cdots + q_n - n + 1$ 个物体中的每个物体被指定用 n 种颜色中的一种着色，那么存在某个 i，使得第 i 种颜色的物体（至少）有 q_i 个。

在初等数学中，鸽巢原理加强版常用于 $q_1, q_2, q_3, \cdots, q_n$ 都等于同一个整数 r 的特殊情况。这种特殊情况可以陈述为如下推论。

【推论 3.2.1】 设 n 和 r 都是正整数，把 $n(r-1) + 1$ 个物体分配到 n 个盒子中，那么至少有一个盒子含有 r 个或更多的物体。

应用 3：一个果篮装有苹果、香蕉和橘子，为了保证篮子中或者至少有 8 个苹果，或者至少有 6 个香蕉，或者至少有 9 个橘子，则放入篮子中的水果的最小件数是多少？

由鸽巢原理加强版可知，无论如何选择，8+6+9-3+1=21 个水果将保证篮子内的水果满足所要求的性质。但是，7 个苹果、5 个香蕉和 8 个橘子总数 20 个水果则不满足所要求的性质。

另一个平均原理是：如果 n 个非负整数 $m_1, m_2, m_3, \cdots, m_n$ 的平均数至少等于 r，那么这 n 个整数 $m_1, m_2, m_3, \cdots, m_n$ 至少有一个满足 $m_i \geqslant r$。

应用 4：两个碟子，其中一个比另一个小，它们都被分成 200 个均等的扇形。在大碟子中，任选 100 个扇形并着成红色，其余 100 个扇形着成蓝色。在小碟子中，每个扇形或者着成红色，或者着成蓝色，所着红色扇形和蓝色扇形的数目没有限制。然后，将小碟子放到大碟子上面，使两个碟子的中心重合。证明：能够将两个碟子的扇形对齐，使得小碟子和大碟子上相同颜色重合的扇形的数目至少是 100 个。

为了证明这个结论，我们做如下考察。将大碟子固定时，存在 200 个可能的位置，使得小碟子的每个扇形含于大碟子的扇形中。首先数一下两个碟子重合的 200 个扇形中颜色一致的扇形的总数。因为大碟子每种颜色的扇形都有 100 个，所以在 200 个可能位置中，小碟子上的每个扇形都恰好在 100 个位置上与大碟子上的对应扇形颜色一致。于是，在所有位置上，颜色重合的总数等于小碟子上的扇形数乘以 100，其结果为 20000。因此，每个位置上的平均颜色重合数是 20000/200=100，从而必然存在某个位置其颜色匹配数至少为 100。

3.2.3 Ramsey 定理

现在来讨论鸽巢原理的一个深刻而又重要的扩展，就是以英国逻辑学家 Frank Ramsey 的名字命名的 Ramsey 定理。下面是 Ramsey 定理的最流行且容易理解的例子：

在 6 个（或更多的）人中，或者有 3 个人，他们中的每两个人都互相认识，或者有 3 个人，他们中的每两个人都彼此不认识。

证明该结果的一种方法是考察这 6 个人相识和不相识的所有不同的可能方式。这是一种冗长乏味的工作，但是坚毅的人能够完成这项工作。然而存在一个既简单又优美的证明，避免了对各种情形的考虑。在给出这个证明之前，我们先对这个结果作更抽象的描述：

$$K_6 \rightarrow K_3, K_3 \quad （读作 K_6 箭指 K_3, K_3） \tag{3.3}$$

这是什么意思呢？首先用 K_6 代表 6 个对象（如 6 个人）和由它们配成的全部 15 对（无序对）的集合。在平面上选出 6 个点来画出 K_6，其中没有 3 个点共线，再画出连接每对点的线段或边（这些边就代表这些点对）。一般，我们用 K_n 表示 n 个对象和，这些对象中每两个对象配成对，如图 3.2-1 表示 K_n（$n=1,2,3,4,5$）。注意，K_3 的图是一个三角形的图，常被称为三角形。

边着成红色表示两个点相识，着成蓝色表示两个点不认识，由此可以分辨出相识的一对和不相识的一对。那么，"互相认识的 3 个人"即为"每条边都被着成红色的，即红 K_3"，3 个互不相识的陌生人形成一个蓝 K_3。

现在来解释式(3.3)。$K_6 \rightarrow K_3, K_3$ 是这样一个论断：不管用红色和蓝色如何去着色 K_6 的边，总存在一个红 K_3（原始 6 个点中有 3 个点，它们之间的 3 条线段均被着成红色）或蓝 K_3（原始的 6 个点中有 3 个点，它们之间的 3 条线段均被着成蓝色）。简言之，总存在一个单色三角形。

为了证明 $K_6 \rightarrow K_3, K_3$，我们论述如下：假设 K_6 边已经被随意着成红色或蓝色，考虑 K_6 的任意一点 p，它连接了 5 条边。由于这 5 条边中的每一条都被着成红色或是蓝色，因此（根据鸽巢原理加强版可知）这 5 条边中或者至少有 3 条边着的是红色，或者至少有 3 条边着的是蓝色。设连接点 p 的这 5 条边中有 3 条边是红色的（有 3 条蓝色边时的证明类似）。令经过点 p 的这 3 条红边分别将 p 点与 a、b、c 三点相连。考虑将 a、b、c 两两相连的边，如果这些边都是蓝色的，那么 a、b、c 确定了一个蓝 K_3，如果它们中的一条边，如连接 a 和 b 的边是红色的，那么 a、b、c 确定了一个红 K_3。因此，我们得出结论：的确存在一个红 K_3 或者一个蓝 K_3。

我们发现论断 $K_5 \rightarrow K_3, K_3$ 不成立。这是因为存在某种方法给 K_5 的边着色，使得不产生红 K_3 和蓝 K_3，如图 3.2-2 所示，其中五边形的边（以实线表示的边）是红色边，里面的五角形的边（以虚线表示的边）是蓝色边。

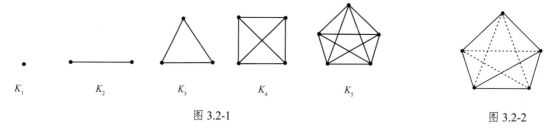

K_1 K_2 K_3 K_4 K_5

图 3.2-1   图 3.2-2

下面叙述 Ramsey 定理，尽管它还不是此定理的一般形式。

【定理 3.2.3】 给定两个整数 m、n（$m, n \geq 2$），则存在正整数 p，使得 $K_p \rightarrow K_m, K_n$。

用语言描述，Ramsey 定理说的是给定 m 和 n，存在正整数 p，使得当把 K_p 的边着成红色或蓝色时，或者存在一个红 K_m，或者存在一个蓝 K_n，无论 K_p 的边如何着色。都保证红 K_m 或者蓝 K_n 的存在性。如果 $K_p \rightarrow K_m, K_n$，那么对任何满足 $q \geq p$ 的整数 q，$K_q \rightarrow K_m, K_n$ 都成立。Ramsey 数 $r(m, n)$ 是使 $K_p \rightarrow K_m, K_n$ 成立的最小的整数 p。Ramsey 定理断言 $r(m, n)$ 一定存在。通过交换红色和蓝色，我们看到，$r(m, n) = r(n, m)$。

$K_6 \rightarrow K_3, K_3$ 成立而 $K_5 \rightarrow K_3, K_3$ 不成立的事实表明 $r(3, 3) = 6$。

容易确定，Ramsey 数为 $r(2, n)$ 和 $r(m, 2)$。下面证明 $r(2, m) = n$。

①　$r(2,n) \leqslant n$。事实上，如果把 K_n 的边或者着成红色或者着成蓝色，那么，或者 K_n 的某条边是红色的（因此得到一个红 K_2），或者 K_n 所有的边都是蓝色的（因此得到一个蓝 K_n）。

②　$r(2,n) > n-1$。事实上，如果把 K_{n-1} 的边都着成蓝色，那么我们既得不到红 K_2，也得不到蓝 K_n。

用类似方法可以证明 $r(m, 2)=m$。当 $m,n \geqslant 2$ 时，这些数被称为平凡的 Rarmsey 数。

【定义 3.2.1】　Ramsey 数 $r(m, n)$ 是使 $K_p \to K_m, K_n$ 成立的最小整数 p。

Ramsey 定理还有更一般的形式。在这种形式中，点对（两个元素的子集）换成了 t 个元素的子集，其中 $t \geqslant 1$ 是某个整数。令 K_n^t 表示 n 元素集合中所有 t 个元素的子集的集合，将上面的概念扩展，Ramsey 定理的一般形式可叙述如下：

给定整数 $t \geqslant 2$ 及整数 $q_1, q_2, q_3, \cdots, q_k \geqslant t$，存在一个整数 p，使得 $K_p^t \to K_{p_1}^t, K_{p_2}^t, \cdots, K_{p_k}^t$ 成立。也就是说，存在一个整数 p，使得如果给 p 元素集合中的每个 t 元素子集指定 k 种颜色 $c_1, c_2, c_3, \cdots, c_k$ 中的一种，那么或者存在 q_1 个元素，这些元素的所有 t 元素子集都被指定为颜色 c_1 或者存在 q_2 个元素，这些元素的所有 1 元素子集都被指定为颜色 c_2，或者存在 q_k 个元素，它的 t 元素子集都被指定为颜色 c_k。这样的整数中最小的整数被称为 Ramsey 数，即

$$r_t(q_1, q_2, q_3, \cdots, q_k)$$

假设 $r=1$。于是，$r_t(q_1, q_2, q_3, \cdots, q_k)$ 就是满足下面条件的最小的整数 p：如果 p 元素集合的元素被用颜色 $c_1, c_2, c_3, \cdots, c_k$ 中的一种颜色着色，那么或者存在 q_1 个都被着成颜色 c_1 的元素，或者存在 q_2 个都被着成颜色 c_2 的元素······或者存在 q_k 个都被着成颜色 c_k 的元素。因此，根据加强版鸽巢原理，有

$$r_t(q_1, q_2, q_3, \cdots, q_k) = q_1 + q_2 + q_3 + \cdots + q_k - k + 1$$

这就证明 Ramsey 定理是加强版鸽巢原理的扩展。

确定一般的 Ramsey 数 $r_t(q_1, q_2, q_3, \cdots, q_k)$ 是一个困难的工作。关于它们的准确值我们知道得很少。但不难看出，$r_t(t, q_2, q_3, \cdots, q_k) = r_t(q_2, q_3, \cdots, q_k)$，并且 $q_1, q_2, q_3, \cdots, q_k$ 的排列顺序不影响 Ramsey 数的值。

3.3　容斥原理及其应用

3.3.1　容斥原理

在计数时必须注意没有重复，没有遗漏。为了使重叠部分不被重复计算，人们研究出一种新的计数方法，基本思想是：先不考虑重叠的情况，把包含于某内容中的所有对象的数目先计算出来，再把计数时重复计算的数目排斥出去，使得计算的结果既无遗漏又无重复，这种计数的方法称为容斥原理。

【定理 3.3.1】　集合 S 中不具有性质 $P_1, P_2, \cdots P_m$ 的对象个数由下面的交错表达式给出：

$$\left| \overline{A}_1 \cap \overline{A}_2 \cap \cdots \cap \overline{A}_m \right| = |S| - \sum |A_i| + \sum |A_i \cap A_j| - \sum |A_i \cap A_j \cap A_k| + \cdots + (-1)^m |A_1 \cap A_2 \cap \cdots \cap A_m| \tag{3.4}$$

其中，第一个和对 $\{1,2,\cdots,m\}$ 的所有 1 子集 $\{i\}$ 求和，第二个和对 $\{1,2,\cdots,m\}$ 的所有 2 子集 $\{i, j\}$ 求和，第三个和对 $\{1,2,\cdots,m\}$ 的所有 3 子集 $\{i, j, k\}$ 求和，以此类推，直到第 m 个和对 $\{1,2,\cdots,m\}$ 的所有 m 子集求和，这个 m 子集只有一个，就是原来集合本身。如果 $m = 3$，式(3.4)变为

$$\left|\overline{A_1} \cap \overline{A_2} \cap \overline{A_3}\right| = |S| - (|A_1| + |A_2| + |A_3|) + (|A_1 \cap A_2| + |A_1 \cap A_3| + |A_2 \cap A_3|) - |A_1 \cap A_2 \cap A_3|$$

注意，上式右边 1+3+3+1=8 项。如果 $m=4$，则式(3.4)变为

$$\left|\overline{A_1} \cap \overline{A_2} \cap \overline{A_3} \cap \overline{A_4}\right| = |S| - (|A_1| + |A_2| + |A_3| + |A_4|) +$$
$$(|A_1 \cap A_2| + |A_1 \cap A_3| + |A_1 \cap A_4| + |A_2 \cap A_3| + |A_2 \cap A_4| + |A_3 \cap A_4|) -$$
$$(|A_1 \cap A_2 \cap A_3| + |A_1 \cap A_2 \cap A_4| + |A_1 \cap A_3 \cap A_4| + |A_2 \cap A_3 \cap A_4|) +$$
$$|A_1 \cap A_2 \cap A_3 \cap A_4|$$

在这种情况下，右边共 1+4+6+4+1=16 项。在一般情形下，式(3.4)右边的项数为

$$\binom{m}{0} + \binom{m}{1} + \binom{m}{2} + \binom{m}{3} + \cdots + \binom{m}{m} = 2^m$$

定理 3.3.1 的证明。式(3.4)左边计算了 S 中不具有任何性质的对象的个数。正如对特殊情况 $m=2$ 的证明那样，完成这个等式的证明只需证明不具性质 $P_1, P_2, \cdots, P_m$ 中任何一个性质的对象对这个等式的右边的净贡献是 1，而至少具有其中一条性质的一个对象的净贡献是 0。

设对象 5 不具有任何一条性质，式(3.4)右边的贡献是 $1 - 0 + 0 - 0 + \cdots + (-1)^m \times 0 = 1$。这是因为它在 S 中但不在其他集合中。现在考虑恰好有 $n \geqslant 1$ 条性质的对象 y。y 对 $|S|$ 的贡献是

$$1 = \binom{n}{0}$$

因为 y 正好有 n 条性质，所以它也是 $A_1, A_2, \cdots A_m$ 中恰好 n 个集合的成员，对 $\sum|A_i|$ 的贡献为 $n = \binom{n}{1}$。因为我们可以以 $\binom{n}{2}$ 种方式选择一对性质 y，而且 y 正好是形式为 $A_i \cap A_j$ 的那些集合中 $\binom{n}{2}$ 个集合的成员，所以 y 对 $\sum|A_i \cap A_j|$ 的贡献是 $\binom{n}{2}$。同理，y 对 $\sum|A_i \cap A_j \cap A_k|$ 的贡献是 $\binom{n}{3}$，以此类推。于是，y 对式(3.4)右边的净贡献是

$$\binom{n}{0} - \binom{n}{1} + \binom{n}{2} - \binom{n}{3} + \cdots + (-1)^m \binom{n}{m}$$

它等于

$$\binom{n}{0} - \binom{n}{1} + \binom{n}{2} - \binom{n}{3} + \cdots + (-1)^n \binom{n}{n}$$

这是因为 $n \leqslant m$，且如果 $k > n$，则

$$\binom{n}{k} = 0$$

根据式(3.4)，最后的表达式等于 0。因此，如果 y 至少具有一个性质，那么它对式(3.4)右边的净贡献是 0。

定理 3.3.1 给出了求任意相交的集合的并集中对象个数的公式。

【推论 3.3.1】 集合 S 中至少具有性质 $P_1, P_2, \cdots P_m$ 之一的对象个数由下式给出:

$$\left| A_1 \bigcup A_2 \bigcup \cdots \bigcup A_m \right| = \sum \left| A_i \right| - \sum \left| A_i \bigcap A_j \right| + \sum \left| A_i \bigcap A_j \bigcap A_k \right| - \cdots + (-1)^{m+1} \left| A_1 \bigcap A_2 \bigcap \cdots \bigcap A_m \right| \tag{3.5}$$

其中求和的含义同定理 3.3.1。

同时,如下容斥原理的特殊情况很有用:假设在容斥原理中出现的集合 $A_{i_1} \bigcap A_{i_2} \bigcap \cdots \bigcap A_{i_k}$ 的大小仅依赖于 k 而不依赖于在交集中使用了哪 k 个集合。因此存在常数 $\alpha_0, \alpha_1, \alpha_2, \cdots \alpha_m$ 使得

$$\alpha_0 = \left| S \right|$$
$$\alpha_1 = \left| A_1 \right| = \left| A_2 \right| = \cdots = \left| A_m \right|$$
$$\alpha_2 = \left| A_1 \bigcap A_2 \right| = \cdots = \left| A_{m-1} \bigcap A_m \right|$$
$$\alpha_3 = \left| A_1 \bigcap A_2 \bigcap A_3 \right| = \cdots = \left| A_{m-2} A_{m-1} \bigcap A_m \right|$$
$$\vdots$$
$$\alpha_m = \left| A_1 \bigcap A_2 \bigcap \cdots \bigcap A_m \right|$$

在这种情况下,容斥原理可以简化为

$$\left| \bar{A}_1 \bigcap \bar{A}_2 \bigcap \cdots \bigcap \bar{A}_m \right| = \alpha_0 - \binom{m}{1} \alpha_1 + \binom{m}{2} \alpha_2 - \binom{m}{3} \alpha_3 + \cdots + (-1)^k \binom{m}{k} \alpha_k + \cdots + (-1)^m \alpha_m \tag{3.6}$$

这是因为在容斥原理中出现的第 k 个求和包含 $\binom{m}{k}$ 个被加数,且每个都等于 α_k。

3.3.2 带重复的组合

前面已经证明了 n 个不同元素的集合的 r 子集的数目为

$$\binom{m}{k} = \frac{n!}{r!(n-r)!}$$

并已证明具有 k 种不同对象且每种对象都有无限重数的多重集合的 r 组合的个数等于

$$\binom{r+k-1}{r}$$

本节利用上面的公式与容斥原理的联系,给出了寻找元素重数没有限制的多重集合的 r 组合的数目的方法。

设 T 是多重集合,而 x 是 T 中某种类型的对象,其重数大于 r。T 的 r 组合数目等于这样一个多重集合的 r 组合数目:把 T 中 r 的重数换成 r 而得到的多重集合。因为 T 的 r 组合中 x 被使用的次数不可能超过 r。所以,重数大于 r 的任意重数可以用 r 代替。例如,多重集合 $\{3 \cdot a, \infty \cdot b, 6 \cdot r, 10 \cdot d, \infty \cdot e\}$ 的 8 组合的数目与多重集合 $\{3 \cdot a, 8 \cdot b, 6 \cdot C, 8 \cdot d, 8 \cdot e\}$ 的 8 组合的数目相同。

因此,概括地说,我们已经把多重集合 $T = \{n_1 \cdot a_1, n_2 \cdot a_2, \cdots, n_k \cdot a_k\}$ 的 r 组合的数目确定为两个"极端"的情况:① $n_1 = n_2 = \cdots - n_k = 1$(即 T 是一个集合);② $n_1 = n_2 = \cdots n_k = r$。

3.3.3　错位排列

容斥原理可以得到错位排列的数目 D_n 的公式。

【定理 3.3.2】 对于 $n \geq 1$，有

$$D_n = n! \times [1 - \frac{1}{1!} + \frac{1}{2!} - \frac{1}{3!} + \cdots + (-1)^m \frac{1}{n!}]$$

证明：

设 S 是 $\{1,2,3,\cdots,n\}$ 的全部 $n!$ 个排列的集合。设 $P_j(j=1,2,3,\cdots,n)$ 是一个排列中 j 在它的自然位置上的性质，因此 $\{1,2,3,\cdots,n\}$ 的排列 $i_1,i_2,i_3,\cdots,i_n$ 具有性质 P_j，设 $i_j = j$，$\{1,2,3,\cdots,n\}$ 的一个排列是一个错位排列当且仅当它不具有性质 $P_1,P_2,P_3,\cdots,P_n$ 中的每一条性质。设 A_j 表示 $\{1,2,3,\cdots,n\}$ 的具有性质 $P_j(j=1,2,3,\cdots,n)$ 的排列的集合。 $\{1,2,3,\cdots,n\}$ 的错位排列正是 $\overline{A_1} \cap \overline{A_2} \cap \cdots \cap \overline{A_n}$ 中的那些排列，因此

$$D_n = |\overline{A_1} \cap \overline{A_2} \cap \cdots \cap \overline{A_n}|$$

我们再使用容斥原理 D_n 的值。A_1 中的排列是 $1i_2i_3\cdots i_n$ 形式的排列，其中 $i_2i_3\cdots i_n$ 是 $\{2,3,\cdots,n\}$ 的一个排列，于是 $|A_1| = (n-1)!$。更一般地，对 $j=1,2,3,\cdots,n$，有 $|A_j| = (n-1)!$。在 $|A_1 \cap A_2|$ 中的排列是 $12i_3\cdots i_n$ 形式的排列，其中 $i_3\cdots i_n$ 是 $\{3,\cdots,n\}$ 的一个排列。于是 $|A_1 \cap A_2| = (n-2)!$。更一般地，对 $\{1,2,3,\cdots,n\}$ 的任意 2 子集 $\{i,j\}$ 有

$$|A_i \cap A_j| = (n-2)!$$

对于满足 $1 \leq k \leq n$ 的任一整数 k，集合 $A_1 \cap A_2 \cap \cdots \cap A_k$ 中的排列是形式为 $12\cdots ki_{k+1}\cdots i_n$ 的排列，其中，$i_{k+1}\cdots i_n$ 是 $\{k+1,\cdots,n\}$ 的一个排列。于是，$|A_1 \cap A_2 \cap \cdots \cap A_k| = (n-k)!$。更一般地，对 $\{1,2,3,\cdots,n\}$ 的任意 k 子集 $\{i_1,i_2,i_3,\cdots,i_n\}$，有

$$|A_{i_1} \cap A_{i_2} \cap \cdots \cap A_{i_k}| = (n-k)!$$

因为 $\{1,2,3,\cdots,n\}$ 有 $\binom{n}{k}$ 个 k 子集，应用容斥原理得到

$$D_n = n! - \binom{n}{1}(n-1)! + \binom{n}{2}(n-2)! - \binom{n}{3}(n-3)! + \cdots + (-1)^n \binom{n}{n} 0!$$

$$= n! - \frac{n!}{1!} + \frac{n!}{2!} - \frac{n!}{3!} + + \cdots + (-1)^m \frac{n!}{n!}$$

$$= n! \times [1 - \frac{1}{1!} + \frac{1}{2!} - \frac{1}{3!} + \cdots + (-1)^m \frac{1}{n!}]$$

由此，定理得证。

3.3.4　带有禁止位置的排列

【定理 3.3.3】将 n 个非攻击型不可区分的车放到带有禁止放置位置的 n 行 n 列棋盘上的放置方法数等于 $n! - r_1(n-1)! + r_2(n-2)! - r_3(n-3)! + \cdots + (-1)^k r_k(n-k)! + \cdots + (-1)^n r_n$。

例如，确定将 6 个非攻击型车放到 6 行 6 列棋盘上的方法数，其中禁止放置的位置如下所示。

×					
×	×				
		×	×		
		×	×		

因为 r_1 等于禁止位置数，则有 $r_1 = 7$。在计算 $r_2, r_3, \cdots, r_6$ 前，禁止位置的集合可以划分成两个"独立"部分，F_1 部分包含靠近左上角的 2 个位置，F_2 部分包含 4 个位置，是一个 2×2 方格。这里的"独立"指的是不同部分的方格不属于同一行或列。因此，F_1 中的车不能攻击 F_2 中的车。现在计算 r_2，是把两个非攻击型车放置在禁止位置上的方法数。这两个车也许都在 F_1 中或者都在 F_2 中，或者一个在 F_1、另一个在 F_2 中。对于最后的情况，它们自然是无法相互攻击了，因为 F_1 和 F_2 是独立的。用这样的方法，我们得到 $r_2 = 1 + 2 + 3 \times 4 = 15$。

对于 r_3，我们需要 F_1 中的两个非攻击型车和 F_2 中的一个非攻击型车，或者 F_1 中的一个非攻击型车和 F_2 中的两个非攻击型车。于是，$r_3 = 1 \times 4 + 3 \times 2 = 10$。

对于 r_4，我们需要 F_1 中的两个非攻击型车和 F_2 中的两个非攻击型车，于是 $r_4 = 1 \times 2 = 2$。

显然，$r_5 = r_6 = 0$。因此，根据定理 3.3.3，把 6 个非攻击型车放到棋盘上，使得没有车占据禁止位置的方法数等于 $6! - 7 \times 5! + 15 \times 4! - 10 \times 3! + 2 \times 2! = 184$。

作为结论，仅仅在计算 $r_1, r_2, \cdots, r_n$ 比直接计算把 n 个非攻击型车放到有禁止位置的 n 行 n 列棋盘上的方法数更容易时，定理 3.3.3 才具有计算价值。同时，r_n 等于把 n 个非攻击型车放到 n 行 n 列棋盘的"补"棋盘上的方法数，而这个"补"棋盘就是把禁止位置与非禁止位置交换而得到的。如果棋盘上有很多禁止位置，那么计算 r_n 的值有可能比直接计算将 n 个非攻击型车放到棋盘上的方法数要困难得多。

3.3.5 另一个禁止位置问题

3.3.3 节和 3.3.4 节对存在某些绝对禁止位置的 $\{1, 2, 3, \cdots, n\}$ 的排列数目进行了计算。本节考虑存在某些相对禁止位置的排列的计算问题，并说明如何使用容斥原理计算排列的数目。

引入问题如下。设一个班级 8 个学生每天练习走步，他们站成一队纵列前行，除第一个学生外，每个学生的前面都有另一个学生。为了让每个学生不总碰到他前面的同一个人，第二天这些学生们将交换位置，使得某学生前面的学生与前一天的不同。那么，他们有多少种方法交换位置？

一种可能就是把学生们的顺序倒过来，使得第一个孩子位于最后，等等。不过还存在许多其他可能方法。如果给这些学生指定数字 $1, 2, \cdots, 8$，第一天队列中最后的学生为 1，第一个学生为 8，即：$12 \cdots 8$。于是要求确定集合 $\{1, 2, \cdots, 8\}$ 的排列中不出现模式 $12, 23, \cdots, 78$ 的那些排列的数量。因此，31542876 就是一个符合要求的排列，而 84312657 则不是符合要求的排列。对于每个正整数 n，设 Q_n 表示 $\{1, 2, 3, \cdots, n\}$ 的排列中没有 $12, 23, \cdots, (n-1)n$ 这些模式出现的那些排列的个数。用容斥原理计算 Q_n，如果 $n=1$，则 1 就是符合要求的排列；如果 $n=2$，则排列 2 1 是符合要求的排列；如果 $n=3$，则符合要求的排列是 2 1 3，3 2 1，1 3 2；若 $n=3$，则符合要求的排列为：4 1 3 2，4 3 2 1，4 2 1 3，3 2 1 4，3 2 4 1，2 1 4 3，2 4 3 1，2 4 1 3，3 1 4 2，1 3 2 4，1 4 3 2。因此，$Q_1=1$，$Q_2=1$，$Q_3=3$，$Q_4=11$。

【定理 3.3.4】 对于 $n \geqslant 1$，有

$$Q_n = n! - \binom{n-1}{1}(n-1)! + \binom{n-1}{2}(n-2)! - \binom{n-1}{3}(n-3)! + \binom{n-1}{2}(n-2)! + \cdots + (-1)^{n-1}\binom{n-1}{n-1} \times 1!$$

证明：

设 S 为 $\{1,2,3,\cdots,n\}$ 的全部 $n!$ 个排列的集合。设 $P_j(j=1,2,3,\cdots,n-1)$ 是在一个排列中模式 $j(j+1)$ 出现的性质，于是 $\{1,2,3,\cdots,n\}$ 的一个排列被计入 Q_n 中，当且仅当它没有性质 $P_1, P_2, \cdots, P_{n-1}$ 中的任何一条性质。设 A_j 表示 $\{1,2,3,\cdots,n\}$ 满足性质 $P_j(j=1,2,3,\cdots,n-1)$ 的排列的集合，因此

$$Q_n = \left| \overline{A}_1 \cap \overline{A}_2 \cap \cdots \cap \overline{A}_{n-1} \right|$$

应用容斥原理来计算 Q_n 的值。首先计算 A_1 中排列的个数。一个排列在 A_1 中当且仅当模式 1 2 在这个排列中出现。于是，A_1 中的一个排列可以看成 $n-1$ 个符号 $\{1,2,3,4,\cdots,n\}$ 的排列。因此得到 $\left|A_j\right| = (n-1)!(j=1,2,3,\cdots,n-1)$。

属于集合 $A_1, A_2, \cdots, A_{n-1}$ 中的任意两个集合的排列含有两个模式。这两个模式或者共享一个元素，如模式 1 2 和 2 3，或者没有公共元素，如模式 1 2 和 3 4。包含模式 1 2 和 3 4 的排列可以看作 $n-2$ 个符号 $\{12,34,5,\cdots,n\}$ 的一个排列。于是，$\left|A_1 \cap A_3\right| = (n-2)!$。包含模式 1 2 和 2 3 的排列含有模式 1 2 3，因而可以看作 $n-2$ 个符号 $\{123,4,\cdots,n\}$ 的一个排列。如此又有 $\left|A_1 \cap A_2\right| = (n-2)!$。一般地，有

$$\left|A_i \cap A_j\right| = (n-2)!$$

对于 $\{1,2,3,\cdots,n-1\}$ 的每个 2 子集 $\{i,j\}$ 都成立。

更一般地，包含 $12, 23, \cdots, (n-1)n$ 中的 k 个特定模式的排列可以看成 $n-k$ 个符号的排列，这样，对于 $\{1,2,3,\cdots,n-1\}$ 中的每个 k 子集 $\{i_1, i_2, i_3, \cdots, i_n\}$，有

$$\left|A_{i_1} \cap A_{i_2} \cap \cdots \cap A_{i_k}\right| = (n-k)!$$

因为对每个 $k=1,2,3,\cdots,n-1$，$\{1,2,3,\cdots,n-1\}$ 有 $\binom{n-1}{k}$ 个 k 子集，应用容斥原理，便得到定理中的公式。

3.3.6 莫比乌斯反演

本节涉及的数学比前面各节涉及的都更加巧妙。

容斥原理是莫比乌斯反演（Mobius Inversio）在有限偏序集上的一个实例。为了给莫比乌斯反演的一般性设置好一个平台，我们首先讨论某种程度上更具一般性的容斥原理。

设 n 为正整数并考虑 n 元素集合 $X_n = \{1,2,\cdots,n\}$，以及由包含关系所定义的 X_n 的所有子集的偏序集 $(P(X_n), \subseteq)$，有 $F:P(X_n) \to \vartheta$ 是定义在 $P(X_n)$ 上的实值函数，我们使用 F 定义一个新函数

$$G: P(X_n) \rightarrow \vartheta \qquad (3.7)$$

其中

$$G(K) = \sum_{L \subseteq K} F(L) \qquad (3.8)$$

K 是 X_n 的一个子集，而且其和是对 K 的所有子集 L 求和，莫比乌斯反演可将式(3.7)反解并从 G 恢复 F。注意，式(3.7)中从 G 得到 F 的方式类似在式(3.8)中从 F 得到 G 的方式，唯一的区别在于，式(3.8)中在求和的每项前面插入了系数-1 或 1，它们的插入依赖于 $|K|-|L|$ 是偶数还是奇数。

设 $A_1, A_2, \cdots, A_n$ 是有限集 S 的子集，对于集合 $K \subseteq \{1,2,\cdots,n\}$，定义 $F(K)$ 为 S 中正好属于所有满足 $i \notin K$ 的集合 A_i 的元素个数，于是计算 s 当且仅当 $s \notin A_i$（对每个 $i \in K$）且 $s \notin A_j$，（对每个 $j \notin K$）。于是

$$G(K) = \sum_{L \subseteq K} F(L)$$

用于计算 s 中属于 j 但不在 K 中的所有 A_j 的元素以及属于其他集合的元素的个数。因此，有

$$G(K) = \left| \bigcap_{i \notin K} A_i \right|$$

根据式(3.8)，有

$$F(K) = \sum_{L \subseteq K} (-1)^{|K|-|L|} G(L)$$

现在考虑用任意有限偏序集 $(X, \prec)$ 代替 $(P(X_n), \subseteq)$，为得到莫比乌斯反演公式，我们首先考虑二变量函数。

设置 $F(X)$ 是满足只要 $x \leqslant y$ 就有 $f(x,y) = 0$ 的所有实值函数 $f: X \times X \rightarrow \vartheta$ 的集合。于是 $f(x,y)$ 只在 $x \leqslant y$ 时可能不等于 0。我们如下定义 $F(X)$ 中的两个函数 f 和 g 的卷积

$$h(x,y) = f(x,y) * g(x,y) = \begin{cases} \sum_{\{x \leqslant y\}} f(x,z) g(z,y), & x \leqslant y \\ 0, & 其他 \end{cases}$$

在卷积中，为了计算 $h(x,y)$，我们需要关于 z 求积 $f(x,z) g(z,y)$ 的和，其中 z 在给定偏序集内 x 和 y 之间变化。卷积满足结合律

$$f * (g * h) = (f * g) * h (f, g, h \in F(X))$$

我们对 $F(X)$ 的三种特殊的函数感兴趣。第一种函数是克罗内科 delta 函数：

$$\delta(x,y) = \begin{cases} 1, & x = y \\ 0, & 其他 \end{cases}$$

注意，对所有函数 $f \in F(X)$，$\delta * f = f * \delta = f$，因此对卷积来说，$\delta$ 就是一个恒等函数。

第二种函数是 zeta 函数：

$$\xi(x,y) = \begin{cases} 1, & x \leqslant y \\ 0, & 其他 \end{cases}$$

ξ 函数是偏序集的一种表示，因为包含所有满足 $x \leqslant y$ 的元素对 x、y 的全部信息。

设 f 是 $F(X)$ 中的函数，对 X 中的所有 y 满足 $f(y,y) \neq 0$，我们可以如下递归地定义 $F(X)$ 中的函数 g。首先，设

$$g(y,y) = \frac{1}{f(y,y)} (y \in X) \tag{3.9}$$

然后令

$$g(x,y) = \frac{1}{f(y,y)} \sum_{\{x \le y\}} g(x,z) f(z,y) \qquad (x < y) \tag{3.10}$$

根据式(3.10)，可以得到

$$\sum_{\{x \le y\}} g(x,z) f(z,y) = \delta(x,y) \qquad (x \le y) \tag{3.11}$$

式(3.11)告诉我们，$g*f = \delta$。因此，g 是 f 关于卷积的左逆函数。

类似地，可以证明 f 有右逆函数 h。满足使用卷积的结合律，可以得到每个对于 X 中所有的 y 满足 $f(y,y) \ne 0$ 的函数 $f \in F(X)$ 都有逆函数 g，式(3.9)和式(3.10)递归地给出了它的定义，并满足 $g*f = f*g = \delta$。

第三种特殊的函数是莫比乌斯函数 μ，因为对所有 $y \in X$，有 $\xi(y,y)=1$，所以 ξ 有逆函数，定义 μ 为它的逆函数，故 $\mu*\xi = \delta$。

于是用式(3.11)及 $f = \xi$ 和 $g = \mu$，可以得到

$$\sum_{\{x \le y\}} \mu(x,z) \xi(z,y) = \delta(x,y) \qquad (x \le y) \tag{3.12}$$

意味着

$$x, \mu(x,x) = 1 \tag{3.13}$$

3.4　递推关系和生成函数

许多组合计数问题依赖于一个整数参数 n，参数 n 常常表示问题中某个基础集合或多重集合的大小、子集的大小、排列中的位置数目等。因此，一个计算问题常常不是一个独立的问题，而是由一系列的独立问题组成的。例如，设 h_n 表示 $\{1,2,3,\cdots,n\}$ 的排列数，$h_n = n!$，因此得到一个序列 $h_1, h_2, \cdots, h_n, \cdots$。它的一般项 $h_n = n!$。选择 n 为一个特定的整数时，就得到了这个问题的一个实例。如果取 $n=5$，那么正如确定 $\{1,2,3,4,5\}$ 的排列数问题的答案那样，得到 $h_5 = 5!$。

又如，令 g_n 表示方程 $x_1 + x_2 + x_3 + x_4 = n$ 的非负整数解的个数，根据排列和组合，序列 $g_0, g_1, g_2, \cdots, g_n, \cdots$ 的通项满足

$$g_n = \binom{n+3}{3}$$

本章讨论涉及整数参数 n 的某些计数问题的代数求解方法。我们的方法或者导出一个明确的公式，或者导出一个函数，即生成函数。生成函数的幂级数的系数将给出计算问题解。

3.4.1　若干数列

设 $h_0, h_1, h_2, \cdots, h_n, \cdots$ 表示一个数列，h_n 叫做数列的一般项或通项。两类为人熟知的数列为：① 算术数列，其中的每项比前一项大一个常数 q；② 几何数列，其中的每项是前一项的常数 q 倍。一旦初始项 h_0 和常数 q 确定，数列也就唯一确定了，即：

$$h_0, h_0 + q, h_0 + 2q, \cdots, h_0 + nq, \cdots \qquad \text{（算术数列）}$$
$$h_0, qh_0, q^2 h_0, \cdots, q^n h_n, \cdots \qquad \text{（几何数列）}$$

对于算术数列，规则如下

$$h_n = h_{n-1} + q \quad (n \geqslant 1) \tag{3.14}$$

而通项是 $h_n = h_0 + nq$ ($n \geqslant 0$)。

对于几何数列，规则如下

$$h_n = qh_{n-1} \quad (n \geqslant 1) \tag{3.15}$$

而通项是 $h_n = h_0 \times q^n$ ($n \geqslant 0$)。

无论是算术数列还是几何数列，根据式 (3.14) 和式 (3.15)，都可以得到相应数列的下一项，这就是线性递推关系的简单例子。在错位排列数中，我们已经得到两个 D_n 的递推关系，即

$$D_n = (n-1)(D_{n-2} + D_{n-1}) \quad (n \geqslant 3)$$
$$D_n = nD_{n-1} + (-1)^n \qquad (n \geqslant 2)$$

在式 (3.14) 和式 (3.15) 中，数列第 n 项 h_n 可根据第 $n-1$ 项 h_{n-1} 和常数 q 得到。3.4.4 节将给出递推关系的一般定义。

下面讲述斐波那契数列（Fibonacci Sequence）。斐波那契在 1202 年出版的著作 *Liber Ahaci* 中提出了这样的问题：计算在一年的时间里，从一对兔子开始繁殖的兔子对的数量。

斐波那契提出的问题叙述如下：一年伊始，新出生的一对雌雄兔子放进笼子，从第二个月开始，每个月雌兔生出雌雄一对兔子；每对新出生的雌雄兔子也从第二个月开始，每个月生出一对雌雄兔子。那么，一年后笼子里有多少只兔子？

设 f_n 表示在第 n 月开始（等价地，在第 $n-1$ 月结束）时笼子里的兔子对数。根据题意，可以算出 $f_1 = 1$，$f_2 = 1$，$f_3 = 2$，$f_4 = 3$，现在要求 f_{13}。

首先推导一个关于 f_n 的递推关系，然后从这个关系计算出 f_{13}。在第 n 月开始，笼子里的兔子对数可以分成两部分：在第 $n-1$ 月开始已有的兔子和第 $n-1$ 月期间出生的兔子。因为成熟过程需要一个月的时间，所以在第 $n-1$ 月期间出生的兔子的对数是在第 $n-2$ 月开始时存在的兔子对数。于是，在第 n 月开始就有 $f_{n-1} + f_{n-2}$ 对兔子，于是得到递推关系为

$$f_n = f_{n-1} + f_{n-2} \quad (n \geqslant 3) \tag{3.16}$$

从而结合已经算出的 f_1、f_2、f_3、f_4 的值，则

$$f_5 = f_4 + f_3 = 3 + 2 = 5$$
$$f_6 = f_5 + f_4 = 5 + 3 = 8$$
$$\vdots$$
$$f_{13} = f_{12} + f_{11} = 144 + 89 = 233$$

因此，一年后笼子里有 233 对兔子。

定义 $f_0 = 0$，于是 $f_2 = f_0 + f_1 = 0 + 1 = 1$，满足递推关系和初始条件

$$\begin{aligned} f_0 &= 0 \\ f_1 &= 1 \\ f_n &= f_{n-1} + f_{n-2} \quad (n \geqslant 3) \end{aligned} \tag{3.17}$$

的数列被称为斐波那契数列，这个数列的项被称为斐波那契数，式 (3.17) 中的递推关系被称为斐波那契递推公式。

斐波那契数列有如下重要性质。

性质 1：斐波那契数列的项的部分和为

$$s_n = f_0 + f_1 + \cdots + f_n = f_{n+2} - 1 \tag{3.18}$$

性质 2：斐波那契数 f_n 是偶数当且仅当 n 能被 3 整除。

考虑如下形式的斐波那契递推关系

$$f_n - f_{n-1} - f_{n-2} = 0 \quad (n \geqslant 3) \tag{3.19}$$

先忽略 f_0 和 f_1 的初值，求解这个递推关系的一种方法是寻找形式为 $f_n = q^n$ 的解。其中，q 是一个非零数。因此，要在以 $q^0 = 1$ 为第一项的几何数列中寻找一个解。所以，$f_n = q^n$ 满足斐波那契递推关系当且仅当 $q^n - q^{n-1} - q^{n-2} = 0$。

由于假设 q 不等于零，我们断言，$f_n = q^n$ 是斐波那契递推关系的解当且仅当 $q^2 - q - 1 = 0$，或等价地，当且仅当 q 是二次方程 $x^2 - x - 1 = 0$ 的根。应用二次求根公式，则这个方程的根为

$$q = \frac{1 \pm \sqrt{5}}{2}$$

因此，斐彼那契递推关系的解为

$$f_n = \left(\frac{1 \pm \sqrt{5}}{2} \right)^n$$

因为斐波那契递推关系是线性的（f 的幂只有 1）且是齐次的（式(3.18)右边等于 0），通过直接计算可知，对于任意常数 c_1 和 c_2，有

$$f_n = c_1 \left(\frac{1 + \sqrt{5}}{2} \right)^n + c_2 \left(\frac{1 - \sqrt{5}}{2} \right)^n \tag{3.20}$$

也是递推关系(3.18)的解。

斐波那契数列有初始值 $f_0 = 0$，$f_1 = 1$。我们是否能够通过选择式(3.20)中的 c_1 和 c_2，从而得到这些初始值呢？如果能够这样做，那么式(3.20)就给出了斐波那契数的公式。为了满足这些初始值，必须有

$$\begin{cases} c_1 + c_2 = 0, & n = 0 \\ c_1 \left(\frac{1 + \sqrt{5}}{2} \right)^n + c_2 \left(\frac{1 - \sqrt{5}}{2} \right)^n = 1, & n = 1 \end{cases}$$

这是关于未知数 c_1 和 c_2 的两个线性方程的联立方程组，它的唯一解为

$$c_1 = \frac{1}{\sqrt{5}}, \quad c_2 = -\frac{1}{\sqrt{5}}$$

代入式(3.20)，得到下列公式。

【定理 3.4.1】 斐波那契数满足公式

$$f_n = \frac{1}{\sqrt{5}} \left(\frac{1 + \sqrt{5}}{2} \right)^n - \frac{1}{\sqrt{5}} \left(\frac{1 - \sqrt{5}}{2} \right)^n \quad (n \geqslant 0) \tag{3.21}$$

定理 3.4.2 则解释了斐波那契数是如何作为二项式系数的和出现的。

【定理 3.4.2】 帕斯卡三角形中，从左下到右上的对角线上的二项式系数的和是斐波那契数。更精确地说，第 n 个斐波那契数 f_n，满足

$$f_n = \binom{n-1}{0} + \binom{n-2}{1} + \binom{n-3}{2} + \cdots + \binom{n-t}{t-1}$$

其中，t 是 $(n+1)/2$ 的向下取整。

3.4.2 生成函数

本节讨论生成函数的方法，适合求解计数问题。一方面，可以把生成函数看成代数对象，其形式上的处理使得人们可以通过代数手段计算一个问题的可能性的数目。另一方面，生成函数是无限可微函数的泰勒（Taylor）级数（幂级数展开式）。因此，如果能够找到这样一个函数以及它的泰勒级数，那么泰勒级数的系数就给出了问题的解。通常，我们默认级数是收敛的且只在其形式上操作幂级数。

【定义 3.4.1】 对于序列 $a_0, a_1, a_2, \cdots, a_n, \cdots$，其幂级数 $f(x) = a_0 + a_1 x_1 + a_2 x_2 + \cdots + a_n x_n \cdots$ 为该序列的生成函数。

生成函数只是一种形式幂级数，$x_i \, (i = 0, 1, 2, \cdots)$ 仅看作 a_i 的指示符。设 $h_0, h_1, h_2, \cdots, h_n, \cdots$ 是无穷数列，其生成函数（Generating Function）定义为无穷级数

$$g(x) = h_0 + h_1 x + h_2 x^2 + \cdots + h_n x^n + \cdots$$

在 $g(x)$ 中，x^n 的系数是数列中的第 n 项 h_n，因此 x^n 充当 h_n 的"占位符"。

有限数列 $h_0, h_1, h_2, \cdots, h_m$ 可以看成无穷数列 $h_0, h_1, h_2, \cdots, h_m, 0, 0, \cdots$ 中除去有限项外其余项都等于 0。因此，每个有限数列都有一个生成函数

$$g(x) = h_0 + h_1 x + h_2 x^2 + \cdots + h_m x^m$$

它是一个多项式。

下面以关于排列逆序的定理来结束本节的内容。根据排列中的逆序指示，集合 $\{1, 2, \cdots, n\}$ 的排列 $\prod = i_1 i_2 \cdots i_n$ 中的逆序指的是满足 $k < l$ 且 $i_k > i_l$ 的对 (i_k, i_l)。$\prod$ 中逆序的数目记作 $\mathrm{inv}(\prod)$，从而 $0 \leqslant \mathrm{inv}(\prod) \leqslant n(n-1)/2$。例如，如果 $n = 6$ 且 $\prod = 315246$，那么 $\mathrm{inv}(\prod) = 5$。设 $h(n, t)$ 表示 $\{1, 2, \cdots, n\}$ 的排列中有 t 个逆序的排列的数目，于是对于 $0 \leqslant t \leqslant n(n-1)/2$，有 $h(n, t) \geqslant 1$；对于 $t > n(n-1)/2$，有 $h(n, t) = 0$。定理 3.4.3 要证明函数

$$g_n(x) = h(n, 0) + h(n, 1)x + h(n, 2)x^2 + \cdots + h(n, n(n-1)/2)x^{n(n-1)/2}$$

是数列 $h(n, 0), h(n, 1), h(n, 2), \cdots, h(n, n(n-1)/2)$ 的生成函数。

【定理 3.4.3】 设 n 是正整数，有

$$g_n(x) = 1(1+x)(1+x+x^2)(1+x+x^2+x^3) \cdots (1+x+x^2+\cdots+x^{n-1})$$

$$= \frac{\prod_{j-1}^{n}(1-x^j)}{(1-x)^n} \tag{3.22}$$

证明：

把式 (3.22) 的右边记作 $q_n(x)$，于是要证明的是 $q_n(x) = g_n(x)$。首先，如果多项式 $q_n(x)$ 等于 $g_n(x)$，那么它的次数应该等于 $1 + 2 + 3 + \cdots + (n-1) = n(n-1)/2$。展开 $q_n(x)$，则每项都是形如 $x^{a_n} x^{a_{n-1}} x^{a_{n-2}} \cdots x^{a_1} = x^p$ 的多项式。其中

$$p = a_n + a_{n-1} + a_{n-2} + \cdots + a_1 \tag{3.23}$$

且

$$0 \leqslant a_n \leqslant 0$$
$$0 \leqslant a_{n-1} \leqslant 1$$
$$0 \leqslant a_{n-2} \leqslant 2 \qquad\qquad (3.24)$$
$$\cdots$$
$$0 \leqslant a_1 \leqslant n-1$$

因此，在 $q_n(x)$ 中 x^p 的系数满足式(3.24)的方程(3.23)的解的个数。根据排列的逆序定义，方程(3.22)的解与 $\{1,2,\cdots,n\}$ 的排列存在一一对应，其中满足式(3.24)的方程(3.23)的解与有 p 个逆序的排列对应。因此，$q_n(x)$ 中 x^p 的系数等于 $h(n,p)$。

因为这对所有的 $p=0,1,2,\cdots,n(n-1)/2$ 都成立，所以 $q_n(x) = g_n(x)$。

证毕。

3.4.3 指数生成函数

数列 $h_0, h_1, h_2, \cdots, h_n, \cdots$ 的指数生成函数定义为

$$g^{(\tau)}(x) = \sum_{n=0}^{\infty} h_n \frac{x^n}{n!}$$

对于正整数 k，k_n 表示有 k 种不同类型的对象且每种对象都有无穷重数的多重集合的 n 排列数。因此，该数列的指数生成函数是 e^{kx}。

对于有 k 种不同类型的对象且每种对象都有有限重数的多重集合 S，定理 3.4.4 给出了 S 的 n 排列数的指数生成函数。我们定义，多重集合的 0 排列数等于 1。

【定理 3.4.4】 设 S 是多重集合 $\{n_1 \times a_1, n_2 \times a_2 \times \cdots \times n_k \times a_k\}$，其中 $n_1, n_2, \cdots, n_k$ 是非负整数，h_D 是 S 的 n 排列数，那么数列 $h_0, h_1, h_2, \cdots, h_n, \cdots$ 的指数生成函数 $g^{(\tau)}(x)$ 为

$$g^{(\tau)}(x) = f_{n_1}(x) f_{n_2}(x) \cdots f_{n_k}(x)$$

其中，对于 $i=1,2,\cdots,k$，有

$$f_{n_i}(x) = 1 + x + \frac{x^2}{2!} + \cdots + \frac{x^{n_i}}{n_i!}$$

证明：

设

$$g^{(\tau)}(x) = \sum_{n=0}^{\infty} h_n \frac{x^n}{n!}$$

是 $h_0, h_1, h_2, \cdots, h_n, \cdots$ 的指数生成函数。注意，当 $n > n_1 + n_2 + \cdots + n_k$ 时，$h_n = 0$，所以 $g^{(\tau)}(x)$ 是有限和。当把 $g^{(\tau)}(x)$ 乘开时，我们得到下面的项

$$\frac{x^{m_1}}{m_1!} \frac{x^{m_2}}{m_2!} \cdots \frac{x^{m_k}}{m_k!} = \frac{x^{m_1} x^{m_2} \cdots x^{m_k}}{m_1! m_2! \cdots m_k!}$$

其中，$0 \leqslant m_1 \leqslant n_1, 0 \leqslant m_2 \leqslant n_2, \cdots$

设 $n = m_1 + m_2 + \cdots m_n$，则上式可以改写为

$$\frac{x^n}{m_1! m_2! \cdots m_k!} = \frac{n!}{m_1! m_2! \cdots m_k!} \frac{x^n}{n!}$$

因此，$\dfrac{x^n}{n!}$ 的系数是

$$\sum \frac{n!}{m_1! m_2! \cdots m_k!}$$

其中的求和是对所有满足条件 $0 \leqslant m_1 \leqslant n_1, 0 \leqslant m_2 \leqslant n_2, \cdots$ 及 $n = m_1 + m_2 + \cdots m_n$ 的 $m_1, m_2, \cdots, m_k$ 的求和。

但是

$$\frac{n!}{m_1! m_2! \cdots m_k!} \text{ 和 } n = m_1 + m_2 + \cdots m_n$$

等于 S 的组合 $\{n_1 \times a_1 \times n_2 \times a_2 \times \cdots \times n_k \times a_k\}$ 的 n 排列数（简单地说就是排列数）。因为 S 的 n 排列数等于在所有这样的满足 $n = m_1 + m_2 + \cdots m_n$ 的组合的排列数，所以

$$h_n = \sum \frac{n!}{m_1! m_2! \cdots m_k!}$$

中的数。因为它也是 $g^{(\tau)}(x) = f_{n_1}(x) f_{n_2}(x) \cdots f_{n_k}(x)$ 中 $x^n / n!$ 的系数，所以

$$g^{(\tau)}(x) = f_{n_1}(x) f_{n_2}(x) \cdots f_{n_k}(x)$$

利用前面定理的证明中所使用的推理，可以计算带有附加限制的多重集合的 n 排列数数列的指数生成函数。如果在

$$f_{n_i}(x) = 1 + x + \frac{x^2}{2!} + \cdots + \frac{x^{n_i}}{n_i!}$$

中定义

$$f_k(x) = 1 + x + \frac{x^2}{2!} + \cdots + \frac{x^k}{k!} + \cdots = \mathrm{e}^s$$

那么，当这个多重集合的重数 $n_1, n_2, \cdots, n_k$ 中的某些为 ∞ 时，上面的定理仍然成立。

3.4.4 求解线性齐次递推关系

本节对于存在一般求解方法的一类递推关系给出其形式定义。然而，这种方法的应用要受到一定的限制，因为可能需要求高阶多项式方程的根。

数列 $h_0, h_1, h_2, \cdots, h_n, \cdots$ 满足 k 阶线性递推关系是指，存在 $a_1, a_2, \cdots, a_k (a_k \neq 0)$ 和 b_n（它们都可能依赖于 n），使得

$$h_n = a_1 h_{n-1} + a_2 h_{n-2} + \cdots + a_k h_{n-k} + b_n \quad (n \geqslant k) \tag{3.25}$$

如果式 (3.25) 中的 $a_1, a_2, \cdots, a_k$ 或者是常数，或者依赖于 n，b_n 也可以是常数（可能为 0），或者也依赖于 n，那么线性递推关系 (3.25) 是齐次的（Homogeneous）；如果 b_n 是常数 0，那么线性递推关系被称为是常系数的（Constant Coefficient）。

本节讨论求解下面常系数线性齐次递推关系的一种特殊方法，即形如

$$h_n = a_1 h_{n-1} + a_2 h_{n-2} + \cdots + a_k h_{n-k} \quad (n \geqslant k) \tag{3.26}$$

的递推关系。其中，$a_1, a_2, \cdots, a_k$ 为常数且不为 0。其所描述的方法成功与否依赖于能否找到与式 (3.26) 相关的某个多项式方程的根。

递推关系 (3.26) 可以重写为如下形式

$$h_n - a_1 h_{n-1} - a_2 h_{n-2} - \cdots - a_k h_{n-k} = 0 \quad (n \geq k) \tag{3.27}$$

一旦指定初始值即 $h_0, h_1, h_2, \cdots, h_{n-1}$ 后，满足递推式(3.27)（或更一般地，满足式(3.26)）的数列 $h_0, h_1, h_2, \cdots, h_n, \cdots$ 就唯一确定了。式(3.26)从 n=k 开始"生效"。

首先忽略初始值，并在不给出初始值的情况下求解式(3.27)。事实证明，只需考虑形成几何级数的解并对这些解作适当的修正，就可以得到"足够多"的解。

线性齐次递推关系的求解其中只对非负整数 n 有定义的离散函数 q^n（几何数列）起到指数函数 e^{ax} 的作用。3.4.1 节中关于斐波那契数的计算中已经介绍了这样的例子。

【定义 3.4.2】 给定序列 $h_0, h_1, h_2, \cdots, h_n, \cdots$，除了前面的若干数，将其余各项 h_n 与它前面的若干数关联起来的方程被称为递推关系。

【定理 3.4.5】 设 q 是一个非零的数，则 $h_n = q^n$ 是下面常系数线性齐次递推关系

$$h_n - a_1 h_{n-1} - a_2 h_{n-2} - \cdots - a_k h_{n-k} = 0 \quad (a_k \neq 0, n \geq k) \tag{3.28}$$

的解，当且仅当 q 是多项式方程

$$x^k - a_1 x^{k-1} - a_2 x^{k-2} - \cdots - a_k = 0 \tag{3.29}$$

的根。如果多项式方程有 k 个不同的根 $q_1, q_2, \cdots, q_k$，则

$$h_n = c_1 q_1^n + c_2 q_2^n + \cdots + c_k q_k^n \tag{3.30}$$

在下述意义下是式(3.28)的通解：无论给定什么样的初始值 $h_0, h_1, h_2, \cdots, h_{n-1}$，都存在常数 $c_1, c_2, \cdots, c_k$，使得式(3.30)是满足式(3.28)和初始条件的唯一数列。

多项式方程(3.29)被称为递推关系(3.28)的特征方程（Characteristic Equation），它的 k 个根被称为特征根（Characteristic Root）。根据定理 3.4.5，如果特征根互不相同，那么式(3.30)就是递推关系(3.28)的通解。

定理 3.4.6 则讨论特征方程有多个不同重数的重根的更一般的情况。

【定理 3.4.6】 设 $q_1, q_2, \cdots, q_k$ 为常系数线性齐次递推关系

$$h_n = a_1 h_{n-1} + a_2 h_{n-2} + \cdots + a_k h_{n-k} \quad (a_k \neq 0, n \geq k) \tag{3.31}$$

的特征方程的互不相同的根。如果 q_i 是递推关系(3.31)的特征方程的 s_i 重根，那么这个递推关系的通解中对应于 q_i 的部分是

$$H_n^{(i)} = c_1 q_i^n + c_2 n q_i^n + \cdots + c_{s_i} n^{s_i-1} q_i^n$$
$$= (c_1 + c_2 n + \cdots + c_{s_i} n^{s_i-1}) q_i^n$$

这个递推关系的通解是

$$h_n = H_n^{(1)} + H_n^{(2)} + \cdots + H_n^{(i)}$$

【定理 3.4.7】 设 $h_0, h_1, h_2, \cdots, h_n, \cdots$ 是满足

$$h_n + c_1 h_{n-1} + c_2 h_{n-2} + \cdots + c_k h_{n-k} \quad (c_k \neq 0, n \geq k) \tag{3.32}$$

的 k 阶常系数齐次递推关系的数列，则它的生成函数 $g(x)$ 是如下形式的函数

$$g(x) = \frac{p(x)}{q(x)} \tag{3.33}$$

其中，$q(x)$ 是常数项不等于 0 的 k 次多项式，而 $p(x)$ 是次数小于 k 的多项式。反之，给定这样的多项式 $p(x)$ 和 $q(x)$，则存在序列 $h_0, h_1, h_2, \cdots, h_n, \cdots$ 满足由式(3.32)给出的类型的 k 阶常系数线性齐次递推关系，且其生成函数是式(3.33)给出的函数。

3.4.5 非齐次递推关系

通常情况下，非齐次递推关系更难求解，而且通常需要依赖于非齐次部分 b_n 的一些特殊技巧。求解非齐次微分方程方法的离散模式可以总结如下：① 求齐次关系的通解；② 求非齐次关系的一个特殊解；③ 将通解和特殊解合成，确定通解中出现的常数值，使得合成的解满足初始条件。

主要的困难（除了求解特征方程的根的困难外）是求出步骤②的特殊解。对于某些非齐次部分 b_n，需要尝试去求特定类型的特殊解。这里只叙述其中的两种。

（1）如果 b_n 是 n 的 k 次多项式，那么寻找的特殊解也是 n 的 k 次多项式的特殊解 h_n。因此，做如下尝试：

$$h_n = r(\text{常数}) \qquad \text{如果} \ b_n = d(\text{常数})$$
$$h_n = rn + s \qquad \text{如果} \ b_n = dn + e$$
$$h_n = rn^2 + sn + l \qquad \text{如果} \ b_n = dn^2 + en + f$$

（2）如果 b_n 是指数形式，那么寻找的特殊解也是指数形式，因此做如下尝试：

$$h_n = pd^n \qquad \text{如果} b_n = d^n$$

利用生成函数，我们可以从某种程度上回避求特殊解的问题。例如，求解

$$h_n = 3h_{n-1} + 3^n \quad (n \geqslant 1)$$
$$h_0 = 2$$

第一种解法：与上面递推关系相应的齐次关系的通解为 $h_n = c3^n$。首先尝试将 $h_n = p3^n$ 作为特殊解。把这个特殊解代入原来的递推关系，得到

$$p3^n = 3p3^{n-1} + 3^n$$

消去 3^n 后，上面的方程变成 $p = p + 1$，这是不可能的。所以再做尝试，把 $h_n = pn3^n$ 作为特殊解，代入原来的递推关系，得到

$$pn3^n = 3p(n-1)3^{n-1} + 3^n$$

消去 3^n 后，求解上面的方程的 $p = 1$。因此，$h_n = n3^n$ 是一个特殊解，而且 $h_n = c3^n + n3^n$。

对于 c 的每个选择都是一个解。为了满足初始条件 $h_0 = 2$，必须选择某个 c，使得

$$c(3^0) + 0(3^0) = 2 \qquad (n = 0)$$

成立。因此 $c = 2$，于是 $h_n = 2 \times 3^n + n3^n = (2 + n)3^n$ 是所求的解。

第二种解法：利用生成函数。设 $g(x) = h_0 + h_1 x + h_2 x^2 + \cdots + h_n x^n + \cdots$，利用给定的递推关系和 $h_0 = 2$，得到

$$g(x) - 3xg(x) = h_0 + (h_1 - 3h_0)x + (h_2 - 3h_1)x^2 + \cdots + (h_n - 3h_{n-1})x^n + \cdots$$
$$= 2 + 3x + 3^2 x^2 + \cdots + 3^n x^n + \cdots$$
$$= 2 - 1 + (1 + 3x + 3^2 x^2 + \cdots + 3^n x^n + \cdots) = 1 + \frac{1}{1 - 3x}$$

因此

$$g(x) = \frac{1}{1 - 3x} + \frac{1}{(1 - 3x)^2}$$

利用 $\dfrac{1}{(1-rx)^n} = \sum\limits_{k=0}^{\infty} \binom{n+k-1}{k} \times r^k x^k$ $(|x| < \dfrac{1}{|r|})$ 的特殊情况 $r=3$, $n=1,2$，得到

$$g(x) = \sum_{n=0}^{\infty} 3^n x^n + \sum_{n=0}^{\infty}(n+1)3^n x^n = \sum_{n=0}^{\infty}(n+2)3^n$$

这个结果与第一种解法的结果相同。

习 题 3

1．证明 $m \times n$ 棋盘被多米诺骨牌完美覆盖当且仅当 m 和 n 中至少有一个偶数。

2．验证不存在 2 阶幻方。

3．证明由 10 个城市 $\{1,2,3,\cdots,10\}$ 组成的图（如图 3-XT-1 所示）能用 3 种颜色但不少于 3 种颜色着色。如果使用的颜色是红色、白色和蓝色，试确定不同着色的方法数。

4．确定如图 3-XT-2 所示的由交叉路口和道路组成的系统中，从 A 到 B 的所有最短路径。道路上的数字代表某种度量单位下这条道路的长度。

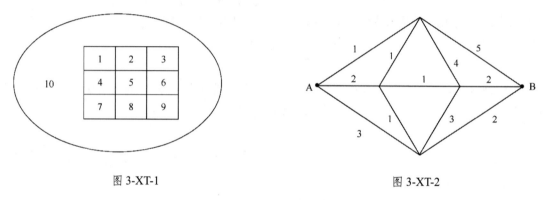

图 3-XT-1   图 3-XT-2

5．考虑堆的大小分别为 10、20、30、40、50 的 5 堆 Nim 游戏。这局游戏是平衡的吗？确定玩家 1 的第一次取子方案。

6．证明：如果从集合 $\{1,2,\cdots,2n\}$ 中选择 $n+1$ 个整数，那么总存在两个整数，它们之间相差 1。

7．证明：如果从 $\{1,2,\cdots,3n\}$ 中选择 $n+1$ 个整数，那么总存在两个整数，它们之间最多差 2。

8．设 S 是平面上 6 个点的集合，其中没有 3 个点共线。给由 S 的点所确定的 15 条线段着色，或者着红色，或者着蓝色。证明：至少存在两个由 S 的点所确定的三角形或者是红色三角形，或者是蓝色三角形（或者两者都是红色三角形，或者两者都是蓝色三角形，或者一个是红色三角形而另一个是蓝色三角形）。

9．设 $q_1, q_2, \ldots, q_k$，t 为正整数且 $q_1 \geq t, q_2 \geq t, \cdots, q_k \geq t$，令 m 为 $q_1, q_2, \ldots, q_k$ 中最大者。证明：
$$r_t(m,m,\cdots,m) \geq r_t(q_1,q_2,\cdots,q_k)$$
结论：证明 Ramsey 定理时，只要在 $q_1 = q_2 = \cdots = q_k$ 的条件下证明即可。

10．一次舞会上有 100 位男士和 20 位女士。某男士选择 w_i 位（他的"舞伴清单"）中的一位女士作为他的舞伴，这样对任意给定的一组 20 位男士，总有可能把这 20 位男士与 20 位女士配成舞伴对，且每位男士的舞伴都在他的舞伴清单中。保证做到这一点的最小和 $a_1 + a_2 + \ldots + a_{100}$ 是多少？

11．求出从 1 到 10000 中不能被 4、6、7 或 10 整除的整数个数。

12．求出从 1 到 10000 中既不是完全平方数也不是完全立方数的整数个数。

13. 确定多重集合 $S = \{\infty \cdot a, 4 \cdot b, 5 \cdot c, 7 \cdot d\}$ 的 10 组合的数目。

14. 在一次聚会上，7 位绅士存放他们的帽子，有多少种方法使得他们的帽子返还时满足：

(a) 没有绅士收到他自己的帽子？

(b) 至少一位绅士收到他自己的帽子？

(c) 至少两位绅士收到他们自己的帽子？

15. 用组合推理导出下面的等式（这里 D_0 定义为 1）：

$$n! = \binom{n}{0}D_n + \binom{n}{1}D_{n-1} + \binom{n}{2}D_{n-2} + \cdots + \binom{n}{n-1}D_1 + \binom{n}{n}D_0$$

16. 设 $f_0, f_1, f_2, \cdots, f_n, \cdots$ 表示斐波那契数列，通过对小 n 值计算下列每个表达式的值，猜测一般公式，然后用数学归纳法和斐波那契递推公式证明之。

(1) $f_1 + f_3 + \cdots + f_{2n-1}$

(2) $f_0 + f_2 + \cdots + f_{2n}$

(3) $f_0 - f_1 + f_2 - \cdots + (-1)^n f_n$

(4) $f_0^2 - f_1^2 + \cdots + f_n^2$

17. 证明第 n 个斐波那契数 f_n 是最接近 $\frac{1}{\sqrt{5}}\left(\frac{1+\sqrt{5}}{2}\right)^n$ 的整数。

18. 仔细研究斐波那契数列，并猜测 f_n 什么时候可被 7 整除，然后证明你的猜测。

19. 描述一个组合问题，其生成函数是下面的函数。

$$(1 + x + x^2)(1 + x^2 + x^4 + x^6)(1 + x^2 + x^4 + \cdots)(x + x^2 + x^8 + \cdots)$$

20. 确定满足下面条件的果篮数 h_n 的生成函数：果篮中装有苹果、橙子、香蕉和梨，要求苹果的个数是偶数，至少有 2 个橙子，香蕉的个数是 3 的倍数，至多有 1 个梨。然后，从这个生成函数出发求 h_n 的生成函数。

第4章 图 论

　　图论是一门古老而又新兴的学科，虽然创立于200多年前，但在近50年里得到了飞速发展。图论是建立和处理离散数学模型的一种重要工具，现实世界的许多问题都可以抽象为图的形式来描述，如互联网、交通网、社交网、大规模集成电路等。特别地，在计算机领域中，图论在诸如算法、语言、数据库、网络理论、数据结构、操作系统、人工智能等方面都有重大贡献。

　　作为离散数学的一个重要内容，图论本身也包含了数学中一些有趣和知名的问题。本章将通过对图论知识的介绍，探索图论相关的问题。本章的主要内容包括图论的基本概念和基本性质，以及有着广泛应用的特殊图——欧拉图、哈密顿图、二部图、平面图和树等，为进一步的学习、研究和应用提供基础。

4.1　图的基本概念

4.1.1　几个问题

1. 哥尼斯堡七桥问题

　　18世纪，普鲁士的哥尼斯堡（Konigsberg）有一条横贯全城的普雷格尔（Pregel）河，河中有两个小岛，河上架设的7座桥连接起两岸及河中的两个小岛，如图4.1-1（a）所示。当时居民们热衷于一个问题：能否从某地出发，走过每个桥一次且仅一次再回到出发地？

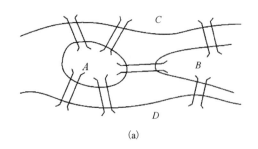
(a)

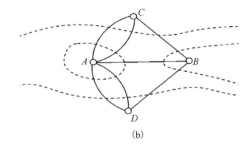
(b)

图 4.1-1

　　欧拉（Euler）用顶点表示陆地（两岛和两岸），用边表示桥，得到该问题的数学模型如图4.1-1（b）所示，即一个多重图（Multigraph），同一对顶点间的连接边数多于一条，从而解决"七桥问题"的关键是能否从图4.1-1（b）中任意顶点出发，通过每条边仅一次，并且最后回到出发点。这个问题的具体解答将在4.4.1节中给出。

2．周游世界问题

1859 年，爱尔兰著名数学家哈密顿设计了一个数学游戏，用一个正十二面体代表地球模型，如图 4.1-2(a)所示。正十二面体有 12 个面、20 个顶点、30 条棱，每个面都是相同的正五边形。假如把这 20 个顶点当作 20 个大城市，如巴黎、纽约、伦敦、北京……把这 30 条棱当作连接这些大城市的道路。如果一个人从某个大城市出发，每个大城市都走过，而且只走一次，最后返回原来出发的城市。那么，这种走法是否可以实现？这就是著名的"周游世界问题"。该问题可归结为：求通过图 4.4-8(b)中各点一次且仅一次的回路，粗线表示一条满足要求的回路。这个问题的解答将在 4.4.2 节中给出。

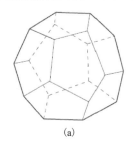

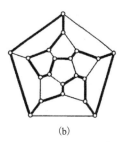

(a)   (b)

图 4.1-2

3．三套房屋和三种公用资源问题

有三座正在建造的房屋，每座房屋都必须与三种公共资源建立起联系，分别是供水站、发电站和天然气站。每个公共设施提供站都需要一条直接从提供站末端到每座房子的管线，并且不经过另一个公共设施的管线或者另一个在管线上的房子，换句话说，所有三个公共设施必须埋在地下同一深度而且互不交叉，这样能做到吗？问题的解答将在 4.5.2 节中给出。

4.1.2　图的基本术语

第 2 章已给出了集合的笛卡儿积的概念，为了定义图，还需要给出集合的无序积的概念。

【定义 4.1.1】 设 A 和 B 为两个集合，无序对的集合 $\{<a,b>|a\in A 且 b\in B\}$ 称为集合 A 与 B 的无序积，记为 $A\&B$。

在无序积中，任意两个元素 a、b 的顺序是无关紧要的，即 $<a,b>=<b,a>$。

无序积与笛卡儿积（有序积）的不同在于，$A\&B=B\&A$，而 $A\times B\neq B\times A$。

例如，设 $A=\{a,b\}$，$B=\{x,y,z\}$，则

$$A\&A=\{<a,a>,<a,b>,<b,b>\}$$
$$A\&B=\{<a,x>,<a,y>,<a,z>,<b,x>,<b,y>,<b,z>\}$$

【定义 4.1.2】 图 G 是一个有序三元组 $<V,E,f>$，其中 V 是一个非空集合，称为 G 的顶点集，V 中的元素 v 称为顶点或结点；E 也是一个集合，称为 G 的边集，E 中的元素 e 称为边；f 是 E 到 $(V\&V)\cup(V\times V)$ 的函数（$E=\varnothing$ 时，约定 $f=\varnothing$）。

【定义 4.1.3】 如果 $f(e)\subseteq V\&V$，则称 e 为无向边；如果 $f(e)\in V\times V$，则称 e 为有向边

（始点指向终点）。如果 $f(E) \subseteq V \& V$，则称 G 为无向图；如果 $f(E) \subseteq V \times V$，则称 G 为有向图，否则称为混合图。

不难理解，一个混合图可以拆分成有向图和无向图两部分。有向图和无向图的性质讨论清楚了，混合图的问题就迎刃而解了。因此，本章将分别讨论有向图和无向图，而不再单独讨论混合图。

例如，图 4.1-3 中，图(a)是有向图，图(b)是无向图，图(c)是混合图，图(d)是由图(c)混合图转化成的有向图。

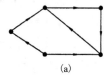 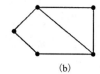 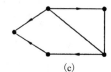 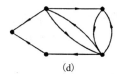

(a)　　　　　　　　(b)　　　　　　　　(c)　　　　　　　　(d)

图 4.1-3

如果把有向图 D 中每条有向边的方向反向，由此得到的新的有向图称为原图的逆图。

有向图与无向图也是可以相互转化的。如果把有向图 D 中每条有向边去掉方向，使之成为无向边，由此得到的无向图 G 称为有向图 D 的底图；如果把无向图 G 中的每条无向边指定方向使之成为有向边，由此得到的有向图 D 称为无向图 G 的定向图。易见，一个有向图的底图是唯一的，而一个无向图的定向图却可以是多个。

设 $f(e) = <u,v>$ 或 (u,v)，则称 u 与 v 邻接或相邻，u、v 为 e 的端点；e 关联于顶点 u、v，并且 u、v 与 e 的关联次数各为 1（如果 $u=v$，则 u 与 e 的关联次数为 2；如果 e 不关联 u，则 u 与 e 的关联次数为 0）。对于 $f(e) = (u,v)$，则称 u 为 e 的始点，v 为 e 的终点，u 邻接 v。

显然，在无向图中，定义在 V 上的邻接关系具有对称性；在有向图中，定义在 V 上的邻接关系却不具有对称性。

【定义 4.1.4】 如果 $u = v$，则称 e 为自环边；如果 $f(e_1) = f(e_2)$，则称 e_1 和 e_2 为平行边，两点间平行边的个数称为该边的重数。含有平行边的图称为多重图（此时 f 不是单射）；不含自环边和平行边的图称为简单图。

有向图中的平行边方向必须相同，即有向图中的平行边须同始（点）同终（点）。

例如，图 4.1-4 中，图(a)是含自环边的无向多重图，图(b)是有向多重图，图(c)是无向简单图，图(d)是有向简单图。

 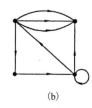

(a)　　　　　　　　(b)　　　　　　　　(c)　　　　　　　　(d)

图 4.1-4

简单图是一类重要的图。此时，可以直接把 e 记成 $f(e)$，即 (u,v) 或 $<u,v>$。因此，图 G 也可以简单表示为有序二元组 $G = <V,E>$，其中，$V = V(G)$ 是非空顶点集，$E = E(G)$ 是边集。有向简单图中的边可以用有序对来表示，无向简单图中的边可以用无序对来表示。在有向图和无向图分别讨论的情况下，边 e 皆可记为 (u,v)，而不致混淆。

【定义 4.1.5】 当 V、E 均是有限集合时，$G = <V,E>$ 称为有限图，否则称为无限图。

有限图可以用图形的形式画出。本书只讨论有限图。具有 n 个顶点、m 条边的图常记为 (n, m)图。具有 n 个顶点的有限图称为 n 阶图。$E = \varnothing$ 的 n 阶图称为 n 阶零图。一个顶点的零图称为平凡图。

【定义 4.1.6】 设 $G = <V, E>$ 是无向图，$v \in V$，v 关联边的次数和称为 v 的度数，记为 $\deg(v)$ 或 $d(v)$。

度数为 0 的顶点称为孤立点，度数为 1 的顶点称为悬挂点，与悬挂点关联的边称为悬挂边。通常，度数为 k 的顶点称为 k 度点。若 $d(v)$ 为奇数，则称 v 为奇度点；若 $d(v)$ 为偶数，则称 v 为偶度点。例如，在图 4.1-5 中，$d(a)=1$，$d(d)=2$，$d(c)=4$，$d(b)=3$，$d(e)=3$，$d(f)=3$。

为了叙述方便，一个图中各顶点的度数常写成序列形式，称为度序列。例如，图 4.1-5 的度序列为 1、3、4、2、3、3。

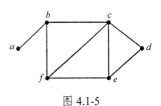

图 4.1-5

【例 4.1】 证明在无向简单图中，必有两个顶点的度数相同。

证明：

设 G 是 n 阶无向简单图，G 中各顶点的度数只可能是 $0, 1, 2, \cdots, n-1$。

用反证法。假设无向简单图 G 中每个顶点的度数均不相同，则 n 个顶点的度数恰是 $0, 1, 2, \cdots, n-1$。此时 G 中有孤立点，于是 G 中的其他顶点的度数都达不到 $n-1$，矛盾。所以，必有两个顶点的度数相同。

【定义 4.1.7】 设图 G 为无向简单图，如果图 G 中各顶点的度数都为 k，则称 G 为 k 度正则图，记为 k-正则图。

例如，图 4.1-6(a) 是 3-正则图、图 4.1-6(b) 是 4-正则图。

显然，零图是 0-正则图。

【定义 4.1.8】 设 $G = <V, E>$ 是有向图，$v \in V$，以 v 为始点的有向边的个数称为 v 的出度，记为 $\deg_+(v)$ 或 $d_+(v)$；以 v 为终点的有向边的个数称为 v 的入度，记为 $\deg_-(v)$ 或 $d_-(v)$；$d(v) = d_+(v) + d_-(v)$ 称为 v 的度数，简称度。

例如，在图 4.1-7 中，$d_+(a)=3$，$d_+(b)=2$，$d_+(c)=1$，$d_+(d)=1$，$d_+(e)=1$；$d_-(a)=1$，$d_-(b)=1$，$d_-(c)=2$，$d_-(d)=3$，$d_-(e)=1$。

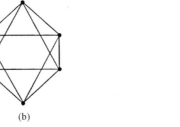
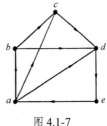

(a)　　　　　　　　(b)

图 4.1-6　　　　　　　图 4.1-7

【定理 4.1.1】 设无向图 $G = <V, E>$ 为(n, m)图，$V = \{v_1, v_2, \cdots, v_n\}$，则

$$\sum_{i=1}^{n} d(v_i) = 2m$$

显然，在无向图中，每条边给其两个端点各一个关联次数，相当于一次握手的成功需要两只手来完成，故称之为握手定理。上述定理是欧拉在 1736 年给出的，是图论中的基本定理。

注意到偶度点的度数之和仍为偶数，易得以下推论。

【推论】 任一无向图中，奇度点的个数为偶数。

证明：

由定理 4.1.1 可知，无向图中各顶点的度数之和为偶数，则奇度点的度数之和亦为偶数，这只能是偶数个奇数求和的情形。

【定理 4.1.2】 设有向图 $G = <V, E>$ 为 (n, m) 图，$V = \{v_1, v_2, \cdots, v_n\}$，则

$$\sum_{i=1}^{n} d_+(v_i) = \sum_{i=1}^{n} d_-(v_i) = m$$

显然，每条有向边为始点提供 1 个出度，为终点提供 1 个入度，容易证得上述定理。

4.1.3　图的矩阵表示

第 2 章介绍了二元关系及其关系图和关系矩阵。事实上，图的边给出了图的顶点集合上的邻接关系。有限图的邻接关系也可以用矩阵表示，这样有利于用代数知识来研究图的性质，同时有利于计算机处理。

【定义 4.1.9】 设图 G 的顶点集合为 $V = \{v_1, v_2, \cdots, v_n\}$，边集为 E，令

$$a_{ij} = \begin{cases} k, & v_i \text{邻接} v_j \text{的边的重数为} k \\ 0, & \text{没有} v_i \text{到} v_j \text{的边} \end{cases}$$

则矩阵 $A = (a_{ij})_{n \times n}$ 称为图 G 的邻接矩阵。

例如，图 4.1-8 所示的无向图邻接矩阵为

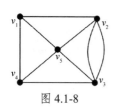

图 4.1-8

$$A_G = \begin{array}{c} \\ \end{array} \begin{array}{ccccc} v_1 & v_2 & v_3 & v_4 & v_5 \end{array} \\ \begin{bmatrix} 0 & 1 & 0 & 1 & 1 \\ 1 & 0 & 2 & 0 & 1 \\ 0 & 2 & 0 & 1 & 1 \\ 1 & 0 & 1 & 0 & 1 \\ 1 & 1 & 1 & 1 & 0 \end{bmatrix} \begin{array}{c} v_1 \\ v_2 \\ v_3 \\ v_4 \\ v_5 \end{array}$$

无向图的邻接矩阵中各行的行和是对应点的度，各列的列和也同样是对应点的度。

无向简单图是 k-正则图当且仅当其邻接矩阵中各行（列）元素的行（列）和皆为 k。

【例 4.2】 设 G 是具有 n 个顶点的 k-正则图，A 是其邻接矩阵，证明矩阵 A^2 中的对角线元素都为 k。

证明：

设 G 的邻接矩阵为 $A = (a_{ij})_{n \times n}$，$A^2 = (b_{ij})_{n \times n}$。

因为 k-正则图 G 是无向简单图，所以 $a_{ij} = a_{ji}$，$a_{ij} = 1$ 或 0。

于是 $a_{ij}^2 = a_{ij}$，且

$$a_{i1} + a_{i2} + \cdots + a_{in} = k$$

由线性代数知识可知，矩阵 A^2 的对角线元素为

$$b_{ii} = a_{i1}a_{1i} + a_{i2}a_{2i} + \cdots + a_{in}a_{ni} = a_{i1}^2 + a_{i2}^2 + \cdots + a_{in}^2$$
$$= a_{i1} + a_{i2} + \cdots + a_{in} = k$$

故矩阵 A^2 中的对角线元素都为 k。

无向图的邻接矩阵是对称矩阵，但有向图的邻接矩阵未必是对称矩阵。

例如，图 4.1-9 所示的有向图的邻接矩阵为

$$
A_D = \begin{array}{c} \\ \\ \end{array} \begin{matrix} v_1 & v_2 & v_3 & v_4 & v_5 \end{matrix} \\
\begin{bmatrix} 0 & 1 & 0 & 0 & 0 \\ 0 & 0 & 1 & 0 & 0 \\ 0 & 1 & 0 & 1 & 1 \\ 1 & 0 & 0 & 0 & 0 \\ 1 & 1 & 0 & 1 & 0 \end{bmatrix} \begin{matrix} v_1 \\ v_2 \\ v_3 \\ v_4 \\ v_5 \end{matrix}
$$

有向图的邻接矩阵中各行的行和是对应点的出度，各列的列和则是对应点的入度。

给定一个图，可以写出它的邻接矩阵，反之，给定图的邻接矩阵，也可具体画出该图。

例如，设一个图的邻接矩阵为

$$
A' = \begin{array}{c} \\ \\ \end{array} \begin{matrix} v_1 & v_2 & v_3 & v_4 & v_5 \end{matrix} \\
\begin{bmatrix} 0 & 1 & 0 & 1 & 1 \\ 0 & 0 & 0 & 0 & 1 \\ 1 & 1 & 0 & 1 & 0 \\ 0 & 0 & 1 & 0 & 0 \\ 0 & 0 & 0 & 1 & 0 \end{bmatrix} \begin{matrix} v_1 \\ v_2 \\ v_3 \\ v_4 \\ v_5 \end{matrix}
$$

则可以得到图 4.1-10，其邻接矩阵为 A'。显然，图 4.1-10 只不过是对图 4.1-9 的顶点重新排序。这说明图的邻接矩阵与图的顶点编号顺序有关。

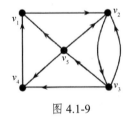

图 4.1-9   图 4.1-10

给出一个图的邻接矩阵，就给出了图的全部信息，可以从中直接判定图的某些性质。

由图的邻接矩阵的定义可知：

❖ 简单图的邻接矩阵为 0-1 矩阵。

❖ 当有向图 G 的邻接矩阵为 A 时，其逆图的邻接矩阵为 A 的转置矩阵 A^T。

实际问题转化成图论问题时，图中的顶点和边往往带有某种信息，如在交通网络图中，每个城市的人口数可以作为顶点上的信息（记为 $w(v_i)$），城市之间的公路长度可以作为边上的信息（记为 $w(v_i, v_j)$），这样的信息称为权，含有信息的图称为赋权图。

例如，图 4.1-11 是一个赋权图。

赋权图 G 的邻接矩阵 $A = (a_{ij})_{n \times n}$ 可以定义成

$$
a_{ij} = \begin{cases} 0, & v_i = v_j \\ \infty, & \text{没有} v_i \text{到} v_j \text{的边} \\ w(v_i, v_j), & \text{其他} \end{cases}
$$

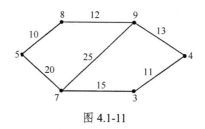

图 4.1-11

【定义 4.1.10】无向图 $G = <V, E>$ 为 (n, m) 图, 结点集合 $V = \{v_1, v_2, \cdots, v_n\}$, 边集合 $E = \{e_1, e_2, \cdots, e_m\}$。令 m_{ij} 为顶点 v_j 与边 e_j 的关联次数, 则称 $(m_{ij})_{n \times m}$ 为 G 的关联矩阵, 记为 $\boldsymbol{M}(G)$。

例如, 图 4.1-12 的关联矩阵为

$$
\boldsymbol{M}(G) = \begin{array}{c} \\ \begin{array}{cccccc} e_1 & e_2 & e_3 & e_4 & e_5 & e_6 \end{array} \\ \begin{bmatrix} 1 & 1 & 0 & 0 & 0 & 0 \\ 1 & 0 & 1 & 0 & 0 & 0 \\ 0 & 1 & 1 & 1 & 0 & 0 \\ 0 & 0 & 0 & 1 & 1 & 1 \\ 0 & 0 & 0 & 0 & 1 & 1 \end{bmatrix} \begin{array}{c} v_1 \\ v_2 \\ v_3 \\ v_4 \\ v_5 \end{array} \end{array}
$$

【定义 4.1.11】有向图 $G = <V, E>$ 中无环, 结点集合 $V = \{v_1, v_2, \cdots, v_n\}$, 边集合 $E = \{e_1, e_2, \cdots, e_m\}$, 令

$$
m_{ij} = \begin{cases} 1, & v_i \text{ 为 } e_j \text{ 的始点} \\ 0, & v_i \text{ 与 } e_j \text{ 不关联} \\ -1, & v_i \text{ 为 } e_j \text{ 的终点} \end{cases}
$$

则称 $(m_{ij})_{n \times m}$ 为 D 的关联矩阵, 记为 $\boldsymbol{M}(D)$。

例如, 图 4.1-13 的关联矩阵为

$$
\boldsymbol{M}(D) = \begin{array}{c} \\ \begin{array}{ccccc} e_1 & e_2 & e_3 & e_4 & e_5 \end{array} \\ \begin{bmatrix} -1 & -1 & 0 & 0 & 0 \\ 1 & 0 & 0 & 0 & 0 \\ 0 & 1 & 1 & 0 & 0 \\ 0 & 0 & -1 & 1 & 1 \\ 0 & 0 & 0 & -1 & -1 \end{bmatrix} \begin{array}{c} v_1 \\ v_2 \\ v_3 \\ v_4 \\ v_5 \end{array} \end{array}
$$

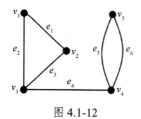

图 4.1-12   图 4.1-13

4.1.4 子图与图的同构

首先介绍图的两种操作。

❖ 删点操作: 删去点 v 及与 v 关联的所有边, 得到子图 $G - v$ (被称为 G 的主子图)。

❖ 删边操作：删去边 e 但保留 e 的端点，得到子图 $G-e$。

容易看出，图 G 的子图可由图 G 中删去若干点和边而得，图 G 的生成子图则只能由图 G 中删去若干边所得。例如，图 4.1-14(a)删去边 e_1 后得到的图为图 4.1-14(b)，图 4.1-15(a)删去点 v_1 后得到的图为图 4.1-15(b)。

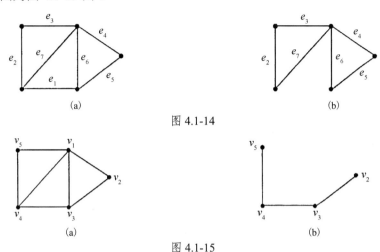

图 4.1-14

图 4.1-15

【定义 4.1.12】设两个图 $G=<V,E>$ 和 $G'=<V',E'>$，若 $V'\subseteq V$ 且 $E'\subseteq E$，则称 G' 是 G 的子图，记为 $G'\subseteq G$。

若 $V'\subset V$ 或 $E'\subset E$，则称 G' 是 G 的真子图。

若 $V'=V$ 且 $E'=E$ 或 $E'=\varnothing$，则称 G' 为图 G 的平凡子图。

若 $V'=V$ 且 $E'\subseteq E$，则称 G' 为图 G 的生成子图。

若 $V'\subseteq V$ 且 $V'\neq\varnothing$，以 V' 为顶点集，以图 G 中两个端点均在 V' 中的边为边集的子图，称为 V' 的导出子图，记为 $G[V']$。

设 $E'\subseteq E$ 且 $E'\neq\varnothing$，以 E' 为边集，以 E' 中的边关联的顶点为顶点集的图 G 的子图，称为 E' 的导出子图，记为 $G(E')$。

图论中主要研究的内容是图的各顶点间的邻接关系，与结点的位置和边的几何形状无关。由于图中顶点位置的不同，图的形状也可能不同，因此表面上完全不同的图形却可能具有相同的组合结构，称这种现象为图的同构。

【定义 4.1.13】设有两个图 $G=<V,E>$ 和 $G'=<V',E'>$，如果存在双射 $f:V\to V'$，使得 $(u,v)\in E$，当且仅当 $(f(u),f(v))\in E'$ 且对应的重数相同，则称图 G 与 G' 同构，记为 $G\cong G'$。即：如果两个图的点能建立双射关系，而且点与点的邻接关系也能保持一一对应，那么这两个图同构。例如，图 4.1-16(a)和图 4.1-16(b)是同构的。

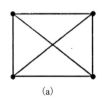

图 4.1-16

当用图形表示图时，如果给每个顶点和每条边指定一个符号（字母或者数字），则称这样的图为标定图，否则称为非标定图。讨论图的同构，标定图就失去意义了。两个同构的图，除了顶点所在的位置不同，实际上代表了同样的组合结构。

例如，图 4.1-17(a)和图 4.1-17(b)是同构的，图 4.1-17(c)和图 4.1-17(d)表明图中点的位置的不同而形成图的不同的"外貌"。

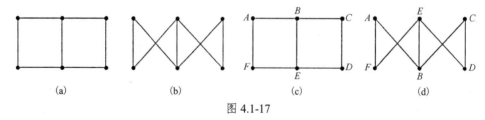

图 4.1-17

显然，两个图同构的必要条件是它们的顶点数和边数均相同，按从小到大排列的度序列也相同。但反之未必，如图 4.1-18 所示。

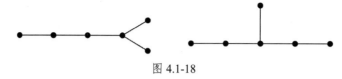

图 4.1-18

显然，判断两个图是否同构是图论中的一大难题，至今仍未找到一种简单而有效的方法。

4.1.5 完全图与补图

1. 无向完全图与有向完全图

【定义 4.1.14】 在 n 阶无向简单图 $G = <V, E>$ 中，如果任意两个不同的顶点间都有一条边关联，则称 G 为无向完全图，记为 K_n。在 n 阶有向简单图 $G = <V, E>$ 中，如果任意两个顶点间都有一对方向相反的边关联，则称 G 为有向完全图，记为 D_n。

例如，图 4.1-19(a)是 4 阶无向完全图，即 K_4；图 4.1-19(b)是 5 阶无向完全图，即 K_5；图 4.1-19(c)是 6 阶无向完全图，即 K_6。易见，n 阶无向完全图 K_n 是$(n-1)$-正则图。

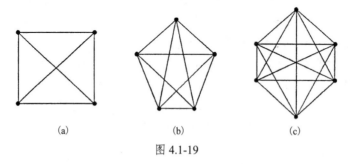

图 4.1-19

又如，图 4.1-20(a)是 3 阶有向完全图，即 D_3；图 4.1-20(b)是 4 阶有向完全图，即 D_4。

不论是无向完全图还是有向完全图，它们的邻接矩阵中，对角线元素都为 0，其他元素都为 1。依据这一事实，易得下述定理。

【定理 4.1.3】

$$|E(K_n)| = \frac{1}{2}n(n-1) \qquad |E(D_n)| = n(n-1)$$

2．竞赛图

【定义 4.1.15】 无向完全图 K_n 的定向图称为竞赛图。

例如，图 4.1-21 是一个 5 阶竞赛图。实际生活中，如果把 n 个顶点表示参加循环赛的 n 个球队，有向边由胜队指向负队（无平局），那么竞赛图能够完整地描述这 n 个球队进行循环赛后的胜负结果，故称为竞赛图。有些书中把竞赛图作为有向完全图的定义。因此，本书将竞赛图与有向完全图一并介绍。

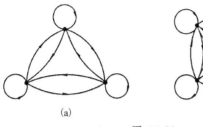

图 4.1-20　　　　　　　　　　　图 4.1-21

3．补图

【定义 4.1.16】 对于 n 阶无向简单图 $G=<V,E>$，$\overline{G}=<V,E(K_n)-E(G)>$ 称为无向简单图 G 的补图；对于 n 阶有向简单图 $G=<V,E>$，$\overline{G}=<V,E(D_n)-E(G)>$ 称为有向简单图 G 的补图。

n 阶 k-正则图的补图是 $(n-1-k)$-正则图。特别地，K_n 与 n 阶零图互补。

例如，在图 4.1-22(a) 中的 G 是一个 5 阶无向简单图，图 4.1-22(b) 是图 G 的补图 $\overline{G}$。

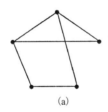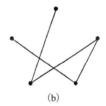

(a)　　　　　　　　　　　　(b)

图 4.1-22

显然，由补图的定义可知，G 与 $\overline{G}$ 互为补图，即 $\overline{\overline{G}}=G$。

当 n 阶无向简单图 G 和它的补图 $\overline{G}$ 同构时，称图 G 为自补图。例如，图 4.1-23(a) 与图 4.1-23(b) 是两个同构的互补的 4 阶无向简单图，所以它们是自补图。

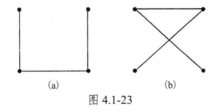

(a)　　　　　　　　　　(b)

图 4.1-23

因为 n 阶无向完全图 K_n 含有 $\dfrac{1}{2}n(n-1)$ 条边，所以当 n 阶无向简单图 G 是自补图时

$$|E(G)|=|E(\overline{G})|=\frac{1}{2}\left(|E(G)|+|E(\overline{G})|\right)=\frac{1}{4}n(n-1)$$

于是，可得如下结论：

❖ n 阶无向简单图是自补图的必要条件为 $n=4k$ 或 $n=4k+1$（k 为正整数）。

❖ n 阶 k-正则图是自补图的必要条件则为 $n=4k+1$（k 为正整数）。

例如，没有 2 阶和 3 阶的自补图，4 阶的自补图见图 4.1-23 所。

4.2 通路与赋权图的最短通路

4.2.1 通路与回路

4.1 节通过边定义了顶点间的邻接关系和边与点间的关联关系。本节将讨论通过顶点定义边之间的关系。

【定义 4.2.1】 图 $G = <V, E>$ 中，顶点与边的交替序列 $v_0 e_1 v_1 e_2 \cdots v_{i-1} e_i v_i$（其中 $e_i = (v_{i-1}, v_i)$，$i = 1, 2, \cdots, l$）称为 G 中从结点 v_0 到 v_i 的通路，v_0 和 v_i 分别称为通路的始点和终点，通路中包含的边数 l 称为通路的长度。当通路中的始点和终点重合时，称为回路。

显然：

❖ 长度为 1 的通路是边，长度为 1 的回路是自环边。

❖ 有向图中的通路是有向通路。

❖ 在简单图中，可以用顶点序列 $v_0 v_1 \cdots v_l$ 表示通路，其长 l = 通路中顶点数-1。

❖ 如果 u 到 v 有通路，则称 u 到 v 的所有通路中长度最小的一条通路为 u 到 v 的最短通路，其长称为 u 到 v 的距离，记为 $d(u,v)$。

❖ 如果 u 到 v 没有通路，则记为 $d(u,v) = \infty$。

❖ 相邻点的距离为 1。

【定义 4.2.2】 如果通路中的各边互不相同，则称此通路为简单通路；如果回路中的各边互不相同，则称此回路为简单回路。

【定义 4.2.3】 如果通路中各边和各顶点都互不相同，则称此通路为基本通路（简称为路）；如果回路中各边和各顶点都互不相同，则称此回路为基本回路（简称为圈）。

边是长为 1 的路，自环边是长为 1 的圈，平行边是长为 2 的圈。因此，简单图中的圈长大于等于 3。

例如，在图 4.1-24 中，通路 $v_1 v_2 v_7 v_6 v_2 v_3$ 是简单通路，回路 $v_1 v_2 v_7 v_6 v_2 v_8 v_1$ 是简单回路，通路 $v_1 v_2 v_3 v_6 v_5$ 是基本通路，回路 $v_1 v_2 v_6 v_7 v_8 v_1$ 是基本回路。

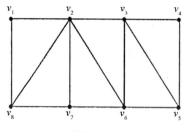

图 4.1-24

显然，基本通（回）路一定是简单通（回）路，但简单通（回）路不一定是基本通（回）路。图 4.1-24 中的简单通路和简单回路都不是基本通路和基本回路。

【定理 4.2.1】 在 n 阶无向图 G 中，如果存在一条从 u 到 v 的（$u \neq v$）的通路，则必有

一条从 u 到 v 的长度不大于 $n-1$ 的路。

证明：

由于存在一条从 u 到 v 的（$u \neq v$）的通路，则 u 到 v 的最短通路即为所求，其长为 u 到 v 的最短通路上的顶点数-1，其值 $\leqslant G$ 中的顶点数-1，即 $n-1$。

同理可证明下列定理。

【定理 4.2.2】 在 n 阶无向图 G 中，如果存在一条通过 v 的长度大于 2 的回路，则必有一条通过 v 的长度不大于 n 的圈。

【例 4.3】 无向图中，若每个顶点的度数大于等于 2，则此图中必存在基本回路（圈）。

证明：

（反证法）假设 G 中没有基本回路，不妨设其中最长的基本通路为 $P:v_1v_2\cdots v_l(l \leqslant n)$。由 v_1 的度数大于等于 2，必有顶点 v_k 与 v_1 相邻。若 v_k 不在 P 中，则基本通路 $v_kv_1v_2\cdots v_l$ 比 P 更长，则与假设矛盾；若 v_k 在 P 中且 $k \neq 2$，则 $v_1v_2\cdots v_kv_1$ 为基本回路，也与假设矛盾；否则，$k=2$，顶点 v_2 与 v_1 之间有平行边 e_1 和 e_2，那么 $v_1e_1v_2e_2v_1$ 为基本回路，又与假设矛盾。故 G 中必有基本回路。

值得指出的是，利用构造性证明本例也不失为一个好办法，建议读者试一试。

4.2.2 图的连通性

【定义 4.2.4】 在图 G 中，若存在从顶点 v_i 到 v_j 的通路，则称从 v_i 到 v_j 是可达的。规定 v_i 到自身是可达的。

易知，顶点之间的可达关系也是自反的、可传递的。

由于边是长为 1 的通路，在图的顶点集上，邻接关系是可达关系的子集。进一步，可达关系是邻接关系的自反传递闭包。

1. 无向图的连通性

在无向图 G 中，若存在从顶点 v_i 到 v_j 的通路，当然也存在从 v_j 到 v_i 的通路，即顶点之间的可达关系是对称的。因此，在无向图 G 中，顶点之间的可达关系是等价关系。

【定义 4.2.5】 在无向图 G 中，u 和 v 是其中的两个顶点，如果 u 与 v 之间有通路相连，则称 u 与 v 是连通的，并规定 u 与自身是连通的。

1 阶图显然是连通的。

【定义 4.2.6】 设连通图 G' 是图 G 的子图，如果 G 的任一以 G' 为真子图的子图皆为非连通图，则称子图 G' 是图 G 的一个连通分支。

由定义可知，连通分支是图的极大连通子图。例如，图 4.2-1 是连通图，图 4.2-2 不是连通图，由两个连通分支构成。

图 4.2-1

图 4.2-2

$V(G)$中顶点之间的可达关系可将 $V(G)$ 划分成 k（$k \geqslant 1$）个等价类，记为 $V_1, V_2, \cdots, V_k$。它们的导出子图 $G(V_1), G(V_2), \cdots, G(V_k)$ 就是 G 的连通分支，G 的连通分支数记为 $\omega(G) = k$。

连通图的连通分支数为 1。

【定义 4.2.7】 设 $G = <V, E>$ 是一个无向图，$v \in V$ 和 $e \in E$。如果 $\omega(G-v) > \omega(G)$，则称 v 是图 G 的一个割点；如果 $\omega(G-e) > \omega(G)$，则称 e 为图 G 的一个割边或桥。

3 阶以上的连通图，若有割边，则必有割点；反之未必。

显然，悬挂边是割边，但悬挂点不是割点。由此可见，割边的端点未必是割点。

不难理解，e 是割边的充要条件是 e 不在任何圈上，即以割点为端点的边也未必是割边。

【例 4.4】 设图 G 是无向简单图，$\overline{G}$ 是其补图，证明：在图 G 和补图 $\overline{G}$ 中至少有一个图是连通图。特别地，自补图必是连通图。

证明：

如果图 G 是连通图，则问题得证；否则，现证其补图 $\overline{G}$ 是连通图。

在补图 $\overline{G}$ 中任取两个不同点 u 和 v（它们也在图 G 中）。

若 (u, v) 不在图 G 中（如图 4.2-3（a）所示），则 (u, v) 在 G 的补图 $\overline{G}$ 中，u 与 v 在补图 $\overline{G}$ 中可达。若 (u, v) 在图 G 中（如图 4.2-3（b）所示），则它们在 G 的同一连通分支中。而 G 不连通，必有 G 中一点 x 与 u 和 v 皆不可达。于是，(u, x) 和 (x, v) 都不在 G 中，而在 $\overline{G}$ 中。此时，补图 $\overline{G}$ 中有通路 uxv，u 与 v 亦可达。

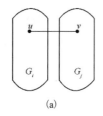
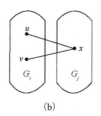

(a)   (b)

图 4.2-3

综上所述，G 是连通图。

因为自补图与自己的补图同构，所以它必是连通图。

【例 4.5】 图 G 是 n 阶无向简单图，G 中任意不同的两个顶点的度数之和大于等于 $n-1$，证明图 G 是连通图。

证明：

（反证法）假设简单图 G 至少有 2 个连通分支为 G_1 和 G_2（皆亦为简单图），并设 G_i 中含 $n_i (n_i \geqslant 1,\ i = 1, 2, \cdots)$ 个顶点，则 $n_1 + n_2 \leqslant n$。

在 G_i 中各任取一点 v_i，有 $d(v_i) \leqslant n_i - 1$，于是

$$d(v_1) + d(v_2) \leqslant (n_1 - 1) + (n_2 - 1) = n_1 + n_2 - 2$$
$$\leqslant n - 2 < n - 1$$

此与题设矛盾。故 G 必连通。

进一步，我们可以利用构造性证明的办法得出更强的结论：图 G 中任意不同的两个顶点的距离不超过 2。

【例 4.6】 图 G 是 n 阶无向简单图且其中任意不同的两个顶点的度数之和大于等于 $n-1$，证明图 G 中任意不同的两个顶点的距离不超过 2。

证明：

在图 G 中任取两个不同点 u 和 v，若 (u,v) 在 G 中，则 $d(u,v)=1$；若 (u,v) 不在 G 中，则 u 和 v 的所有邻点皆在其余 $n-2$ 个顶点中。

而 $d(u)+d(v) \geqslant n-1$，由鸽巢原理知，G 中必有一点 w 与 u 和 v 皆相邻。此时，G 中有通路 uwv，$d(u,v)=2$。

综上所述，图 G 中任意不同的两个顶点的距离不超过 2。

【例 4.7】 设图 G 是具有 n 个顶点、m 条边的无向简单图，且 $m > (n-1)(n-2)/2$，证明图 G 是连通图。

证明：

设图 G 的 $k(k \geqslant 1)$ 个连通分支为 $G_1, \cdots, G_k$，并设 G_i 中含 $n_i(i=1,2,\cdots,k)$ 个顶点。易见，$1 \leqslant n_i \leqslant n-1$ 且 $n_1 + \cdots + n_k = n$。于是

$$m \leqslant \frac{n_1(n_1-1)}{2} + \cdots + \frac{n_k(n_k-1)}{2}$$

$$\leqslant \frac{n-1}{2}\big[(n_1-1)+\cdots+(n_k-1)\big] = \frac{(n-1)(n-k)}{2}$$

又由题设条件 $m > (n-1)(n-2)/2$，则 $(n-1)(n-2)/2 < (n-1)(n-k)/2$，于是 $k<2$，可得 $k=1$。故图 G 中只有一个连通分支，即图 G 是连通图。

2．有向图的连通性

在有向图中，即使存在从点 v_i 到 v_j 的通路，也未必存在从 v_j 到 v_i 的通路，即点之间的可达关系没有对称性。因此，有向图的连通性分为强连通、单向连通和弱连通三种。

【定义 4.2.8】 在有向图 D 中，如果其中任意两点 v_i 和 v_j，存在着 v_i 到 v_j 的通路，并且存在着 v_j 到 v_i 的通路，则称 D 为**强连通图**。如果 D 中任意两点 v_i 和 v_j 之间，只有 v_i 到 v_j 可达或 v_j 到 v_i 可达（称为单向可达），则称 D 为**单向连通图**。如果有向图的底图是无向连通图，则称 D 为**弱连通图**。

注意，强连通图必是单向连通图，单向连通图必是弱连通图。但反之未必。

例如，图 4.2-4(a) 是强连通图，图 4.2-4(b) 是单向连通图，图 4.2-4(c) 是弱连通图。

强连通图或单向连通图的判定有如下定理。

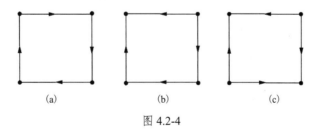

(a)   (b)   (c)

图 4.2-4

【定理 4.2.3】 有向图是强连通图当且仅当图中存在一条通过图中所有顶点的回路。

证明：

若 D 中存在一条通过图中所有顶点的回路，则任意两个顶点沿着这条回路彼此可达，因而 D 必是强连通图。反之，设 D 是强连通图。任取 D 中两个顶点 v_1 和 v_2，由强连通图的定义可知，它们彼此可达，存在 D 中回路 $C: v_1 \cdots v_2 \cdots v_1$。若点 v 不在 C 中，则 v 必与顶点 v_1 和 v_2

彼此可达，特别地，v_1 可达 v，v 可达 v_2，如图 4.2-5 所示。这样就可以构造一条新的回路 $C:v_2\cdots v_1\cdots w\cdots v_2\cdots v_1\cdots v\cdots v_2$，过顶点 v。而 D 是有限图，如此下去，必可构造一条回路通过图中所有顶点。

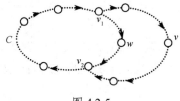

图 4.2-5

故 D 是强连通图当且仅当 D 中存在一条通过图中所有顶点的回路。

【定理 4.2.4】 有向图是单向连通图，当且仅当图中存在一条通过图中所有顶点的通路。

类似无向图中定义连通分支，可以定义有向图的强连通分支、单向连通分支和弱连通分支，分别是有向图中的极大强连通子图、极大单向连通子图和极大弱连通子图。

【定义 4.2.9】 G 是有向图，G' 是其子图，若 G' 是强连通的（单向连通的，弱连通的），且没有包含 G' 的更大的子图是强连通的（单向连通的，弱连通的），则称 G' 是 G 的极大强连通子图（极大单向连通子图，极大弱连通子图），也称为强分支（单向分支，弱分支）。

例如在图 4.2-6 中，由点集 $\{v_1,v_2,v_3,v_6\}$ 和边集 $\{e_1,e_2,e_5,e_6,e_7\}$ 构成的子图是强分支，由孤立点 $\{v_4,v_5,v_7,v_8\}$ 和空边集 $\varnothing$ 构成的子图也是强分支。由点集 $\{v_1,v_2,v_3,v_4,v_6\}$ 和边集 $\{e_1,e_2,e_3,e_5,e_6,e_7\}$ 构成的子图是单向分支，由点集 $\{v_4,v_5\}$ 和边集 $\{e_4\}$ 构成的子图以及由点集 $\{v_7,v_8\}$ 和边集 $\{e_8\}$ 构成的子图都是单向分支。由点集 $\{v_1,v_2,v_3,v_4,v_5,v_6\}$ 和边集 $\{e_1,e_2,e_3,e_4,e_5,e_6,e_7\}$ 构成的子图是弱分支，由点集 $\{v_7,v_8\}$ 和边集 $\{e_8\}$ 构成的子图也是弱分支。

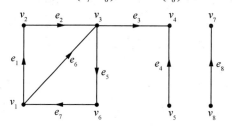

图 4.2-6

【例 4.8】 图 G 是 n 阶有向简单图，如果 G 是强连通图且 G 的底图是 3-正则图，证明对于任意的正整数 m，图 G 中各点的入度的 m 次方之和等于各点出度的 m 次方之和。

证明：

设 n 阶有向简单图 G 的顶点分别为 $v_1,v_2,\cdots,v_n$，欲证

$$\sum_{i=1}^{n}(d_+(v_i))^m = \sum_{i=1}^{n}(d_-(v_i))^m$$

图 G 是强连通图，所以图 G 各顶点的出度和入度均不为 0。又 G 的底图是 3-正则图，则可知 $d_+(v_i)+d_-(v_i)=3$，且各点的出度为 1（入度为 2）或为 2（入度为 1）。由此可得

$$(d_+(v_i))^{m-1}+(d_+(v_i))^{m-2}d_-(v_i)+\cdots+(d_-(v_i))^m = 2^{m-1}+2^{m-2}+\cdots+1^{m-1}$$
$$= 2^m-1$$

由定理 4.1.2，有 $\sum_{i=1}^{n} d_+(v_i) = \sum_{i=1}^{n} d_-(v_i) = 3n$，则

$$\sum_{i=1}^{n}(d_+(v_i))^m - \sum_{i=1}^{n}(d_-(v_i))^m = \sum_{i=1}^{n}\left[(d_+(v_i))^m - (d_-(v_i))^m\right]$$

$$= \sum_{i=1}^{n}\left[(d_+(v_i) - d_-(v_i)((d_+(v_i))^{m-1} + d_+(v_i))^{m-2}d_-(v_i) + \cdots + (d_-(v_i))^{m-1})\right]$$

$$= \sum_{i=1}^{n}\left[(d_+(v_i) - d_-(v_i)(2^m - 1)\right]$$

$$= (2^m - 1)\left[\sum_{i=1}^{n}d_+(v_i) - \sum_{i=1}^{n}d_-(v_i)\right]$$

$$= (2^m - 1)(3n - 3n)$$

$$= 0$$

故

$$\sum_{i=1}^{n}(d_+(v_i))^m = \sum_{i=1}^{n}(d_-(v_i))^m$$

本证明充分利用了"n 阶有向强连通图 G 的底图是 3-正则图"的性质，故其结论也是这类图独有的，无法推广至底图是 k-正则图的有向强连通图！

4.2.3 赋权图的最短通路

在边上赋权图的最短通路的求解方法是图论的基本概念和基本理论的一个重要应用。

图 4.2-7 是一个在边上含权的赋权图。如果图中各点表示各城市，边表示城市间的公路，边上的权表示公路的里程，即公路交通网络图。

在赋权图中给定了顶点 a（称为始点）及顶点 z（称为终点）。若 a 与 z 可达，则它们之间可能有若干条通路。一条通路上各边的权和称为该路的长。这些路中必有一条长最小的通路，这样的路称为 a 到 z 的最短通路，称为 a 到 z 的距离，记为 $d(a, z)$。求给定两个结点之间最短通路的问题称为最短通路问题。

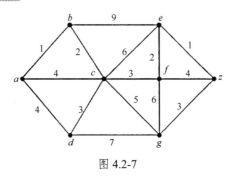

图 4.2-7

这个问题已有不少算法，公认的较好的算法是下面介绍的狄克斯特拉（Dijkstra）1959 年提出的算法。首先介绍有关概念。

目标集：设 V 是图的点集，T 是 V 的子集，且 T 含有 z 但不含 a，则称 T 为目标集。

指标：在目标集 T 中任取一点 t，由 a 到 t 但不通过目标集 T 中其他点的所有通路中，路

长最小者称为点 t 关于 T 的指标，记为 $D_T(t)$；若不存在 a 到 t 但不通过目标集 T 中其他点的通路，则约定点 t 关于 T 的指标 $D_T(t)=\infty$。

例如在图 4.2-7 中，若取目标集 $T=\{e,f,g,z\}$（如图 4.2-8 所示），则点 e 关于 T 的指标 $D_T(e)$ 就是由 a 到 e 但不通过 T 中其他点（即 f,g,z）的所有通路中的路长最小者。

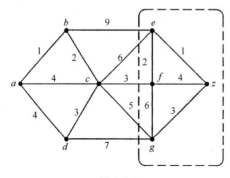

图 4.2-8

由图 4.2-8 可知，由 a 到 e 但不通过 T 中其他点（即 f,g,z）的全部通路有：路长为 9 的路 $abce$、路长为 10 的路 ace、路长为 10 的路 abe、路长为 13 的路 $adce$、路长为 15 的路 $acbe$、路长为 18 的路 $adcbe$。于是，e 关于 T 的指标 $D_T(e)=9$。

显然，$D_T(e)$ 不是 a 到 e 的距离，因为可能存在着 a 到 e 且通过 T 中其他点的通路，其长小于 $D_T(e)$，如通路 $abcfe$ 的路长为 8。

虽然如此，但当目标集 T 中所有点的指标确定后，可以证明 T 中指标最小的点，其指标就是 a 到该点的最短通路的长。

例如，对于目标集 $T=\{e,f,g,z\}$，我们已经得到 e 关于 T 的指标 $D_T(e)=9$，同样可得到 f 的指标 $D_T(f)=6$，g 的指标 $D_T(g)=11$；由于若不存在 a 到 z 但不通过目标集 T 中其他点的通路，按约定 $D_T(z)=\infty$。比较 $T=\{e,f,g,z\}$ 中 4 个点的指标后可知，$D_T(f)=6$ 最小，从而确定 a 到 f 的最短通路的路长 $D_T(f)=6$。

【定理 4.2.5】 设目标集 $T=\{t_1,t_2,\cdots,t_n\}$，其中 t_1 为 T 中指标最小者，即
$$D_T(t_1)=\min\{D_T(t_1),D_T(t_2),\cdots,D_T(t_n)\}$$
则 a 到 t_1 的最短通路的路长为 $D_T(t_1)$。

【证明】 由定义知，$d(a,t_1)\leqslant D_T(t_1)$。

设 t_2 是 a 到 t_1 的最短通路上第一个通过 T 的点（如图 4.2-9 所示），则
$$d(a,t_1)=D_T(t_2)+d(t_2,t_1)\geqslant D_T(t_2)\geqslant D_T(t_1)\geqslant d(a,t_1)$$

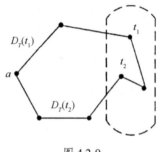

图 4.2-9

于是，$d(t_2,t_1)=0$，即 $t_2=t_1$，$d=D_T(t_1)$，亦即 a 到 t_1 的最短通路的长为 $D_T(t_1)$。

确定目标集 T 的最小指标点 t_1 后，如果 t_1 是目的地 z，那么问题得解；否则，把 t_1 从 T 中"挖去"，得到新的目标集 $T'=T-\{t_1\}$。再求 T' 中各点的指标，并确定 T' 的最小指标点。如此下去，直至 z 为某个目标集的最小指标点为止（由于图的有限性和目标集中点的个数严格递减，必可实现这一点）。

由此可见，求最短通路问题的关键是：如何求目标集中各点的指标。

借助上述思想，我们递推地求解目标集中各点的指标。即如果已经求得目标集 $T=\{t_1,t_2,\cdots,t_n\}$ 中各点的指标，设 t_1 是最小指标点，那么由此能推出 $T'=T-\{t_1\}$ 中各点的指标。

在下面的讨论中，设边 (v_i,v_j) 的权 $w(v_i,v_j)\geq 0$，如果结点 v_i 与 v_j 不邻接，则令 $w(v_i,v_j)=\infty$。

注意：$T'=T-\{t_1\}$ 中，对于不与 t_1 邻接的点 t（$w(t_1,t)=\infty$），由 a 到 t 但不通过目标集 T 中其他点的所有通路也必不通过 t_1，即 t 关于 T' 的指标 $D_{T'}(t)=D_T(t)$；对于与 t_1 邻接的点 t，只需在由 a 到 t 但不通过目标集 T 中其他点的所有通路的基础上，再比较由 a 到 t_1 的最短通路再添加边 (t_1,t) 所组成的通路即可（这也是一条由 a 到 t 但不通过 T' 中其他点的通路），即

$$D_{T'}(t)=\min\{D_T(t),D_T(t_1)+w(t_1,t)\}$$

总之，$D_{T'}(t)=\min\{D_T(t),D_T(t_1)+w(t_1,t)\}$。

例如在图 4.2-9 中，对于目标集 $T=\{e,f,g,z\}$，已经求得 $D_T(e)=9$，$D_T(f)=6$，$D_T(g)=11$，$D_T(z)=\infty$。其中 f 是最小指标点，于是 $T'=T-\{f\}=\{e,g,z\}$。

$$D_{T'}(e)=\min\{D_T(e),D_T(f)+w(f,e)\}=\min\{9,6+2\}=8$$
$$D_{T'}(g)=\min\{D_T(g),D_T(f)+w(f,g)\}=\min\{11,6+6\}=11$$
$$D_{T'}(z)=\min\{D_T(z),D_T(f)+w(f,z)\}=\min\{\infty,6+4\}=10$$

由以上分析可知，当求得具有 n 个顶点的目标集 T_n 的各点指标时，就能推导出 $n-1$ 个点的目标集 $T_{n-1}=T_n-\{t_1\}$（t_1 是 T_n 的最小指标点）的各点指标。而初始情况的目标集 $T_1=V-\{a\}$，它的各点指标就是 a 到该点的边的权。至此，求点的指标问题迎刃而解。

狄克斯特拉算法的基本思想是：先确定 a 到某一点的最短通路，再利用这个结果求出 a 到另一点的最短通路，如此继续，直至找出 a 到 z 的最短通路。

最短通路的狄克斯特拉算法过程如下：

① 将 V 分成两个子集 S 和 T，初始时，$S=\{a\}$，$T=V-S$，$D_T(t)=w(a,t)$。

② 找出 T 中 $D_T(t)$ 值最小者对应的顶点 x（与 a 的距离最短）。置 $S=S\cup\{x\}$，$T=T-\{x\}$。若 $T=\varnothing$，则结束，否则转③。

③ 对 T 中每个元素 t，$D_T(t)=\min\{D_T(t),D_T(x)+w(x,t)\}$，转②。

狄克斯特拉算法可以用列表法来实现，从而使求解过程简洁明了，并可求出最短通路所经过的顶点。

下面以图 4.2-10 为例，说明求图 4.2-7 中 a 到 z 的最短通路的全过程。

先把 $T_1=V-\{a\}$ 中各点写在第 1 行上，把这些点关于 T_1 的指标相应地写在第 2 行上，并圈出其中最小的指标点 b。

① 令 $T_2=T_1-\{b\}$，利用式 $D_{T_2}(t)=\min\{D_{T_1}(t),D_{T_1}(b)+w(b,t)\}$ 求出 T_2 中各点的指标。在第 3 行上，相应地写上 T_2 中各点的指标，并圈出其中最小的指标点 c。

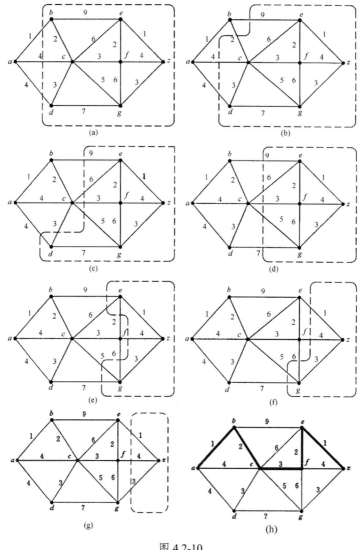

图 4.2-10

② 令 $T_3 = T_2 - \{c\}$，利用式 $D_{T_3}(t) = \min\{D_{T_2}(t), D_{T_2}(c) + w(c,t)\}$ 求出 T_3 中各点的指标。在第 4 行上，相应地写上 T_3 中各点的指标，并圈出其中最小的指标点 d。

③ 令 $T_4 = T_3 - \{d\}$，利用式 $D_{T_4}(t) = \min\{D_{T_3}(t), D_{T_3}(d) + w(d,t)\}$ 求出 T_4 中各点的指标。在第 5 行上，相应地写上 T_4 中各点的指标，并圈出其中最小的指标点 f。

④ 令 $T_5 = T_4 - \{f\}$，利用公式 $D_{T_5}(t) = \min\{D_{T_4}(t), D_{T_4}(f) + w(f,t)\}$ 求出 T_5 中各点的指标。在第 6 行上，相应地写上 T_5 中各点的指标，并圈出其中最小的指标点 e。

⑤令 $T_6 = T_5 - \{e\}$，利用式 $D_{T_6}(t) = \min\{D_{T_5}(t), D_{T_5}(e) + w(e,t)\}$ 求出 T_6 中各点的指标。在第 7 行上，相应地写上 T_6 中各点的指标，并圈出其中最小的指标点 g。

⑥ 令 $T_7 = T_6 - \{g\}$，利用式 $D_{T_7}(t) = \min\{D_{T_6}(t), D_{T_6}(g) + w(g,t)\}$ 求出 T_7 中各点的指标。在第 7 行上，相应地写上 T_7 中各点的指标，并圈出其中最小的指标点 z。

至此，已求得 a 到 z 的最短通路。如此处理各行后，完整的表格如表 4.2-1 所示。

由表 4.2-1 可知，a 到 z 的最短通路的长为 9。

表 4.2-1

b	c	d	e	f	g	z
(1)	4	4	∞	∞	∞	∞
	(3)	4	10	∞	∞	∞
		(4)	9	6	8	∞
			9	(6)	8	∞
			(8)		8	10
					(8)	9
						(9)

利用回溯方式，得出 a 到 z 的最短通路：

先检查表中 z 所在的最后一行（即第 8 行）中 z 的指标，可知 z 的指标为 9。

① 自下向上检查 z 所在的列，直至 z 的指标与 z 所在的最后一行（第 8 行）的指标不同为止。由表可知，在表中的第 6 行中 z 的指标为 10 不同于 9。而在第 6 行中，指标带圈的点是 e，这表明在 a 到 z 的最短通路中，点 z 的前一个点是 e，记下 $e\text{-}z$。

② 自下向上检查点 e 所在的列，直至 e 的指标与 e 所在的最后一行（即第 6 行）的指标不同为止。易见表中第 5 行中 e 的指标为 9 不同于其所在的最后一行的指标 8。而第 5 行的指标带圈的点是 f，这表明在 a 到 z 的最短通路中，点 e 的前一点是 f，记下 $f\text{-}e\text{-}z$。

③ 自下向上检查点 f 所在的列，直至指标数 f 所在的最后一行（即第 5 行）的指标不同为止。易见表中第 3 行中 f 的指标为 ∞，不同于其所在的最后一行的指标。而在第 3 行中指标带圈的点是 c，这表明在 a 到 z 的最短通路中，点 f 的前一点是 c，记下 $c\text{-}f\text{-}e\text{-}z$。

④ 自下向上检查点 c 所在的列，直至指标与 c 所在的最后一行（即第 3 行）的指标不同为止。易见表中第 2 行中的 c 的指标不同于其所在的最后一行的指标。而在第 2 行中指标带圈的点是 b，这表明在 a 到 z 的最短通路中，点 c 的前一点是 b，记下 $b\text{-}c\text{-}f\text{-}e\text{-}z$。

⑤ 自下向上检查点 b 所在的列，注意到 b 的指标不变，这表明在 a 到 z 的最短通路中，点 b 的前一点是 a，记下 $a\text{-}b\text{-}c\text{-}f\text{-}e\text{-}z$。

至此，得出 a 到 z 的最短通路为 $a\text{-}b\text{-}c\text{-}f\text{-}e\text{-}z$，如图 4.2.10(h)中加粗线条标注，可以看出，最短通路的长度为 9。

【例 4.9】 求图 4.2-11 中 a 到 z 的最短通路。

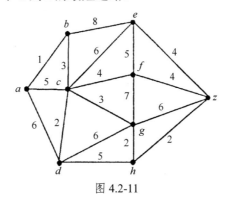

图 4.2-11

解：

用狄克斯特拉算法求解。取目标集 $T_1 = \{b,c,d,e,f,g,h,z\}$，则 T_1 各点指标为 $D_{T_1}(b) = 1$，

$D_{T_1}(c) = 4$，$D_{T_1}(d) = 5$，$D_{T_1}(e) = 6$，$D_{T_1}(f) = D_{T_1}(g) = D_{T_1}(h) = \infty$。为便于表格表示，以后写成：

目标集 T_1：　　b　c　d　e　f　g　h　z

指标数：　　　(1)　4　5　6　∞　∞　∞　∞

其中(1)是最小指标数。可得下一个目标集 $T_2 = T_1 - \{b\}$，利用式 $D_{T_2}(t) = \min\{D_{T_1}(t), D_{T_2}(b) + w(b,t)\}$，可得 T_2 中各点的指标。于是

目标集 T_2：　　c　d　e　f　g　h　z

指标数：　　　(3)　5　6　8　∞　∞　∞

其中(3)是最小指标数。可得下一个目标集 $T_3 = T_2 - \{c\}$，利用式 $D_{T_3}(t) = \min\{D_{T_2}(t), D_{T_2}(c) + w(c,t)\}$，可得 T_3 中各点的指标。于是

目标集 T_3：　　d　e　f　g　h　z

指标数：　　　5　6　8　5　∞　∞

在 T_3 中，d 和 g 的指标数都是最小，可任选一个，现选 d（g 必是下个目标集 $T_4 = T_3 - \{d\}$ 中各点指标数的最小者）。于是

目标集 T_4：　　e　f　g　h　z

指标数：　　　6　8　(5)　12　∞

同样可得：

目标集 T_5：　　e　f　h　z

指标数：　　　(6)　8　7　9

目标集 T_6：　　f　h　z

指标数：　　　8　(7)　9

目标集 T_7：　　f　z

指标数：　　　8　(8)

由此求得 a 到 z 的最短通路的长为 8。上述过程如表 4.2-2 所示。

表 4.2-2

b	c	d	e	f	g	h	z
(1)	4	5	6	∞	∞	∞	∞
	(3)	5	6	8	∞	∞	∞
		(5)	6	8	5	∞	∞
			6	8	(5)	12	∞
			(6)	8		7	9
				8		(7)	9
				(8)			(8)

用逆向检查法可知最短通路为 $a - b - c - g - h - z$。

下面将介绍几种特殊图形，它们在实际应用或理论研究中都有重要用途。

4.3　树

树是一类在图的理论研究和实际应用中，尤其是计算机科学中有着重要作用和广泛用途的特殊图。树具有简单的形式和优良的性质，可以从不同角度来描述。本节介绍无向树、有

向树的基本概念和性质，并介绍最小生成树、前缀码和最优树等有关树的应用实例。

4.3.1 无向树

1．无向树的定义

【定义 4.3.1】 连通且无圈的无向图称为无向树，也可简称为树。

在无向树中，度数为 1 的顶点称为树叶或叶，度数大于 1 的顶点称为枝点或内点。

例如，图 4.3-1 所示的图是一棵无向树，它有 6 片树叶，2 个内点。

由此定义，平凡图 K_1 是一个既无叶又无内点的特殊树，称为平凡树或退化树。

K_2 是一个仅有两片树叶的树， $K_n(n \geq 3)$ 都不是树。

由于无向树中不含圈，因此没有自环边和平行边，故无向树是简单图。

由例 4.3 可知，树中必有度数小于 2 的顶点。又由树的连通性，非平凡树中无 0 度点，即非平凡树中必有树叶。

【定义 4.3.2】 无圈的无向图称为森林。

显然，森林的各连通分支都是树。仅一个连通分支的森林是树。

例如，图 4.3-2 所示的图是由两棵树构成的森林。

图 4.3-1　　　　　　　　　　　　　　　　图 4.3-2

由树的定义可得树的一些基本性质。

【定理 4.3.1】 设 T 是非平凡的(n,m)图，则下述命题相互等价。

① T 连通且无圈。

② T 无圈且 $m=n-1$。

③ T 连通且 $m=n-1$。

④ T 中任意不同的两点间，有且仅有一条通路。

⑤ T 连通，但是任意删去一条边后，则不再连通。即树中每条边都是割边。

⑥ T 无圈，但在任意两个顶点间新添加一条边后，有且仅有一个圈。

定理中的 6 条命题充分刻画了树的独有的图形结构，每一条都可作为（非平凡）树的等价定义。并且①、②、③条也适用于平凡树。⑤说明树是"极小连通"图，而⑥说明树是"极大无圈"图。

因此，树的内点必为割点。

根据这个定理可得到如下有用的推论。

【推论 4.3.1】 任一非平凡树中至少有两片树叶。

证明：

设(n,m)树 T 中有 t 片树叶（1 度点），则其内点（度数大于等于 2）数为 $n-t$ 且 $m=n-1$，由握手定理可知

$$2n - 2 = 2(n-1) = 2m = \sum_{i=1}^{n} d(v_i) \geq t + 2(n-t) = 2n - t$$

解得 $t \geq 2$，即 T 中至少有两片树叶。

结合定理 4.3.1 和握手定理，对树中各点度数进一步分析，可以得出关于树乃至相关图的许多有趣的结论。请看以下例子。

【例 4.10】 证明：恰有两片树叶的树是一条路。

证明：

设 (n,m) 树 T 中恰有 2 片树叶和 x（$x \leq n-2$）个 2 度结点，则其余结点的度数均不小于 3，从而

$$2n - 2 = 2m = \sum_{i=1}^{n} d(v_i) \geq 2 + 2x + 3 \times (n-2-x) = 3n - 4 - x$$

则

$$x \geq n - 2$$

于是，$x = n - 2$，即 T 中任意一个内点的度数为 2。

利用数学归纳法证明：恰有两片树叶的树是一条路。

当 $n=2$，$m=1$ 时，此树为 K_2，是一条路。

当 $n=k$，$m=k-1$ 时，恰有两片树叶的树是一条路。

当 $n=k+1$，$m=k$ 时，该树删去一片树叶所得的图仍是一棵顶点数为 k 边数为 $k-1$ 且恰有两片树叶（一个是原树的树叶、另一个是删去的原树树叶的相邻点）的树，根据归纳假设，此树是一条路。于是，原树是此路的一个端点再加上一条悬挂边及其悬挂点仍是一条路。

由数学归纳法可得，恰有两片树叶的树是一条路。

【例 4.13】 设 T 是无向树，T 中含有 t 片树叶，证明 T 中的任意一个顶点的度数都小于等于 t。

证明：

设 (n,m) 树 T 中有 t 片树叶，T 中任意一个顶点 v 的度数最大为 $d(v)$，则

$$2n - 2 = 2m = \sum_{i=1}^{n} d(v_i) \geq t + d(v) + 2(n-t-1) = d(v) + 2n - t - 2$$

解得 $d(v) \leq t$。故 T 中任意一个顶点的度数都小于等于 t。

读者也可以试一试用反证法来证明。

【例 4.14】 设无向树 T 中有 n_2 个 2 度点、n_3 个 3 度点、$\cdots$、n_k 个 k 度点，问：T 中有几片树叶？

解：

设 T 中有 n_1 片树叶，由定理 4.1.1 和定理 4.3.1，有

$$\sum_{i=1}^{n} d(v_i) = 1 \times n_1 + 2 \times n_2 + 3 \times n_3 + 4 \times n_4 + \cdots + k \times n_k$$

$$= 2m = 2(n-1) = 2(n_1 + n_2 + n_3 + n_4 + \cdots + n_k - 1)$$

解得

$$n_1 = (2-2) \times n_2 + (3-2) \times n_3 + (4-2) \times n_4 + \cdots + (k-2) \times n_k + 2$$

$$= (3-2) \times n_3 + (4-2) \times n_4 + \cdots + (k-2) \times n_k + 2$$

说明：树中 2 度点的个数并不影响其他点的个数之间的关系。例 4.15 也要用到这一性质。请思考：这是为什么？图中 2 度点的特性决定了它在众多情况下几乎都不影响图的性质，包括欧拉图、哈密尔顿图和平面图（当然，图中顶点和边的个数及其与之有关的二部图例外）。

【例 4.15】 设无向树 T 中有 3 度点和 4 度点，但没有 5 度和 5 度以上的顶点，如果 T 中有 6 片树叶，问：T 中有几个 3 度点？几个 4 度点？

解：

设 T 中有 n_3 个 3 度点、n_4 个 4 度点。于是由例 4.14 的结论有

$$6 = (3-2) \times n_3 + (4-2) \times n_4 + 2$$

即 $n_3 + 2n_4 = 4$。

由于 n_3 和 n_4 都是正整数，因此上述方程有唯一的正整数解：$n_3 = 2$，$n_4 = 1$。

故 T 中有 2 个 3 度点、1 个 4 度点。

2．最小生成树

【定义 4.3.3】 设 G 是无向连通图，若 G 的生成子图 T 是一棵树，则称此树 T 为 G 的生成树。

无向连通图可能有多棵不同构的生成树。例如，图 4.3-4(b)、图 4.3-4(c) 都是图 4.3-4(a) 的生成树。

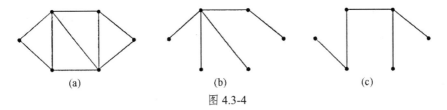

图 4.3-4

容易理解，无向图 G 是连通图当且仅当 G 含有生成树；(n,m) 连通图满足 $m \geq n-1$。

我们可以从 n 阶连通图 G 出发，采取破圈（逢圈去边）的方式得到其生成树，这需要去掉 $m-(n-1)=n-m+1$ 条边；也可以从 n 阶零图出发，采取避圈（只要不含圈就添加 G 中边）的方式得到其生成树，这需要添加 $n-1$ 条边。

现在讨论一个很有实用意义的问题：赋权图的最小生成树。先来看一个实际问题。

在一个新建的城市中，煤气厂必须给各住宅区供应煤气，需要铺设煤气管道。在图 4.3-5 中，点 a 表示煤气厂，点 b、c、d、e、f、g 表示各住宅区，煤气管必须沿着图示的路线铺设，每条路线上的数字表示铺设煤气管的费用。现在问应怎样铺设煤气管道，使煤气能供应给各住宅区，且其费用最小。

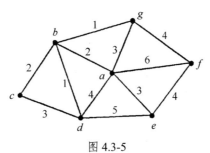

图 4.3-5

图 4.3-5 是一个赋权图，其生成树既能保证连通性又不多铺设线路，称生成树 T 中各边的权之和为 T 的权。于是，这个问题可以归结为在图 4.3-5 的众多生成树中找一棵生成树 T，使其权最小，称这样的树为赋权图的最小生成树。这就是所谓求最小生成树的问题。

求赋权图的最小生成树有多种算法，克鲁斯卡尔（Kruskal）于 1956 年提出了以下算法，常形象地称为避圈法。

约瑟夫·伯纳德·克鲁斯卡尔（Joseph Bernard Kruskal，1928—2010 年），1954 年从普林斯顿大学获得博士学位。他是普林斯顿和威斯康星大学的数学教师，随后任密歇根大学助理教授。1959 年，他成为贝尔实验室的技术委员会成员，并一直担任这个职务到 20 世纪 90 年代末期退休为止。当克鲁斯卡尔还在读研究生二年级的时候，他发现了最小生成树算法。

设 (n,m) 图 G 是无向简单连通图，则：

① 选取 G 中权最小的一条边，设为 e_1，令 $S \leftarrow \{e_1\}$，$i \leftarrow 1$。

② 若 $i = n-1$，输出 $G(S)$，算法结束，否则转③。

③ 设已选边构成集合 $S = \{e_1, e_2, \cdots, e_i\}$，从 $E(G) - S$ 中选边 e_{i+1}，使 $G(S \cup \{e_{i+1}\})$ 不含圈且 e_{i+1} 是 $E(G) - S$ 中满足该条件的最小边。

④ $S \leftarrow S \cup \{e_{i+1}\}$，$i \leftarrow i+1$，转②。

为方便起见，通常先把图 G 中的 m 条边按权由小到大的顺序排列。

例如，欲求图 4.3-5 的最小生成树，可先取边 bd 作为最小生成树的一条边，再取 bg 作为最小生成树的一条边，再取 bc 作为最小生成树的一条边，再取 ba 作为最小生成树的一条边。

其他边中，权最小的边为 cd、ag、ae，由于 cd 和 bd、bc 构成回路，ag 和 ab、ag 构成回路，因此这两条边不能作为最小生成树的边，应删去；而 ae 与已作为最小生成树的边不构成回路，因此 ae 可以作为最小生成树的一条边。

再取边 ad，由于它与 ab、bc 构成回路，因此舍去边 ad。再取边 gf，它与已作为最小生成树的边不构成回路，因此 gf 可作为最小生成树的一条边。现已找到 6 条边，至此已求得图 4.3-5 的最小生成树，如图 4.3-6 所示。

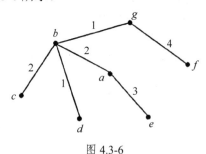

图 4.3-6

图 4.3-5 中有 7 个顶点，当图 4.3-5 的最小生成树中已有 6（7-1）条边 bd、bg、ba、bc、ae 和 gf 时，上述过程即可结束。

同样可知，上述过程进行到最后一步 gf 时，可选 ef 不构成回路，所以 ef 可作为最小生成树的边。由此可见，一个连通图的生成树未必唯一。

另一个比较常用的最小生成树算法，称为普林算法。

罗伯特·克雷·普林（Robert Clay Prim），1921 年出生在德克萨斯的斯威特沃特，1941 年获得普林斯顿大学电机工程学士学位，1949 年获得数学博士学位，曾担任过通用电气公司工程师、美国海军军械实验室的工程师和数学家、普林斯顿大学的助理研究员、贝尔电话实验室的数学与力学研究主任，以及桑地亚公司的研究副总裁等。

约瑟夫·伯纳德·克鲁斯卡尔和罗伯特·克雷·普林在20世纪50年代中期提出了构建最小生成树的算法。不过，他们不是首先发现这个算法的人。

普林算法的要点是，从任意结点开始，每次增加一条最小权边构成一棵新树。步骤如下：

① 在 G 中选取一个点 v_1，置 VT = $\{v_1\}$，ET = $\varnothing$，k=1。

② 在 V–VT 中选取与某个 $v_i \in$ VT 邻接的点 v_j，使边 (v_i, v_j) 的权最小，置 VT = VT $\cup \{v_j\}$，ET = ET $\cup \{(v_i, v_j)\}$，k=k+1。

③ 重复步骤②，直到 $k = |V|$。

4.3.2 有向树

底图为无向树的有向图称为有向树。显然，在有向树中同样有"边数=顶点数–1"的结论。有向树中有着较为广泛用途的是有根树，本节主要介绍有根树的几种特殊类型及其应用。

1．有根树与有序树

【定义 4.3.4】 在有向树 T 中，如果有且仅有一个入度为0的点，其他点的入度皆为1，则称有向树 T 为有根树，入度为0的点称为有根树的根。T 中所有出度为0的点称为树叶或叶片，出度不为0的点称为枝点或内点。

例如，图 4.3-7(a) 所示的图是有根树，其中顶点 a 是根。在画有根树时，经常将树根画在最上面，并使有根树中各有向边的箭头朝下，经此约定后，可把各有向边的箭头省略，于是图 4.3-7(a) 所示的有根树可改画作如图 4.3-7(b) 所示。例如，在图 4.3-7(b) 所示的有根树中，顶点 d、e、f、i、j、h 是树叶，a、b、c、g 是内点。

在有根树中，从树根到顶点 x 的通路长度称为顶点 x 的层次或水平；有根树 T 中最长通路的长度称为 T 的高度。

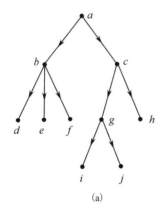

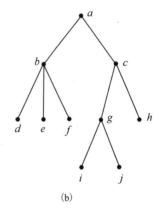

图 4.3-7

例如，在图 4.3-7(b) 所示的有根树中，根 a 的层次为0，顶点 b 和 c 的层次为1，顶点 d、e、f、g、h 的层次为2，顶点 i 和 j 的层次为3。该有根树的高度为3。

【定义 4.3.5】 在有根树 T 中，如果 T 中有一条以 u 为始点，v 为终点的有向边(u, v)，则称 u 是 v 的父亲，v 是 u 的孩子。如果 T 中有一条以 u 为始点，v 为终点的有向通路，则称 u

是 v 的祖先，v 是 u 的后裔。约定任一顶点既是自己的祖先，也是自己的后裔。

易知，父子关系是定义在顶点集合上的反自反、反对称的二元关系，而祖先后裔关系是定义在顶点集合上的偏序关系。

例如，在图 4.3-7(b) 所示的有根树中，b 是 d、e、f 的父亲，d、e、f 是 b 的孩子。c 是 g、h 的父亲，g 是 i 和 j 的父亲，c 是 i、j 的祖先，根 a 是 b、c 的父亲，也是树中其他点的祖先。

在有根树 T 中取一点 v，由 v 及其所有后裔导出的子图称为有根树 T 以 v 为根的子树。

显然，v 为该子树的根。

例如，图 4.3-8(b) 是图 4.3-8(a) 的一棵子树。

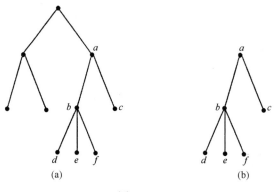

图 4.3-8

【定义 4.3.6】 在有根树中，如果每个结点的孩子都规定次序（一般采用自左到右），则称此树为有序树。

例如，图 4.3-9 就是有序树。

同构的两棵树中，如果顶点的次序不同，则视为两个不同的有序树。例如，如图 4.3-10 所示的是两个不同的有序树。

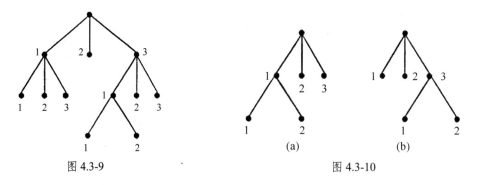

图 4.3-9   图 4.3-10

2. k 元树与完全 k 元树

【定义 4.3.7】 有根树 T，如果 T 中各分枝点的孩子数最多为 k，则称 T 为 k 元树；如果 T 中每个分枝点的孩子数皆为 k，则称 T 为完全 k 元树。

例如，图 4.3-11(a) 是 4 元树，图 4.3-11(b) 是完全 3 元树。

【定理 4.3.2】 若 T 为完全 k 元树，其叶数为 t，分枝点数为 i，则

$$i = \frac{t-1}{k-1}$$

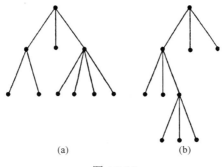

(a)   (b)

图 4.3-11

证明:

由定理 4.1.2 可知

$$ki = \sum_{i=1}^{n} d_+(v_i) = \sum_{i=1}^{n} d_-(v_i) = t + i - 1$$

则

$$i = \frac{t-1}{k-1}$$

根据定理 4.3.2，考虑每局有 k 个选手参加的单淘汰制比赛，他们中产生一个优胜者，最后决出一个冠军时，t 片叶表示 t 个参赛的选手，则 i 表示必须安排的总的比赛局数。

当 $k=2$ 时，$n = t + i = 2t - 1$，$m = n - 1 = 2t - 2$，说明完全 2 元树有奇数个顶点、偶数条边。

当 $k=3$ 时，$i = (t-1)/2$。这说明完全 3 元树有奇数片树叶。

2 元树是计算机技术中使用最广泛的一类树。在 2 元有序树中，常把分枝点的两个孩子分别画在分枝点的左下方和右下方，并分别称为左孩子和右孩子。但当分枝点只有一个孩子时，将孩子画在左下方或右下方却是不同的。例如，图 4.3-12 所示的两个 2 元有序树是不同的。

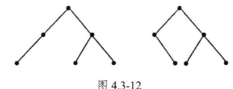

图 4.3-12

4.3.3 前缀码与最优树

编码是指用一些二进制序列来表示某种信息，二进制序列被称为码字，由码字作为元素构成的集合被称为码。

简单而又常用的码是等长码。在等长码中，每个码字都是由长度相同的二进制序列构成的。例如，对 26 个英文字母进行编码，如果采用等长码，需要使用至少 5 位（$2^4 < 26 < 2^5$）二进制序列来表示一个英文字母。接收方每收到一个 5 位二进制序列，就能确定一个字母，从而使译码工作能正确无误地进行。显然，这是不经济的。因为每个字母的使用频率差别很大，如字母 e 被经常使用，但字母 q 很少使用。因此希望用非等长码来表示字母，用较短的二进制序列表示使用频率高的字母，用较长的二进制序列表示使用频率低的字母，这样整个编码内容的所使用的二进制数码的总量就会少许多。

但是，倘若不加任何限制地使用非等长码，随之而来的问题是：接收方如何有效地对收到的符号串进行译码？例如，用 00 表示 y，11 表示 e，10 表示 s，001 表示 n，110 表示 o，那么当接收方收到 001110 时，可以分成 00、11、10，即 yes；也可以分成 001、110，即 no。接收方将无法把收到的符号串分成具有唯一可能的英文字母组合，以确定接收到的信息。因此，在编码时必须考虑接收方不产生译码的二义性。细究上述不确定现象的原因，就是表示 y 的序列 00 是表示 n 的序列 001 的前一部分——前缀。排除了这种情形的前缀码就可以根据需要，用长短不同的二进制序列来表示不同的信息，而且在译码时不会产生多义性。

【定义 4.3.8】在码中，任何一个码字都不是另一个码字的前缀，则这样的码称为前缀码。

例如，{00, 11, 10, 001, 110} 不是前缀码，{01, 10, 11, 001, 0001} 是前缀码，可以唯一确定接收的符号串内容；当接收的符号串为 100101001001，则可译为 10、01、01、001、001。

前缀码与完全二元树的编码有着密切的关系。

对于一个给定的完全二元树，采用 0、1 序列来编码的方法是，对于每个分枝点，令与它左孩子关联的边标记为 0，与右孩子关联的边标记为 1；对每个顶点，把从根到它所经过的各边的标记顺序构成的序列作为这片树叶的标记。显然，成为前缀的两个顶点则必有祖先 - 后裔的关系，由叶的定义，任何一片叶的标记都不可能是另一片叶的标记的前缀。由此可知，完全二元树编码后，由这些树叶的标记作为码字构成的码就是一个前缀码。

例如，图 4.3-13 得到的前缀码为 {0000, 0001, 001, 01, 100, 101, 11}。

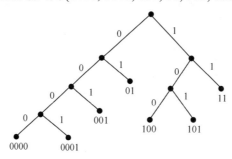

图 4.3-13

反之，也能够由前缀码构造一棵对应的编码完全二元树。设所给前缀码中，最长序列含 h 个符号，则先构造一个高为 h 的完全二元树，并对它进行编码。对于前缀码中的每个序列，从完全二元树的根开始按序列中的符号顺序沿相应标记边前进，直到序列最后一个符号对应的边为止，由这条边指向的结点作为其编码与给定序列相同的叶点，并删去它的全部后裔。

利用前缀码来优化英文字母的编码。

假设随机抽查的 1000 个字母中，发现字母 a 出现 50 次，字母 b 出现 60 次，字母 c 出现 150 次，字母 d 出现 200 次，字母 e 出现 240 次，字母 f 出现 300 次。常把字母 a 出现的次数称为 a 的权，记为 $w_a = 50$（有时也把 a 出现的频率=50/1000 作为 a 的权）。同样，把字母 b、c、d、e、f 出现的次数称为 b、c、d、e、f 的权，分别记为 w_b、w_c、w_d、w_e、w_f。为了阅读方便，把字母及其权分列如下

字母：	a	b	c	d	e	f
权：	50	60	150	200	240	300

含有 6 片树叶的完全 2 元树有很多种，因此确定 6 个字母的前缀码也有很多种。

图 4.3-14 是两种含有 6 片树叶的完全 2 元树。

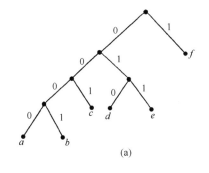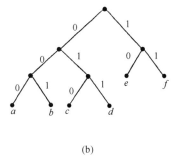

图 4.3-14

由图 4.3-14(a)所确定的前缀码为

a	b	c	d	e	f
0000	0001	001	010	011	1

易知，在这个前缀码中，100 个字母总共需要的二进制数码个数为

$$w(T) = 4 \times 50 + 4 \times 60 + 3 \times 150 + 3 \times 200 + 3 \times 240 + 1 \times 300 = 2510$$

由图 4.3-14(b)所确定的前缀码为

a	b	c	d	e	f
000	001	010	011	10	11

易知，在这个前缀码中，如果令 $w(T)$ 表示这 100 个字母总共需要的二进制数码（0 或 1）的个数，则

$$w(T) = 3 \times 50 + 3 \times 60 + 3 \times 150 + 3 \times 200 + 3 \times 240 + 2 \times 300 = 2460$$

对于这 6 个英文字母，若采用等长码，由于 $2^2 < 6 < 2^3$，因此每个码字需由 3 个二进制数码组成。由此可知，1000 个英文字母需要 3000 个二进制数码。相比之下，前缀码的优势是明显的。

由于码字中所含二进制数码的个数就是码字所代表的字母（树叶）与根的通路长度（通路中边的条数），因此任何具有 6 片树叶的完全 2 元树 T 所确定的前缀码，1000 个字母共需要的二进制数码个数为

$$w(T) = w(a)l(a) + w(b)l(b) + w(c)l(c) + w(d)l(d) + w(e)l(e) + w(f)l(f)$$

其中，$l(a), l(b), l(c), l(d), l(e), l(f)$ 分别是根到树叶 a,b,c,d,e,f 的通路长度。常称 $w(T)$ 为完全二元树的权。一般情况有如下定义。

【定义 4.3.9】 设 T 是具有 n 片树叶 $t_1, t_2, \cdots, t_n$ 的完全二元树，且各片树叶所含的权为 $w_1, w_2, \cdots, w_n$，令 $w(T) = w_1 l_1 + w_2 l_2 + \cdots + w_n l_n$，其中 $l_i (i = 1, 2, \cdots, n)$ 是完全二元树 T 的根到树叶 t_i 的通路长度，则称 $w(T)$ 为完全二元树 T 的权。

显然，不同的完全二元树将确定不同的前缀码，也就有不同的树权 $w(T)$。当树叶的权确定后，树权最小的树称为最优树。由此可见，对于英文字母的最佳编码问题就是求最优树的问题。因此，这个问题本质上是求一棵最优树，字母出现的频率就是叶的权 p_i，相应的编码长度就是道路长度 l_i，最佳的标准是使 $\sum l_i p_i$ 达到最小。

为方便起见，设完全二元树 T_n 中以同一分枝点 v 作为父亲的两片树叶 v_1 和 v_2，它们的权

分别为 w_1 和 w_2，从 T_n 中删去 v_1 和 v_2，并把 v 改成带权为 $w_1 + w_2$ 的树叶之后得到含有 $n-1$ 片带权树叶的完全二元树 T_{n-1}，则称 T_{n-1} 为 T_n 经树叶 v_1 和 v_2 "合并"后的完全二元树；设完全二元树 T_n 中权为 w 的树叶为 v，称从 T_n 中把 v 改成以两片树叶 v_1 和 v_2 为孩子的分枝点，v_1 和 v_2 的权分别为 w_1 和 $w_2 (w_1 + w_2 = w)$，之后得到 $n+1$ 片带权树叶的完全二元树 T_{n+1}，则称 T_{n+1} 为 T_n 经树叶 v "(w_1, w_2) 分解"后的完全二元树。

由最优树的定义易得下列结论。

【引理】 存在带权为 $w_1 \leqslant \cdots \leqslant w_n$ 的最优树 T，使得权为 w_1 和 w_2 的叶 v_1 和 v_2 是兄弟。

证明：

设 T_0 是一棵带权为 $w_1, \cdots, w_n$ 的最优树，x 和 y 是 T_0 中具有最大道路长度的两片树叶，其权分别为 w_x 和 w_y，$w_x \leqslant w_y$，则 $w_1 \leqslant w_x$ 且 $w_2 \leqslant w_y$。若用 $l(w_i)$ 表示权为 w_i 的叶的道路长度，则 $l(w_1) \leqslant l(w_x)$ 且 $l(w_2) \leqslant l(w_y)$。在 T_0 中把树叶 x 和 v_1 互换，树叶 y 与 v_2 互换，得到一棵新的带权 $w_1, \cdots, w_n$ 的完全二元树 T，则

$$0 \leqslant W(T) - W(T_0)$$
$$= (l(w_x) \times w_1 + l(w_1) \times w_x + l(w_y) \times w_2 +$$
$$l(w_2) \times w_y) - (l(w_x) \times w_x + l(w_1) \times w_1 + l(w_y) \times w_y + l(w_2) \times w_2)$$
$$= (w_x - w_1)(l(w_1) - l(w_x)) + (w_y - w_2)(l(w_2) - l(w_y))$$
$$\leqslant 0$$

于是，$W(T) = W(T_0)$，即 T 也是最优树且 $l(w_1) = l(w_x)$，$l(w_2) = l(w_y)$，v_1 和 v_2 是兄弟，因此，T 是符合要求的最优树。

【定理 4.3.3】

① 若 T_n 是带权为 $w_1 \leqslant \cdots \leqslant w_n$ 的最优树，且权为 w_1 和 w_2 的叶 v_1 和 v_2 是兄弟，则 T_n 经树叶 v_1 和 v_2 "合并"后的完全二元树 T_{n-1} 是带权为 $w_1 + w_2, w_3 \cdots, w_n$ 的最优树。

② 若 T_{n-1} 是带权为 $w_1 + w_2, w_3 \cdots, w_n$ 的最优树，则 T_{n-1} 经权为 $w_1 + w_2$ 的树叶 "(w_1, w_2) 分解"后的完全二元树 T_n' 是带权为 $w_1 \leqslant \cdots \leqslant w_n$ 的最优树。

证明：

由 T_{n-1}' 和 T_n' 的构造方法，显然

$$W(T_n) = W(T_{n-1}') + w_1 + w_2$$
$$W(T_n') = W(T_{n-1}) + w_1 + w_2$$

由于 T_n 是带权为 $w_1 \leqslant \cdots \leqslant w_n$ 的最优树及 T_{n-1} 是带权为 $w_1 + w_2, w_3 \cdots, w_n$ 的最优树，则

$$W(T_n) \leqslant W(T_n')$$
$$W(T_n') \leqslant W(T_{n-1})$$

于是

$$W(T_n') = W(T_{n-1}) + w_1 + w_2 \leqslant W(T_{n-1}') + w_1 + w_2 = W(T_n) \leqslant W(T_n')$$

因此

$$W(T_n) = W(T_{n-1}')$$
$$W(T_n') = W(T_{n-1})$$

即 T_{n-1}' 是带权为 $w_1 + w_2, w_3 \cdots, w_n$ 的最优树且 T_n' 也是带权为 $w_1 \leqslant \cdots \leqslant w_n$ 的最优树。

依据上述定理，1952 年霍夫曼（Hoffman）给出了构造最优树的算法，其基本思想是：对于给定的一组权 $w_1 \leqslant w_2 \leqslant \cdots \leqslant w_n$，构造一棵 n 片树叶权为 $w_1, w_2, w_3 \cdots, w_n$ 的最优二元树，可

以可转化为构造一棵 $n-1$ 片树叶权为 $w_1+w_2,w_3\cdots,w_n$ 的最优二元树。因此，求一个有 n 片树叶的最优树可转化为求有 $n-1$ 片树叶的最优树，求一个有 $n-1$ 片树叶的最优树又可转化为求有 $n-2$ 片树叶的最优树……以此类推，最后可转化为求有两片树叶的最优树，由于仅有两片树叶的完全二元树是唯一的，因此它必是最优树，于是求最优树的问题得到解决。

大卫·哈夫曼（David A. Huffman, 1925—1999），18 岁时毕业于俄亥俄州立大学并获得电机工程学士学位。此后他在美国海军服役，在一艘驱逐舰上担任雷达维护官。后来他从俄亥俄州立大学获得硕士学位并从麻省理工学院获得电机工程博士学位。1953 年，哈夫曼成为麻省理工学院的一名教员，并任教多年，直到 1967 年他创建了加州大学桑塔·科鲁茨分校家算计科学系才离开。他在该系的发展中起到了举足轻重的作用，并在那里度过了最后的职业生涯，直到 1994 年才退休。哈夫曼在信息论与编码、雷达与通信的信号涉及、异步逻辑电路的设计过程等方面的卓越贡献而为世人所知。但是让哈夫曼一举成名的就是他在麻省理工学院读书期间所写的一篇学期论文中开发出的哈夫曼编码。哈夫曼喜爱户外探险，经常远足和旅游，当他年近 60 岁高龄时，还过得了水肺潜水员的资格。

【例 4.16】 求树叶权为 4、2、3、5、1 的最优树。

解：

先将树叶权由小到大排列为 1、2、3、4、5。

再把权最小的两片树叶（1 和 2）"合并"成一片树叶，并赋以权 1+2=3（如图 4.3-15（a）所示）；把"合并"的树叶与未处理过的树叶中权最小的两片树叶（3 和 3）"合并"成一片树叶，并赋以权 3+3=6（如图 4.3-15（b）所示）；同样，把新"合并"的树叶与未处理过的树叶中权最小的两片树叶（4 和 5）"合并"成一片树叶，并赋以权 4+5=9（如图 4.3-15（c）所示）；最后，只留下两片树叶，将它们"合并"后即得最优树（如图 4.3-15（d）所示）。

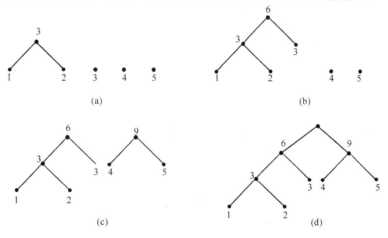

图 4.3-15

现证明图 4.3-15（d）所示的图确实是树叶权为 1、2、3、4、5 的最优树。

首先构造一棵只有两片带权树叶的完全 2 元树 T_2，且两片树叶的权分别为 6 和 9（如图 4.3-16 所示），显然 T_2 是最优树；然后把 T_2 中权为 9 的树叶"分解"成两片树叶，且分别赋权为 4 和 5，得到完全 2 元树 T_3（如图 4.3-17 所示）；由于 4、5、6 中，4、5 是最小的两个数，因此由定理 4.3.3 可知，T_3 是最优树；再把 T_3 中权为 6 的树叶"分解"成两片树叶，且分别赋权为 3 和 3，得到完全 2 元树 T_4（如图 4.3-18 所示）；同样，由于 3、3、4、5 中 3 和 3 是最小的两个数，因此由定理 4.3.3 可知，T_4 是最优树；最后，把 T_4 中权为 3 的树叶"分解"成两片树叶，且分别赋权为 1 和 2，得到完全 2 元树 T_5（如图 4.3-19 所示）；仍由定理 4.3.3 可知，T_5 是树叶权为 1、2、3、4、5 的最优树。

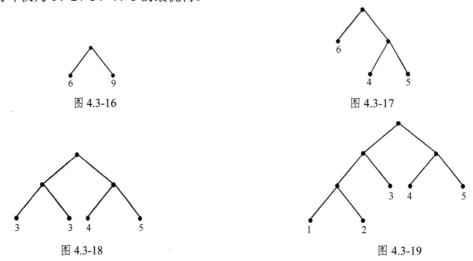

图 4.3-16　　　　　　　　　　　图 4.3-17

图 4.3-18　　　　　　　　　　　图 4.3-19

易见，对于前面提到过的 6 个英文字母的编码问题，其最优树如图 4.3-20(e) 所示。图 4.3-20(a)～(e) 描述了最优树的生成过程。

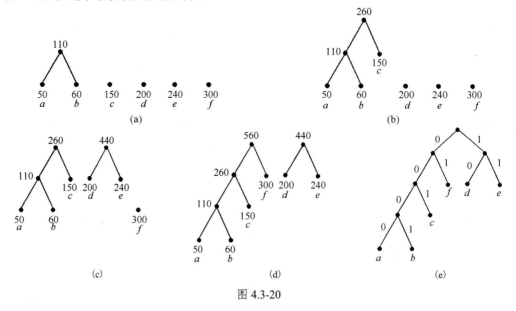

图 4.3-20

由最优树确定的前缀码为

a	b	c	d	e	f
0000	0001	001	10	01	11

最优树的权为

$$w(T) = 4 \times 50 + 4 \times 60 + 3 \times 150 + 2 \times 200 + 2 \times 240 + 2 \times 300 = 2370$$

这表明对于 1000 个字母进行编码，由最优树构造的前缀码总共只需用 2370 个二进制数码，为最少。

4.4 欧拉图和哈密尔顿图

欧拉图和哈密尔顿图都是由智力游戏而引发产生的。其中欧拉图的提出和解决问题的方法开创了图的理论研究，哈密顿图的提出则进一步开拓了图论的研究领域，深化了图论的研究。这两种图都是在图论中具有重要意义的特殊图。

4.4.1 欧拉图

18 世纪，普鲁士的哥尼斯堡城有一条横贯全城的普雷格尔河，河中有两个小岛，河上架设的七座桥连接起两岸及河中的两个小岛，如图 4.4-1(a) 所示。当时居民们热衷于这样一个问题：能否从某地出发，走过每个桥一次且仅一次再回到出发地？

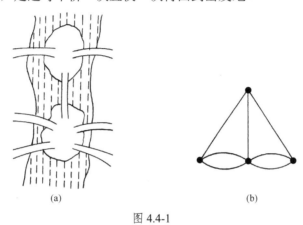

(a)   (b)

图 4.4-1

1736 年，瑞士数学家欧拉（Euler）发表了著名的论文《哥尼斯堡七桥问题》，首次论证了哥尼斯堡七桥问题是不可解的，从而开创了图的理论研究，被誉为"图论之父"。

欧拉用顶点表示陆地（两岛和两岸），用边表示桥，得到该问题的数学模型如图 4.4-1(b) 所示，从而把"七桥问题"转化为图论问题：从图 4.4-1(b) 中任意顶点出发，通过每条边一次且仅一次，并且最后回到出发点。欧拉证明了这是不可能的，并由此引出了欧拉回路、欧拉通路、欧拉图和半欧拉图等概念。

莱昂哈德·欧拉（Leonhard Euler, 1707—1783 年），瑞士数学家、自然科学家。欧拉出生于牧师家庭，自幼受父亲的影响，13 岁入读巴塞尔大学，15 岁大学毕业，16 岁获得硕士学位。欧拉是 18 世纪数学界最杰出的人物之一，不但为数学界作出贡献，更把整个数学推至物理的领域。他是数学史上最多产的数学家，平均每年写出 800 多页的论文，还写了大量的力学、分析学、几何学、变分法等教材，《无穷小分析引论》《微分学原理》《积分学原理》等都成为数学界中的经典著作。欧拉对数学的研究如此之广泛，因此在许多数学的分支中也可经常见到以他的名字命名的重要常数、公式和定理。

1. 欧拉图的定义

【定义 4.4.1】 如果图中存在一条通过图中各边一次且仅一次的回路，则称此回路为<u>欧拉回路</u>，具有欧拉回路的图称为<u>欧拉图</u>。

【定义 4.4.2】 如果图中存在一条通过图中各边一次且仅一次的通路，则称此通路为<u>欧拉</u><u>通路</u>，具有欧拉通路的图称为<u>半欧拉图</u>。

例如，图 4.4-2(a)是一个欧拉图，图 4.4-2(b)是此图中的一条欧拉回路；图 4.4-3(a)是一个半欧拉图，图 4.4-3(b)是此图中的一条欧拉通路。通常，欧拉通路中的起始点和终止点不是图中的任意两点，而是满足一定条件的两个顶点。图 4.4-2(b)所示的欧拉通路，其始点和终点必须是下面的两个顶点，而不能是图中其他两个顶点。

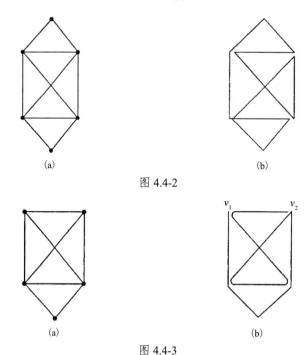

图 4.4-2

图 4.4-3

由上述定义不难理解，欧拉图和半欧拉图是可以一笔画（用笔连续移动画出图，此过程中笔不离纸也不重复）出的图。欧拉图是指从任一顶点出发，可以一笔画出且最后回到出发点，欧拉回路便是一笔画的痕迹。而半欧拉图是从图中某一点出发，一笔画出这个图后，但可能终止于图中的另一点，欧拉通路便是一笔画的痕迹。

从通路的分类来看，欧拉回路（通路）是过所有边的简单回路（通路）。对于(n, m)图，欧拉回路（通路）是长为 m 的简单回路（通路）。欧拉图是特殊的半欧拉图。

易见，欧拉回中的边不是割边（桥），欧拉图中不含有割边（桥）。非平凡的树不是欧拉图。一条通路的图是半欧拉图。欧拉图除孤立点外是连通的。这里不妨考虑欧拉图是连通图。

如何判定一个图是欧拉图或是半欧拉图呢？下面给出如何判定一个无向图是欧拉或半欧拉图的有关定理。

【定理 4.4.1】 无向连通图是欧拉图的充分必要条件是图中各顶点的度数为偶数。

证明：

必要性。设 P 是图 G 的一条欧拉回路，则 G 中任一顶点 v 皆在 P 上。当沿着 P 朝一个方向前进，每通过点 v 时，必沿一边进入再沿另一边出去，即 v 必关联两条不同的边。而 P 中每条边只出现一次，所以 P 中每个顶点的度数必是偶数。

充分性：对图 G 的边数采用归纳法。

当边数 $m=1$ 时，显然图 G 仅有一个顶点和一个自环边构成，该点的度数=2，此回路即为欧拉回路。

由于图 G 是连通图且每个顶点至少为 2 度，由例 4.8 可知，图 G 中存在一个基本回路，设此基本回路为 C。如果 C 包含 G 中所有边，那么定理得证。如果 C 不包含 G 中所有的边，那么从图 G 中删去 C 中所有边，得到图 G'（可能不连通），其边数少于图 G 的边数，并且图 G' 中的每个顶点仍为偶度点。由归纳假设可知，图 G' 的每个连通分支是欧拉图，又因为 G 是连通图，所以图 G' 的各连通分支与回路 C 至少有一个公共点，于是我们从 C 中任一点出发，沿 C 中的边行走，到达与图 G' 的一个连通分支的公共点 v，然后在图 G' 的这个连通分支中通过一条该连通分支的欧拉回路再回到 C；继续沿 C 的边行走到达与图 G' 的另一个连通分支的公共点……当到达起始点时整个过程结束，得到一条包含 G 中所有边的欧拉回路。

对一条非回路的欧拉通路，只需在其两端点添加一边，就是一条欧拉回路。借助定理 4.4.1 的结果，以及图中奇度点的个数为偶数的事实，容易得出以下定理。

【定理 4.4.2】 无向连通图是半欧拉图的充分必要条件是图中至多有两个奇度点。

一个非欧拉图的半欧拉图中，欧拉通路必以两个奇度点为其端点。对该图做一笔画时，必须以一个奇数度点作为起始点，一笔画后，以另一个奇数度点为终止点（见图 4.4-3（b））。

由定理 4.4.1 和定理 4.4.2 可知，图 4.4-4 既不是一个欧拉图，也不是一个半欧拉图。

图 4.4-4

在七桥图中，4 个顶点都是奇数度点。由定理 4.4.1 和定理 4.4.2 可知，七桥图不是欧拉图也不是半欧拉图，即七桥问题的答案是否定的。

易见，欧拉图中可含有割点，但不含有割边（桥）。非平凡的树不是欧拉图。

定义 4.4.1 和定义 4.4.2 也适用于有向图。

由欧拉有向图的定义，弱连通的有向欧拉图一定是强连通的。

基于对无向图的讨论与证明过程，容易得到有向图为欧拉图或半欧拉图的判定定理。

【定理 4.4.3】 有向弱连通图是欧拉图的充分必要条件是图中每个顶点的入度等于出度。

【定理 4.4.4】 有向弱连通图是半欧拉图的充分必要条件是：至多有两个顶点，其中一个顶点的入度比出度多 1，另一个顶点的出度比入度多 1，而其他顶点的入度等于出度。

例如，图 4.4-5（a）是有向欧拉图，图 4.4-5（b）是此图中的一条欧拉回路；图 4.4-6（a）是有向半欧拉图，图 4.4-6（b）是此图中的一条欧拉通路。

作为欧拉图的一个应用，下面介绍计算机旋转鼓轮的设计。

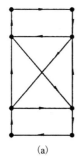

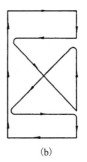

(a)　　　　　　　　　　　　　　　　(b)

图 4.4-5

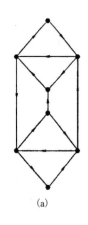

(a)

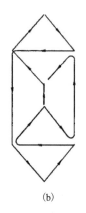

(b)

图 4.4-6

将旋转鼓轮的表面分成 2^n 段，每段由绝缘体或导电体组成。n 个触点与旋转鼓轮的表面接触时，接触绝缘体输出 0，接触导体输出 1。每转一个扇区，这 n 个触点就输出一个 n 位二进制信号。例如将图 4.4-7 所示的旋转鼓轮的表面分成 $2^4 = 16$ 段，对应鼓轮的一个确定位置，4 个触点输出一个 4 位二进制序列。在图 4.4-7 中，按当前确定的位置，读出的数为 0101，鼓轮按顺时针方向旋转一格，下一个读数为 1010。

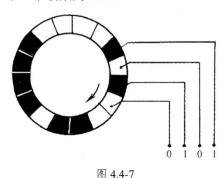

0 1 0 1

图 4.4-7

如何设计旋转鼓轮的表面，合理安排导体与绝缘体，使得鼓轮旋转一周后，触点能读出 0000~1111 的 16 个不同的 4 位二进制序列？

现在构造一个有向图 D，有 8 个顶点，每个顶点分别表示 000~111 的一个二进制数，对任意一个 4 位二进制数，用以它的前 3 位表示的顶点为始点、以它的后 3 位表示的顶点为终点的有向边表示之。如 1010 是以 101 为始点、以 010 为终点的有向边，如图 4.4-8(a) 所示。

易见，图 D 是具有 8 个顶点、16 条边的有向弱连通图，这 16 条边上的标记恰好是 0000~1111 的 16 个二进制数。由于图 D 的每个顶点的出度和入度均为 2（每个 3 位二进制数的前后都可添 0 或 1，变成 4 位二进制数），所以图 D 是欧拉图，可画出一条欧拉回路，如图 4.4-8(b) 所示。由这条欧拉回路就相应地得到鼓轮表面的一种设计方案。图 4.4-7 中鼓轮表面的设计就由图 4.4-8(b) 所示的欧拉回路而得。

类似上述讨论，把所有 $n-1$ 位二进制数 $a_1 a_2 \cdots a_{n-1}$ 作顶点，n 位二进制数 $a_1 a_2 \cdots a_n$ 作以顶点 $a_1 a_2 \cdots a_{n-1}$ 为始点、以顶点 $a_2 a_3 \cdots a_n$ 为终点的有向边（始点的后 $n-2$ 位与终点的前 $n-2$ 位相同），作出有向图。这个有向图的各顶点的出度和入度都是 2，根据定理 4.4.3，存在欧拉回路，由此可得鼓轮表面的一种设计方案。即存在一个 2^n 位二进制数的循环序列，其中 2^n 个由 n 位二进制数组成的子序列互不相同。

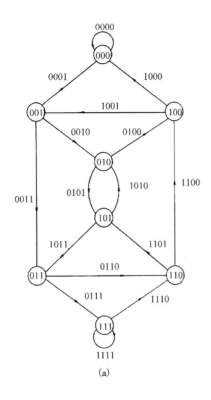

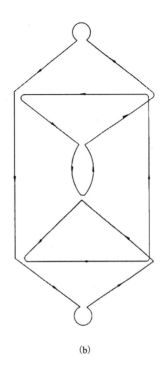

(a)   (b)

图 4.4-8

中国邮递员问题：邮递员从邮局出发，走遍他负责的街区投递邮件，最后回到邮局。问：如何走才能使他走的路最短？

这个问题的图论提法如下：给定一个带权无向图，其中每条边的权为非负实数，求每条边至少经过一次的最短回路。这个问题是我国管梅谷教授于 1962 年提出的，故称为中国邮递员问题。这个问题的解答可以用图论的方法，如果图中有欧拉回路，显然欧拉回路就是最短的投递路线。

4.4.2 哈密尔顿图

爱尔兰数学家哈密尔顿（Hamilton）爵士于 1859 年设计了一个智力游戏：用一个正十二面体代表地球，十二面体的二十个顶点分别表示地球上的二十个城市（如图 4.4-9(a) 所示），要求沿十二面体的棱经过每个城市一次且仅一次，最后回到出发点。该问题可归结为：求通过图 4.4-9(b) 中各点一次且仅一次的回路，粗线表示一条满足要求的回路。这个当时风靡一时的游戏引出了哈密尔顿回路、哈密尔顿通路、哈密尔顿图、半哈密尔顿图等概念。

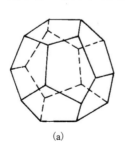

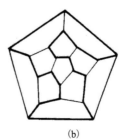

(a)   (b)

图 4.4-9

威廉·罗万·哈密顿爵士（Sir William Rowan Hamilton，1805—1865），爱尔兰数学家、物理学家及天文学家。他的父亲是一名成功的律师，母亲来自以治理超群而闻名的家族，而哈密顿本人更是一个神童。3 岁时，他在阅读方面就显示出了超群的能力并掌握了高等算术。因为他非凡的智商，哈密顿被送到身为著名语言学家的叔叔詹姆士那里生活，8 岁时，他已经学会了拉丁语、希腊语和希伯来语，10 岁时又学会了意大利语和法语，并开始学习东方语言，包括阿拉伯语、梵语和波斯语。17 岁时，他不再学习新的语言，但是已经掌握了微积分和许多数学天文学知识，开始了在光学上的开创性工作，并发现了拉普拉斯的天体理学著作中的重大错误。他 18 岁进入都柏林三一学院之前，一直接受私人教育。1957 年，哈密顿发明了"环游世界游戏"。他把这个想法以 25 镑价格出售给游戏和拼图益智题的经销商。"周游世界"问题就是该游戏的变种。哈密顿最大的成就在于发现了四元数，并将之广泛应用于物理学各方面。哈密顿对光学、动力学和代数的发展提供了重要的贡献。他的成果后来成为量子力学的主干。

【定义 4.4.3】 如果图中存在一条通过图中各顶点一次且仅一次的回路，则称此回路为哈密尔顿回路，具有哈密尔顿回路的图称为哈密尔顿图。

【定义 4.4.4】 如果图中存在一条通过图中各顶点一次且仅一次的通路，则称此通路为哈密尔顿通路，具有哈密尔顿通路的图称为半哈密尔顿图。

例如，图 4.4-10(a)是哈密尔顿图，图 4.4-10(b)是半哈密尔顿图，图 4.4-10(c)既不是哈密尔顿图也不是半哈密尔顿图。

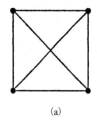 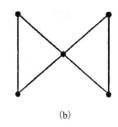 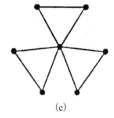

　　　　　(a)　　　　　　　　　　(b)　　　　　　　　　　(c)

图 4.4-10

由定义可知，哈密尔顿图必连通。

从通路的分类来看，哈密尔顿回路（通路）是过所有顶点的基本回路（通路）。对于(n,m)图，哈密尔顿回路是长为 n 的基本回路（圈），非圈的哈密尔顿通路是长为 $n-1$ 的基本通路（路）。哈密尔顿图是特殊的半哈密尔顿图。

与欧拉问题相比，哈密尔顿问题考虑的是遍历问题，表面上二者似乎相似，但侧重点不同，哈密尔顿问题遍历的是"点"，欧拉问题遍历的是"边"。本质上二者有着极大的差异。前面已经给出了欧拉图存在的充分必要条件，而关于哈密尔顿图存在的、简明的充分必要条件至今没有得到（只找到若干必要条件或充分条件），成为图论中的基本难题之一。

与欧拉图不同，哈密尔顿回路遍历图中的每个顶点恰好一次，图中有无自环边或平行边并不影响哈密尔顿回路的存在与否。因此，哈密尔顿图只需讨论简单图即可。

下面分别介绍一个图是哈密尔顿图的必要条件和充分条件。首先介绍必要条件。

【定理 4.4.5】 设图 G 是哈密尔顿图，如果从图 G 中删去 p 个点后得到图 G'，则图 G' 的连通分支数小于等于 p。

证明：

设 C 是图 G 的一条哈密尔顿回路，从图 G 中删去 p 个点后，哈密尔顿回路 C 最多分为 p 段，而图 G' 的连通分支数应小于等于 C 的被分段数。由此可见，图 G' 的连通分支数小于等于 p。

哈密尔顿图的必要条件可用来判定某些图不是哈密尔顿图。

例如，图 4.4-11(a) 中，删去顶点 v 后的图如图 4.4-11(b) 所示。由于图 4.4-11(a) 中删去一个顶点后得到的图为具有 2 个连通分支的不连通图，因此由定理 4.4.5 可知，图 4.4-11(a) 不是哈密尔顿图。

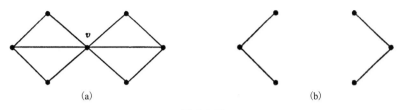

图 4.4-11

易见，由于哈密尔顿回中的点不是割点，哈密尔顿图中不含有割点，也不含有割边。

非平凡的树不是哈密尔顿图。一条通路的图是半欧拉图。

下面不加证明地介绍无向简单图具有哈密尔顿通路与哈密尔顿回路的充分条件。

【定理 4.4.6】 设图 G 是具有 $n(n \geqslant 3)$ 个顶点的无向简单图，如果图 G 中任意两个不同顶点的度数之和不小于 $n-1$，即 $d(v_i)+d(v_j) \geqslant n-1$，则图 G 中存在哈密尔顿通路，即 G 是半哈密尔顿图。

【定理 4.4.7】 设图 G 是具有 $n(n \geqslant 3)$ 个顶点的无向简单图，如果图 G 中任意两个不同顶点的度数之和不小于 n，即 $d(v_i)+d(v_j) \geqslant n$，则图 G 中存在一条哈密尔顿回路，即 G 为哈密尔顿图。

证明：

由定理 4.4.6 可知，图 G 具有哈密尔顿通路，不妨设为 $v_1 v_2 \cdots v_n$。

由定理条件可知，$d(v_1)+d(v_n) \geqslant n$，所以在通路中必存在相邻两点 v_{j-1} 和 v_j，使得 v_1 与 v_j 邻接且 v_{j-1} 与 v_p 邻接（否则，$d(v_1)+d(v_n) \leqslant n-1 < n$）。

由此可得，图 G 的哈密尔顿回路为 $v_1 v_2 \cdots v_{j-1} v_n v_{n-1} \cdots v_j v_1$。

定理 4.4.6 和定理 4.4.7 都只给出判断哈密尔顿通路和哈密尔顿回路的充分条件，并非必要条件。例如，如图 4.4-12 所示的图 G 是 n 边形，其中 $n=6$，虽然任何两个节点度数之和是 $4<6-1=5<6$，但在 G 中有一条哈密尔顿回路。

【例 4.17】 设图 G 是具有 n 个顶点、m 条边的无向简单图，证明当 $m > (n-1)(n-2)/2$ 时，图 G 中存在哈密尔顿通路。

证明：

先用反证法证明图 G 中任意不同的两个顶点的度数之和大于等于 $n-1$。

假设图 G 中存在两个顶点 u 和 v，它们的度数之和不大于等于 $n-1$，即 $d(u)+d(v) \leqslant n-2$，则 $n-2$ 阶的简单图 $G-u-v$ 至多去掉 G 中 $n-2$ 条边，其边数至少应为

$$m-(n-2) > \frac{(n-1)(n-2)}{2} - (n-2) = \frac{(n-2)(n-3)}{2}$$

此与 $n-2$ 阶的无向简单图至多有 $(n-2)(n-3)/2$ 条边矛盾。

所以，图 G 中任意不同两点的度数之和大于等于 $n-1$；由定理 4.4.6 可知，图 G 中存在哈

密尔顿通路。

利用定理 4.4.6，本例成功地证明了"图 G 中存在哈密顿通路"的结论。

竞赛图必有哈密顿通路，但是竞赛图不一定具有哈密顿回路。如图 4.4-13 所示的竞赛图中，点 v_1 的入度为 0，v_3 的出度为 0，所以不可能有哈密顿回路。当竞赛图是强连通时，可以证明它具有哈密顿回路。所以竞赛图一般是半哈密顿图，强连通的竞赛图必是哈密顿图。

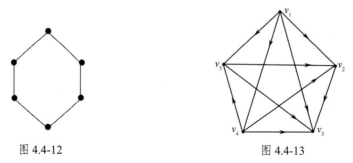

图 4.4-12   图 4.4-13

【例 4.18】 设有 n 个人，其中任意两个人合在一起能认识其余 $n-2$ 个人，证明：当 $n \geqslant 3$ 时，这 n 个人可以排成一排，使每个人的两边都是他认识的人；当 $n \geqslant 4$ 时，这 n 个人可以围成一圈，使每个人的两边都是他认识的人。

本例中的"认识"指相互认识。

证明：

设用 $n(n \geqslant 3)$ 个点表示 n 个人，两人认识当且仅当代表此二人的两点相邻，从而得到一个 n 阶无向简单图 G。由题意可知，即要求证明这个 n 阶无向简单图 G 是半哈密尔顿图；当 $n \geqslant 4$ 时，n 阶无向简单图 G 是哈密尔顿图。

由题设可知，在图 G 中任取二不同点 v_i 和 v_j，如果 v_i 和 v_j 相邻（见图 4.4-14(a)），那么由题设可知

$$d(v_i) + d(v_j) \geqslant n - 2 + 2 = n > n - 1$$

如果 v_i 和 v_j 不相邻，即 v_i 和 v_j 是不认识的，则可以证明，v_i 和余下的 $n-2$ 个人都认识，v_j 也和余下的 $n-2$ 个人都认识，如图 4.4-14(b)所示。否则，假设存在 v_k，仅与 v_i 相邻而不与 v_j 相邻，如图 4.4-14(c)所示，则点 v_i 和 v_k 都不与 v_j 相邻，此与"任意两个人合起来认识余下的 $n-2$ 个人"的题设矛盾，由此可得 $d(v_i) = d(v_j) = n - 2$。此时

$$d(v_i) = d(v_j) = (n-2) + (n-2) = n + (n-4) \geqslant n - 1$$

综上所述，n 阶无向简单图 G 是半哈密尔顿图。

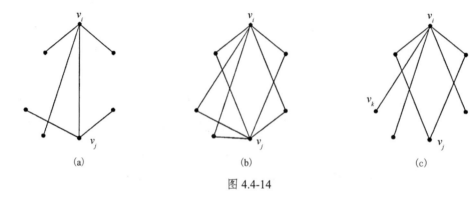

(a)   (b)   (c)

图 4.4-14

当 $n \geq 4$ 时，$d(v_i) = d(v_j) = (n-2) + (n-2) = n + (n-4) \geq n$，即 G 是哈密尔顿图。

【例 4.19】 求解哈密顿"环球旅行"智力游戏。

【解】 哈密顿的"环球旅行"智力游戏（如图 4.4-15(a)所示）有多种求解方法，这里介绍一种比较有趣的，有一定启示作用的求解方法。

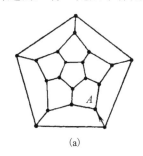
(a)

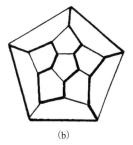
(b)

图 4.4-15

"环球旅行"智力游戏就是求图 4.4-15(a)的哈密顿回路。当旅行者沿着箭头方向到达 A 时，他有两种选择：向左行进或向右行进。如果把向左行进记为 L，向右行进记为 R，则容易验证 $1 = L^5$（或 $1 = R^5$），其中 1 表示"回到原出发地"。说明如果旅行者连续向左（或向右）行进 5 次，则旅行者回到原出发地。

还容易验证 $L^2 = RL^3R$，说明旅行者从某地出发连续向左行进两次与先向右行进，再向左行进 3 次，再向右行进后到达同一地点。

利用上述两式，即可得

$$1 = L^5 = L^2 L^3 = (RL^3 R)L^3 = (RL^3)^2 = (RL^2 L)^2 = (RL^3 RL)^2$$
$$= (RRL^2 LRL)^2 = (RRRL^3 RLRL)^2$$
$$= RRRLLLRLRLRRRLLLRLRL$$

1 表示"回到原出发地"，上式最后部分表示经过 20 个点后，将回到原出发地，即构成回路，且是哈密顿回路。图 4.4-15(b)中的粗线就是从 a 点出发按此路径所得的哈密顿回路。

4.5 二部图和平面图

二部图和平面图是两种常见的特殊的无向图。

求职者问题：高校的辅导员联系了许多企业主管，希望能够为 6 名学生哈利（Harry）、杰克（Jack）、肯（Ken）、琳达（Linda）、马克（Mark）、南希（Nancy）找到一份暑假兼职工作。她找了 6 家企业，每个企业都愿意提供一个职位给对企业感兴趣且业务合格的学生，这 6 家企业工作类型有建筑艺术、银行、建设、设计、电子、金融，6 位学生申请的企业职位如下。

❖ 哈利：建筑艺术、银行、金融。

❖ 杰克：设计、电子、金融。

❖ 肯：建筑艺术、银行、建设、设计。

❖ 琳达：建筑艺术、银行、建设。

❖ 马克：设计、电子、金融。

❖ 南希：建筑艺术、银行、建设。

问题：这种情形用一个图来表示是怎样的？每个学生能够找到他们申请的一个工作吗？

4.5.1　二部图

二部图也称为偶图，其定义如下。

【定义 4.5.1】　若无向图 G 的顶点集 V 可以划分成两个非空子集 V_1 和 V_2，即 $V_1 \cup V_2 = V$，$V_1 \cap V_2 = \varnothing$，并使图中任一条边都有一个端点在 V_1 中，另一个端点在 V_2 中，则称图 G 为二部图（或偶图），记为 $G(V_1, V_2)$，并称 V_1 和 V_2 是互补点集。

例如，图 4.5-1 是二部图。

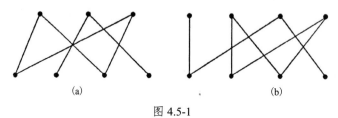

图 4.5-1

【定义 4.5.2】　若 $G(V_1, V_2)$ 是简单二部图，且 V_1 中的每个顶点都与 V_2 中的每个顶点邻接，则称 $G(V_1, V_2)$ 为完全二部图，记为 $K_{m,n}$，其中 $|V_1| = m$，$|V_2| = n$。

显然，$K_{m,n} = K_{n,m}$。

例如，图 4.5-2 是完全二部图，图 4.5-2(a) 可记为 $K_{2,3}$，图 4.5-2(b) 可记为 $K_{3,3}$。

判断一个图是否是二部图是比较简单的。

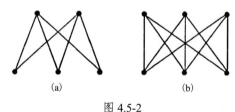

图 4.5-2

【定理 4.5.1】　无向图是二部图的充分必要条件是图中的每条回路都由偶数条边组成。

换言之，一个图是二部图当且仅当它不含奇长回（回路的长度为奇数）。

对此定理我们不作严格证明，只给出形象说明。当 $G(V_1, V_2)$ 是二部图时，显然图 G 中任意一条回路的各边必须往返于 V_1 和 V_2 之间，因此其回路必由偶数条边组成。

反之，当图 G 中任意一条回路都由偶数条边组成，如图 4.5-3(a) 所示，可以在图中任取一点记作 a_1，然后将 a_1 邻接的顶点记为 b_1 和 b_2，将与 b_1 和 b_2 邻接的未加标记的顶点记为 a_2 和 a_3，再将与 a_2 和 a_3 邻接的未加标记的顶点记为 b_3。令 $V_1 = \{a_1, a_2, a_3\}$，$V_2 = \{b_1, b_2, b_3\}$，则可以将图 4.5-3(a) 改为图 4.5-3(b)。

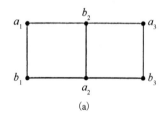
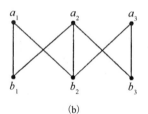

图 4.5-3

由于无向树中无圈，当然也没有奇长回，因此无向树是二部图。

日常生活和生产实际中的某些问题，如婚姻问题、工作分配问题等都可以用二部图表示。下面介绍简单二部图的实际应用，包括匹配、最大匹配等概念。

【定义 4.5.3】 设图 $G(V_1, V_2)$ 是简单二部图，M 是由图 $G(V_1, V_2)$ 中的一些边组成的集合，如果 M 中的任意两条边都没有公共端点，则称 M 为图 G 的一个<u>匹配</u>。对任何结点 $v \in V$，若有边 $uv \in M$，称 v 是 M-饱和的，否则称 v 是非 M-饱和的。

例如，在图 4.5-4 中，边集 $M = \{a_1b_2, a_2b_3, a_3b_1\}$ 是一个匹配。

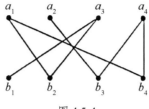

图 4.5-4

匹配问题有很强的应用背景。在图 4.5-4 中，假设 a_1、a_2、a_3、a_4 分别表示 4 位技术工人，b_1、b_2、b_3、b_4 分别表示 4 种不同的工作。当某技术工人能胜任某种工作时，则在它们之间用一条边相连，若规定一个技术工人只能担任一种工作，则匹配 M 表示一种工作分配方案。

为了使工作分配方案能最大限度地做到"各尽其能"，下面将介绍最大匹配的概念。

【定义 4.5.4】 设图 $G(V_1, V_2)$ 是简单二部图，M 是 G 的一个匹配，如果对于 G 中任意一个匹配 M'，都有 $|M'| \leq |M|$，则称匹配 M 为图 G 的<u>最大匹配</u>。

为了寻求二部图的最大匹配，再介绍交替通路和增长通路的概念。

【定义 4.5.5】 图 $G(V_1, V_2)$ 是简单二部图，M 是 G 的一个匹配，如果 G 中的一条通路是由 G 中属于 M 的边和不属于 M 的边交替组成的，则称此通路为<u>交替通路</u>。始点和终点都不是匹配 M 中边的端点的交替通路称为<u>增长通路</u>。

例如，在图 4.5-5 (a) 中，匹配 $M = \{a_1b_2, a_2b_3, a_3b_5\}$，通路 $a_1b_2a_2b_3a_3b_5$、$a_1b_2a_2b_3a_3b_5a_4$、$b_1a_1b_2a_2$ 和 $b_1a_1b_2a_2b_3a_3b_5a_4$ 都是交替通路，其中 $b_1a_1b_2a_2b_3a_3b_5a_4$ 的始点和终点都不是 M 的边的端点，所以这两条交替通路都是增长通路；而前 3 条交替通路的始点和终点至少有一个是 M 的边的端点，所以它们都不是增长通路。

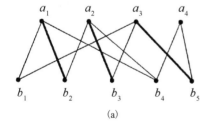

(a)   (b)

图 4.5-5

由于增长通路中的始点和终点都不是匹配 M 的边的端点，因此增长通路必由奇数条边组成，其中第 1 条边不属于 M、第 2 条边属于 M、第 3 条边又不属于 M……最后一条边不属于 M。因此，在增长通路中，不属于 M 的边数应比属于 M 的边数多 1。如果把增长通路中的不属于 M 的边替代属于 M 的边，并与 M 中其他边合并成新的边集 M，由增长通路的定义可知，

M' 也是匹配，且其边数比匹配 M 多 1。例如，在图 4.5-5(a)中，把增长通路 $b_1a_1b_2a_2b_3a_3b_5a_4$ 中的 4 条不属于 M 的边 b_1a_1、b_2a_2、b_3a_3 和 b_5a_4 替代为属于 M 中的边 a_1b_2、a_2b_3 和 a_3b_5，于是得到一个新的匹配 $M'=\{b_1a_1,b_2a_2,b_3a_3,b_5a_4\}$，显然新的匹配 M' 的边数=匹配 M 的边数+1（如图 4.5-5(b)所示）。

由此可见，可以不断地寻求增长通路以增加匹配所含的边数。当再也没有增长通路时，所得的匹配为最大匹配。

【**定理 4.5.2**】 匹配 M 为图 G 的最大匹配的充要条件是 G 中不存在 M-可增广通路。

证明：

（反证法）设 M 是 G 的一个最大匹配。

假设存在一条 M-可增广通路 $P=v_0v_1v_2v_3\cdots v_{2m}v_{2m+1}$，则

$$v_0v_1v_2v_3\cdots v_{2m}v_{2m+1}\notin M$$
$$v_1v_2v_3\cdots v_{2m}v_{2m+1}\in M$$

令

$$M'=(M-\{v_1v_2,v_3v_4,\cdots,v_{2m-1}v_{2m}\})\cup\{v_0v_1,v_2v_3,v_4v_5,\cdots v_{2m}v_{2m+1}\}$$

显然，M' 也是 G 的一个匹配。但是 $|M'|=|M|+1$，与 M 为最大匹配的条件矛盾。因此，不存在 M-可增广通路。

反之，如果 G 中不存在 M-可增广通路，而 M 不是最大匹配，则必有最大匹配 M'，使 $|M'|>|M|$。构造集合 $M''=M\oplus M'$，考虑诱导子图 $G(M'')$。$G(M'')$ 中每个顶点或只与 M 或 M' 中的一条边关联，或与 M 和 M' 中的各一条边关联，因此 $G(M'')$ 中的一个连通分支或是一条其边交错出现于 M 和 M' 中的交错通路，或是一条交错回路。又 M'' 中包含 M' 的边多于包含 M 的边，因此必然存在一条交错通路始于 M' 中的边且终于 M' 中的边，即该通路的起点和终点都不是 M-饱和的，为 M-可增广通路，与假设矛盾。因此，M 必是最大匹配。

下面介绍求增长通路的匈牙利算法，其基本思想是从任何一个初始匹配开始，寻找关于这个匹配的可增广通路从而扩大这个匹配，直至不能再扩大为止。

首先把 V_1 中所有不是 M 中边的端点的结点用 $(\varnothing)$ 加以标记，然后交替进行以下过程。

① 选一个 V_1 的新标记的结点，如 a_i，用 (a_i) 标记不通过在 M 中的边与 a_i 邻接且未标记过的 V_2 的所有顶点。对 V_1 中所有新标记的顶点重复这一过程。

② 选一个 V_2 中新标记的顶点，如 b_i，用 (b_i) 标记通过 M 的边与 b_i 邻接且未标记过的 V_1 的所有顶点。对所有 V_2 的新标记的顶点重复这一过程。

直至标记到一个 V_2 中不是 M 中任何边的端点的顶点，或已不可能标记更多顶点时为止。出现前一种情况，说明已找到一条增长通路，再用增长通路中不属于 M 的边替代属于 M 的边，于是可得一个新的匹配 M'。出现后一种情况，说明二部图 $G(V_1,V_2)$ 中已不存在增长通路，则输出 M，算法结束。

例如，在图 4.5-6(a)中匹配 $M=\{a_1b_5,a_3b_1,a_4b_3\}$。使用匈牙利算法有如下标记过程：

① 由于 a_2 是唯一的不是 M 中边的端点，把 a_2 标记为 $(\varnothing)$。

② 将 a_2 的邻接点 b_1 和 b_3 标记 (a_2)。

③ 从 b_1 出发，把 a_3 标记 (b_1)，从 b_3 出发把 a_4 标记为 (b_3)。

④ 从 a_3 出发，把 b_4 标记为 (a_3)，因 b_4 已不是 M 中边的端点，说明已找到一条增长通路 $a_2b_1a_3b_4$。用此通路中不属于 M 的边替代属于 M 的边，于是可得匹配 $M'=\{a_1b_5,a_2b_1,a_3b_4,a_4b_3\}$，

如图 4.5-6(b)所示。由于 V_1 中仅有 4 个顶点，因此 M' 是最大匹配。

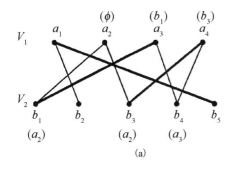 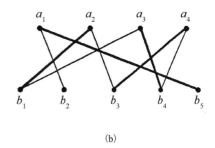

图 4.5-6

【定义 4.5.6】 设二部图 $G = <V_1, V_2, E>$，$|V_1| \leq |V_2|$，M 为 G 的一个匹配且 $|M| = |V_1|$，称 M 为 V_1 到 V_2 的完备匹配。

显然，二部图的完备匹配是最大匹配，但是最大匹配不一定是完备匹配。图 4.5-7(a) 中的实线边是完备匹配，而图 4.5-7(b) 中的实线边是最大匹配，但不是完备匹配。

【定理 4.5.3（Hall 定理）】 设二部图 $G = <V_1, V_2, E>$，$|V_1| \leq |V_2|$，则 G 中存在 V_1 到 V_2 的完备匹配当且仅当 V_1 中任意 $k(1 \leq k \leq |V_1|)$ 个顶点至少与 V_2 中的 k 个顶点相邻。

定理 4.5.3 给出了二部图有完备匹配的充分必要条件，其中的条件常称为"相异性条件"。

【定理 4.5.4】 设二部图 $G = <V_1, V_2, E>$，如果存在正整数 t，使得 V_1 中每个顶点至少关联 t 条边，而 V_2 中每个顶点至多关联 t 条边，则 G 中存在 V_1 到 V_2 的完备匹配。

图 4.5-7

证明：

由定理中的条件可知，V_1 中任意 $k(1 \leq k \leq |V_1|)$ 个顶点至少关联 kt 条边，而 V_2 中每个顶点至多关联 t 条边，所以这 kt 条边至少关联 V_2 中的 k 个顶点。这说明 G 满足相异性条件，因此 G 中存在完备匹配。

定理 4.5.4 中的条件为 t 条件。t 条件是二部图具有完备匹配的充分条件，不是必要条件。

【例 4.20】 某公司招聘了 3 名大学毕业生。公司有 5 个部门需要人，部门领导与毕业生们进行了交谈。不考虑单向的意愿，他们交谈后的结果（毕业生愿意去这个部门，这个部门也统一接受这名毕业生）如表 4.5-1 所示。如果每个部门只能接收一名毕业生，那么这 3 名毕业生都能到他满意的部门工作吗？请试着给出分配方案。

表 4.5-1

	部门 1	部门 2	部门 3	部门 4	部门 5
毕业生 A	√	√	√		
毕业生 B		√		√	√
毕业生 C			√	√	√

解：

表 4.5-1 中的关系可以用二部图 $G = <V_1, V_2, E>$ 表示，如图 4.5-8 所示，其中 $V_1 = \{v_1, v_2, v_3\}$ 表示 3 名大学毕业生，$V_2 = \{u_1, u_2, u_3, u_4, u_5\}$ 表示 5 个部门。一个分配方案就是 G 的一个匹配。由于 v_1、v_2、v_3 都关联 3 条边，而 u_1、u_2、u_3、u_4、u_5 都至多关联 2 条边，G 满足 t 条件，其中 $t=3$，因此 G 具有完备匹配，从而每名毕业生都能到他满意的部门工作。这样的分配方案比较多，如 A 到部门 1、B 到部门 2、C 到部门 3，或者 A 到部门 3、B 到部门 2、C 到部门 5。

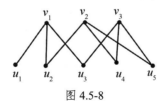

图 4.5-8

利用二部图匹配问题求解本节开始的求职者问题，答案也是肯定的。

4.5.2 平面图

平面图的研究有着重要的实用价值，如图的平面性与印刷电路、集成电路的布线设计有关，也为地图着色问题提供了必要的理论准备。

1. 平面图及其面的定义

【定义 4.5.7】 设一个无向图 $G(V, E)$，若能把它画在平面上，且除端点外任何两边都不相交，则称该图为平面图，或是可平面的。通常，已画成边不相交形式的平面图被称为图的平面表示或图的平面嵌入，否则称为非平面图。

不难理解，判定一个图是否平面图，与其有无自环边或平行边无关，也可以分别讨论该图的各连通分支是否平面图。因此，本节将重点讨论简单连通图的平面性。易见，树是平面图，完全二部图 $K_{1,n}$、$K_{2,n}$ 都是平面图。

图 4.5-9 是平面图。图 4.5-10(a) 为具有 4 个顶点的无向完全图 K_4，可以改成图 4.5-10(b)，所以完全图 K_4 是平面图。

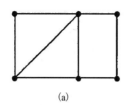
(a)

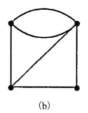
(b)

图 4.5-9

具有 5 个顶点的无向完全平面图 K_5 是非平面图，如图 4.5-11 所示。完全二部图 $K_{3,3}$ 也是非平面图，如图 4.5-12 所示。

由于平面图的平面嵌入（今后简称为平面图）中各边是不相交的，因此平面图的回路把平面划分成若干块。于是，对平面图有面的概念和有关定理。

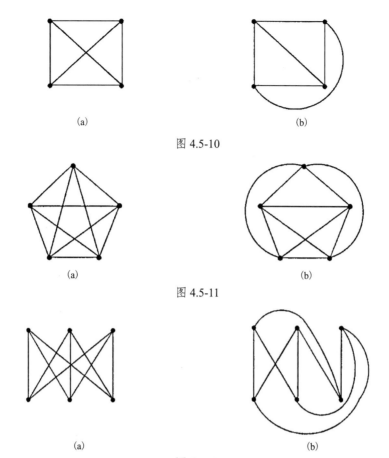

图 4.5-10

图 4.5-11

图 4.5-12

【定义 4.5.8】 设 G 是一个（连通）平面图，若由 G 的回路所围成的封闭区域内不含 G 的任何边和顶点，则这个封闭区域称为 G 的一个面。包围这个面 R 的回路，称为该面的边界，其长称为 R 的次数，记为 $d(R)$。有公共边界的两个面被称为相邻的面。

就有限图而言，只有一个面积无限的面称为无限面，其余面称为有限面。

例如，图 4.5-13 所示的平面图把平面划分成 4 个面，其中 R_1、R_2、R_3 是有限面，R_4 是无限面。

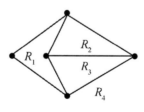

图 4.5-13

自环边围成 1 次的面，而平行边围成 2 次的面。

注意：一条割边只能是一个面的边界，对此面的次数贡献为 2；而其余边必是两个相邻的面的公共边界，对此二面的次数各贡献 1 次。用 F 表示 G 中所有面的集合。

类似握手引理，有如下定理。

【定理 4.5.5】 若 $G(V,E)$ 是平面图，则

$$\sum_{f \in F} d(f) = 2|E|$$

连通平面图的顶点数、边数和面数之间有着密切联系，即重要的欧拉公式。

2．欧拉公式及其推论

【定理 4.5.6（欧拉公式）】 设图 G 是无向连通平面图，具有 n 个顶点、m 条边、r 个面，则 $n-m+r=2$。

证明：

用归纳法，对图的面数 r 进行归纳。

当 $r=1$ 时，平面图中仅有一个面——无限面，此连通图中无圈即为树，有 $n-m+r=(n-m)+r=1+1=2$，欧拉公式成立。

设当 $r=k$ 时，欧拉公式成立。

当 $r=k+1$ 时，易见此连通平面图至少有一圈，去掉该圈上的一条边后所得的图仍是连通的平面图，其点数$=n$，边数$=m-1$，面数$=r-1=k$，满足欧拉公式 $n-(m-1)+(r-1)=2$，即 $n-m+r=2$。欧拉公式也成立。

由数学归纳法知，欧拉公式成立。

欧拉公式是平面图的一个必要条件，可以用来判定一些图的非平面性。

定理 4.5.6 有以下重要推论

【推论 4.5.1】设简单连通平面图 G 是(n,m)图（$n \geqslant 3$），则 $m \leqslant 3n-6$。

证明：

由于 G 是简单图，G 中无自环边或平行边，因此 G 中各面的次数大于等于 3。由定理 4.5.5，有

$$3r \leqslant \sum_{f \in F} d(f) = 2m$$

代入欧拉公式可得

$$2 = n - m + r \leqslant n - m + \frac{2}{3}m$$

整理得 $m \leqslant 3n-6$。

事实上，推论中的简单平面图的连通性可省，因为非连通的 n 阶简单平面图经过加边才能变成连通的 n 阶简单平面图，前者的边数不超过后者的边数，仍保持原不等式。

作为平面图的必要条件，上述不等式通常用来判断一个图不是平面图。

例如，完全图 K_5 是$(5,10)$图，有 $3n-6=9<10=m$。可见，K_5 是非平面图。

但不等式 $m \leqslant 3n-6$ 仅仅是平面图的必要条件，而非充分条件。

例如，完全二部图 $K_{3,3}$ 是$(6,9)$图，有 $3n-6=12 \geqslant 10=m$。但只需注意到：二部图的回长是偶数，若 $K_{3,3}$ 是简单平面图，则各面的次数大于等于 4。由定理 4.5.5，有

$$4r \leqslant \sum_{f \in F} d(f) = 2m$$

代入欧拉公式可得

$$2 = n - m + r \leqslant n - m + \frac{1}{2}m \leqslant n - \frac{1}{2}m$$

从而 $m \leqslant 2n - 4$。但 $2n-4=8<9=m$，矛盾。

可见，$K_{3,3}$ 也是非平面图。

为了得到更具一般性的估计式，引入图的围长的概念：图所包含的最短圈之长称为该图的围长。例如，K_5 的围长是 3。若图不含圈（如树），则规定其围长为无穷大。

设简单连通平面图 G 是 $(n,m)(n \geqslant 3)$ 图，且围长为 $k(k \geqslant 3)$，则

$$m \leqslant \frac{k}{k-2}(n-2)$$

上述不等式同样可以判定某些图是非平面图。

【推论 4.5.2】 在 $n(n \geqslant 2)$ 阶无向简单连通平面图中，必存在一个度数不超过 5 的顶点。

证明：

无向简单连通平面图中，各点度数的最小者

$$d_{\min} \leqslant \sum d(v_i) / n = \frac{2m}{n} \leqslant \frac{2(3n-6)}{n} \leqslant 6 - \frac{12}{n} < 6$$

故至少存在一个度数不超过 5 的顶点。

例如，完全图 $K_n(n \geqslant 7)$ 是非平面图。

由此可见，并非所有图都是可平面的。值得指出的是，5 阶无向完全图 K_5 是顶点数（$n=5$）最少的非平面图，完全二部图 $K_{3,3}$ 是边数（$m=9$）最少的非平面图。两个基本的非平面图在非平面图的研究中有着重要作用。

显然，平面图的子图仍是平面图，以非平面图为子图的图仍是非平面图。

于是，完全图 $K_n(n \geqslant 5)$、完全二部图 $K_{m,n}(m \geqslant 3, n \geqslant 3)$ 都是非平面图。

【例 4.21】 设图 G 是具有 11 个顶点的无向简单连通平面图，证明其补图 G' 是非平面图。

证明：

设图 G 的边数为 m，其补图的边数为 m'，则

$$m + m' = \frac{11 \times (11-1)}{2} = 55$$

由于 11 个顶点的无向连通简单平面图均满足 $m \leqslant 3n - 6 = 3 \times 11 - 6 = 27$，因此补图 G' 的边数 $m' = 55 - m \geqslant 55 - 27 = 28$。故补图 G' 不是平面图。

【例 4.22】 设 G 是边数小于 30 的无向简单连通平面图，证明 G 中必存在顶点，其度数小于等于 4。

证明：

用反证法。假设 n 阶无向简单连通平面图 G 的顶点分别为 $v_1, v_2, \cdots, v_n$，且图 G 中每个顶点的度数都大于等于 5，则

$$5n \leqslant \sum_{f \in F} d(v_i) = 2m < 2 \times 30 = 60$$

解得 $n \leqslant 12$。

由推论 4.5.1 可知

$$5n \leqslant 2m \leqslant 2(3n-6) = 6n-12$$

解得 $n \geqslant 12$。两者矛盾。

故 G 中必存在一个度数不超过 4 的顶点。

虽然欧拉公式及其推论可用来判别某个图是非平面图，但它毕竟只是平面图的必要条件。欲找到一个好的平面图的充要条件，还需对平面图的本质进一步分析。

1930 年，波兰数学家库拉托夫斯基对于 K_5 和 $K_{3,3}$ 作充分的研究后，揭示了任何非平面图与 K_5 和 $K_{3,3}$ 的内在联系，从而给出了一个判别平面图的充分必要条件，使平面图的研究得到进一步发展。为此，常把 K_5 和 $K_{3,3}$ 称为库拉托夫斯基图。

3．库拉托夫斯基定理

【定义 4.5.9】 如果两个图是由同一个图的边上插入一些新的顶点（它们必是 2 度点）后得到的，则称这两个图是二度同构的，也称为同胚。

例如，图 4.5-14 所示的两个图是二度同构的。

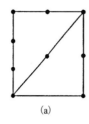 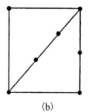

(a)   (b)

图 4.5-14

显然，在一个图的边上插入一些 2 度点的操作，并不影响这个图的平面与否。

下面介绍著名的库拉托夫斯基定理。

【定理 4.5.7（库拉托夫斯基定理）】 一个图是平面图的充分必要条件是该图不包含二度同构于 K_5 或 $K_{3,3}$ 的子图。

换言之，一个图是非平面图当且仅当该图含有与 K_5 或 $K_{3,3}$ 二度同构的子图。

例如，图 4.5-15(a)是非平面图，因为在其中删去边 ag、gc 后，所得子图如图 4.5-15(b)所示，它与 K_5 二度同构（如图 4.5-15(c)所示），所以此图是非平面图。

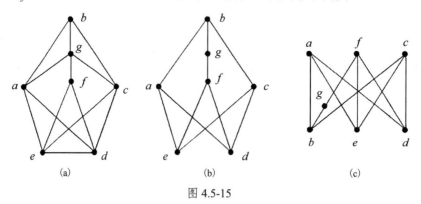

图 4.5-15

对于上述定理，证明的方法各具特色，但证明过程比较复杂，在此不给出具体证明。

【例 4.23】 证明图 4.5-16 所示的图是非平面图。

解:

在图 4.5-16 中删去边 ed、bd 后所得子图如图 4.5-17(a)所示，它与 $K_{3,3}$ 二度同构，如图 4.5-17(b)所示。由库拉托夫斯基定理可知，此图是非平面图。

【例 4.24】 图 4.5-18 所示的图称为彼得逊图，证明此图是非平面图。

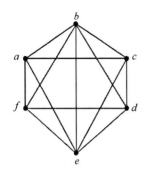

图 4.5-16

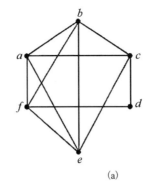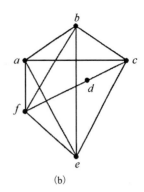

(a)   (b)

图 4.5-17

证明：

方法一：在彼得逊图中删去两条边 fh 和 de，所得子图如图 4.5-19(a)所示，把图 4.5-19(a)中各顶点适当移动位置，得到图 4.5-19(b)。易见，图 4.5-19(b)与 $K_{3,3}$ 二度同构，故彼得逊图是非平面图。

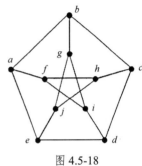

图 4.5-18

方法二：在彼得逊图中任意删去一个顶点，如删去顶点 b 后所得的子图，如图 4.5-20(a)所示。同样把图 4.5-20(a)中各点的位置适当移动后可得图 4.5-20(b)，易见图 4.5-20(b)与 $K_{3,3}$ 二度同构，故彼得逊图是非平面图。

对于本章开始提出的三套房屋和三种公共资源问题，用图论方法描述就是确定能否在平面图中画出图 $K_{3,3}$，使得其中任何两条边互不交叉。通过平面图的学习我们知道，$K_{3,3}$ 不是可平面的，因此答案是否定的，即不可能在每套房屋和三个设施之间都建立彼此不相交的路线。

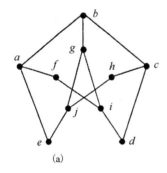

(a)

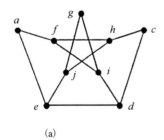

(a)

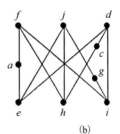

(b)

图 4.5-19

图 4.5-20

4．对偶图与五色定理

在图论发展史上，"四色问题"曾经起过巨大的推动作用。"四色问题"，又称四色猜想，即如果在平面上划出一些邻接的有限区域，那么是否可以用四种颜色来给这些区域染色，使得每两个邻接区域染上不同的颜色？这是著名的世界近代三大数学难题之一，曾吸引过众多优秀的数学家，但是都未能从理论上严格证明这个问题的答案是肯定的。1976 年，两个美国数学家在计算机上，用了 1200 个小时进行了 100 亿判断，终于完成了四色定理的证明，轰动世界。人们在研究四色问题的过程中发现，这种对平面图的着色可以利用平面对偶图转化为对顶点的着色，使得相邻的顶点不具有相同的颜色，同时证明了任何平面图都可以用 5 种颜色着色。

下面将围绕平面图的着色问题介绍对偶图的概念与五色定理。

【定义 4.5.10】 设 $G(V,E)$ 是一个平面图，构造图 $G^*(V^*,E^*)$ 如下：

① G 的面 $R_1,R_2,\cdots,R_r$ 与 V^* 中的点 $v_1,v_2,\cdots,v_r$ 一一对应。

② 若面 R_i 和 R_j 邻接，则 v_i 与 v_j 邻接。

③ 若 G 中有一条边 e 只是面 R_i 的边界，则 v_i 有一环。

则称图 G^* 是 G 的**对偶图**。

G 的对偶图 G^* 可以有各种画法，其中通用的方法是将 G^* 的顶点画在 G 的面内，G^* 的每条边 $\overset{*}{u}\overset{*}{v}$ 只与 G 中分隔面 R_u 和 R_v 的边交叉一次。例如，在图 4.5-21 (a) 中所示的平面图，实线和空心点是 G 的边和结点，图 4.5-21 (b) 中的虚线和黑点分别是其对偶图 G^* 的边和结点。

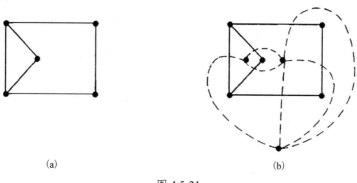

(a)　　　　　　　　　　　　　(b)

图 4.5-21

又如，图 4.5-22 (a) 的对偶图为图 4.5-22 (b) 中虚线所示的。

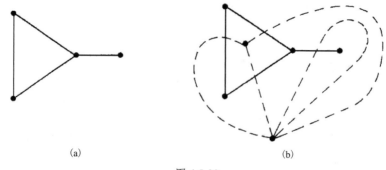

(a)　　　　　　　　　　　　　(b)

图 4.5-22

由上述可知，每个平面图都有其对偶图，一个平面图不同的平面嵌入所得的对偶图有可能不同构。但不管怎样，对偶图是连通的平面图，且不难验证，$n^* = r$，$m^* = m$。

若 G^* 是连通图 G 的对偶图，则 G 也是 G^* 的对偶图，若 G 是连通的平面图，则 $G^{**} \cong G$。此时，$r^* = n$。

事实上，存在对偶图是一个图为平面图的充分必要条件。

利用对偶图的概念，可以把平面图 G 的面着色问题转化为研究 G^* 的点着色问题。

【定义 4.5.11】 如果能对图的每个顶点指定 k 种颜色中的一种颜色着色，使得任何两个邻接的顶点着不同的颜色，则称图是 k-可着色的。若 G 是 k-可着色的，不是$(k-1)$-可着色的，则 k 称为色数。

【定理 4.5.8】 任何平面图都是 5-可着色的。

证明：

不失一般性，考虑平面图的每个连通分支。对平面图 G 的阶数 n 归纳。

显然，当图的顶点数小于等于 5 时，一定可以用 5 种颜色正常着色。假设对任意的具有 $n-1$ 个点的简单连通平面图能用 5 种颜色正常着色，现证明对有 n 个点的简单连通平面图也能用 5 种颜色正常着色。

设图 G_n 是具有 n 个点的简单连通平面图，由推论 4.5.2 可知，图 G_n 中必存在一个点 v_0，其度数小于等于 5。在图 G_n 中删去点 v_0 后，得到具有 $n-1$ 个点的子图，记为 G_{n-1}。

由归纳假设可知，G_{n-1} 可以用 5 种颜色正常着色，因此只需要证明 G_n 中点 v_0 可以用 5 种颜色种的一种着色并与其邻接点的着色都不相同即可。

若 $d(v_0) < 5$，则与 v_0 邻接的点至多为 4 个，故可用与 v_0 邻接点不同的颜色给 v_0 着色。

若 $d(v_0) = 5$ 但与 v_0 邻接的点的着色数不超过 4，这时仍然可用与 v_0 邻接点不同的颜色给 v_0 着色。

若 $d(v_0) = 5$ 且与 v_0 邻接的 5 个点已涂了 5 种不同的颜色（如图 4.5-23 所示），这时情况要复杂些。把 G_{n-1} 中所有涂上红色或蓝色顶点的导出子图记为 G'_{n-1}。

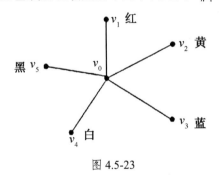

图 4.5-23

下面分两种情况讨论。

① 如果 v_1 和 v_3 分别属于 G'_{n-1} 的两个不同的连通分支，如图 4.5-24 所示。

于是可把 v_1 所在的连通分支中的红色与蓝色对调，这样并不影响 G_{n-1} 的正常着色；然后把 v_0 涂上红色，即得图 G_n 的正常着色。

② 如果 v_1 和 v_3 都属于 G'_{n-1} 的同一连通分支，则 v_1 与 v_3 之间必有一条顶点属于 G'_{n-1} 的通路 P，与 v_0 一起构成回路 $C v_0 v_1 P v_3 v_1$（如图 4.5-25 所示），使 v_2 和 v_4 分居于回路的内部和外部，从而 v_2 和 v_4 在 G'_{n-1} 的含 v_2 的连通分支中使着黄、白色的顶点互换颜色。再让 v_0 着黄色，由此得到 G 的一个 5-着色。

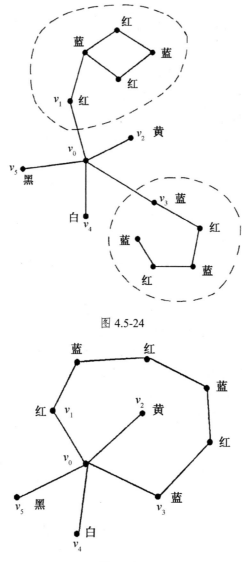

图 4.5-24

图 4.5-25

定理证明中使用的方法往往被称为肯普(Kempe)着色法。

肯普曾用这种方法去证明"四色定理",虽未成功,但仍不失为一个相当精妙的方法。

习 题 4

1. 设无向图 G 有 9 条边,有 1 个 4 度点、2 个 3 度点、3 个 2 度点,其他都是 1 度点,问:图中有几个 1 度点?并画出符合题设的一个图形。

2. 证明 3-正则图必有偶数个顶点。

3. 设无向图 G 有 16 条边,有 3 个 4 度点、4 个 3 度点,其余顶点的度数均小于 3。问:G 中至少有几个顶点?

4. 设图 G 有 n 个顶点、$n+1$ 条边,证明:图 G 中至少有一个顶点,其度数大于等于 3。

5. 设无向图 G 有 5 个顶点 a_1, a_2, a_3, a_4, a_5,其邻接矩阵如下,请画出 G 的图形。

$$A = \begin{bmatrix} 0 & 1 & 0 & 1 & 0 \\ 1 & 0 & 0 & 1 & 1 \\ 0 & 0 & 0 & 1 & 1 \\ 1 & 1 & 1 & 0 & 1 \\ 0 & 1 & 1 & 1 & 0 \end{bmatrix}$$

6. 设有向图 D 中有 5 个顶点 a_1, a_2, a_3, a_4, a_5，其邻接矩阵如下，请画出 D 的图形。

$$A = \begin{bmatrix} 0 & 0 & 0 & 0 & 1 \\ 1 & 0 & 0 & 0 & 0 \\ 0 & 0 & 0 & 0 & 0 \\ 1 & 1 & 1 & 0 & 0 \\ 1 & 1 & 1 & 1 & 0 \end{bmatrix}$$

7. 设图 G 是 n（n 是偶数）阶无向简单图，若 G 中有 k 个奇数度点，问：在其补图 $\overline{G}$ 中有多少个奇数度点？

8. 画出完全图 K_4 的所有连通的生成子图。

9. 是否存在着每一条边都是割边的连通图？

10. 若无向简单图有 $2n$ 个顶点，每个顶点的度数至少为 n，证明此图是连通图。

11. 设无向图 G 有 11 条边，其中有 2 个 4 度点，3 个 3 度点，如果此图是连通图，问：图中最少有几个顶点？最多有几个顶点？并画出最少顶点图和最多顶点图各一个。

12. 判断图 4.XT-1 中，哪些图是强连通图？哪些图是单向连通图？哪些图是弱连通图？

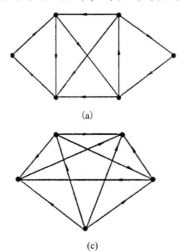

(a)

(b)

(c)

(d)

图 4.XT-1

13. 求图 4.XT-2 中 a 到 z 的最短通路。

14. 设 T 是具有 n 个顶点的无向树，证明 T 中各顶点的度数之和为 $2n-2$。

15. 设 T 是无向树，有 2 个 2 度点、4 个 3 度点和 3 个 4 度点，且没有大于 4 度的顶点，问：T 中有几片树叶？

16. 设 T 是无向树，有 8 片树叶、4 个 3 度点，其余都是 4 度点，问 T 中有几个 4 度点？

17. 画出所有具有 6 个顶点的无向树。

18. 设有根树 T 的顶点为 $a_1, a_2, a_3, a_4, a_5, a_6$，$T$ 的邻接矩阵如下，试确定哪个顶点是根，哪个顶点是树叶。

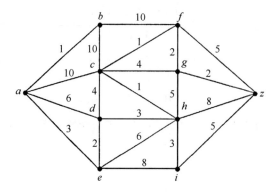

图 4.XT-2

$$A = \begin{bmatrix} 0 & 0 & 0 & 1 & 1 & 1 \\ 0 & 0 & 0 & 0 & 0 & 0 \\ 1 & 1 & 0 & 0 & 0 & 0 \\ 0 & 0 & 0 & 0 & 0 & 0 \\ 0 & 0 & 0 & 0 & 0 & 0 \\ 0 & 0 & 0 & 0 & 0 & 0 \end{bmatrix}$$

19. 求图 4.XT-3 所示图的最小生成树。

20. 求树叶权为 2、4、6、6、8、10 的最优树，并求出此最优树的权。

21. 当 n 取何值时，无向完全图 K_n 是欧拉图？

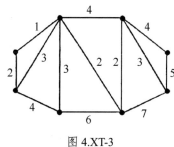

图 4.XT-3

22. 图 4.XT-4 中，哪些图是欧拉图，哪些是半欧拉图？请画出它的欧拉回路与欧拉通路。

23. 画出两种不同构的具有 7 个顶点，9 条边的欧拉图（要求画出的图是简单图）。

24. 若一个有向图是欧拉图，它是否一定是强连通的？若一个有向图是强连通的，它是否一定是欧拉图？

25. 画一个无向简单图，使其为：

(1) 是欧拉图又是哈密顿图；　　　　　　　(2) 是欧拉图但不是哈密顿图；

(3) 是哈密顿图但不是欧拉图；　　　　　　(4) 不是欧拉图也不是哈密顿图。

26. 画一个 10 阶无向简单图，也是 3-正则图，但不是哈密顿图。

27. 证明图 4.XT-5 所示的图不是哈密顿图。

28. 图 G 是有 7 个顶点、17 条边的无向简单图，证明图 G 是哈密顿图。

29. 某次会议有 20 人参加，其中每个人至少有 10 个朋友，这 20 人围一圆桌入座，要想使每人相邻的两位都是朋友是否可能？

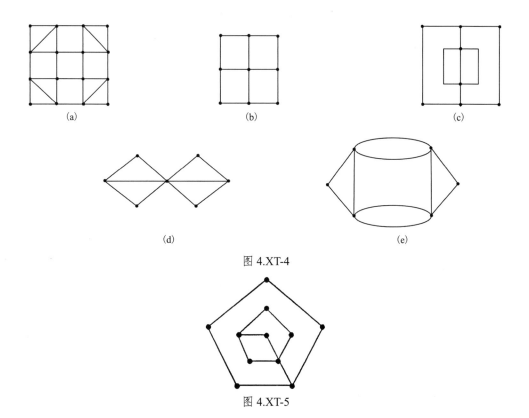

(a) (b) (c)

(d) (e)

图 4.XT-4

图 4.XT-5

30．设 a、b、c、d、e、f、g 分别表示 7 个人，已知下列事实：a —会讲英语；b —会讲英语和汉语；c —会讲英语、意大利语和俄语；d —会讲日语、汉语；e —会讲德语和意大利语；f —会讲法语、日语、俄语；g —会讲法语和德语。试问：这 7 个人应如何在沿圆桌边安排座位，才能使每个人都能和身边的人交谈？

31．证明二部图是哈密顿图的必要条件是：互补点集 V_1 和 V_2 中含有相同数目的顶点，即 $|V_1| = |V_2|$。

32．在图 4.XT-6 中，哪个是二部图？

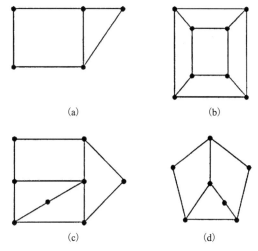

(a) (b)

(c) (d)

图 4.XT-6

33. 设图 G 是简单连通平面图，且其每个区域至少由 4 条边围成，证明：图 G 中必存在一个点，其度数小于等于 3。

34. 画出一种具有 7 个顶点、15 条边的简单平面图。

35. 设图 G 是有 n 个顶点、m 条边和 r 个面的无向平面图，它由 k 个连通分支构成，证明：$n-m+r=k+1$。

36. 证明：图 4.XT-7 所示的两个图都是非平面图。

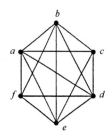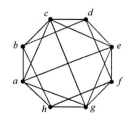

图 4.XT-7

第 5 章　命题逻辑

数理逻辑主要包括五部分：逻辑演算、证明论、公理集合论、递归论和模型论。本书只介绍数理逻辑的基本内容：命题逻辑和谓词逻辑（又称为一阶逻辑，见第 6 章）。

数理逻辑是一门用数学方法研究形式逻辑推理理论的学科。数理逻辑研究推理中前提和结论之间的形式关系。数学方法主要是指引进一套符号体系的方法，所以数理逻辑也称为符号逻辑。

数理逻辑是自动机理论、编译原理、人工智能的基础课程之一，与逻辑电路也有着密切的联系。

日常生活中使用的语言被称为自然语言，由于自然语言具有多义性，因此对于严格的逻辑推理，使用自然语言是极不方便的，需引入一种具有单一、明确含义的形式化语言，这种形式化语言在数理逻辑中被称为目标语言。初学者在学习数理逻辑时，应当注意目标语言与自然语言之间的差异。

本章主要介绍命题逻辑的基本内容：命题和联结词，命题公式和真值表，逻辑等价和范式，逻辑蕴涵和推理理论。

5.1　命题逻辑的基本概念

5.1.1　命题

一个具有确定真、假意义的陈述句称为命题。一个命题的真或假称为该命题的真值，通常以 T（或 1）表示真；以 F（或 0）表示假。真值为 T（或 1）的命题称为真命题，真值为 F（或 0）的命题称为假命题。例如：

① 中华人民共和国 1949 年成立。

② 明天下雨。

③ 2+7=8。

④ 17 是奇数而 2 不是奇数。

⑤ 火星上有生命存在。

这些陈述句都是命题，其中命题①和④的真值为 T；命题③的真值为 F；命题②的真值在说话时并不清楚，但第二天便可确定；命题⑤的真值因目前的科学水平尚不明确，但它必定有一个确定的真值。

然而也有一些语句，如某些感叹句、祈使句、疑问句等，往往没有真假之分，甚至某些陈述句也无法分清真假。这类语句都不是命题。例如：

⑥ 全体集合！

⑦ 明天去看电影吗？

⑧ 真可爱啊！

⑨ 此话是谎话。

其中，第⑨句话是悖论。

在数理逻辑中，为了对目标语言展开讨论，需要对命题符号化。常用大写的英文字母来表示命题。如：

P：北京是中华人民共和国的首都。

为了便于对命题进行一般性讨论，常用大写英文字母表示任意命题，并称为命题变元。由于命题变元表示任意命题，因此它的真值尚没有被确定。当用一个具体的命题"代入"命题变元后，它才有确定的真值，被称为命题常元。

例如，用 *P* 表示任意命题，则 *P* 是命题变元，*P* 没有确定的真值。当 *P* 用具体的命题，如"北京是中华人民共和国的首都"替代后，*P* 就表示命题"北京是中华人民共和国的首都"。这时 *P* 有确定的真值 T，并称 *P* 为命题常元。

5.1.2 命题联结词

在自然语言中，常用"并且""或者"等联结词把简单语句联结起来，从而可表达更复杂的含义。在数理逻辑中也有命题的联结词，但它具有严格的定义，并且被符号化。

1. 否定词（逻辑非）

【定义 5.1.1】 设 *P* 为命题，*P* 的否定式也是命题，记作 ¬*P*，读作"非 *P*"，表示对 *P* 的否定。即当 *P* 的真值为 T 时，¬*P* 的真值为 F；当 *P* 的真值为 F 时，¬*P* 的真值为 T。

联结词"¬"（逻辑非）的定义如表 5.1-1 所示。

例如，*P*：1 是奇数，则 ¬*P*：1 不是奇数。

2. 合取词（逻辑与）

【定义 5.1.2】 设 *P*、*Q* 是命题，*P* 和 *Q* 的合取式也是命题，记作 *P*∧*Q*，读作"*P* 与 *Q*"，表示 *P*、*Q* 的合取。当且仅当 *P*、*Q* 的真值同时为 T 时，*P*∧*Q* 的真值为 T；其余情况下，*P*∧*Q* 的真值为 F。

联结词"∧"的定义如表 5.1-2 所示。

例如，*P*：张三是大学生，*Q*：李四是大学生，则上述命题的合取为 *P*∧*Q*，即"张三和李四都是大学生"。显然，只有当"张三是大学生"和"李四是大学生"都为真时，"张三和李四都是大学生"才为真，其余情况均为假。

联结词"合取"与自然语言中的"并且""和""与"的意义相似，但并不完全相同。例如，"张三和李四是同学"，这里的"和"就不是"合取"的意义，事实上它只是一个命题。

3. 析取词（逻辑或）

【定义 5.1.3】 设 *P*、*Q* 是命题，*P* 和 *Q* 的析取式也是命题，记作 *P*∨*Q*，读作"*P* 或 *Q*"，表示 *P*、*Q* 的析取。当且仅当 *P* 和 *Q* 的真值同时为 F 时，*P*∨*Q* 的真值为 F；其余情况下，*P*∨*Q*

的真值都为 T。

联结词"∨"的定义如表 5.1-3 所示。

表 5.1-1

P	$\neg P$
T	F
F	T

表 5.1-2

P	Q	$P \wedge Q$
T	T	T
T	F	F
F	T	F
F	F	F

表 5.1-3

P	Q	$P \vee Q$
T	T	T
T	F	T
F	T	T
F	F	F

例如，P：今天下雨，Q：今天刮风，则上述命题的析取为 $P \vee Q$，即"今天下雨或刮风"。显然，只有当"今天下雨"和"今天刮风"都为假时，"今天下雨或刮风"才是假的，其余情况均为真。联结词"析取"与自然语言中的"或"的意义相近，也不尽相同。例如，设命题 R —张三吃米饭或面包之一，P：张三吃米饭，Q：张三吃面包，那么命题 R 不能表示为 $P \vee Q$。由析取的定义可知，当 P 和 Q 的真值都为 T 时，$P \vee Q$ 的真值也为 T，但命题 R 的真值为 F。

4．排斥析取词

【定义 5.1.4】 设 P 和 Q 是命题，P 和 Q 的排斥析取式也是命题，记作 $P \triangledown Q$，读作"P 异或 Q"，表示 P、Q 的排斥析取。当且仅当 P 和 Q 的真值不同时，$P \triangledown Q$ 为 T；其余情况下，$P \triangledown Q$ 的真值都为 F。

联结词"$\triangledown$"的定义如表 5.1-4 所示。例如，上例中 P 和 Q 的排斥析取为 $P \triangledown Q$，即"张三吃米饭或面包之一"（即 R）。其中的"或"称为"排斥或"，表示析取的"或"称为"可兼或"。

5．条件词（蕴涵）

【定义 5.1.5】 设 P、Q 是命题，P 对 Q 的条件式也是命题，记作 $P \rightarrow Q$，读作"若 P 则 Q"，表示 P 蕴涵 Q。当且仅当 P 的真值为 T 且 Q 的真值为 F 时，$P \rightarrow Q$ 的真值才为 F，其余情况下，$P \rightarrow Q$ 的真值都为 T。

在条件式 $P \rightarrow Q$ 中，称 P 为前件，Q 为后件。条件词"$\rightarrow$"的定义如表 5.1-5 所示。

例如，P：项目按时完成，Q：我请客，那么 $P \rightarrow Q$ 为"如果项目按时完成，那么我请客"。

条件式 $P \rightarrow Q$ 可以理解是一种"约定""承诺"。如在上述例子中，条件式 $P \rightarrow Q$ 给出的约定是"如果项目按时完成，那么我请客"。因此，当前件 P（项目按时完成）取值为真、后件 Q（我请客）取值也为真时，符合约定，条件命题 $P \rightarrow Q$ 的取值应为真。当前件 P 取值为真、后件 Q 取值为假时，即"项目按时完成，但我并没有请客"。显然，有违约定，失信于人；因此，条件命题 $P \rightarrow Q$ 的取值应为假。而当前件 P 的取值为假时，即"项目没有按时完成"，这表明情况已超出"约定"考虑的范围；因此，不论后件取值是真、是假，都没有违反"约定"，条件命题 $P \rightarrow Q$ 的取值应为真。

集合论中，空集 $\varnothing$ 是任何集合 S 的子集，也是根据蕴涵条件词的定义来进行证明的。空集是任何集合 S 的子集。根据子集的定义可知，即对任意 x，若 $x \in \varnothing$，则 $x \in S$。但是若前件 $x \in \varnothing$ 为假，则整个命题为真。

6．双条件（等值）

【定义 5.1.6】 设 P、Q 是命题，P 和 Q 的双条件式也是命题，记作 $P \leftrightarrow Q$，读作"P 当且

仅当 Q"，表示 P、Q 的<u>等值</u>。当且仅当 P 和 Q 的真值相同时，$P \leftrightarrow Q$ 的真值为 T；其余情况下，$P \leftrightarrow Q$ 的真值为 F。

双条件词"$\leftrightarrow$"的定义如表 5.1-6 所示。

表 5.1-4				表 5.1-5				表 5.1-6		
P	Q	$P \triangledown Q$		P	Q	$P \rightarrow Q$		P	Q	$P \leftrightarrow Q$
T	T	F		T	T	T		T	T	T
T	F	T		T	F	F		T	F	F
F	T	T		F	T	T		F	T	F
F	F	F		F	F	T		F	F	T

例如，P：三角形的三个角相等，Q：三角形的三条边相等，那么 $P \leftrightarrow Q$ 为"三角形的三个角相等当且仅当三角形的三条边相等"。

日常生活中使用的自然语言由联结词联结的语句之间都有一定的联系，但数理逻辑主要是对命题作形式化的、抽象的研究，因此由联结词联结的命题内容可以是毫不相干的。

例如，P：1 是奇数，Q：兔子是白色的，那么 $P \lor Q$ 为"1 是奇数或者兔子是白色的"，$P \rightarrow Q$ 为"如果 1 是奇数，那么兔子是白色的"。显然，$P \lor Q$、$P \rightarrow Q$ 在日常生活中是没有意义的。但在数理逻辑中，由于命题 P 的真值为 T，因此 $P \lor Q$ 有确定的真值（真值为 T），它是一个命题。$P \rightarrow Q$ 也是一个命题，但其真值依 Q 的真值而定。

5.1.3 命题公式

命题联结词可以将命题联结起来构成复杂的命题。通常，不能分解为更简单的陈述句的命题被称为<u>原子命题</u>，由原子命题和联结词及其他辅助符号（如圆括号）构成的命题被称为<u>复合命题</u>。例如，P、Q、R 是原子命题，则 $\neg P \lor Q$ 和 $(P \rightarrow R) \lor Q$ 都是复合命题。

同样，由命题变元和联结词构成的复杂形式称为命题公式或合式公式，定义如下。

【定义 5.1.7】 命题逻辑中的命题公式有如下规定：

① 原子命题变元和原子命题常元是命题公式。

② 若 A 是命题公式，则 $\neg A$ 是命题公式。

③ 若 A、B 是命题公式，则 $A \land B$、$A \lor B$、$A \rightarrow B$、$A \leftrightarrow B$ 均是命题公式。

④ 只有有限次使用上述 3 条规则得到的字符串才是命题公式。

【定义 5.1.8】 设 P 和 Q 都是命题公式，且 P 是 Q 中的一部分，则称 P 为 Q 的<u>子式</u>。

命题公式中的原子命题变元称为命题公式中的分量。例如，$P \rightarrow Q$、$(R \land Q) \leftrightarrow P$、$\neg P \land Q$、$\neg(P \lor Q)$、$(P \land Q) \leftrightarrow (R \lor S)$ 均为命题公式。但由命题变元、联结词和"( )"组成的字符串并不都是命题公式，如 $\neg PQ$、$\neg P \leftrightarrow$、$P(P \lor Q)$、$\land P$ 等就不是命题公式。

通常，命题公式的最外层括号省略，并规定联结词的优先顺序由高到低为：① $\neg$；② $\land$、$\lor$、$\triangledown$；③ $\rightarrow$、$\leftrightarrow$。

优先级相同的联结词，在容易引起歧义的地方可以通过括号来更改运算的结合顺序。

命题经联结词组合后，可以得到新的命题，因此联结词可以看作命题的运算符，从而可以把代数的方法引入命题逻辑的研究。

【例 5.1】 说明下列语句中哪些是命题。

① 雨下得真大啊！

② 我去上海出差。

③ 明天上学吗？

④ 杜甫是唐代大诗人。

⑤ 2 加 3 等于 8。

解：

其中②、④、⑤是命题。

【例 5.2】 求下列命题的真值。

① 如果 2 是奇数，则 2+2=4。

② 如果 2 是奇数，则 2+2≠4。

③ 太阳从东方升起当且仅当 2 是素数。

解：

令 P：2 是奇数，Q：2+2=4，R：太阳从东方升起，S：2 是素数。

① 题设命题可符号化为 $P \to Q$，由条件式的定义可知，当 P 的真值为 F 时，$P \to Q$ 的真值为 T。

② 题设命题可符号化为 $P \to \neg Q$，同样可知，$P \to \neg Q$ 的真值为 T。

③ 题设命题可符号化为 $R \leftrightarrow S$，由于 R 和 S 的真值都为 T，因此 $R \leftrightarrow S$ 的真值为 T。

【例 5.3】 如果 P、Q、R 的意义如下：P：小李是大学生，Q：小李获得奖学金，R：小李高兴。请用日常语言叙述以下命题。

① $P \land (Q \to R)$

② $P \land (\neg Q \to \neg R)$

③ $\neg P \land \neg Q \land R$

解：

① 小李是大学生，如果他获得奖学金，那么他高兴。

② 小李是大学生，如果他没有获得奖学金，那么他不高兴。

③ 小李不是大学生，也没有获得奖学金，但他高兴。

【例 5.4】 将下列命题符号化。

① 虽然我有钱，但我并不幸福。

② 如果我有钱，那么我到上海去探亲。

③ 如果我有钱，我去看足球比赛，否则我不去看足球比赛。

④ 如果我有钱，我去看足球比赛，否则我在家看电视。

⑤ 我坐出租车去上班，当且仅当今天下雨或者刮风。

解：

令 P：我有钱，Q：我幸福，R：我去上海探亲，S：我去看足球比赛，T：我在家看电视，U：我坐出租车去上班，V：今天下雨，W：今天刮风。那么：

① 题设命题可符号化为：$P \land \neg Q$。

② 题设命题可符号化为：$P \to R$。

③ 题设命题应符号化为：$P \leftrightarrow S$。

④ 题设命题应符号化为：$(P \to S) \land (\neg P \to T)$。

⑤ 题设命题可符号化为：$U \leftrightarrow (V \vee W)$。

5.1.4 命题公式的真值表

【定义 5.1.9】 设 P 为命题公式，$P_1, P_2, \cdots, P_n$ 为出现在 P 中的所有命题变元（即 P 的分量），对 $P_1, P_2, \cdots, P_n$ 指定一组真值称为对命题公式的一种指派。给定一种指派，若使命题公式 P 的真值为 T，则称这组真值为成真指派；若使命题公式 P 的真值为 F，则称这组真值为成假指派。

例如，在命题公式 $P \vee (\neg Q \leftrightarrow R)$ 中，若对分量 P、Q、R 分别取真值为 T、F、T，则命题公式 $P \vee (\neg Q \leftrightarrow R)$ 的真值为 T，因此 T、F、T 是成真指派；若对分量 P、Q、R 分别取真值为 F、T、T，则命题公式 $P \vee (\neg Q \leftrightarrow R)$ 的真值为 F，因此 F、T、T 是成假指派。

【定义 5.1.10】 在命题公式中，将所有可能的指派以及由此确定的命题公式的真值汇列成表，称为命题公式的真值表。为方便起见，真值表中的真值用 1 和 0 表示。

例如，$\neg P \vee Q$ 的真值表如表 5.1-7 所示，$\neg P \wedge (Q \to R)$ 的真值表如表 5.1-8 所示，$(\neg P \wedge Q) \vee (P \wedge \neg Q)$ 的真值表如表 5.1-9 所示。

表 5.1-7

P	Q	$\neg P$	$\neg P \vee Q$
0	0	1	1
0	1	1	1
1	0	0	0
1	1	0	1

表 5.1-8

P	Q	R	$\neg P$	$Q \to R$	$\neg P \wedge (Q \to R)$
0	0	0	1	1	1
0	0	1	1	1	1
0	1	0	1	0	0
0	1	1	1	1	1
1	0	0	0	1	0
1	0	1	0	1	0
1	1	0	0	0	0
1	1	1	0	1	0

表 5.1-9

P	Q	$\neg P$	$\neg Q$	$\neg P \wedge Q$	$P \wedge \neg Q$	$(\neg P \wedge Q) \vee (P \wedge \neg Q)$
0	0	1	1	0	0	0
0	1	1	0	1	0	1
1	0	0	1	0	1	1
1	1	0	0	0	0	0

显然，在真值表中，命题公式的指派数目取决于分量的个数。由两个命题变元构成的命题公式共有 4 种不同的指派；由 3 个命题变元构成的命题公式共有 8 种不同的指派。一般地讲，由 n 个命题变元构成的命题公式共有 2^n 种不同的指派。

5.1.5 永真式、永假式和可满足式

【定义 5.1.11】 如果命题公式的所有指派都是成真指派，则被称为永真式或重言式，记为 T 或 **1**；如果命题公式的所有指派都是成假指派，则被称为永假式或矛盾式，记为 F 或 **0**。如果命题公式至少有一种成真指派，则被称为可满足式。

例如，$\neg P \vee P$ 是永真式，$\neg P \wedge P$ 是永假式，$\neg P \vee Q$、$(\neg P \wedge Q) \vee (P \wedge \neg Q)$、$\neg P \wedge (Q \to R)$ 都是可满足式（见表 5.1-7～表 5.1-9）。又如，命题公式 $(P \wedge Q) \to P$ 的真值表如表 5.1-10 所示，命题公

式 $\neg(Q{\rightarrow}P){\wedge}P$ 的真值表如表 5.1-11 所示。

由表 5.1-10 可知，$(P{\wedge}Q){\rightarrow}P$ 是永真式；由表 5.1-11 可知，$\neg(Q{\rightarrow}P){\wedge}P$ 是永假式。

根据上述定义，可以看出三者之间的关系：

❖ 公式 A 是永真式，当且仅当 $\neg A$ 是永假式。

表 5.1-10

P	Q	$P{\wedge}Q$	$(P{\wedge}Q){\rightarrow}P$
0	0	0	1
0	1	0	1
1	0	0	1
1	1	1	1

表 5.1-11

P	Q	$Q{\rightarrow}P$	$\neg(Q{\rightarrow}P)$	$\neg(Q{\rightarrow}P){\wedge}P$
0	0	1	0	0
0	1	0	1	0
1	0	1	0	0
1	1	1	0	0

❖ 公式 A 是可满足式，当且仅当 $\neg A$ 是非永真式。

❖ 永假式必不是可满足式；可满足式必不是永假式。

❖ 永真式必为可满足式，但可满足式未必是永真式。

对于永真式有代入原理。

【定理 5.1.1】 设 A 为含命题变元 P 的永真式，则将 A 中的 P 的所有出现均代换为命题公式 B 所得的公式仍为永真式。

n 元逻辑联结词可视为从 $\{0,1\}^n$ 到 $\{0,1\}$ 的一个映射，因此相应的真值函数表有 2^{2^n} 种。

表 5.1-12

P	f_1	f_2	f_3	f_4
0	0	0	1	1
1	0	1	0	1

当 $n=1$ 时，有 2^{2^1} 个不同的从 $\{0,1\}$ 到 $\{0,1\}$ 的映射，即有 4 个不同的一元真值函数 f_1,f_2,f_3,f_4，如表 5.1-12 所示。其中，$f_1(P)={\bf 0}$（永假式），$f_2(P)=\neg P$，$f_3(P)=\neg P$，$f_4(P)={\bf 1}$（永真式）。同时，$f_2(P)=\neg(\neg P)$，即不同形式的命题公式真值相同。这说明对于一个命题变元，定义一个一元联结词 $\neg$ 足矣。

当 $n=2$ 时，有 2^{2^2} 个不同的从 $\{0,1\}^2$ 到 $\{0,1\}$ 的映射，即 16 个不同的二元真值函数，如表 5.1-13 所示。

表 5.1-13

P	Q	f_1	f_2	f_3	f_4	f_5	f_6	f_7	f_8	f_9	f_{10}	f_{11}	f_{12}	f_{13}	f_{14}	f_{15}	f_{16}
0	0	0	0	0	0	0	0	0	0	1	1	1	1	1	1	1	1
0	1	0	0	0	0	1	1	1	1	0	0	0	0	1	1	1	1
1	0	0	0	1	1	0	0	1	1	0	0	1	1	0	0	1	1
1	1	0	1	0	1	0	1	0	1	0	1	0	1	0	1	0	1

可以看出，$P{\wedge}Q=f_2(P,Q)$，$P{\vee}Q=f_8(P,Q)$，$P\,\underline{\vee}\,Q=f_7(P,Q)$，$P{\leftrightarrow}Q=f_{10}(P,Q)$，$Q{\rightarrow}P=f_{12}(P,Q)$，$P{\rightarrow}Q=f_{14}(P,Q)$，$f_i(P,Q)=\neg f_{17-i}(P,Q)$。特别地，$P\,\underline{\vee}\,Q=\neg(P{\leftrightarrow}Q)$。

定义或非词 $\downarrow$：$P{\downarrow}Q=\neg(P{\vee}Q)=f_9(P,Q)$。定义与非词 $\uparrow$：$P{\uparrow}Q=\neg(P{\wedge}Q)=f_{15}(P,Q)$。

另外，$f_1(P,Q)=0$，$f_3(P,Q)=\neg(P{\rightarrow}Q)$，$f_4(P,Q)=P$，$f_5(P,Q)=\neg(Q{\rightarrow}P)$，$f_6(P,Q)=Q$，$f_{11}(P,Q)=\neg Q$，$f_{13}(P,Q)=\neg P$，$f_{16}(P,Q)=1$。

这说明对于两个命题变元，已有定义的 5 个联结词 $\neg$、$\wedge$、$\vee$、$\underline{\vee}$、$\rightarrow$、$\leftrightarrow$ 足矣。并且，$f_9(P,Q)=\neg P{\wedge}\neg Q$，即不同形式的命题公式真值相同。

针对上述现象，讨论命题公式的逻辑等价。

5.2 逻辑等价

5.2.1 逻辑等价

【定义 5.2.1】设 A 和 B 是命题公式，如果 $A \leftrightarrow B$ 为永真式，则称 A 和 B 逻辑等价，记作 $A \Leftrightarrow B$。

显然，逻辑等价的两个命题公式 A 和 B，对它们的每种指派，其真值均相同；在真值表中，它们对应的两列完全一致。

易见，逻辑等价关系满足：

❖ $A \Leftrightarrow A$（自反性）。

❖ 若 $A \Leftrightarrow B$，则 $B \Leftrightarrow A$（对称性）。

❖ 若 $A \Leftrightarrow B$ 且 $B \Leftrightarrow C$，则 $A \Leftrightarrow C$（传递性）。

因此，逻辑等价是定义在以命题公式为元素的集合 A 上的等价关系。表 5.1-12 中列出的 4 个真值函数就是关于一个命题变元的所有命题公式对应的等价类，表 5.1-13 中列出的 16 个真值函数就是关于两个命题变元的所有命题公式对应的等价类。

例如，比较命题联结词 $P \rightarrow Q$ 的定义与命题公式 $\neg P \vee Q$ 的真值表（见表 5.1-7），由表 5.2-1 可知，$P \rightarrow Q \Leftrightarrow \neg P \vee Q$。又如，命题联结词 $P \leftrightarrow Q$ 和命题公式 $(P \rightarrow Q) \wedge (Q \rightarrow P)$ 的真值表如表 5.2-2 所示，可知 $P \leftrightarrow Q \Leftrightarrow (P \rightarrow Q) \wedge (Q \rightarrow P)$。

表 5.2-1

P	Q	$P \rightarrow Q$	$\neg P \vee Q$
0	0	1	1
0	1	1	1
1	0	0	0
1	1	1	1

表 5.2-2

P	Q	$P \leftrightarrow Q$	$P \rightarrow Q$	$Q \rightarrow P$	$(P \rightarrow Q) \wedge (Q \rightarrow P)$
0	0	1	1	1	1
0	1	0	1	0	0
1	0	0	0	1	0
1	1	1	1	1	1

当两个命题公式为逻辑等价时，表明这两个命题公式具有相同的逻辑含义。例如，由表 5.2-3 可知，$P \vee \neg Q \Leftrightarrow \neg(P \rightarrow Q)$，即 $P \vee \neg Q$ 和 $\neg(P \rightarrow Q)$ 有相同的逻辑含义。

令 P：手机有很多功能，Q：手机价钱很高，那么 $P \vee \neg Q$ 表示"手机有很多功能，但价钱并不很高"，而 $\neg(P \rightarrow Q)$ 表示"并非是如果手机有很多功能，则价钱很高"。

以下列出常用的基本逻辑等价式，皆可用真值表证明。

表 5.2-3

P	Q	$P \vee \neg Q$	$\neg(P \rightarrow Q)$
0	0	0	0
0	1	0	0
1	0	1	1
1	1	0	0

$\neg\neg P \Leftrightarrow P$ （对合律）

$P \vee P \Leftrightarrow P$　　　　　　　　$P \wedge P \Leftrightarrow P$ （幂等律）

$(P \vee Q) \vee R \Leftrightarrow P \vee (Q \vee R)$　　　$(P \wedge Q) \wedge R \Leftrightarrow P \wedge (Q \wedge R)$ （结合律）

$P \vee Q \Leftrightarrow Q \vee P$　　　　　　$P \wedge Q \Leftrightarrow Q \wedge P$ （交换律）

$P \vee (Q \wedge R) \Leftrightarrow (P \vee Q) \wedge (P \vee R)$　　$P \wedge (Q \vee R) \Leftrightarrow (P \wedge Q) \vee (P \wedge R)$ （分配律）

$P \vee (P \wedge Q) \Leftrightarrow P$　　　　　$P \wedge (P \vee Q) \Leftrightarrow P$ （吸收律）

$\neg(P \vee Q) \Leftrightarrow \neg P \wedge \neg Q$　　　$\neg(P \wedge Q) \Leftrightarrow \neg P \vee \neg Q$ （摩根律）

$P \vee \mathbf{0} \Leftrightarrow P$　　　　　　　$P \wedge \mathbf{1} \Leftrightarrow P$ （同一律）

$P\lor 1 \Leftrightarrow 1$ $P\land 0 \Leftrightarrow 0$ （零律）

$P\lor\neg P \Leftrightarrow 1$ $P\land\neg P \Leftrightarrow 0$ （否定律）

其中，"**1**"为永真式，"**0**"为永假式。

5.2.2 代换规则

要证明两个命题公式是逻辑等价的，不仅可以用真值表法，还可以通过"演算"来证明。为此，引入称为代换规则的以下定理。

【定理 5.2.1】 设命题公式 A 是命题公式 C 的子式，若 A 和 B 逻辑等价，即 $A \Leftrightarrow B$，且在 C 中将 A 用 B 代换（未必对所有的 A 均做替换）得到命题公式 D，则 $C \Leftrightarrow D$。

例如，$P\to Q \Leftrightarrow \neg Q \to \neg P$（逆否定理）。

证明：

由于 $\neg\neg Q \Leftrightarrow Q$，利用代换规则可证

$$P\to Q \Leftrightarrow \neg P\lor Q \Leftrightarrow \neg P\lor\neg\neg Q \Leftrightarrow \neg\neg Q\lor\neg P \Leftrightarrow \neg Q\to\neg P$$

又如，$\neg Q\land(P\to Q) \Leftrightarrow \neg(P\lor Q)$。

证明：利用真值表已证得：$P\to Q \Leftrightarrow \neg P\lor Q$，再利用代换规则可证

$$\neg Q\land(P\to Q) \Leftrightarrow \neg Q\land(\neg P\lor Q)$$

$$\Leftrightarrow (\neg Q\land\neg P)\lor(\neg Q\land Q) \qquad 分配律$$

$$\Leftrightarrow (\neg P\land\neg Q)\lor 0 \qquad 否定律$$

$$\Leftrightarrow \neg P\land\neg Q \qquad 同一律$$

$$\Leftrightarrow \neg(P\lor Q) \qquad 摩根律$$

【例 5.5】 利用真值表证明下列逻辑等价式。

（1）$\neg(P\leftrightarrow Q) \Leftrightarrow (P\land\neg Q)\lor(\neg P\land Q)$

（2）$P\land(P\to Q) \Leftrightarrow P\land Q$

证明：

（1）$\neg(P\leftrightarrow Q)$ 和 $(P\land\neg Q)\lor(\neg P\land Q)$ 的真值表如表 5.2-4 所示，所以 $\neg(P\leftrightarrow Q) \Leftrightarrow (P\land\neg Q)\lor(\neg P\land Q)$。

（2）$P\land(P\to Q)$ 和 $P\land Q$ 的真值表如表 5.2-5 所示，所以 $P\land(P\to Q) \Leftrightarrow P\land Q$。

表 5.2-4

P	Q	$P\leftrightarrow Q$	$\neg(P\leftrightarrow Q)$	$\neg P$	$\neg Q$	$P\land\neg Q$	$\neg P\land Q$	$(P\land\neg Q)\lor(\neg P\land Q)$
0	0	1	0	1	1	0	0	0
0	1	0	1	1	0	0	1	1
1	0	0	1	0	1	1	0	1
1	1	1	0	0	0	0	0	0

表 5.2-5

P	Q	$P\to Q$	$P\land(P\to Q)$	$P\land Q$
0	0	1	0	0
0	1	1	0	0
1	0	0	0	0
1	1	1	1	1

【例 5.6】　利用 $P\leftrightarrow Q\Leftrightarrow(P\to Q)\wedge(Q\to P)$ 证明下列等价式。

（1）$P\leftrightarrow Q\Leftrightarrow(\neg P\vee Q)\wedge(P\vee\neg Q)$

（2）$P\leftrightarrow Q\Leftrightarrow(P\wedge Q)\vee(\neg P\wedge\neg Q)$

（3）$\neg(P\leftrightarrow Q)\Leftrightarrow(\neg P\wedge Q)\vee(P\wedge\neg Q)$

（4）$\neg(P\leftrightarrow Q)\Leftrightarrow(P\vee Q)\wedge(\neg P\vee\neg Q)$

（5）$\neg(P\leftrightarrow Q)\Leftrightarrow\neg P\leftrightarrow Q$

证明：

（1）因为 $P\to Q\Leftrightarrow\neg P\vee Q$，$Q\to P\Leftrightarrow\neg Q\vee P$，所以 $P\leftrightarrow Q\Leftrightarrow(\neg P\vee Q)\wedge(P\vee\neg Q)$。

（2）$P\leftrightarrow Q\Leftrightarrow(P\to Q)\wedge(Q\to P)$

$\qquad\Leftrightarrow(\neg P\vee Q)\wedge(P\vee\neg Q)$

$\qquad\Leftrightarrow((\neg P\vee Q)\wedge P)\vee((\neg P\vee Q)\wedge\neg Q)$

$\qquad\Leftrightarrow(\neg P\wedge P)\vee(Q\wedge P)\vee(\neg P\wedge\neg Q)\vee(Q\wedge\neg Q)$

$\qquad\Leftrightarrow(P\wedge Q)\vee(\neg P\wedge\neg Q)$

（3）$\neg(P\leftrightarrow Q)\Leftrightarrow\neg((\neg P\vee Q)\wedge(P\vee\neg Q))$

$\qquad\Leftrightarrow\neg(\neg P\vee Q)\vee\neg(P\vee\neg Q)$

$\qquad\Leftrightarrow(\neg P\wedge Q)\vee(P\wedge\neg Q)$

（4）$\neg(P\leftrightarrow Q)\Leftrightarrow\neg((P\wedge Q)\vee(\neg P\wedge\neg Q))$

$\qquad\Leftrightarrow(P\vee Q)\wedge(\neg P\vee\neg Q)$

（5）$\neg(P\leftrightarrow Q)\Leftrightarrow(P\vee Q)\wedge(\neg P\vee\neg Q)$

$\qquad\Leftrightarrow(\neg\neg P\vee Q)\wedge(\neg Q\vee\neg P)$

$\qquad\Leftrightarrow\neg P\leftrightarrow Q$

【例 5.7】　证明下列逻辑等价式。

（1）$((A\wedge B)\to C)\wedge(B\to(D\vee C))\Leftrightarrow(B\wedge(D\to A))\to C$

（2）$((A\wedge B\wedge C)\to D)\vee(C\to(A\vee B\vee D))\Leftrightarrow(C\wedge(A\leftrightarrow B))\to D$

（3）$(B\to A)\wedge(B\leftrightarrow C)\wedge C\Leftrightarrow A\wedge B\wedge C$

（4）$((A\to B)\wedge(B\to C)\wedge(C\to A))\to(A\wedge B\wedge C)\Leftrightarrow A\vee B\vee C$

证明：

（1）$((A\wedge B)\to C)\wedge(B\to(D\vee C))\Leftrightarrow(\neg(A\wedge B)\vee C)\wedge(\neg B\vee(D\vee C))$

$\qquad\Leftrightarrow(\neg A\vee\neg B\vee C)\wedge(\neg B\vee D\vee C)$

$\qquad\Leftrightarrow(\neg A\wedge D)\vee(\neg B\vee C)$

$\qquad\Leftrightarrow(\neg(\neg D\vee A)\wedge\neg B)\vee C$

$\qquad\Leftrightarrow(\neg B\vee\neg(D\to A))\vee C$

$\qquad\Leftrightarrow(B\wedge(D\to A))\to C$

（2）$((A\wedge B\wedge C)\to D)\vee(C\to(A\vee B\vee D))\Leftrightarrow(\neg(A\wedge B\wedge C)\vee D)\wedge(\neg C\vee(A\vee B\vee D))$

$\qquad\Leftrightarrow(\neg A\vee\neg B\vee\neg C\vee D)\wedge(\neg C\vee A\vee B\vee D)$

$\qquad\Leftrightarrow((\neg A\vee\neg B)\wedge(A\vee B))\vee(\neg C\vee D)$

$\qquad\Leftrightarrow((\neg A\vee\neg B)\wedge(A\vee B))\vee\neg C\vee D$

$\qquad\Leftrightarrow\neg C\vee\neg(A\leftrightarrow B)\vee D$

$\qquad\Leftrightarrow\neg(C\wedge(A\leftrightarrow B))\vee D$

$$\Leftrightarrow (C \wedge (A \leftrightarrow B)) \rightarrow D$$

（3）$(B \rightarrow A) \wedge (B \leftrightarrow C) \wedge C \Leftrightarrow (B \rightarrow A) \wedge (B \rightarrow C) \wedge (C \rightarrow B) \wedge C$

$$\Leftrightarrow (\neg B \vee A) \wedge (\neg B \vee C) \wedge (\neg C \vee B) \wedge C$$

$$\Leftrightarrow \neg B \vee (A \wedge C) \wedge ((\neg C \wedge C) \vee (B \wedge C))$$

$$\Leftrightarrow (\neg B \vee (A \wedge C)) \wedge (B \wedge C)$$

$$\Leftrightarrow (\neg B \wedge B \wedge C) \vee (A \wedge C \wedge B \wedge C)$$

$$\Leftrightarrow A \wedge B \wedge C$$

（4）$((A \rightarrow B) \wedge (B \rightarrow C) \wedge (C \rightarrow A)) \rightarrow (A \wedge B \wedge C) \Leftrightarrow \neg((A \rightarrow B) \wedge (B \rightarrow C) \wedge (C \rightarrow A)) \vee (A \wedge B \wedge C)$

$$\Leftrightarrow (\neg(A \rightarrow B) \vee \neg(B \rightarrow C) \vee \neg(C \rightarrow A)) \vee (A \wedge B \wedge C)$$

$$\Leftrightarrow (\neg(\neg A \vee B) \vee \neg(\neg B \vee C) \vee \neg(\neg C \vee A)) \vee (A \wedge B \wedge C)$$

$$\Leftrightarrow (A \wedge \neg B) \vee (B \wedge \neg C) \vee (C \wedge \neg A) \vee (A \wedge B \wedge C)$$

$$\Leftrightarrow (A \wedge \neg B) \vee (B \wedge \neg C) \vee (C \wedge (\neg A \vee (A \wedge B)))$$

$$\Leftrightarrow (A \wedge \neg B) \vee (B \wedge \neg C) \vee (C \wedge (\neg A \vee A) \wedge (\neg A \vee B))$$

$$\Leftrightarrow (A \wedge \neg B) \vee (B \wedge \neg C) \vee (C \wedge (\neg A \vee B))$$

$$\Leftrightarrow (A \wedge \neg B) \vee (B \wedge \neg C) \vee (C \wedge \neg A) \vee (C \wedge B)$$

$$\Leftrightarrow (A \wedge \neg B) \vee (C \wedge \neg A) \vee (B \wedge \neg C) \vee (C \wedge B)$$

$$\Leftrightarrow (A \wedge \neg B) \vee (C \wedge \neg A) \vee (B \wedge (\neg C \vee C))$$

$$\Leftrightarrow (C \wedge \neg A) \vee (A \wedge \neg B) \vee B$$

$$\Leftrightarrow (C \wedge \neg A) \vee ((A \vee B) \wedge (\neg B \vee B))$$

$$\Leftrightarrow (C \wedge \neg A) \vee (A \vee B)$$

$$\Leftrightarrow (C \vee A \vee B) \wedge (\neg A \vee A \vee B)$$

$$\Leftrightarrow A \vee B \vee C$$

5.2.3 对偶原理

在仅含有联结词 ¬、∨、∧ 的命题公式 A 中，将 ∧ 换成 ∨、∨ 换成 ∧、1 换成 0、0 换成 1，得到的公式称为 A 的<u>对偶式</u>，记为 A^*。

对偶具有对合律，即有 $(A^*)^* = A$。例如，$A = (P \wedge Q) \vee 0$，$A^* = (P \vee Q) \wedge 1$。

显然，前述同一定律（除对合律）中的两个公式互为对偶式，因此有以下对偶原理。

【定理 5.2.2】 设 A^*、B^* 分别是命题公式 A 和 B 的对偶式，如果 $A \Leftrightarrow B$，则 $A^* \Leftrightarrow B^*$。

例如，由 $P \wedge (Q \vee R) \Leftrightarrow (P \wedge Q) \vee (P \wedge R)$，知 $P \vee (Q \wedge R) \Leftrightarrow (P \vee Q) \wedge (P \vee R)$。

【定理 5.2.3】 若 $A \rightarrow B$ 永真，则 $B^* \rightarrow A^*$ 永真。

证明：

由 $A \rightarrow B \Leftrightarrow \neg A \vee B \Leftrightarrow 1$ 知，$\neg A^* \wedge B^* \Leftrightarrow 0$；又 $B^* \rightarrow A^* \Leftrightarrow \neg B^* \vee A^* \Leftrightarrow \neg(\neg A^* \wedge B^*) \Leftrightarrow 1$，即 $B^* \rightarrow A^*$ 永真。

例如，$A \rightarrow (A \vee B)$ 为永真式，则 $(A \wedge B) \rightarrow A$ 也为永真式。

5.2.4 联结词的完备集

设 C 为联结词的集合，若对任一命题公式都可用 C 中的联结词表示出来的公式与之逻辑等价，则称 C 是联结词的完备集，或称 C 是完备的联结词集合。

例如，$\{\neg, \wedge, \vee\}$ 是联结词的完备集，但 $\{\neg\}$、$\{\wedge, \vee\}$、$\{\neg, \leftrightarrow\}$ 不是联结词的完备集。

设 C 为联结词的完备集，并且 C 的任一真子集都不是联结词的完备集，则称 C 是联结词的极小完备集。

由摩根律知，$\{\neg, \wedge, \vee\}$ 不是联结词的极小完备集。

又由

$$P \vee Q \Leftrightarrow \neg(\neg P \wedge \neg Q)$$

$$P \wedge Q \Leftrightarrow \neg(\neg P \vee \neg Q)$$

$$P \vee Q \Leftrightarrow \neg P \to Q$$

$$\neg \neg P \Leftrightarrow \neg(P \wedge P) \Leftrightarrow P \uparrow P$$

$$\neg P \Leftrightarrow \neg(P \vee P) \Leftrightarrow P \downarrow P$$

$$P \wedge Q \Leftrightarrow \neg(\neg(P \wedge Q)) \Leftrightarrow \neg(P \uparrow Q) \Leftrightarrow (P \uparrow Q) \uparrow (P \uparrow Q)$$

$$P \vee Q \Leftrightarrow \neg(\neg(P \vee Q)) \Leftrightarrow \neg(P \downarrow Q) \Leftrightarrow (P \downarrow Q) \downarrow (P \downarrow Q)$$

可得，$\{\neg, \wedge\}$、$\{\neg, \vee\}$、$\{\neg, \to\}$、$\{\uparrow\}$、$\{\downarrow\}$ 是联结词的极小完备集。

5.2.5 奎因法

以下是逻辑等价为寻找命题公式真值的另一个应用：判断一个合式公式 W 是永真式，永假式还是可满足式。如果 W 含有 n 个命题变元，构造具有 2^n 行的 W 的真值表，当 n 还不算太大时，就会感到冗长乏味。奎因法（Quine Method）原理与真值表相同，但是操作起来更加简单、方便。

奎因法使用逻辑等价解决这个问题。若 A 是命题变元，W 是一个合式公式，令 $W(A/\mathbf{T})$ 表示将 W 中所有出现的 A 都用 $\mathbf{T}$（即永真）替换得到的合式公式；类似地，定义 $W(A/\mathbf{F})$ 为将 W 中所有的 A 都用 $\mathbf{F}$（即永假）替换得到的合式公式，则：W 是永真式当且仅当 $W(A/\mathbf{T})$ 和 $W(A/\mathbf{F})$ 是永真式。

奎因法是通过使用基本性质来简化 $W(A/\mathbf{T})$ 和 $W(A/\mathbf{F})$ 的。

例如，假设合式公式 $W=((A\wedge B\to C)\wedge(A\to B))\to(A\to C)$，计算两个合式公式 $W(A/\mathbf{T})$ 和 $W(A/\mathbf{F})$ 并简化它们。

$$W = ((A\wedge B\to C)\wedge(A\to B))\to(A\to C)$$

$$W(A/\mathbf{T}) = ((\mathbf{T}\wedge B\to C)\wedge(\mathbf{T}\to B))\to(\mathbf{T}\to C) \Leftrightarrow ((B\to C)\wedge B)\to C$$

$$W(A/\mathbf{F}) = ((\mathbf{F}\wedge B\to C)\wedge(\mathbf{F}\to B))\to(\mathbf{F}\to C) \Leftrightarrow ((\mathbf{F}\to C)\wedge \mathbf{T})\to \mathbf{T}$$

$$\Leftrightarrow \mathbf{T}$$

因此 $W(A/\mathbf{F})$ 是永真式。

现在需要对 $W(A/\mathbf{T})$ 再进行计算，令 X 代表合式公式 $W(A/\mathbf{T})$，计算 $X(B/\mathbf{T})$ 和 $X(B/\mathbf{F})$ 并进行简化：

$$X(B/\mathbf{T}) = ((\mathbf{T}\to C)\wedge \mathbf{T})\to C \Leftrightarrow (\mathbf{T}\to C)\to C$$

$$\Leftrightarrow C\to C$$

$$\Leftrightarrow \mathbf{T}$$

因此 $X(B/\mathbf{T})$ 是永真式。

再看：

$$X(B/\mathbf{F}) = ((\mathbf{F} \to C) \wedge \mathbf{F}) \to C \Leftrightarrow \mathbf{F} \to C$$
$$\Leftrightarrow \mathbf{T}$$

因此 $X(B/\mathbf{F})$ 也是永真式。

于是 X 是永真式，并且导出 W 是永真式。

奎因法也可以用二叉树的图形方式描述，更为直观和方便。令 W 是树根，如果 N 是一个结点，提取它的一个变量 V，并且令 N 的两个儿子是 $N(V/\mathbf{T})$ 和 $N(V/\mathbf{F})$。每个结点应尽可能地简化。如果所有的叶子都是 $\mathbf{T}$，则 W 是永真式；如果所有的叶子都是 $\mathbf{F}$，则 W 是永假式；否则 W 是可满足式。图 5.1-1 中的二叉树，由于奎因法给出一个 $\mathbf{F}$ 叶子和两个 $\mathbf{T}$ 叶子，由此说明合式公式 $P \to Q \wedge P$ 是可满足式。

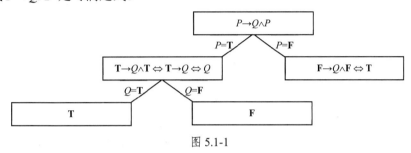

图 5.1-1

表 5.2-6 按照联结词给出了用奎因法化简的结果，第一列为表达式，第二列为第一列同一行表达式化简后的真值或与之等价的表达式。奎因法是利用表 5.2-6 进行简化公式的求值。

表 5.2-6

表达式	结果
$\neg \mathbf{T}$	$\mathbf{F}$
$\neg \mathbf{F}$	$\mathbf{T}$

表达式	结果
$P \wedge \mathbf{T}$	P
$\mathbf{T} \wedge P$	P
$P \wedge \mathbf{F}$	$\mathbf{F}$
$\mathbf{F} \wedge P$	$\mathbf{F}$

表达式	结果
$P \vee \mathbf{T}$	$\mathbf{T}$
$\mathbf{T} \vee P$	$\mathbf{T}$
$P \vee \mathbf{F}$	P
$\mathbf{F} \vee P$	P

表达式	结果
$P \to \mathbf{T}$	$\mathbf{T}$
$\mathbf{T} \to P$	P
$P \to \mathbf{F}$	$\neg P$
$\mathbf{F} \to P$	$\mathbf{T}$

表达式	结果
$P \leftrightarrow \mathbf{T}$	P
$\mathbf{T} \leftrightarrow P$	P
$P \leftrightarrow \mathbf{F}$	$\neg P$
$\mathbf{F} \leftrightarrow P$	$\neg P$

5.3　范式和主范式

一个命题公式可以表示为多种形式。例如，$P \to Q$ 可以表示为 $\neg P \vee Q$ 或 $\neg Q \to \neg P$ 等形式，这给命题公式的研究工作带来很大不便。为了使命题公式的表示规范化、标准化，本节将介绍命题公式的范式和主范式表示。

为此，首先介绍一些术语。

原子命题变元及其否定统称为文字。文字的合取称为简单合取式，文字的析取称为简单析取式。例如，$\neg P$、Q 均为文字，则 $\neg P \wedge Q$、$P \wedge \neg Q$ 均为简单合取式，$P \vee Q$、$\neg P \vee \neg Q$ 均为简单析取式。

5.3.1　析取范式和合取范式

【定义 5.3.1】 有限个简单合取式之析取称为析取范式。

析取范式形如 $A_1 \vee A_2 \vee \cdots \vee A_n$（$n \geq 1$），其中 A_i（$i=1, \cdots, n$）为简单合取式。

例如，$(\neg P \wedge Q) \vee (R \wedge S)$、$\neg P \wedge R \wedge S$、$P \vee R \vee \neg S$ 均为析取范式，但是 $(\neg P \vee Q) \wedge R$、$(P \wedge Q) \vee (P \to Q)$

不是析取范式，因为$\neg P \vee Q$不是文字，$P \to Q$不是简单合取式。

命题公式的规范表示，除析取范式外还有合取范式表示。

【定义 5.3.2】 有限个简单析取式之合取称为合取范式。

合取范式形如$A_1 \wedge A_2 \wedge \cdots \wedge A_n$（$n \geq 1$），其中$A_i$（$i = 1, \cdots, n$）为简单析取式。

例如，$(\neg P \vee Q) \wedge (R \vee S)$，$P \wedge \neg R \wedge S$，$P \vee R \vee \neg S$均为合取范式，但是$(\neg P \wedge Q) \vee R$、$(P \vee Q) \wedge (P \to Q)$不是合取范式，因为$\neg P \wedge Q$不是文字，$P \to Q$不是简单析取式。

不难理解，任一简单析（合）取式既是析取范式，又是合取范式。

一个命题公式转化为析（合）取范式，可采取以下步骤：先将命题公式中的各类联结词转化为$\neg$、$\wedge$、$\vee$；然后，利用摩根律及对合律等，把"$\neg$"置于各命题变元的前面；接着，利用分配律、结合律、幂等律等，把命题公式转化为析（合）取范式。

于是，有如下范式定理。

【定理 5.3.1】 任一命题公式都存在与之逻辑等价的析取范式和合取范式。

例如，$P \wedge (P \to Q) \Leftrightarrow P \wedge (\neg P \vee Q) \Leftrightarrow (P \wedge \neg P) \vee (P \wedge Q) \Leftrightarrow P \wedge Q$，其中$(P \wedge \neg P) \vee (P \wedge Q)$和$P \wedge Q$皆为析取范式，$P \wedge (\neg P \vee Q)$和$P \wedge Q$皆为合取范式。

由此例可见，一个命题公式的合取范式、析取范式的形式不唯一。

为了使命题公式有一种标准的统一的形式，下面介绍主范式。

5.3.2　主析取范式和主合取范式

为了便于作更深入的讨论，下面介绍"极小项"和"极大项"的概念。

1．极小项和极大项

【定义 5.3.3】 对于n个变元$P_1, P_2, \cdots, P_n$，形如$Q_1 \wedge Q_2 \wedge \cdots \wedge Q_n$（其中$Q_i$为$P_i$或$\neg P_i$，$i = 1, \cdots, n$）的简单合取式称为极小项，通常用$m_i$表示。

由定义可知，在极小项中，每个变元与其否定二者必须出现一个，但不同时出现。

例如，对应一个变元P的极小项为$\neg P$、P；对应二个变元P、Q的极小项为$\neg P \wedge \neg Q$、$\neg P \wedge Q$、$P \wedge \neg Q$、$P \wedge Q$；对应三个变元P、Q、R的极小项为$\neg P \wedge \neg Q \wedge \neg R$、$\neg P \wedge \neg Q \wedge R$、$\neg P \wedge Q \wedge \neg R$、$\neg P \wedge Q \wedge R$、$P \wedge \neg Q \wedge \neg R$、$P \wedge \neg Q \wedge R$、$P \wedge Q \wedge \neg R$、$P \wedge Q \wedge R$。

一般，n个变元的极小项共有2^n个。

如果把各命题变元的顺序固定不变，如将三个变元的顺序固定为P、Q、R，那么就可以使极小项与二进制序列建立一一对应关系。例如，三个变元的极小项有：$\neg P \wedge \neg Q \wedge \neg R$—000，$\neg P \wedge \neg Q \wedge R$—001，$\neg P \wedge Q \wedge \neg R$—010，$\neg P \wedge Q \wedge R$—011，$P \wedge \neg Q \wedge \neg R$—100，$P \wedge \neg Q \wedge R$—101，$P \wedge Q \wedge \neg R$—110，$P \wedge Q \wedge R$—111。于是，极小项可以简记为：$\neg P \wedge \neg Q \wedge \neg R = m_{000}$，$\neg P \wedge \neg Q \wedge R = m_{001}$，$\neg P \wedge Q \wedge \neg R = m_{010}$，$\neg P \wedge Q \wedge R = m_{011}$，$P \wedge \neg Q \wedge \neg R = m_{100}$，$P \wedge \neg Q \wedge R = m_{101}$，$P \wedge Q \wedge \neg R = m_{110}$，$P \wedge Q \wedge R = m_{111}$。

n个变元的极小项也可类似简记。

极小项m_i有如下性质：

① 每个极小项m_i有唯一的成真指派i，有$2^n - 1$个成假指派。

② 任意两个不同极小项的成真指派不同，它们的合取为永假式。

③ 所有极小项之析取为永真式，即$\vee m_i \Leftrightarrow \mathbf{T}$。

【定义 5.3.4】 对于n个变元$P_1, P_2, \cdots, P_n$，形如$Q_1 \vee Q_2 \vee \cdots \vee Q_n$（其中$Q_i$为$P_i$或$\neg P_i$，

$i=1,\cdots,n$)的简单析取式称为**极大项**，通常用 M_i 表示。

由定义可知，在极大项中，每个变元与其否定二者必须出现一个，但不同时出现。

例如，对应 1 个变元 P 的极大项为 $\neg P$、P；对应 2 个变元 P、Q 的极大项为 $\neg P \vee \neg Q$，$\neg P \vee Q$、$P \vee \neg Q$、$P \vee Q$；对应 3 个变元 P、Q、R 的极大项为 $\neg P \vee \neg Q \vee \neg R$、$\neg P \vee \neg Q \vee R$、$\neg P \vee Q \vee \neg R$、$\neg P \vee Q \vee R$、$P \vee \neg Q \vee \neg R$、$P \vee \neg Q \vee R$、$P \vee Q \vee \neg R$、$P \vee Q \vee R$。

一般，n 个变元的极大项共有 2^n 个。

如果把各命题变元的顺序固定不变，如将 3 个变元的顺序固定为 P、Q、R，那么可以使极大项与二进制序列建立一一对应关系。例如，3 个变元的极大项有：$P \vee Q \vee R$—000，$P \vee Q \vee \neg R$—001，$P \vee \neg Q \vee R$—010，$P \vee \neg Q \vee \neg R$—011，$\neg P \vee Q \vee R$—100，$\neg P \vee Q \vee \neg R$—101，$\neg P \vee \neg Q \vee R$—110，$\neg P \vee \neg Q \vee \neg R$—111。于是，极大项可以简单记作：$P \vee Q \vee R = M_{000}$，$P \vee Q \vee \neg R = M_{001}$，$P \vee \neg Q \vee R = M_{010}$，$P \vee \neg Q \vee \neg R = M_{011}$，$\neg P \vee Q \vee R = M_{100}$，$\neg P \vee Q \vee \neg R = M_{101}$，$\neg P \vee \neg Q \vee R = M_{110}$，$\neg P \vee \neg Q \vee \neg R = M_{111}$。

n 个变元的极大项也可类似简记。

事实上，极大项 M_i 是极小项 m_i 的否定，即 $M_i \Leftrightarrow \neg m_i$。

类似极小项，极大项 M_i 有如下性质：

① 每个极大项 M_i 有唯一的成假指派 i，有 2^n-1 个成真指派。

② 任意两个不同极大项的成假指派不同，它们的析取为永真式。

③ 所有极大项之合取为永假式，即 $\wedge M_i \Leftrightarrow \mathbf{F}$。

2．主析取范式和主合取范式

【定义 5.3.5】 如果含有 n 个命题变元的命题公式 A 逻辑等价于有限个极小项的析取，则称后者为 A 的**主析取范式**。

例如，$P \wedge (P \to Q) \Leftrightarrow P \wedge (\neg P \vee Q) \Leftrightarrow (P \wedge \neg P) \vee (P \wedge Q) \Leftrightarrow P \wedge Q$，命题公式 $P \wedge (P \to Q)$ 包含两个命题变元，所以它的主析取范式为 $P \wedge Q$。

又如，$P \to Q \Leftrightarrow \neg P \vee Q \Leftrightarrow (\neg P \wedge (Q \vee \neg Q)) \vee ((P \vee \neg P) \wedge Q) \Leftrightarrow (\neg P \wedge Q) \vee (\neg P \wedge \neg Q) \vee (P \wedge Q) \vee (\neg P \wedge Q) \Leftrightarrow (\neg P \wedge Q) \vee (\neg P \wedge \neg Q) \vee (P \wedge Q)$，故命题公式 $P \to Q$ 的主析取范式为 $(\neg P \wedge Q) \vee (\neg P \wedge \neg Q) \vee (P \wedge Q)$。

由此可见，要把一个命题公式转化为主析取范式，首先应把命题公式转化为析取范式，并除去析取范式中所有永真（假）式，合并相同的文字和相同的合取式；然后对缺少某些变元（如 P_k）的合取式用 $P_k \vee \neg P_k$ 补上，再用分配律和结合律展开，并再次合并相同的合取式，即得到主析取范式。

【定义 5.3.6】 如果含有 n 个命题变元的命题公式 A 逻辑等价于有限个极大项的合取，则称后者为 A 的**主合取范式**。

例如，$P \to Q \Leftrightarrow \neg P \vee Q$，命题公式 $P \to Q$ 包含两个命题变元，所以它的主合取范式为 $\neg P \vee Q$。

又如，$P \wedge Q \Leftrightarrow (P \vee (Q \wedge \neg Q)) \wedge ((P \wedge \neg P) \vee Q) \Leftrightarrow (P \vee Q) \wedge (P \vee \neg Q) \wedge (P \vee Q) \wedge (\neg P \vee Q) \Leftrightarrow (P \vee Q) \wedge (P \vee \neg Q) \wedge (\neg P \vee Q)$，故命题公式 $P \wedge Q$ 的主合取范式为 $(P \vee Q) \wedge (P \vee \neg Q) \wedge (\neg P \vee Q)$。

由上述求解过程可知，把合取范式化为主合取范式，主要是把合取范式中缺少某些变元（如 P_k）的析取式用 $P_k \wedge \neg P_k$ 补上，然后用分配律展开，化简后即得主合取范式。

例如，求公式 $(P \wedge Q) \to (\neg Q \wedge R)$ 的主合取范式和主析取范式。

$$(P \wedge Q) \to (\neg Q \wedge R) \Leftrightarrow \neg(P \wedge Q) \vee (\neg Q \wedge R)$$
$$\Leftrightarrow \neg P \vee \neg Q \vee (\neg Q \wedge R)$$

$$\Leftrightarrow \neg P \vee \neg Q$$
$$\Leftrightarrow (\neg P \wedge (Q \vee \neg Q) \wedge (R \vee \neg R)) \vee ((P \vee \neg P) \wedge \neg Q \wedge (R \vee \neg R))$$
$$\Leftrightarrow (\neg P \wedge Q \wedge R) \vee (\neg P \wedge \neg Q \wedge R) \vee (\neg P \wedge Q \wedge \neg R) \vee (\neg P \wedge \neg Q \wedge \neg R)$$
$$\vee (P \wedge \neg Q \wedge R) \vee (\neg P \wedge \neg Q \wedge R) \vee (P \wedge \neg Q \wedge \neg R) \vee (\neg P \wedge \neg Q \wedge \neg R)$$
$$\Leftrightarrow (\neg P \wedge \neg Q \wedge R) \vee (\neg P \wedge Q \wedge R) \vee (\neg P \wedge Q \wedge \neg R) \vee (\neg P \wedge \neg Q \wedge \neg R)$$
$$\vee (P \wedge \neg Q \wedge R) \vee (P \wedge \neg Q \wedge \neg R) \qquad \text{（主析取范式）}$$

$$(P \wedge Q) \to (\neg Q \wedge R) \Leftrightarrow \neg P \vee \neg Q$$
$$\Leftrightarrow \neg P \vee \neg Q \vee (R \wedge \neg R)$$
$$\Leftrightarrow (\neg P \vee \neg Q \vee R) \wedge (\neg P \vee \neg Q \vee \neg R) \qquad \text{（主合取范式）}$$

根据极小项和极大项的性质可知，永真式的主析取范式为所有极小项之析取；永假式的主合取范式为所有极大项之合取。另一方面，含一个以上极小项之析取的主析取范式必是可满足式；同理，含一个以上的极大项之合取的主合取范式必不是永真式。约定永假式的主析取范式是 0 个极小项之析取，永真式的主合取范式是 0 个极大项之合取。

【定理 5.3.2】 任一命题公式都存在唯一与之逻辑等价的主析取范式和主合取范式。

证明：

存在性：由上述求解过程即知。唯一性：由约定知，永假式的主析取范式唯一。

假设可满足式 A 有两个不同的主析取范式，分别记为 m 与 m'，它们至少有一个极小项不同。不妨设 m 中的极小项 m_i 与 m' 中的所有极小项均不同，i 是 $A \Leftrightarrow m$ 的成真指派；而 m' 中的所有极小项均不同于 m_i，i 是它们的成假指派，亦是它们之析取的成假指派，即 $A \Leftrightarrow m'$ 的成假指派，矛盾。

对于主合取范式的情况同理可证。

3．主范式与真值表

求命题公式的主析取范式还可采用真值表法，特别当命题公式所含的变元较少时，真值表法显得非常简便。

在真值表中，命题公式的一组指派对应一个二进制序列 i，简记极小项为 m_i，以此指派为唯一的成真指派。命题公式的主析取范式中所含的极小项能够依据其成真指派很直观地得到。

下面用一个命题公式的转化过程来说明用真值表法求主析取范式的具体步骤。

例如，对于命题公式 $P \to Q$，用真值表求其主析取范式，首先列出命题公式 $P \to Q$ 的真值表（如表 5.3-1 所示）。$P \to Q$ 的成真指派对应的二进制序列依次为 00、01、11，相应的极小项为 $m_{00} = \neg P \wedge \neg Q$、$m_{01} = \neg P \wedge Q$、$m_{11} = P \wedge Q$，它们的析取 $m_{00} \vee m_{01} \vee m_{11} = (\neg P \wedge \neg Q) \vee (\neg P \wedge Q) \vee (P \wedge Q)$ 就是命题公式 $P \to Q$ 的主析取范式。

由表 5.3-2 所示的真值表可知 $P \to Q \Leftrightarrow (\neg P \wedge Q) \vee (\neg P \wedge \neg Q) \vee (P \wedge Q)$，即命题公式 $P \to Q$ 的主析取范式是 $(\neg P \wedge Q) \vee (\neg P \wedge \neg Q) \vee (P \wedge Q)$。

表 5.3-1

P	Q	$P \to Q$
0	0	1
0	1	1
1	0	0
1	1	1

表 5.3-2

P	Q	$P \to Q$	$(\neg P \wedge Q) \vee (\neg P \wedge \neg Q) \vee (P \wedge Q)$
0	0	1	1
0	1	1	1
1	0	0	0
1	1	1	1

又如，用真值表法求$(P \wedge Q) \leftrightarrow R$ 的主析取范式。先写出$(P \wedge Q) \leftrightarrow R$ 的真值表，如表 5.3-3 所示，则命题公式$(P \wedge Q) \leftrightarrow R$ 的成真指派对应的二进制序列依次为 000、010、100、111，相应极小项为$m_{000} = \neg P \wedge \neg Q \wedge \neg R$、$m_{010} = \neg P \wedge Q \wedge \neg R$、$m_{100} = P \wedge \neg Q \wedge \neg R$、$m_{111} = P \wedge Q \wedge R$，它们的析取 $m_{000} \vee m_{010} \vee m_{100} \vee m_{111} = (\neg P \wedge \neg Q \wedge \neg R) \vee (\neg P \wedge Q \wedge \neg R) \vee (P \wedge \neg Q \wedge \neg R) \vee (P \wedge Q \wedge R)$ 就是命题公式$(P \wedge Q) \leftrightarrow R$ 的主析取范式。

再如，用真值表法求 $P \wedge (Q \leftrightarrow R)$ 的主析取范式。首先写出 $P \wedge (Q \leftrightarrow R)$ 的真值表，如表 5.3-4 所示，则命题公式 $P \wedge (Q \leftrightarrow R)$ 的成真指派对应的二进制序列依次为 100、111，相应的极小项为 $m_{100} = P \wedge \neg Q \wedge \neg R$、$m_{111} = P \wedge Q \wedge R$，它们的析取 $m_{100} \vee m_{111} = (P \wedge \neg Q \wedge \neg R) \vee (P \wedge Q \wedge R)$ 就是命题公式 $P \wedge (Q \leftrightarrow R)$ 的主析取范式。

表 5.3-3

P	Q	R	$(P \wedge Q) \leftrightarrow R$
0	0	0	1
0	0	1	0
0	1	0	1
0	1	1	0
1	0	0	1
1	0	1	0
1	1	0	0
1	1	1	1

表 5.3-4

P	Q	R	$P \wedge (Q \leftrightarrow R)$
0	0	0	0
0	0	1	0
0	1	0	0
0	1	1	0
1	0	0	1
1	0	1	0
1	1	0	0
1	1	1	1

求命题公式的主合取范式同样可用真值表法。

在真值表中，命题公式的一组指派对应一个二进制序列 i，简记极大项为 M_i，以此指派为唯一的成假指派。命题公式的主合取范式中所含的极大项能够依据其成假指派而直接得到。

下面用一个命题公式的转化过程来说明用真值表法求主合取范式的具体步骤。

例如，求$(P \wedge Q) \leftrightarrow R$ 的主合取范式。由表 5.3-3 可知，命题公式$(P \wedge Q) \leftrightarrow R$ 的成假指派对应的二进制序列依次为 001、011、101、110，相应的极大项为 $M_{001} = P \vee Q \vee \neg R$、$M_{011} = P \vee \neg Q \vee \neg R$、$M_{101} = \neg P \vee Q \vee \neg R$、$M_{110} = \neg P \vee \neg Q \vee R$，它们的合取 $M_{001} \wedge M_{011} \wedge M_{101} \wedge M_{110} = (\neg P \vee Q \vee \neg R) \wedge (\neg P \vee \neg Q \vee R) \wedge (\neg P \vee Q \vee \neg R) \wedge (\neg P \vee \neg Q \vee R)$ 就是命题公式$(P \wedge Q) \leftrightarrow R$ 的主合取范式。

总之，对于一个含有 n 个变元的命题公式，设它有 k 个成真指派，1 个成假指派，其中 $k + 1 = 2^n$。根据其成真指派可以得到 A 的主析取范式（为 k 个极小项之析取），根据其成假指派可以得到 A 的主合取范式（为 1 个极大项之合取）。

由真值表的构造亦可知，命题公式的主析取范式和主合取范式存在唯一性。

例如，求公式 $P \leftrightarrow Q$ 的主析取范式和主合取范式。$P \leftrightarrow Q$ 的真值表如表 5.3-5 所示。从 $P \leftrightarrow Q$ 的成真指派可得主析取范式 $P \leftrightarrow Q \Leftrightarrow (P \wedge Q) \vee (\neg P \wedge \neg Q)$；从 $P \leftrightarrow Q$ 的成假指派可得主合取范式 $P \leftrightarrow Q \Leftrightarrow (\neg P \vee Q) \wedge (P \vee \neg Q)$。

表 5.3-5

P	Q	$P \leftrightarrow Q$
0	0	1
0	1	0
1	0	0
1	1	1

又如，用真值表法求$(\neg P \vee \neg Q) \to (\neg P \wedge R)$ 的主析取范式和主合取范式。$(\neg P \vee \neg Q) \to (\neg P \wedge R)$ 的真值表如表 5.3-6 所示，则其主析取范式为：
$m_{001} \vee m_{011} \vee m_{110} \vee m_{111} = (\neg P \wedge \neg Q \wedge R) \vee (\neg P \wedge Q \wedge R) \vee (P \wedge Q \wedge \neg R) \vee (P \wedge Q \wedge R)$，其主合取范式为：$M_{000} \wedge M_{010} \wedge M_{100} \wedge M_{101} = (P \vee Q \vee R) \vee (P \vee \neg Q \vee R) \vee (\neg P \vee Q \vee R) \vee (\neg P \vee Q \vee \neg R)$。

由否定律，所有 2^n 个极小项或出现在 A 的主析取范式中，或出现在 $\neg A$ 的主析取范式中，且仅出现一次。因此可先求出 $\neg A$ 的主析取范式 $\vee_i m_i$，再对其取否定 $A \Leftrightarrow \neg(\neg A) \Leftrightarrow \vee_i m_i \Leftrightarrow$

$\wedge(i\neg m_i) \Leftrightarrow \wedge iM_i$，即 A 的主合取范式；亦可先求出 $\neg A$ 的主合取范式 $\wedge iM_i$，再对其取否定 $A \Leftrightarrow \neg(\neg A) \Leftrightarrow \wedge iM_i \Leftrightarrow \wedge(i\neg m_i) \Leftrightarrow \vee im_i$，即 A 的主析取范式。

例如，$P\wedge(Q\leftrightarrow R)$ 和 $\neg(P\wedge(Q\leftrightarrow R))$ 的真值表如表 5.3-7 所示，则 $\neg(P\wedge(Q\leftrightarrow R))$ 的主析取范式为 $\neg(P\wedge(Q\leftrightarrow R)) \Leftrightarrow (\neg P\wedge\neg Q\wedge\neg R)\vee(\neg P\wedge\neg Q\wedge R)\vee(\neg P\wedge Q\wedge\neg R)\vee(\neg P\wedge Q\wedge R)\vee(P\wedge\neg Q\wedge R)\vee(P\wedge Q\wedge\neg R)$，所以

$$P\wedge(Q\leftrightarrow R) \Leftrightarrow \neg(\neg(P\wedge(Q\leftrightarrow R)))$$
$$\Leftrightarrow \neg((\neg P\wedge\neg Q\wedge\neg R)\vee(\neg P\wedge\neg Q\wedge R)\vee(\neg P\wedge Q\wedge\neg R)\vee(\neg P\wedge Q\wedge R)$$
$$\vee(P\wedge\neg Q\wedge R)\vee(P\wedge Q\wedge\neg R))$$
$$\Leftrightarrow \neg(\neg P\wedge\neg Q\wedge\neg R)\wedge\neg(\neg P\wedge\neg Q\wedge R)\wedge\neg(\neg P\wedge Q\wedge\neg R)$$
$$\wedge\neg(\neg P\wedge Q\wedge R)\wedge\neg(P\wedge\neg Q\wedge R)\wedge\neg(P\wedge Q\wedge\neg R)$$
$$\Leftrightarrow (P\vee Q\vee R)\wedge(P\vee Q\vee\neg R)\wedge(P\vee\neg Q\vee R)\wedge(\neg P\vee Q\vee\neg R)$$
$$\wedge(\neg P\vee\neg Q\vee R)$$

表 5.3-6

P	Q	R	$(\neg P\vee\neg Q)\rightarrow(\neg P\wedge R)$
0	0	0	0
0	0	1	1
0	1	0	0
0	1	1	1
1	0	0	0
1	0	1	0
1	1	0	1
1	1	1	1

表 5.3-7

P	Q	R	$P\wedge(Q\leftrightarrow R)$	$\neg(P\wedge(Q\leftrightarrow R))$
0	0	0	0	1
0	0	1	0	1
0	1	0	0	1
0	1	1	0	1
1	0	0	1	0
1	0	1	0	1
1	1	0	0	1
1	1	1	1	0

与根据 $P\wedge(Q\leftrightarrow R)$ 的成假指派直接写出相应的极大项再做合取得到命题公式的主合取范式的做法相比，这种做法并无本质区别。

根据上述主合取范式与主析取范式之间的关系，只要求出其中一个，由二者的关系就可以方便地求出另一个。

例如，求公式 $(P\wedge Q)\rightarrow(\neg Q\wedge R)$ 的主合取范式和主析取范式。主合取范式为：

$$(P\wedge Q)\rightarrow(\neg Q\wedge R) \Leftrightarrow \neg(\neg P\vee\neg Q)\wedge(\neg P\vee\neg Q\vee R)$$
$$\Leftrightarrow \neg P\vee\neg Q$$
$$\Leftrightarrow \neg(\neg P\vee\neg Q\vee R)\wedge(\neg P\vee\neg Q\vee R)$$

主析取范式为：

$$\neg((P\vee Q\vee R)\wedge(P\vee Q\vee\neg R)\wedge(P\vee\neg Q\vee R)\wedge(P\vee\neg Q\vee\neg R)\wedge(\neg P\vee Q\vee R)\wedge(\neg P\vee Q\vee\neg R))$$
$$\Leftrightarrow (\neg P\wedge\neg Q\wedge\neg R)\vee(\neg P\wedge\neg Q\wedge R)\vee(\neg P\wedge Q\wedge\neg R)\vee(\neg P\wedge Q\wedge R)$$
$$\vee(P\wedge\neg Q\wedge\neg R)\vee(P\wedge\neg Q\wedge R)$$

根据主范式与真值表的关系，任一 n 元联结词对应的 n 元命题公式均可由其主范式表示，即可由 $\{\neg, \wedge, \vee\}$ 表示。n 元命题公式的全体可划分为 2^n 个等价类，每类中的公式相互逻辑等价，并等价于它们公共的主析（合）取范式。

【例 5.8】 求下列命题公式的析取范式。

（1）$(P\rightarrow Q)\leftrightarrow R$　　　　　　　　　　　（2）$P\wedge(Q\leftrightarrow R)$

解：

（1）$(P \to Q) \leftrightarrow R \Leftrightarrow (\neg P \vee Q) \leftrightarrow R \Leftrightarrow ((\neg P \vee Q) \wedge R) \vee (\neg(\neg P \vee Q) \wedge \neg R)$
$$\Leftrightarrow (\neg P \wedge R) \vee (Q \wedge R) \vee (P \wedge \neg Q \wedge \neg R)$$

由此可得 $(P \to Q) \leftrightarrow R$ 的析取范式为 $(\neg P \wedge R) \vee (Q \wedge R) \vee (P \wedge \neg Q \wedge \neg R)$。

（2）$P \wedge (Q \leftrightarrow R) \Leftrightarrow P \wedge ((Q \wedge R) \vee (\neg Q \wedge \neg R)) \Leftrightarrow (P \wedge Q \wedge R) \vee (P \wedge \neg Q \wedge \neg R)$

由此可得 $P \wedge (Q \leftrightarrow R)$ 的析取范式为 $(P \wedge Q \wedge R) \vee (P \wedge \neg Q \wedge \neg R)$。

【例 5.9】 求下列命题公式的合取范式。

（1）$P \to (Q \leftrightarrow R)$ （2）$\neg(P \to Q) \vee (Q \leftrightarrow R)$

解：

（1）由于需求合取范式，因此采用公式 $Q \leftrightarrow R \Leftrightarrow (\neg Q \vee R) \wedge (Q \vee \neg R)$，于是

$$P \to (Q \leftrightarrow R) \Leftrightarrow P \to ((\neg Q \vee R) \wedge (Q \vee \neg R))$$
$$\Leftrightarrow \neg P \vee ((\neg Q \vee R) \wedge (Q \vee \neg R))$$
$$\Leftrightarrow (\neg P \vee \neg Q \vee R) \wedge (\neg P \vee Q \vee \neg R)$$

由此可得 $P \to (Q \leftrightarrow R)$ 的合取范式为 $(\neg P \vee \neg Q \vee R) \wedge (\neg P \vee Q \vee \neg R)$。

（2）

$$\neg(P \to Q) \vee (Q \leftrightarrow R) \Leftrightarrow \neg(\neg P \vee Q) \vee ((\neg Q \vee R) \wedge (Q \vee \neg R))$$
$$\Leftrightarrow (P \wedge \neg Q) \vee ((\neg Q \vee R) \wedge (Q \vee \neg R))$$
$$\Leftrightarrow (P \vee \neg Q \vee R) \wedge (P \vee Q \vee \neg R) \wedge (\neg Q \vee \neg Q \vee R) \wedge (\neg Q \vee Q \vee \neg R)$$
$$\Leftrightarrow (P \vee \neg Q \vee R) \wedge (P \vee Q \vee \neg R) \wedge (\neg Q \vee R)$$
$$\Leftrightarrow (P \vee \neg Q \vee R) \wedge (\neg Q \vee R)$$

由此可得 $\neg(P \to Q) \vee Q \leftrightarrow R$ 的合取范式为 $(P \vee Q \vee \neg R) \wedge (\neg Q \vee R)$。

【例 5.10】 求下列命题公式的主析取范式和主合取范式。

（1）$(P \leftrightarrow Q) \to (R \wedge Q)$ （2）$(P \to R) \wedge (Q \to R)$

解：

（1）

$$(P \leftrightarrow Q) \to (R \wedge Q) \Leftrightarrow \neg((\neg P \wedge Q) \vee (P \wedge \neg Q)) \vee (Q \wedge R)$$
$$\Leftrightarrow (\neg P \wedge Q \wedge R) \vee (\neg P \wedge Q \wedge \neg R) \vee (P \wedge \neg Q \wedge \neg R) \vee (P \wedge \neg Q \wedge \neg R)$$
$$\vee (P \wedge Q \wedge R) \vee (\neg P \wedge Q \wedge R)$$
$$\Leftrightarrow (\neg P \wedge Q \wedge R) \vee (\neg P \wedge Q \wedge \neg R) \vee (P \wedge \neg Q \wedge \neg R)$$
$$\vee (P \wedge \neg Q \wedge \neg R) \vee (P \wedge Q \wedge R)$$

由此得到 $(P \leftrightarrow Q) \to (R \wedge Q)$ 的主析取范式为 $(\neg P \wedge Q \wedge R) \vee (\neg P \wedge Q \wedge \neg R) \vee (P \wedge \neg Q \wedge R) \vee (P \wedge \neg Q \wedge \neg R) \vee (P \wedge Q \wedge R)$，即 $m_{010} \vee m_{011} \vee m_{100} \vee m_{101} \vee m_{111}$。

易见，$\neg((P \leftrightarrow Q) \to (R \wedge Q))$ 的主析取范式为 $m_{000} \vee m_{001} \vee m_{110}$。

所以

$$\neg\neg((P \leftrightarrow Q) \to (R \wedge Q)) \Leftrightarrow \neg(m_{000} \vee m_{001} \vee m_{110})$$
$$\Leftrightarrow \neg m_{000} \wedge \neg m_{001} \wedge \neg m_{110}$$
$$\Leftrightarrow M_{000} \wedge \neg M_{001} \wedge \neg M_{110}$$
$$\Leftrightarrow (P \vee Q \vee R) \wedge (P \vee Q \vee \neg R) \wedge (\neg P \vee \neg Q \vee R)$$

由此得到 $(P \leftrightarrow Q) \to (R \wedge Q)$ 的主合取范式为 $(P \vee Q \vee R) \wedge (P \vee Q \vee \neg R) \wedge (\neg P \vee \neg Q \vee R)$。

（2）

$$(P \to R) \wedge (Q \to R) \Leftrightarrow (\neg P \vee R) \vee (\neg Q \wedge R)$$
$$\Leftrightarrow (\neg P \vee Q \vee R) \wedge (\neg P \vee \neg Q \vee R) \wedge (P \vee \neg Q \vee R) \wedge (\neg P \vee \neg Q \vee R)$$
$$\Leftrightarrow (\neg P \vee Q \vee R) \wedge (\neg P \vee \neg Q \vee R) \wedge (P \vee \neg Q \vee R)$$

由此得到 $(P \to R) \wedge (Q \to R)$ 的主合取范式为 $(\neg P \vee Q \vee R) \wedge (\neg P \vee \neg Q \vee R) \wedge (P \vee \neg Q \vee R)$，即 $M_{100} \wedge M_{110} \wedge M_{010}$，于是 $(P \to R) \wedge (Q \to R)$ 的主析取范式为 $m_{000} \vee m_{001} \vee m_{011} \vee m_{101} \vee m_{111}$，从而 $(P \to R) \wedge (Q \to R)$ 的主析取范式为 $(\neg P \wedge \neg Q \wedge \neg R) \vee (\neg P \wedge \neg Q \wedge R) \vee (\neg P \wedge Q \wedge R) \vee (P \wedge \neg Q \wedge R) \vee (P \wedge Q \wedge R)$。

【例 5.11】 用真值表求下列命题公式的主析取范式和主合取范式。

（1）$(P \leftrightarrow Q) \to R$ （2）$(\neg P \vee \neg Q) \leftrightarrow (\neg P \wedge R)$

解：

（1）$(P \leftrightarrow Q) \to R$ 真值表如表 5.3-8 所示，可知其主析取范式为 $m_{001} \vee m_{010} \vee m_{011} \vee m_{100} \vee m_{101} \vee m_{111}$，即 $(\neg P \wedge \neg Q \wedge R) \vee (\neg P \wedge Q \wedge \neg R) \vee (\neg P \wedge Q \wedge R) \vee (P \wedge \neg Q \wedge \neg R) \vee (P \wedge \neg Q \wedge R) \vee (P \wedge Q \wedge R)$；其主合取范式为 $M_{000} \wedge M_{110}$，即 $(P \vee Q \vee R) \wedge (\neg P \vee \neg Q \vee R)$。

（2）$(\neg P \vee \neg Q) \leftrightarrow (\neg P \wedge R)$ 真值表如表 5.3-9 所示，可知其主析取范式为 $m_{001} \vee m_{011} \vee m_{110} \vee m_{111}$，即 $(\neg P \wedge \neg Q \wedge R) \vee (\neg P \wedge Q \wedge R) \vee (P \wedge Q \wedge \neg R) \vee (P \wedge Q \wedge R)$；其主合取范式为 $M_{000} \wedge M_{010} \wedge M_{100} \wedge M_{101}$，即 $(P \vee Q \vee R) \wedge (P \vee \neg Q \vee R) \wedge (\neg P \vee Q \vee R) \wedge (\neg P \vee Q \vee \neg R)$。

表 5.3-8

P	Q	R	$(P \leftrightarrow Q) \to R$
0	0	0	0
0	0	1	1
0	1	0	1
0	1	1	1
1	0	0	1
1	0	1	1
1	1	0	0
1	1	1	1

表 5.3-9

P	Q	R	$(\neg P \vee \neg Q) \leftrightarrow (\neg P \wedge R)$
0	0	0	0
0	0	1	1
0	1	0	0
0	1	1	1
1	0	0	0
1	0	1	0
1	1	0	1
1	1	1	1

【例 5.12】 某研究所有三名高级工程师甲、乙、丙，要选派其中某些人出国进修。因研究所工作需要，选派时必须满足下列条件：（1）如果甲去，则丙也去；（2）如果乙去，则丙不去；（3）如果丙不去，则甲或乙中至少去一人。问：研究所应如何选派出国人员？

解：

若令 P—甲出国进修，Q—乙出国进修，R—丙出国进修，则 3 个必备条件可符号化为：（1）$P \to R$；（2）$Q \to \neg R$；（3）$\neg R \to (P \vee Q)$。由此可知，出国进修人员的选派方案必须满足：$(P \to R) \wedge (Q \to \neg R) \wedge (\neg R \to (P \vee Q)) \Leftrightarrow (\neg P \wedge \neg Q \wedge R) \vee (\neg P \wedge Q \wedge \neg R) \vee (P \wedge \neg Q \wedge R)$，其成真指派即为派遣方案。因此，研究所可选派丙一人出国，或者选派乙一人出国，或者选派甲和丙二人出国。

5.4 逻辑蕴涵

逻辑蕴涵在逻辑推理中有着重要用途。

5.4.1 逻辑蕴涵的定义

【定义 5.4.1】 设 A 和 B 为命题公式，若 $A \to B$ 是永真式，则称 A 逻辑蕴涵 B，记作 $A \Rightarrow B$。

显然，$A \Rightarrow B$ 当且仅当 $A \to B \Leftrightarrow 1$，其含义是所有 A 的成真指派必是公式 B 的成真指派。

例如，由表 5.1-9 可知，命题公式 $(P \wedge Q) \to P$ 为永真式，$P \wedge Q \Rightarrow P$。

【例 5.13】 证明下列逻辑蕴涵式。

（1）$P \wedge (P \to Q) \Rightarrow Q$ （2）$\neg Q \wedge (P \to Q) \Rightarrow \neg P$ （3）$(P \to Q) \wedge (Q \to R) \Rightarrow P \to R$

证明：

（1）若要证明 $P \wedge (P \to Q) \Rightarrow Q$，即需证明 $P \wedge (P \to Q) \to Q$ 为永真式。

$$\begin{aligned}
P \wedge (P \to Q) \to Q &\Leftrightarrow \neg(P \wedge (P \to Q)) \vee Q \\
&\Leftrightarrow (\neg P \vee \neg(P \to Q)) \vee Q \\
&\Leftrightarrow \neg P \vee \neg(\neg P \vee Q \vee Q) \\
&\Leftrightarrow (\neg P \vee Q) \vee \neg(\neg P \vee Q) \\
&\Leftrightarrow 1
\end{aligned}$$

故 $P \wedge (P \to Q) \Rightarrow Q$。

（2）同理

$$\begin{aligned}
\neg Q \wedge (P \to Q) \to \neg P &\Leftrightarrow \neg(\neg Q \wedge (P \to Q)) \vee \neg P \\
&\Leftrightarrow \neg \neg Q \vee \neg(P \to Q) \vee \neg P \\
&\Leftrightarrow Q \vee \neg(\neg P \vee Q) \vee \neg P \\
&\Leftrightarrow (\neg P \vee Q) \vee \neg(\neg P \vee Q) \\
&\Leftrightarrow 1
\end{aligned}$$

故 $\neg Q \wedge (P \to Q) \Rightarrow \neg P$。

（3）同理

$$\begin{aligned}
(P \to Q) \wedge (Q \to R) \to (P \to R) &\Leftrightarrow \neg((P \to Q) \wedge (Q \to R)) \vee (P \to R) \\
&\Leftrightarrow (\neg(P \to Q) \vee \neg(Q \to R)) \vee (\neg P \vee R) \\
&\Leftrightarrow (\neg(\neg P \vee Q) \vee \neg(\neg Q \vee R)) \vee (\neg P \vee R) \\
&\Leftrightarrow (P \wedge \neg Q) \vee (Q \wedge \neg R) \vee (\neg P \vee R) \\
&\Leftrightarrow (P \wedge \neg Q) \vee \neg P \vee (Q \wedge \neg R) \vee R \\
&\Leftrightarrow ((P \vee \neg P) \wedge (\neg Q \vee \neg P)) \vee ((Q \vee R) \wedge (R \vee \neg R)) \\
&\Leftrightarrow \neg Q \vee \neg P \vee Q \vee R \\
&\Leftrightarrow 1
\end{aligned}$$

故 $(P \to Q) \wedge (Q \to R) \Rightarrow P \to R$。

以下列出一些常用的基本逻辑蕴涵公式：

（1）$P \wedge Q \Rightarrow P$ $P \wedge Q \Rightarrow Q$ 化简式

（2）$P \Rightarrow P \vee Q$ $Q \Rightarrow P \vee Q$ 附加式

（3）$\neg P \Rightarrow P \to Q$

（4）$Q \Rightarrow P \to Q$

（5）$\neg(P \to Q) \Rightarrow P$

（6）$\neg(P \to Q) \Rightarrow \neg Q$

（7）$P\wedge(P\rightarrow Q)\Rightarrow Q$　　　　　　　　假言推理

（8）$\neg Q\wedge(P\rightarrow Q)\Rightarrow\neg P$

（9）$\neg P\wedge(P\vee Q)\Rightarrow Q$　　　　　　　　析取三段论

（10）$(P\rightarrow Q)\wedge(Q\rightarrow R)\Rightarrow P\rightarrow R$　　　条件三段论

（11）$(P\leftrightarrow Q)\wedge(Q\leftrightarrow R)\Rightarrow P\leftrightarrow R$

（12）$(P\vee Q)\wedge(P\rightarrow R)\wedge(Q\rightarrow R)\Rightarrow R$

（13）$(P\rightarrow Q)\wedge(R\rightarrow S)\Rightarrow(P\wedge R)\rightarrow(Q\wedge S)$

（14）$(P\rightarrow Q)\wedge(R\rightarrow S)\Rightarrow(P\vee R)\rightarrow(Q\vee S)$

5.4.2　逻辑蕴涵的性质

逻辑蕴涵有下列重要性质。

【性质 5.4.1】　$A\Rightarrow A$（自反性）。

证明：

因为 $A\rightarrow A$ 为永真式，因此 $A\Rightarrow A$。

【性质 5.4.2】　$A\Leftrightarrow B$ 当且仅当 $A\Rightarrow B$ 且 $B\Rightarrow A$，即命题公式 A、B 逻辑等价当且仅当它们彼此逻辑蕴涵。

证明：

若 $A\Rightarrow B$ 且 $B\Rightarrow A$，即 $A\rightarrow B\Leftrightarrow 1$ 且 $B\rightarrow A\Leftrightarrow 1$，则 $A\leftrightarrow B\Leftrightarrow(A\rightarrow B)\wedge(B\rightarrow A)\Leftrightarrow 1$，即 $A\Leftrightarrow B$。这也说明逻辑蕴涵关系具有反对称性。

若 $A\Leftrightarrow B$，即 $A\leftrightarrow B\Leftrightarrow 1$，又 $A\leftrightarrow B\Leftrightarrow(A\rightarrow B)\wedge(B\rightarrow A)$，则 $A\rightarrow B\Leftrightarrow 1$，且 $B\rightarrow A\Leftrightarrow 1$，即 $A\Rightarrow B$ 且 $B\Rightarrow A$。

【性质 5.4.3】　如果 $A\Rightarrow B$ 且 $B\Rightarrow C$，则 $A\Rightarrow C$（传递性）。

证明：

因为 $A\Rightarrow B$ 且 $B\Rightarrow C$，所以 $A\rightarrow B$ 和 $B\rightarrow C$ 都是永真式，即 $A\rightarrow B\Leftrightarrow 1$ 和 $B\rightarrow C\Leftrightarrow 1$，由此可得 $(A\rightarrow B)\wedge(B\rightarrow C)\Leftrightarrow 1$，即 $(A\rightarrow B)\wedge(B\rightarrow C)$ 是永真式。

【例 5.13】　曾证明 $(A\rightarrow B)\wedge(B\rightarrow C)\Rightarrow(A\rightarrow C)$，因此当 $(A\rightarrow B)\wedge(B\rightarrow C)$ 是永真式时，$A\rightarrow C$ 必为永真式，即 $A\Rightarrow C$。

于是，逻辑蕴涵是定义在以命题公式为元素的集合 A 上的偏序关系。

【性质 5.4.4】　如果 $A\Rightarrow B$，则 $A\wedge C\Rightarrow B\wedge C$，$A\vee C\Rightarrow B\vee C$。

证明：

$$
\begin{aligned}
(A\wedge C)\rightarrow(B\wedge C) &\Leftrightarrow \neg(A\wedge C)\vee(B\wedge C)\\
&\Leftrightarrow(\neg A\vee\neg C)\vee(B\wedge C)\\
&\Leftrightarrow(\neg A\vee\neg C\vee B)\wedge(\neg A\vee\neg C\vee C)\\
&\Leftrightarrow(\neg C\vee(A\rightarrow B))\wedge 1\\
&\Leftrightarrow(\neg C\vee 1)\wedge 1\\
&\Leftrightarrow 1
\end{aligned}
$$

又

$$
\begin{aligned}
(A\vee C)\rightarrow(B\vee C) &\Leftrightarrow \neg(A\vee C)\vee(B\vee C)\\
&\Leftrightarrow(\neg A\wedge\neg C)\vee(B\vee C)
\end{aligned}
$$

$$\Leftrightarrow (\neg A \vee B \vee C) \wedge (\neg C \vee B \vee C)$$
$$\Leftrightarrow ((A \to B) \vee C) \wedge \mathbf{1}$$
$$\Leftrightarrow (\mathbf{1} \vee C) \wedge \mathbf{1}$$
$$\Leftrightarrow \mathbf{1}$$

故 $A \wedge C \Rightarrow B \wedge C$，$A \vee C \Rightarrow B \vee C$。

注意： 由逆否定理知，如果 $A \Rightarrow B$，则 $\neg B \Rightarrow \neg A$，而非 $\neg A \Rightarrow \neg B$。

【性质 5.4.5】 如果 $A \Rightarrow B$，$C \Rightarrow D$，则 $A \wedge C \Rightarrow B \wedge D$，$A \vee C \Rightarrow B \vee D$。

证明：

由性质 5.4.4，因为 $A \Rightarrow B$，有 $A \wedge C \Rightarrow B \wedge C$，$A \vee C \Rightarrow B \vee C$；因为 $C \Rightarrow D$，有 $B \wedge C \Rightarrow B \wedge D$，$B \vee C \Rightarrow B \vee D$。又由性质 5.4.3，有 $A \wedge C \Rightarrow B \wedge D$，$A \vee C \Rightarrow B \vee D$。

特别地，如果 $A \Rightarrow B$，$C \Leftrightarrow D$，则 $A \wedge C \Rightarrow B \wedge D$，$A \vee C \Rightarrow B \vee D$。

【性质 5.4.6】 如果 $A \Rightarrow B$，$A \Rightarrow C$，则 $A \Rightarrow B \wedge C$；如果 $A \Rightarrow C$，$B \Rightarrow C$，则 $A \vee B \Rightarrow C$。

证明：

$$A \to (B \wedge C) \Leftrightarrow \neg A \vee (B \wedge C)$$
$$\Leftrightarrow (\neg A \vee B) \wedge (\neg A \vee C)$$
$$\Leftrightarrow (A \to B) \wedge (A \to C)$$
$$\Leftrightarrow \mathbf{1} \wedge \mathbf{1}$$
$$\Leftrightarrow \mathbf{1}$$
$$(A \vee B) \to C \Leftrightarrow \neg (A \vee B) \vee C$$
$$\Leftrightarrow (\neg A \wedge \neg B) \vee C$$
$$\Leftrightarrow (\neg A \vee C) \wedge (\neg B \vee C)$$
$$\Leftrightarrow (A \to C) \wedge (B \to C)$$
$$\Leftrightarrow \mathbf{1} \wedge \mathbf{1}$$
$$\Leftrightarrow \mathbf{1}$$

利用上述性质和常用的逻辑蕴涵公式，可使逻辑蕴涵的证明变得比较简洁。

例如，证明 $P \wedge (P \to Q) \wedge (Q \to R) \Rightarrow R$。由于 $P \wedge (P \to Q) \Rightarrow Q$，因此 $P \wedge (P \to Q) \wedge (Q \to R) \Rightarrow Q \wedge (Q \to R) \Rightarrow R$。

【例 5.14】 利用真值表法证明下列逻辑蕴涵式。

（1） $\neg (P \to Q) \Rightarrow \neg Q$ 　　　　　　　　　　　　　（2） $(P \vee Q) \wedge (P \to R) \wedge (Q \to R) \Rightarrow R$

（3） $(P \leftrightarrow Q) \wedge (Q \leftrightarrow R) \Rightarrow (P \leftrightarrow R)$

证明：

（1） $\neg (P \to Q) \Rightarrow \neg Q$ 的真值表如表 5.4-1 所示，可知 $\neg (P \to Q) \to \neg Q$ 为永真式，从而证得 $\neg (P \to Q) \Rightarrow \neg Q$。

（2） $(P \vee Q) \wedge (P \to R) \wedge (Q \to R) \Rightarrow R$ 的真值表如表 5.4-2 所示，可知 $(P \vee Q) \wedge (P \to R) \wedge (Q \to R) \to R$ 为永真式，从而证得 $(P \vee Q) \wedge (P \to R) \wedge (Q \to R) \Rightarrow R$。

（3） $(P \leftrightarrow Q) \wedge (Q \leftrightarrow R) \Rightarrow (P \leftrightarrow R)$ 的真值表如表 5.4-3 所示，可知 $(P \leftrightarrow Q) \wedge (Q \leftrightarrow R) \to (P \leftrightarrow R)$ 为永真式，从而证得 $(P \leftrightarrow Q) \wedge (Q \leftrightarrow R) \Rightarrow (P \leftrightarrow R)$。

表 5.4-1

P	Q	$P\to Q$	$\neg(P\to Q)$	$\neg Q$	$\neg(P\to Q)\to\neg Q$
0	0	1	0	1	1
0	1	1	0	0	1
1	0	0	1	1	1
1	1	1	0	0	1

表 5.4-2

P	Q	R	$P\vee Q$	$P\to R$	$Q\to R$	$(P\vee Q)\wedge(P\to R)\wedge(Q\to R)$	$(P\vee Q)\wedge(P\to R)\wedge(Q\to R)\to R$
0	0	0	0	1	1	0	1
0	0	1	0	1	1	0	1
0	1	0	1	1	0	0	1
0	1	1	1	1	1	1	1
1	0	0	1	0	1	0	1
1	0	1	1	1	1	1	1
1	1	0	1	0	0	0	1
1	1	1	1	1	1	1	1

表 5.4-3

P	Q	R	$P\leftrightarrow Q$	$Q\leftrightarrow R$	$P\leftrightarrow R$	$(P\leftrightarrow Q)\wedge(Q\leftrightarrow R)$	$(P\leftrightarrow Q)\wedge(Q\leftrightarrow R)\to(P\leftrightarrow R)$
0	0	0	1	1	1	1	1
0	0	1	1	0	0	0	1
0	1	0	0	0	1	0	1
0	1	1	0	1	0	0	1
1	0	0	0	1	0	0	1
1	0	1	0	0	1	0	1
1	1	0	1	0	0	0	1
1	1	1	1	1	1	1	1

【例 5.15】 证明下列逻辑蕴涵式。

（1） $(P\vee Q)\wedge(P\to R)\wedge(Q\to S)\Rightarrow R\vee S$

（2） $(P\to Q)\wedge(S\to\neg Q)\wedge(S\vee R)\wedge\neg R\Rightarrow\neg P$

（3） $((A\vee B)\to(C\wedge D))\wedge((D\vee F)\to E)\Rightarrow A\to E$

（4） $(\neg(P\to Q)\to\neg(R\vee S))\wedge((Q\to P)\vee\neg R)\wedge R\Rightarrow P\leftrightarrow Q$

证明：

（1） $(P\vee Q)\wedge(P\to R)\wedge(Q\to S)\Rightarrow R\vee S$

$\Rightarrow (P\wedge(P\to R)\wedge(Q\to S))\vee(Q\wedge(P\to R)\wedge(Q\to S))$

$\Rightarrow (R\wedge(Q\to S))\vee(Q\wedge(Q\to S)\wedge(P\to R))$

$\Rightarrow (R\wedge(Q\to S))\vee(S\wedge(P\to R))$

$\Rightarrow R\vee(S\wedge(P\to R))$

$\Rightarrow R\vee S$

（2） $(P\to Q)\wedge(S\to\neg Q)\wedge(S\vee R)\wedge\neg R\Rightarrow\neg P$

$\Rightarrow (P\to Q)\wedge(S\to\neg Q)\wedge S$

$\Rightarrow (P\to Q)\wedge(S\to\neg Q)\wedge S$

$\Rightarrow (P\to Q)\wedge\neg Q$

$$\Rightarrow \neg P$$

（3）$((A\lor B)\rightarrow(C\land D))\land((D\lor F)\rightarrow E) \Rightarrow A\rightarrow E$

$$\Rightarrow ((A\lor B)\rightarrow(C\land D))\land((D\lor F)\rightarrow E)\land((C\land D)\rightarrow D)$$
$$\land(D\rightarrow(D\lor F))$$
$$\Rightarrow ((A\lor B)\rightarrow(C\land D))\land((C\land D)\rightarrow D)\land(D\rightarrow(D\lor F))$$
$$\land((D\lor F)\rightarrow E)$$
$$\Rightarrow A\rightarrow E$$

（4）$(\neg(P\rightarrow Q)\rightarrow\neg(R\lor S))\land((Q\rightarrow P)\lor\neg R)\land R \Rightarrow P\leftrightarrow Q$

$$\Rightarrow ((R\lor S)\rightarrow(P\rightarrow Q))\land((Q\rightarrow P)\lor\neg R)\land R\land R\land(R\rightarrow(R\lor S))$$
$$\Rightarrow R\land(R\rightarrow(R\lor S))\land((R\lor S)\rightarrow(P\rightarrow Q))\land((Q\rightarrow P)\lor\neg R)\land R$$
$$\Rightarrow R\land(R\rightarrow(P\rightarrow Q))\land((Q\rightarrow P)\lor\neg R)\land R$$
$$\Rightarrow (P\rightarrow Q)\land((Q\rightarrow P)\lor\neg R)\land R$$
$$\Rightarrow (P\rightarrow Q)\land(Q\rightarrow P)$$
$$\Rightarrow P\leftrightarrow Q$$

5.5 推理理论

5.5.1 前提和有效结论

推理就是从前提出发，按照科学的推理规则，推出结论的思维过程。

【定义 5.5.1】 $P_1,\cdots,P_n$（n 通常是正整数）和 Q 是命题公式，若 $P_1\land\cdots\land P_n\Rightarrow Q$，则称 $P_1,\cdots,P_n$ 为前提，Q 为前提 $P_1,\cdots,P_n$ 的有效结论，表示为 $P_1,\cdots,P_n\Rightarrow Q$，否则称 Q 为谬误结论。

上述定义表明，如果前提 $P_1,\cdots,P_n$ 都为真时，推出的结论 Q 必然为真，即：$\{P_1,\cdots,P_n\}$ 中每个公式都成真的指派，亦必是公式 Q 的成真指派。否则，假设 Q 为假，则由条件命题的定义可知，$P_1\land\cdots\land P_n\rightarrow Q$ 为假，这与 $P_1\land\cdots\land P_n$ 逻辑蕴涵 Q 矛盾。

例如，$\neg P\Rightarrow P\rightarrow Q$，$P\rightarrow(Q\rightarrow R)$，$P\Rightarrow Q\rightarrow R$。

又如，分析下列事实："如果我数学考满分，那么我就能获得奖学金；如果我获得奖学金，那么我去看望李老师；如果我去看望李老师，那么我要穿新西服。但我没有穿新西服，因此我数学没有考满分。"写出前提和结论，并证明结论是有效结论。解法如下：

先把命题符号化，令 P：我数学考满分，Q：我获得奖学金，R：我去看望李老师，S：我穿新西服。由题意可知，前提为 $P\rightarrow Q$，$Q\rightarrow R$，$R\rightarrow S$，$\neg S$，结论为 $\neg P$ 是有效结论。下面给出证明，即证明 $P\rightarrow Q$，$Q\rightarrow R$，$R\rightarrow S$，$\neg S\Rightarrow\neg P$。由于 $\neg Q\land(P\rightarrow Q)\Rightarrow\neg P$，可知 $(P\rightarrow Q)\land(Q\rightarrow R)\land(R\rightarrow S)\land\neg S\Rightarrow(P\rightarrow Q)\land(Q\rightarrow R)\land\neg R\Rightarrow(P\rightarrow Q)\land\neg Q\Rightarrow\neg P$。故 $\neg P$ 是前提 $P\rightarrow Q$，$Q\rightarrow R$，$R\rightarrow S$，$\neg S$ 的有效结论。

再如，分析下列事实："我参加跳远比赛或羽毛球比赛；如果我参加跳远比赛，那么我要买新跑鞋；如果我参加羽毛球比赛，那么我要买新背心；但我没有买新背心，因此我参加跳远比赛并且买了新跑鞋。"写出前提和结论，并证明结论的有效性。解法如下：

先把命题符号化，令 P：我参加跳远比赛，Q：我参加羽毛球比赛，R：我买新跑鞋，S：我买新背心。由题意可知，前提为 $P\lor Q$，$P\rightarrow R$，$Q\rightarrow S$，$\neg S$，有效结论为 $P\land R$。现证明如下：

$$(P\lor Q)\land(P\rightarrow R)\land(Q\rightarrow S)\land\neg S \Rightarrow (P\rightarrow R)\land(P\lor Q)\land\neg Q$$
$$\Rightarrow (P\rightarrow R)\land P$$
$$\Rightarrow P\land P\land(P\rightarrow R)$$
$$\Rightarrow P\land R$$

上述证明是一种"纯粹"的蕴涵式的证明。证明过程总把所有前提全部列出，每步证明只对某些前提进行处理，其他部分只是重复抄写一遍，使证明过程显得冗长并且也不能显示出推理的特点。

实际上，推理过程通常是这样进行的：

"如果我参加羽毛球比赛，那么我要买新背心"，但"我没有买新背心"，因此"我没有参加羽毛球比赛"；

"我参加跳远比赛或羽毛球比赛"，但"我没有参加羽毛球比赛"，因此"我参加跳远比赛"；

"如果我参加跳远比赛，那么我要买新跑鞋"，因此"我参加跳远比赛并且买了新跑鞋"。

由此可知，推理过程中采用"用到某个前提时，才引入这个前提"，"由某些前提推出的有效结论也可引入推理过程中"的方法。因此，若把推理的这些特点和蕴涵公式的证明结合起来，则可以得到直接证明法。

5.5.2 直接证明法

直接证明法遵循以下两条规则。

❖ P 规则：前提在推理过程的任何时候皆可引入使用。

❖ T 规则：在推理过程中，如果有一个或多个命题公式蕴涵 S，则 S 可引入推理中。

例如，仍以上述所提问题为例，需证明 $(P\lor Q)\land(P\rightarrow R)\land(Q\rightarrow S)\land\neg S\Rightarrow P\land R$。用直接证明法证明如下：

①	$Q\rightarrow S$	利用 P 规则，引入前提
②	$\neg S$	利用 P 规则，引入前提
③	$\neg Q$	由①、②利用 T 规则
④	$P\lor Q$	利用 P 规则，引入前提
⑤	P	由③、④利用 T 规则
⑥	$P\rightarrow R$	利用 P 规则，引入前提
⑦	R	由⑤、⑥利用 T 规则
⑧	$P\land R$	由⑤、⑦利用 T 规则

为了简化书写，以后把"利用 P 规则，引入前提"简写作"P"；把"利用 T 规则"简写作"T"。

又如，证明 $P\rightarrow Q$，$\neg Q\lor R$，$\neg R$，$\neg(\neg P\land S)\Rightarrow\neg S$。

证明如下：

①	$\neg R$	P
②	$\neg Q\lor R$	P
③	$\neg Q$	T①、②
④	$P\rightarrow Q$	P

⑤ $\neg P$ T③、④

⑥ $\neg(\neg P \wedge S)$ P

⑦ $P \vee \neg S$ T⑥

⑧ $\neg S$ T⑤、⑦

5.5.3 间接证明法

当直接证明有效结论有一定困难时，我们往往采取附加某些前提来证明一个相关结论的方法处理之，这类证明方法往往被称为间接证明法。

设有一组前提 $P_1, \cdots, P_n$，要推出有效结论 Q，即证 $P_1 \wedge \cdots \wedge P_n \Rightarrow Q$，即证

$$P_1 \wedge \cdots \wedge P_n \to Q \Leftrightarrow 1$$
$$\neg(P_1 \wedge \cdots \wedge P_n) \vee Q \Leftrightarrow 1$$
$$\neg(\neg(P_1 \wedge \cdots \wedge P_n) \vee Q) \Leftrightarrow 0$$
$$(P_1 \wedge \cdots \wedge P_n) \wedge \neg Q \Leftrightarrow 0$$

所以，要证 $P_1 \wedge \cdots \wedge P_n \Rightarrow Q$，可把结论 Q 的否定 $\neg Q$ 加入前提，再证明 $(P_1 \wedge \cdots \wedge P_n) \wedge \neg Q$ 为永假式即可，这种证明方法被称为反证法。

例如，利用间接证明法，证明 $(A \vee B) \to C$，$C \to D \vee E$，$E \to F$，$\neg D \wedge \neg F \Rightarrow \neg A$。

利用反证法，即证 $((A \vee B) \to C) \wedge (C \to D \vee E) \wedge (E \to F) \wedge (\neg D \wedge \neg F) \wedge A \Leftrightarrow 0$。

① A P（附加前提）

② $A \vee B$ T①

③ $(A \vee B) \to C$ P

④ C T②，③

⑤ $C \to D \vee E$ P

⑥ $D \vee E$ T④、⑤

⑦ $\neg D \wedge \neg F$ P

⑧ $\neg D$ T⑦

⑨ E T⑥、⑧

⑩ $E \to F$ P

⑪ F T⑨、⑩

⑫ $\neg F$ T⑦

⑬ $F \wedge \neg F$（永假）   T⑪、⑫

间接证明法的另一种情况是利用 CP 规则。例如，若证 $P_1 \wedge \cdots \wedge P_n \Rightarrow Q \to R$，即证

$$(P_1 \wedge \cdots \wedge P_n) \to (Q \to R) \Leftrightarrow 1$$
$$\neg(P_1 \wedge \cdots \wedge P_n) \vee \neg Q \vee R \Leftrightarrow 1$$
$$\neg(P_1 \wedge \cdots \wedge P_n \wedge Q) \vee R \Leftrightarrow 1$$
$$(P_1 \wedge \cdots \wedge P_n \wedge Q) \to R \Leftrightarrow 1$$
$$P_1 \wedge \cdots \wedge P_n \wedge Q \Rightarrow R$$

因此，当所需推出结论是 $Q \to R$ 形式时，可先将 Q 作为附加前提，若 $P_1 \wedge \cdots \wedge P_n \wedge Q \Rightarrow R$，就能证得 $P_1 \wedge \cdots \wedge P_n \Rightarrow Q \to R$，这就是 CP 规则。

例如，用间接证明法（CP 规则）证明$(A\lor B)\to(C\land D)$，$(D\lor F)\to E\Rightarrow A\to E$。

证明如下：

① A P（附加前提）

② $A\lor B$ T①

③ $(A\lor B)\to(C\land D)$ P

④ $C\land D$ T②、③

⑤ D T④

⑥ $D\lor F$ T⑤

⑦ $(D\lor F)\to E$ P

⑧ E T⑥、⑦

⑨ $A\to E$ CP 规则

又如，分析下列情况，判断结论是否有效？

前提：（1）我写信或打电话。

   （2）如果我要写信，那么我要带些信纸。

   （3）如果我要带信纸，那么我去文具店。

结论：如果我没有去文具店，那么我打电话。

解法如下：

此结论是有效结论。若令 P：我写信，Q：我打电话，R：我带些信纸，S：我去文具店，则需证明 $P\lor Q$，$P\to R$，$R\to S\Rightarrow\neg S\to Q$。

用 CP 规则证明：

① $\neg S$ P（附加前提）

② $R\to S$ P

③ $\neg R$ T①、②

④ $P\to R$ P

⑤ $\neg P$ T③、④

⑥ $P\lor Q$ P

⑦ Q T⑤、⑥

⑧ $\neg S\to Q$ CP 规则

由此证得 $\neg S\to Q$ 为有效结论。

【例 5.16】 用直接证明法证明：A，$(A\lor B)\to(C\land D)$，$(D\lor F)\to E\Rightarrow E$。

证明：

① A P

② $A\lor B$ T①

③ $(A\lor B)\to(C\land D)$ P

④ $C\land D$ T②、③

⑤ D T④

⑥ $D\lor F$ T⑤

⑦ $(D\lor F)\to E$ P

⑧ E T⑥、⑦

【例 5.17】 用间接证明法证明：$P \to Q$，$\neg Q \lor R$，$\neg R$，$\neg(\neg P \land S) \Rightarrow \neg S$

证明：

① S	P（附加前提）
② $\neg(\neg P \land S)$	P
③ $P \lor \neg S$	T②
④ P	T①、③
⑤ $P \to Q$	P
⑥ Q	T④、⑤
⑦ $\neg Q \lor R$	P
⑧ R	T⑥、⑦
⑨ $\neg R$	P
⑩ $R \land \neg R$（永假）	T⑧、⑨

由此证得 $(P \to Q) \land (\neg Q \lor R) \land (\neg R) \land \neg(\neg P \land S) \land S \Leftrightarrow \mathbf{0}$，即证得 $P \to Q$，$\neg Q \lor R$，$\neg R$，$\neg(\neg P \land S)$ $\Rightarrow \neg S$。

【例 5.18】 用 CP 规则证明：$A \to (B \to C)$，$(C \land D) \to E$，$\neg F \to (D \land \neg E) \Rightarrow A \to (B \to F)$。

证明：

使用 CP 规则，即证明 A，$A \to (B \to C)$，$(C \land D) \to E$，$\neg F \to (D \land \neg E) \Rightarrow B \to F$。

再次使用 CP 规则，即证明 A，B，$A \to (B \to C)$，$(C \land D) \to E$，$\neg F \to (D \land \neg E) \Rightarrow F$。

① A	P（附加前提）
② $A \to (B \to C)$	P
③ $B \to C$	T①、②
④ B	P（附加前提）
⑤ C	T③、④
⑥ $(C \land D) \to E$	P
⑦ $\neg(C \land D) \lor E$	T⑥
⑧ $\neg C \lor \neg D \lor E$	T⑦
⑨ $\neg D \lor E$	T⑤、⑧
⑩ $\neg(D \land \neg E)$	T⑨
⑪ $\neg F \to (D \land \neg E)$	P
⑫ F	T⑩、⑪
⑬ $B \to F$	CP 规则
⑭ $A \to (B \to F)$	CP 规则

【例 5.19】 分析下列事实："今晚我去看电影或者去上班；如果我去看电影，那么我很高兴；如果我去上班，那么我要吃个汉堡；由于我没吃汉堡，因此我很高兴。"试写出前提和有效结论，并进行证明。

解：

设 P：今晚我去看电影，Q：今晚我去上班，R：我很高兴，S：我吃了汉堡。由题意可知，前提为 $P \lor Q$、$P \to R$、$Q \to S$、$\neg S$。有效结论为 R，即证明 $P \lor Q$，$P \to R$，$Q \to S$，$\neg S \Rightarrow R$。

① $\neg S$	P

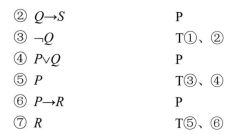

② $Q \rightarrow S$	P
③ $\neg Q$	T①、②
④ $P \vee Q$	P
⑤ P	T③、④
⑥ $P \rightarrow R$	P
⑦ R	T⑤、⑥

【例 5.20】 公安人员审查一件凶杀案，已知下列事实：

（1）甲或乙是嫌疑犯。

（2）若甲是嫌疑犯，则作案时间不能在上午。

（3）若乙的供词可靠，则上午房间里的电视是开着的。

（4）若乙的供词不可靠，则作案时间在上午。

（5）上午房间里的电视没有开着。

问：嫌疑犯是甲还是乙？

解：

令 P：甲是嫌疑犯，Q：乙是嫌疑犯，R：作案时间在上午，S：乙的供词可靠，T：上午房间里的电视是开着的。由题意可知，前提为：$P \vee Q$，$P \rightarrow \neg R$，$S \rightarrow T$，$\neg S \rightarrow R$，$\neg T$。

① $\neg T$	P
② $S \rightarrow T$	P
③ $\neg S$	T①、②
④ $\neg S \rightarrow R$	P
⑤ R	T③、P④
⑥ $P \rightarrow \neg R$	P
⑦ $\neg P$	T⑤、⑥
⑧ $P \vee Q$	P
⑨ Q	T⑦、⑧

所以，$P \vee Q$，$P \rightarrow \neg R$，$S \rightarrow T$，$\neg S \rightarrow R$，$\neg T \Rightarrow Q$。

由此可知，嫌疑犯是乙。

【例 5.21】 甲、乙、丙和丁参加乒乓球比赛，已知情况是：

（1）若甲获冠军，则乙或丙获亚军；

（2）若乙获亚军，则甲不能获冠军；

（3）若丁获亚军，则丙不能获亚军；

（4）甲确实获得冠军。

因此丁没有获得亚军。请写出前提和结论，并证明此结论是有效结论。

证明：

令 A：甲获得冠军，B：乙获得亚军，C：丙获得亚军，D：丁获得亚军。由题意可知，前提为 $A \rightarrow (B \vee C)$，$B \rightarrow \neg A$，$D \rightarrow \neg C$，A，结论为 $\neg D$。现证明此结论为有效结论，即 $(\neg A)(A \wedge B)$，$(A \vee B)$，$(A \rightarrow B)$，$(A \leftrightarrow B)$

① A	P
② $B \rightarrow \neg A$	P

③ $\neg B$ T①、②

④ $A \rightarrow (B \vee C)$ P

⑤ $B \vee C$ T①、④

⑥ C T③、⑤

⑦ $D \rightarrow \neg C$ P

⑧ $\neg D$ T⑥、⑦

由此证得 $\neg D$ 是有效结论。

【例 5.22】 下列推理的结论是否是有效结论？

（1）如果小王参加马拉松赛跑，那么小王会很疲劳；由于小王很疲劳，因此小王参加了马拉松赛跑。

（2）如果小李考上大学，那么小李要去买一台电脑；但小李没有去买电脑，因此小李没考上大学。

解：

（1）令 P：小王参加马拉松赛跑，Q：小王很疲劳。由题意可知，前提为 $P \rightarrow Q$，Q，结论为 P。由于 $P \rightarrow Q$，$Q \not\Rightarrow P$，因此该结论不是有效结论。

（2）令 P：小李考上大学，Q：小李去买电脑。由题意可知，前提为：$P \rightarrow Q$，$\neg Q$，结论为：$\neg P$。由于 $P \rightarrow Q$，$\neg Q \Rightarrow \neg P$，因此该结论是有效结论。

习 题 5

1．指出下列语句中哪些是命题。

（1）张明是中学生。   （2）整数有无限个。

（3）明天下雪吗？   （4）松鼠是植物。

（5）存在最大质数。   （6）明天我去看电影。

（7）太精彩了！   （8）如果天下雨，我就去看电影。

（9）多美丽的花啊。   （10）2+3=4。

2．指出下列命题中，哪些是原子命题，哪些是复合命题。

（1）小张是女大学生。   （2）我家有两台电视机。

（3）李大双和李小双是孪生兄弟。   （4）沈旦和汪英是夫妻俩。

（5）沈旦和汪英都很贪婪。

3．判断下列命题的真值。

（1）如果 3+4=7，则 7 是奇数。   （2）如果 3+4=7，则 7 不是奇数。

（3）如果 3+4≠7，则 7 是奇数。   （4）如果 3+4≠7，则 7 不是奇数。

（5）3+4=7 当且仅当 7 是奇数。   （6）3+4=7 当且仅当 7 不是奇数。

（7）3+4≠7 当且仅当 7 是奇数。   （8）3+4≠7 当且仅当 7 不是奇数。

4．写出下列命题的否命题。

（1）广州是个大城市。   （2）每个素数都是奇数。

（3）我吃面包或鸡蛋。   （4）我爱跑步和登山。

5．令 P：天气晴朗，Q：天气恶劣，R：我去郊游，S：我在家看书。请用日常语言叙述下列命题：

(1) $P \wedge \neg Q$ (2) $(\neg P \wedge \neg Q) \to R$

(3) $\neg P \leftrightarrow Q\, R$ (4) $(\neg P \to R) \wedge (P \to S)$

(5) $S \to (P \wedge Q)$

6. 令 P：我喜欢体育运动，Q：我身体健康，R：我很快乐。请将下列命题符号化：

(1) 虽然我身体不健康，但我很快乐。   (2) 如果我身体健康，那么我很快乐。

(3) 我身体健康，当且仅当我喜爱体育运动。

7. 请将下列命题符号化。

(1) 我一边跑步，一边听音乐。

(2) 如果我美丽，那么天就下雨。

(3) 死机的原因在于语法错误或程序错误。

(4) 如果太阳比月亮大，那么 2+2=4。

(5) 除非天下雨，否则他步行上班。

(6) 仅当你去，我才留下。

(7) 如果我学习努力并且考试得满分，那么我去看电影。

(8) 如果老张和老李都不去，他就去。

(9) 如果仅派老张或老李中的一人出差去上海，那么我就去大连。

(10) 四边形 $ABCD$ 是平行四边形，当且仅当它的对边平行。

8. 写出下列命题公式的真值表。

(1) $(P \vee Q) \to P$ (2) $(P \vee Q) \wedge (P \to Q)$

(3) $(P \wedge R) \vee (P \to Q)$ (4) $(P \to Q) \wedge (\neg Q \to R)$

9. 利用真值表证明：

(1) 析取运算满足结合律。   (2) 合取运算满足结合律。

(3) 合取对析取满足分配律。   (4) 析取对合取满足分配律。

(5) 摩根律。

10. 利用真值表证明下列等价式。

(1) $P \leftrightarrow Q \Leftrightarrow \neg(P \triangledown Q)$ (2) $P \triangledown Q \Leftrightarrow (P \to \neg Q) \wedge (\neg Q \to P)$

(3) $\neg P \leftrightarrow Q \Leftrightarrow P \triangledown Q$ (4) $\neg(P \vee Q) \vee (\neg P \wedge Q) \Leftrightarrow \neg P$

(5) $P \to (Q \to R) \Leftrightarrow (P \wedge Q) \to R$ (6) $(P \to Q) \wedge (Q \to R) \Leftrightarrow (\neg P \wedge \neg Q) \vee (\neg P \wedge R) \vee (Q \wedge R)$

11. 证明下列等价式。

(1) $\neg(P \to Q) \Leftrightarrow P \wedge \neg Q$ (2) $(P \wedge Q) \vee (P \wedge \neg Q) \Leftrightarrow P$

(3) $Q \to (P \vee (P \wedge \neg Q)) \Leftrightarrow \neg Q \vee P$ (4) $P \to (P \to Q) \Leftrightarrow P \to Q$

(5) $(P \to Q) \wedge (P \to R) \Leftrightarrow P \to (Q \wedge R)$ (6) $(P \to Q) \vee (P \to R) \Leftrightarrow P \to (Q \vee R)$

(7) $(P \to R) \wedge (Q \to R) \Leftrightarrow (P \vee Q) \to R$ (8) $(P \to R) \vee (Q \to R) \Leftrightarrow (P \wedge Q) \to R$

(9) $((P \wedge \neg Q) \to R) \wedge ((Q \to P) \vee \neg R) \wedge R \Leftrightarrow (P \leftrightarrow Q) \wedge R$

(10) $P \wedge (Q \triangledown R) \Leftrightarrow (P \wedge Q) \triangledown (P \wedge R)$。

12. 证明下列命题公式为永真式。

(1) $(P \wedge Q \to P) \wedge (P \vee \neg P)$ (2) $P \to (P \vee Q)$

(3) $\neg P \to (P \to Q)$ (4) $(P \to (P \vee Q)) \wedge (\neg P \to (P \to Q))$

(5) $(P \wedge (P \to Q)) \to Q$ (6) $((P \to Q) \wedge (Q \to R)) \to (P \to R)$

13. 求下列命题公式的析取范式。

(1) $P \wedge (P \to Q)$ (2) $P \to (Q \leftrightarrow \neg R)$

(3) $(\neg P \vee Q) \rightarrow R$　　　　　　　　　　(4) $(P \rightarrow Q) \rightarrow (P \wedge R)$

(5) $(P \leftrightarrow Q) \rightarrow R$

14. 求下列命题公式的主析取范式。

(1) $(P \vee Q) \leftrightarrow (P \wedge Q)$　　　　　　　(2) $(P \rightarrow R) \wedge (Q \rightarrow R)$

(3) $P \wedge (Q \leftrightarrow R)$　　　　　　　　　(4) $(P \leftrightarrow Q) \wedge \neg (Q \rightarrow R)$

(5) $(P \rightarrow Q) \vee (\neg R \rightarrow S)$

15. 利用真值表求下列命题公式的主析取范式。

(1) $(P \rightarrow Q) \leftrightarrow R$　　　　　　　　(2) $\neg (P \leftrightarrow Q) \vee (Q \rightarrow R)$

(3) $\neg P \wedge (Q \leftrightarrow R)$　　　　　　　　(4) $(P \rightarrow Q) \vee (P \rightarrow R)$

(5) $(P \rightarrow (Q \wedge R)) \wedge (\neg P \rightarrow (\neg Q \wedge \neg R))$

16. 求下列命题公式的合取范式。

(1) $\neg (P \rightarrow \neg Q) \vee (P \vee Q)$　　　　　(2) $(P \rightarrow \neg Q) \leftrightarrow R$

(3) $\neg P \leftrightarrow (Q \rightarrow R)$　　　　　　　(4) $\neg (P \rightarrow Q) \rightarrow R$

(5) $\neg P \vee (Q \leftrightarrow R)$

17. 求下列命题公式的主合取范式。

(1) $(Q \rightarrow P) \vee (\neg P \wedge Q)$　　　　　　(2) $\neg P \wedge (Q \rightarrow R)$

(3) $(P \rightarrow Q) \wedge (Q \leftrightarrow R)$　　　　　(4) $(P \rightarrow Q) \leftrightarrow R$

(5) $\neg P \vee (Q \rightarrow R)$

18. 利用真值表求下列命题公式的主合取范式。

(1) $(\neg P \wedge Q) \rightarrow R$　　　　　　　　(2) $(P \rightarrow \neg Q) \wedge (Q \rightarrow R)$

(3) $P \vee (\neg Q \leftrightarrow R)$　　　　　　　　(4) $P \wedge Q \wedge (Q \leftrightarrow R)$

(5) $P \rightarrow ((Q \wedge R) \rightarrow S)$

19. 利用真值表求下列命题公式的主析取范式和主合取范式。

(1) $(P \rightarrow Q) \leftrightarrow R$　　　　　　　　(2) $P \wedge (Q \rightarrow R)$

(3) $(\neg P \rightarrow Q) \rightarrow R$　　　　　　　(4) $\neg (P \rightarrow Q) \vee (Q \leftrightarrow \neg R)$

20. 求下列命题公式的主析取范式和主合取范式。

(1) $(\neg P \wedge Q) \rightarrow R$　　　　　　　　(2) $\neg (P \rightarrow Q) \wedge (R \rightarrow \neg S)$

21. 利用真值表证明下列逻辑蕴涵式。

(1) $Q \Rightarrow P \rightarrow Q$　　　　　　　　　(2) $\neg Q \wedge (P \rightarrow Q) \Rightarrow \neg P$

(3) $\neg P \wedge (P \vee Q) \Rightarrow Q$　　　　　　(4) $(P \rightarrow Q) \wedge (Q \rightarrow R) \Rightarrow P \rightarrow R$

22. 利用常用逻辑蕴涵式证明：

(1) $(P \rightarrow Q) \wedge (\neg Q \vee R) \wedge \neg R \wedge \neg (\neg P \wedge S) \Rightarrow \neg S$

(2) $((P \wedge \neg Q) \rightarrow \neg R) \wedge ((Q \rightarrow P) \vee \neg R) \wedge R \Rightarrow P \leftrightarrow Q$

(3) $(A \rightarrow (B \rightarrow C)) \wedge (\neg D \vee A) \wedge B \Rightarrow D \rightarrow C$

(4) $((A \rightarrow B) \rightarrow C) \wedge (C \rightarrow D) \wedge (D \rightarrow (E \wedge F)) \wedge (\neg E \vee \neg F) \Rightarrow \neg B$

(5) $(A \rightarrow (B \rightarrow C)) \wedge ((C \wedge D) \rightarrow E) \wedge (F \rightarrow (D \wedge \neg E)) \Rightarrow A \rightarrow (B \rightarrow \neg F)$

23. 下列问题，若成立，请证明；若不成立，请举出反例。

(1) 已知 $A \vee C \Rightarrow B \vee C$，问 $A \Rightarrow B$ 成立吗？

(2) 已知 $A \wedge C \Rightarrow B \wedge C$，问 $A \Rightarrow B$ 成立吗？

(3) 已知 $A \vee C \Rightarrow B \vee C$ 且 $A \wedge C \Rightarrow B \wedge C$，问 $A \Rightarrow B$ 成立吗？

24. 利用直接证明法证明下列各逻辑蕴涵式。

(1) $\neg A \lor B$, $C \rightarrow \neg B \Rightarrow A \rightarrow \neg C$

(2) $\neg D$, $\neg C \lor D$, $A \land B \rightarrow C \Rightarrow \neg A \lor \neg B$

(3) $A \rightarrow B$, $B \rightarrow C$, $A \lor \neg D \Rightarrow \neg C \rightarrow \neg D$

(4) $A \rightarrow (B \rightarrow C)$, $\neg D \lor A$, $B \Rightarrow D \rightarrow C$

(5) $A \rightarrow (\neg B \lor C)$, $D \lor E$, $(D \lor E) \rightarrow A \Rightarrow B \rightarrow C$

(6) $M \lor Q$, $M \rightarrow S$, $S \rightarrow \neg R \Rightarrow R \rightarrow Q$

(7) $J \rightarrow (M \lor N)$, $(H \lor G) \rightarrow J$, $H \lor G \Rightarrow M \lor N$

(8) $\neg(P \rightarrow Q) \rightarrow \neg(R \lor S)$, $(Q \rightarrow P) \lor \neg R$, $R \Rightarrow P \leftrightarrow Q$

(9) $P \lor Q$, $P \rightarrow R$, $Q \rightarrow S$, $\neg S \Rightarrow R$

(10) $P \rightarrow Q$, $(\neg Q \lor R) \land \neg R$, $\neg(\neg P \land S) \Rightarrow \neg S$

25. 用间接证明法证明下列各式。

(1) $P \rightarrow Q$, $\neg Q \lor R$, $\neg(\neg P \lor S)$, $\neg R \Rightarrow \neg S$

(2) $A \rightarrow B$, $C \rightarrow D$, $B \rightarrow E$, $D \rightarrow F$, $\neg(E \land F)$, $A \rightarrow C \Rightarrow \neg A$

(3) $P \leftrightarrow Q$, $S \rightarrow \neg Q$, $R \lor S$, $\neg R \Rightarrow \neg P$

(4) $\neg P \rightarrow Q$, $P \rightarrow \neg R$, $Q \rightarrow S$, $\neg S \Rightarrow \neg R$

(5) $\neg(P \land \neg Q)$, $\neg Q \lor R$, $\neg R \Rightarrow \neg P$

(6) $P \land Q$, $(P \leftrightarrow Q) \rightarrow (H \lor G) \Rightarrow G \lor H$

26. 用 CP 规则证明下列各式。

(1) $A \rightarrow (B \rightarrow C)$, $\neg D \lor A$, $B \Rightarrow D \rightarrow C$

(2) $\neg D$, $\neg C \lor D$, $A \land B \rightarrow C \Rightarrow \neg A \lor \neg B$

(3) $A \rightarrow (\neg B \lor C)$, $D \lor E$, $(D \lor E) \rightarrow A \Rightarrow B \rightarrow C$

(4) $A \lor B \rightarrow C \land D$, $D \lor E \rightarrow F \Rightarrow A \rightarrow F$

27. 对于下列一组前提，请给出它们的有效结论，并进行证明。

（1）如果我努力学习，那么我能通过考试。如果我通过考试，那么我买一部新手机。我没买新手机。

（2）如果项目结束，那么我去旅游。如果我去旅游，我要去银行取钱。项目结束。

28. 下列推理中，哪些结论是有效结论？

（1）如果我考上大学，那么我很高兴，但我不高兴，因此我没有考上大学。

（2）如果你坚持锻炼，那么你体检合格，你没有坚持锻炼，因此你体检不合格。

第6章 谓词逻辑

命题逻辑的主要研究对象是命题，命题是由一些原子命题经联结词组合而成的。原子命题是最基本的单元，是有判断内容的陈述句。陈述句一般由主语和谓语两部分组成，其本身是不可分解的。正是基于这一认定，所以我们无法研究命题内部的成分、结构及逻辑特征。对于许多有着密切联系的原子命题，命题逻辑的任务仅仅是简单判定它们是否相同，而对其内在联系不加以分析，这就使得命题逻辑在反映客观事实时具有较大的局限性。

如历史上著名的"苏格拉底（Socrates）三段论"：

❖ 所有的人都是会死的。

❖ 苏格拉底是人。

❖ 所以，苏格拉底是会死的。

显然，由前提"所有的人都是会死的"和"苏格拉底是人"，推出结论"苏格拉底是会死的"是有效结论。然而，该推理是靠直觉判定的，无法用命题逻辑表达出来。若令 P：所有人都是会死的，Q：苏格拉底是人，R：苏格拉底是会死的，那么应有 $P \wedge Q \Rightarrow R$。

在命题逻辑中，由于把命题 P、Q、R 看成三个不同的、没有联系的命题，因此无法得出 R 是 P、Q 的有效结论。

这充分暴露了命题逻辑的致命弱点：命题逻辑以原子命题为基本单位，对研究对象的阐述过于简单，不足以体现"苏格拉底三段论"中各命题的内部结构，进而研究个体的特性和共性，也就反映不出命题之间的内在联系。

为了深入讨论命题之间的逻辑关系，我们对原子命题进一步分析，不再把原子命题看成一个不可分解的整体，在原子命题中引进谓词的概念，这种以命题中的谓词为基础的分析研究称为谓词逻辑。

6.1 谓词逻辑的基本概念

6.1.1 个体词、谓词和命题函数

1. 否定词

研究对象中不依赖于人的主观而独立存在的具体的或抽象的客观实体被称为个体词。

个体（individual）可以是具体的，也可以是抽象的；可以是变量，也可以是常量。通常，个体在原子命题中是主语，词性是名词、代名词。例如，在苏格拉底三段论中，苏格拉底、人都是个体。表示具体或特定的客体的个体词被称为个体常项或个体常元（constants），常用小

写字母 a,b,c 表示。表示抽象或泛指的个体词被称为个体变项或个体变元，常用小写字母 x,y,z,u,v,w 表示。个体变元的取值范围通常被称为个体域或论域，记为 D。由所有个体域综合在一起的论述范围被称为全总个体域，记作 U。或者说，全总个体域是把世上一切事物和概念构成的集合作为个体域。因此，任何个体域都是全总个体域的子集。通常约定，当事先没有给出个体域的范围时，就采用全总个体域。

2．谓词

用于表示个体词性质或相互之间关系的词被称为谓词。

【例 6.1】 考虑下面 3 个命题（或命题公式）：

（1）5 是质数。

（2）x 是无理数。

（3）$7 = 3 \times 2$。

解：

在（1）中，5 是个体常项，"…是质数"是谓词，记为 A。整个陈述句可表示为 $A(5)$。

在（2）中，x 是个体变项，"…是无理数"是谓词，记为 B。该句子可表示为 $B(x)$。

在（3）中，3、2 和 7 是个体常项，"…与…相乘等于…"是谓词，记为 C。该句子可表示为 $C(3,2,7)$。一般使用大写字母 A,B,C 表示谓词。

与个体类似，谓词也有谓词常元和谓词变元之分。在例 6.1 中，（1）中的 $A(5)$ 是谓词常元，（2）中的 $B(x)$ 是谓词变元。

一般来说，"x 是 A" 类型的命题可以用 $A(x)$ 表达。对于 "x 大于 y" 这种两个个体之间关系的命题，可表达为 $B(x,y)$，这里 B 表示"…大于…"谓词。我们把 $A(x)$ 称为一元谓词，$B(x,y)$ 称为二元谓词，$C(x,y,z)$ 称为三元谓词，通常，二元以上谓词被称为多元谓词。一元谓词表示一个个体的性质，多元谓词表示多个个体的关系。

显然，谓词不是命题，只有当确定的个体词"填入"后，才成为命题。一元谓词需要代入一个个体常元，二元谓词需要代入两个个体常元，n 元谓词需要代入 n 个个体常元后才能成为命题。仅含有个体常元的谓词（已经确定真、假值的命题）被称为零元谓词。

使用谓词逻辑来描述和推理以自然语句表达的问题，首先需要符号化。

【例 6.2】 将下列命题符号化。

（1）苏格拉底是人。

（2）我是人。

（3）$x \geq y$。

（4）如果 3 小于 4，则 10 小于 8。

解：

在（1）中，苏格拉底是个体常元，记为 s；"…是人"是谓词，记为 $A(\cdot)$。该命题可符号化为 $A(s)$。

在（2）中，我是个体，记为 i；"是人"是谓词，记为 $B(\cdot)$。该命题可符号化为 $B(i)$。

在（3）中，x 和 y 是个体，"…大于等于…"是谓词，记为 $C(\cdot,\cdot)$。该命题可符号化为 $C(x,y)$。

在（4）中，3、4、10、8 是个体，"…小于…"是谓词，记为 $D(\cdot,\cdot)$。该命题可符号化为 $D(3,4) \rightarrow D(10,8)$。

可以看出，当使用多元谓词来表示命题时，要注意其中个体词的有序性，不可随意变动。

3．命题函数

在谓词的表示形式中，如

$$A(\cdot)：\cdot 是杰出的表演艺术家。$$

其中，"·"是用来填入个体词的。填入各种个体词，就得到了各种命题。由此容易联想到，如果把谓词中的"·"用一个可以取各种个体词的"变量"来替代，并把 $A(\cdot)$ 写成 $A(x)$，即

$$A(x)：x 是杰出的表演艺术家。$$

这样就得到了谓词的函数表示形式，那么这样的函数被称为简单命题函数。

多元谓词可以表示为多元的简单命题函数，如

$$B(x,y)：x 和 y 是兄弟俩。$$
$$C(x,y,z)：x 乘 y 等于 z。$$

在命题逻辑中，由原子命题经联结词运算后构成复合命题。

同样，由简单命题函数经联结词运算后构成复合命题函数，简称命题函数。如令

$$E(x)：x 是偶数。$$
$$P(x)：x 是素数。$$
$$I(x)：x 是整数。$$

那么以下都是命题函数。

$$E(x) \vee P(x)：x 是偶数或 x 是素数。$$
$$P(x) \rightarrow I(x)：如果 x 是素数，那么 x 是整数。$$
$$I(x) \wedge \neg E(x)：x 是整数但不是偶数。$$

6.1.2　量词

把确定的个体词代入命题函数后就能得到命题。例如，$P(x)：x$ 能被 2 整除。

如果个体域为所有偶数组成的集合，那么 $P(4)：4$ 能被 2 整除，这是个命题，且其真值为真。但这种把个体词代入命题函数以确定命题的方法，在某些问题的讨论中并不可行。如对于"所有偶数都能被 2 整除"，显然这是个命题，若要确定这个命题的真值，就需要把个体域中所有个体词（偶数）一一代入 $P(x)$ 中，这是不可能的，为此需要引入量词。下面介绍两种最重要、最常用的量词——全称量词和存在量词。

1．全称量词

【定义 6.1.1】 "所有""一切""每个""凡是""任意""任何一个"等表示个体域中每一个，称为全称量词，用"∀"表示。"对于所有的 x"，表示为 $(\forall x)$，x 称为指导变元。

$(\forall x)P(x)$（全称量化）：在其论域中的每个个体，$P(x)$ 为真，则 $(\forall x)P(x)$ 为真，否则为假。

例如，对于下列命题

（1）所有鱼都生活在水中。

（2）每个人都要呼吸。

（3）凡是狮子都是猫科动物。

（4）任意的素数都是整数。

如果令

$$F(x)：\quad x \text{是鱼。}$$
$$W(x)：\quad x \text{生活在水中。}$$
$$M(x)：\quad x \text{是人。}$$
$$H(x)：\quad x \text{要呼吸。}$$
$$L(x)：\quad x \text{是狮子。}$$
$$C(x)：\quad x \text{是猫科动物。}$$
$$P(x)：\quad x \text{是素数。}$$
$$I(x)：\quad x \text{是整数。}$$

由于各命题函数的个体域，即个体词的论域都不相同，因此为了便于讨论，各命题函数的个体域一律采用"全总个体域"。此时，上述命题可表示为：

（1）$(\forall x)(F(x) \rightarrow W(x))$

（2）$(\forall x)(M(x) \rightarrow H(x))$

（3）$(\forall x)(L(x) \rightarrow C(x))$

（4）$(\forall x)(P(x) \rightarrow I(x))$

命题函数不是命题，但是在全称量词 $\forall$ 的作用下，仅含变量 x 的命题函数成为命题，如 $(\forall x)(P(x) \rightarrow I(x))$ 表示：任意的素数都是整数。显然，这是一个命题，且它的真值为真。

因此，在全称量词 $\forall$ 的作用下，命题函数中的变量 x 不再起变量的作用，或者说，全称量词"约束"了 x 的变量作用。

对于含有多个变量的命题函数，可以有多个全称量词，如

$$A(x,y)：\quad x \text{ 和 } y \text{ 都是正数。}$$
$$B(x,y)：\quad xy > 0 \text{。}$$

那么 $(\forall x)(\forall y)(A(x,y) \rightarrow B(x,y))$ 表示：对于任意的 x 和 y，如果 x 和 y 都是正数，则 $xy > 0$。这是一个命题，它的真值为真。

如果在实数集构成的个体域上，需要把命题"所有的整数都是有理数"符号化，则需要令
$$I(x)：\quad x \text{是整数。}$$

那么命题 $\forall x(I(x) \rightarrow Q(x))$ 表示：对于所有的 x，如果 x 是整数，那么 x 是有理数。这与命题"所有的整数都是有理数"的含义相同。

$I(x)$ 常被称为特性谓词。特性谓词的作用是把具有某种特性的个体词（如整数）从个体域（实数集）中分离出来。

【例6.3】 设个体域为所有实数构成的集合，试将下列命题符号化。

（1）所有整数都是有理数。

（2）并非一切有理数都是整数。

（3）所有偶数都能被 2 整除。

解：

如果令

$$I(x)：\quad x \text{是整数。}$$
$$Q(x)：\quad x \text{是有理数。}$$

$$E(x)：\quad x是偶数。$$
$$D(x,y)：\quad x能被y整除。$$

那么，命题（1）可符号化为$\forall x(I(x) \to Q(x))$，其中$I(x)$是特性谓词；命题（2）可符号化为$\neg\forall x(Q(x) \to I(x))$，其中$Q(x)$是特性谓词；命题（3）可符号化为$\forall x(E(x) \to D(x,2))$，其中$E(x)$是特性谓词。

上述例题中的三个命题都使用了特性谓词。

显然，当采用全总个体域时，必须使用特性谓词。

【例6.4】 设个体域为整数集合，请把下列命题符号化。

（1）任意整数或是奇数或是偶数。

（2）凡是素数必是奇数。

（3）并非所有整数都是素数。

（4）并非所有素数都是偶数。

解：

令

$$E(x)：\quad x是偶数。$$
$$O(x)：\quad x是奇数。$$
$$P(x)：\quad x是素数。$$

则上述命题符号化为

（1）$(\forall x)(E(x) \vee O(x))$

（2）$(\forall x)(P(x) \to O(x))$

（3）$\neg(\forall x)P(x)$

（4）$\neg(\forall x)(P(x) \to E(x))$

2．存在量词

【定义6.1.2】 "存在""有些""有一个""至少有一个"等表示个体域中存在个体，被称为存在量词，用"∃"表示。"至少存在一个x"表示为$(\exists x)$，x称为指导变元。

$(\exists x)P(x)$（存在量化）：在其论域中至少有一个个体，使$P(x)$为真，则$(\exists x)P(x)$为真，否则为假。

例如，对于下列命题：

（1）有些老虎是白色的。

（2）有些狗是聪明的。

（3）存在着不是有理数的实数。

如果令

$$T(x)：\quad x是老虎。$$
$$W(x)：\quad x是白色的。$$
$$D(x)：\quad x是狗。$$
$$C(x)：\quad x是聪明的。$$
$$Q(x)：\quad x是有理数。$$
$$R(x)：\quad x是实数。$$

取个体域为全总个体域，则上述命题可表示为：

（1）$(\exists x)(T(x) \wedge W(x))$

（2）$(\exists x)(D(x) \wedge C(x))$

（3）$(\exists x)(R(x) \wedge \neg Q(x))$

与全称量词一样，一个含有变量 x 的命题函数，在存在量词∃的作用下，变量 x 不再起变量的作用，存在量词也"约束"了 x 的变量作用。

【例 6.5】 设个体域为所有人构成的集合。试将下列命题符号化。

（1）有些人是学生。

（2）有些女人是研究生。

（3）有些男人是教师。

解：

如果令

$A(x)$： x 是学生。

$B(x)$： x 是研究生。

$C(x)$： x 是教师。

$D(x)$： x 是女人。

$E(x)$： x 是男人。

那么，以上 3 个命题可分别符号化为：

（1）$(\exists x)A(x)$

（2）$(\exists x)(D(x) \wedge B(x))$

（3）$(\exists x)(E(x) \wedge C(x))$

其中， $D(x)$ 和 $E(x)$ 都是特性谓词。

【例 6.6】 请把下列命题符号化。

（1）有些人是聪明的。

（2）并不是每个人都聪明。

（3）尽管有人聪明，但未必一切人都聪明。

解：

令 $M(x)$： x 是人，$C(x)$： x 是聪明的。由于题设中没有指明个体域，一般采用全总个体域，则上述命题符号化为：

（1）$(\exists x)(M(x) \wedge C(x))$

（2）$\neg(\forall x)(M(x) \rightarrow C(x))$

（3）$((\exists x)(M(x) \wedge C(x))) \wedge (\neg(\forall x)(M(x) \rightarrow C(x)))$

【例 6.7】 如果令

$A(x)$： x 是整数。

$B(x)$： x 是偶数。

$C(x)$： x 是奇数。

$D(x, y)$： x 能整除 y 。

请用日常语言叙述下列命题：

（1）$(\forall x)(B(x) \rightarrow A(x))$

（2）$(\exists x)(A(x) \wedge C(x))$

（3）$(\forall x)(D(2,x) \wedge B(x))$

（4）$(\exists x)(C(x) \wedge D(3,x))$

解：

（1）所有偶数都是整数。

（2）有些整数是奇数。

（3）所有能被 2 整除的数都是偶数。

（4）有些奇数能被 3 整除。

【**例** 6.8】 在个体域分别显示为（a）和（b）条件时，将下面两个命题符号化：

（1）所有的动物都要睡觉。

（2）有的动物用鳃呼吸。

其中：（a）个体域 D_1 为动物集合；（b）个体域 D_2 为全总个体域。

解：

（a）令 $F(x)$：x 要睡觉。$G(x)$：x 用鳃呼吸。

在 D_1 中除动物外，再无别的东西，因而：

（1）符号化为 $(\forall x)F(x)$

（2）符号化为 $(\exists x)G(x)$

（b）D_2 中除有动物外，还有万物，因而在符号化时必须考虑将动物先分离出来。为此引入谓词 $M(x)$：x 是动物。在 D_2 中，把（1）和（2）分别说得更清楚些：

（1）对于宇宙间一切个体而言，如果个体是动物，则它要睡觉。

（2）在宇宙间存在用鳃呼吸的动物（或者更清楚地，在宇宙间存在这样的个体，它是动物且用鳃呼吸）。

于是，（1）和（2）的符号化形式应该分别为：

$$(\forall x)(M(x) \rightarrow F(x))$$

$$(\exists x)(M(x) \wedge G(x))$$

其中，$F(x)$ 与 $G(x)$ 的含义同（a）中。

由以上例题可知，命题（1）和（2）在不同的个体域中符号化的形式可能不一样，当使用全总个体域 D_2 时，为了将动物与其他事物中区别出来，引进了谓词 $M(x)$。这样的谓词被称为**特性谓词**。在命题符号化时一定要注意正确使用特性谓词。

这里要提醒读者一个常见的错误：不能正确使用联结词"$\rightarrow$"与合取"$\wedge$"。例如，有些读者在 D_2 中将（1）符号化为下面形式：

$$(\forall x)(M(x) \wedge F(x))$$

这是不对的。若将它翻译成自然语言，应该是"宇宙间的所有个体都是动物并且都要睡觉"，这显然不是（1）的原意。另外，如果将（2）符号化为：

$$(\exists x)(M(x) \rightarrow G(x))$$

这也是不对的。将它翻译成自然语言应该为"在宇宙间存在个体，如果这个体是动物，则它用鳃呼吸。"这显然也不是（2）的原意。

需要再次指出的是：在全称量词作用下，命题中的特性谓词与其后的命题函数之间采用的联结词是蕴含"$\rightarrow$"，而不是合取"$\wedge$"。在存在量词下，命题中的特性谓词与其后的命题函数之间采用的连接词是合取"∧"，而不是蕴含"→"。

在实际应用中，命题往往既含有全称量词又含有存在量词，下面举例说明之。

【例 6.9】 请将以下命题符号化：过任意两个不同点，有且仅有一条直线通过这两个点。

解：

若令

$$P(x)：\quad x\text{ 为平面上的点}$$
$$L(x)：\quad x\text{ 为平面上的直线}$$
$$R(x,y,z)：\quad z\text{ 通过 }x,y$$
$$E(x,y)：\quad x\text{ 与 }y\text{ 相等}$$

那么命题可符号化为

$$\forall x\forall y(P(x)\wedge P(y)\wedge\neg E(x,y)\to\exists z(L(z)\wedge R(x,y,z)\wedge\forall u(L(u)\wedge R(x,y,u)\to E(u,z))))$$

当个体域为有限集时，如设个体域 $D=\{a_1,a_2,\cdots,a_n\}$，根据全称量词的定义，$(\forall x)P(x)$ 表示在个体域 D 中每个元素都有性质 P，由此可知

$$\forall xP(x)\Leftrightarrow P(a_1)\wedge P(a_2)\wedge\cdots\wedge P(a_n)$$

根据存在量词的定义，$(\exists x)P(x)$ 表示在个体域中至少有一个元素具有性质 P，由此可知

$$\exists xP(x)\Leftrightarrow P(a_1)\vee P(a_2)\vee\cdots\vee P(a_n)$$

例如，设个体域 $D=\{1,2,3\}$，令 $P(x)：x$ 是偶数，那么 $\forall xP(x)\Leftrightarrow P(1)\wedge P(2)\wedge P(3)$，易见此命题是假命题。而 $\exists xP(x)\Leftrightarrow P(1)\vee P(2)\vee P(3)$，由于 $P(2)$ 为真，因此 $(\exists x)P(x)$ 是真命题。

可以说：全称量词是命题逻辑中的合取式在谓词逻辑中的延伸，存在量词是命题逻辑中的析取式在谓词逻辑中的延伸。

对于含 n 元谓词的命题，在符号化时应该注意以下几点：

① 分析命题中表示性质和关系的谓词，分别符号化为一元和 n（$n\geq 2$）元谓词。

② 根据命题的实际意义选用全称量词或存在量词。

③ 一般说来，多个量词出现时，它们的顺序不能随意挑换。

④ 命题的符号化形式不唯一。

6.1.3 谓词公式

简单命题函数经联结词组合后可以构成命题函数，在定义了全称量词和存在量词后，量词、联结词、简单命题函数应如何组合才能构成一个有意义的、可做谓词演算的"合体"呢？下面给出谓词公式的定义。

【定义 6.1.3】 设 $P(x_1,x_2,\cdots,x_n)$ 是任意的 n 元谓词，$t_1,t_2,\cdots,t_n$ 是任意的 n 个项，则称 $P(t_1,t_2,\cdots,t_n)$ 是原子谓词公式。

【例 6.10】 P，$Q(x)$，$F(x,y)$，$F(f(x),y)$，$A(a,y)$，$A(x,y,z)$，$P(f(x_1,x_2),g(x_3,x_4))$ 等均为原子谓词公式。

谓词公式由下述各条规则组成：

（1）原子公式是谓词公式。

（2）若 A 是谓词公式，则 $(\neg A)$ 是谓词公式。

（3）若 A、B 是命题公式，则 $(A\wedge B)$、$(A\vee B)$、$(A\to B)$、$(A\leftrightarrow B)$ 均是谓词公式。

（4）若 A 是谓词公式，x 是 A 中出现的变元，则 $\forall x(A)$ 和 $\exists x(A)$ 也是谓词公式。

（5）只有有限次使用上述 4 条规则所得到的公式才是谓词公式。

谓词公式也称为合式公式。

例如，$(\forall x)(\forall y)(\exists z)(P(x,y,z) \rightarrow Q(x) \wedge R(y,z))$，$(\exists x)(\forall y)(P(x,y) \vee (Q(x) \wedge R(y)))$，$(\forall x)$ $(P(x) \rightarrow (\exists y)Q(x,y))$ 都是谓词公式；但 $(\forall x)P(x) \rightarrow (\forall x) \wedge E(y)$、$\forall x(P(x) \vee, \exists Q(x))$ 都不是谓词公式。

规定量词与否定词 $\neg$ 同优先级。类似命题公式，在不引起歧义时，可以省略括号。

6.1.4 约束变元和自由变元

在公式 $(\forall x)A$ 和 $(\exists x)A$（A 是任意谓词公式）中，称 x 为量词的作用变元或指导变元，称 A 为相应量词的作用域或辖域。

如果变元 x 出现在公式中的 $(\forall x)$ 或 $(\exists x)$ 的辖域中，则被称为约束的。如果一个变元的出现不是约束的，就称它为自由的。

量词限制了其辖域中的变元 x 的作用。变量 x 称为"约束出现"，x 称为约束变元。不是"约束出现"的变元被称为自由变元。自由变元可以视为公式 A 中的参数。

通俗地说，辖域是量词所约束的范围，受量词约束的个体变元称为约束变元（简称约束元），不受量词约束的个体变元称为自由变元（简称自由元）。例如：

$$(\forall x)(P(x) \rightarrow (\exists y)(Q(x,y) \wedge R(y)))$$

容易看到，量词 $\forall$ 起作用的区域是 $\forall x$ 后括号中的内容 $(P(x) \rightarrow (\exists y)(Q(x,y) \wedge R(y)))$，则称它为 $\forall x$ 的作用域或辖域。同样，量词 $\exists$ 的作用域为 $(Q(x,y) \wedge R(y))$。

在 $\forall x$ 的作用域中，x 是约束变元，在 $\exists y$ 的作用域中，y 是约束变元，所以在这个谓词公式中，x 和 y 都是约束变元。

又如，谓词公式

$$(\forall x)(P(x,y) \rightarrow Q(x))$$

量词 $\forall$ 的作用域为 $(P(x,y) \rightarrow Q(x))$。容易看出，$x$ 是约束变元，y 是自由变元。

再如，谓词公式

$$\big((\forall x)\big(P(x,y) \rightarrow Q(x)\big)\big) \vee \big((\exists y)\big(R(y) \wedge S(y)\big)\big)$$

$\forall$ 的作用域为 $\big(P(x,y) \rightarrow Q(x)\big)$，所以 x 是约束变元，y 是自由变元。$\exists$ 的作用域为 $\big(R(y) \wedge S(y)\big)$，所以 y 是约束变元。由此可见，在谓词公式中，一个变量可以既是约束元又可以是自由元。

又如，谓词公式

$$\big((\exists x)\big(P(x,y) \wedge Q(x)\big)\big) \wedge \big((\forall y)\big(Q(y) \rightarrow R(x,y)\big)\big)$$

x 和 y 都是既是约束元又是自由元。

为了避免由于变量的约束和自由同时出现而引起概念上的混乱，可以对约束变元进行换名，使得一个变量在谓词公式中只用一种形式（约束变元或自由变元）出现。例如，在如下谓词公式中

$$\big((\forall x)\big(P(x,y) \rightarrow Q(x)\big)\big) \vee \big((\exists y)\big(R(y) \wedge S(y)\big)\big)$$

y 既是约束变元又是自由变元，如果把 $\big((\exists y)\big(R(y) \wedge S(y)\big)\big)$ 中的约束变元 y 换名为 z，则谓词公式可改写成

$$((\forall x)(P(x,y) \to Q(x))) \lor ((\exists z)(R(z) \land S(z)))$$

于是可确定 x 和 z 是约束元，y 是自由元。

在对约束元换名时，应遵循以下两种规则：

① 对约束变元（如 x）换名时，更改的名称范围是 $\forall x$（或 $\exists x$）中的 x 以及量词作用域中所出现的所有 x，在量词作用域外的部分不换名。

② 换名时一定要更改为作用域中没有出现的变量名称。

例如，$((\forall x)(P(x) \to Q(x,y))) \lor ((\exists y)R(x,y))$，若把约束变元 x 换名为 u，约束变元 y 换名为 v，经换名后，谓词公式可写成

$$((\forall u)(P(u) \to Q(u,y))) \lor ((\exists v)R(x,v))$$

于是可知，u 和 v 是约束变元，x 和 y 是自由变元。

又如，$\forall x(F(x,y) \to G(x,z))$，其中 $\forall x$ 的辖域为 $F(x,y) \to G(x,z)$，x 的两次出现均为约束出现，y 与 z 均为自由出现。x 是约束变元，y 与 z 是自由变元。

对于谓词公式中的自由变元，也可以更改，这种更改称为代入。代入时，应对谓词公式中出现该自由变元的每一处都进行。

例如，$(\exists x)(P(y) \land R(x,y))$，若把自由变元 y 用 z 代入，可得 $(\exists x)(P(z) \land R(x,z))$。注意，不可只对部分自由变元的名称进行换名，如 $(\exists x)(P(z) \land R(x,y))$；也不能使用约束变元 x 代入 y，即 $(\exists x)(P(x) \land R(x,y))$。

【例 6.11】 指出下列谓词公式中的约束变元和自由变元以及各量词的辖域。

（1）$\forall x P(x) \to \neg Q(x)$

（2）$\exists x(P(x,y) \lor Q(z))$

（3）$\forall x(P(x,y) \leftrightarrow Q(y,z)) \land \exists y R(y,z)$。

解：

（1）x 既是约束变元，又是自由变元，$\forall x$ 的辖域为 $P(x)$。

（2）x 是约束变元，y 和 z 是自由变元，$\exists x$ 的辖域为 $P(x,y) \lor Q(z)$。

（3）x 是约束变元，z 是自由变元，y 既是约束变元又是自由变元。$\forall x$ 的辖域为 $P(x,y) \leftrightarrow Q(y,z)$，$\exists y$ 的辖域为 $R(y,z)$。

【例 6.12】 利用约束变元的改名规则改写下列公式，使得同名的约束变元和自由变元使用不同的符号。

（1）$\forall x(P(x) \to Q(x,y)) \land R(x,y)$

（2）$\exists x(P(x,y) \to Q(x)) \land \forall y(Q(y) \to R(x,y))$

（3）$\forall x \exists y(P(x,y) \lor Q(y)) \to R(x,y)$

（4）$\forall y \forall x(P(x,y) \lor Q(x,z)) \leftrightarrow \exists z \neg R(x,z)$

解：

题设各式可改为：

（1）$\forall z(P(z) \to Q(z,y)) \land R(x,y)$

（2）$\exists u(P(u,y) \to Q(u)) \land \forall v(Q(v) \to R(x,v))$

（3）$\forall u \exists v(P(u,v) \lor Q(v)) \to R(x,y)$

（4）$\forall y \forall u(P(u,y) \lor Q(u,z)) \leftrightarrow \exists v \neg R(x,v)$

【例 6.13】 利用自由变元的代入规则，改写下列各式，以避免同一符号既是约束变元又

是自由变元的情况。

（1）$\forall xF(x) \vee \forall xG(x) \leftrightarrow \exists yH(x,y)$

（2）$\neg\exists xF(x) \rightarrow \forall yH(x,y,z)$

（3）$\exists xF(x,y) \wedge \exists yG(x,y) \vee \forall y(H(z,y) \leftrightarrow R(y))$

（4）$\forall x\forall y(P(x,y) \rightarrow Q(x,z)) \vee \exists z\neg R(x,z)$

解：

题设各式可改为：

（1）$\forall xF(x) \vee \forall xG(x) \leftrightarrow \exists yH(z,y)$

（2）$\neg\exists xF(x) \rightarrow \forall yH(u,y,z)$

（3）$\exists xF(x,u) \wedge \exists yG(v,y) \vee \forall y(H(w,y) \leftrightarrow R(y))$

（4）$\forall x\forall y(P(x,y) \rightarrow Q(x,u)) \vee \exists z\neg R(v,z)$

6.1.5　解释

【定义 6.1.4】 设 A 是任意的公式，若 A 中不含自由出现的个体变项，则称 A 为封闭的公式，简称闭式。

解释 I 由以下部分组成：

（1）非空个体域 D_I（I 的论域）。

（2）对每个个体常元 a 指定一个 $\overline{a} \in D_I$。

（3）对每个函数符号 f 指定一个 D_I 上的函数 $\overline{f}$。

（4）对每个谓词符号 F 指定一个 D_I 上的谓词 $\overline{F}$。

【定义 6.1.5】 赋值 σ 是指对每个个体变元 x 指定一个 $\sigma(x) \in D_I$。

公式 A 在解释 I 和赋值 σ 下的含义：取个体域 D_I，并将公式中出现的 a、f、F 分别解释成 $\overline{a}$、$\overline{f}$、$\overline{F}$，把自由出现的 x 赋值成 $\sigma(x)$ 后所得到的命题。

在给定的解释和赋值下，任何公式都成为命题。

【例 6.14】 给定解释 I 如下：（a）个体域 $D = \mathbf{N}$；（b）$a = 2, b = 1$；（c）$F(x,y)$ 为 $x \geq y$。写出下列公式在 I 下的解释，并指出公式的真假，哪些公式的真值不确定。

（1）$\exists x(F(x,b) \rightarrow F(x,a))$

（2）$\forall x(F(x,y) \rightarrow F(x,a))$

解：

（1）在解释 I 下，该公式被解释成"$\exists x(x \geq 1 \rightarrow x \geq 2)$"，该命题是真命题。

（2）在解释 I 下，该公式被解释成"$\forall x(x \geq y \rightarrow x \geq 2)$"，不是命题，真值不确定。

【例 6.15】 给定解释 I 如下：

（a）个体域 $D = \mathbf{N}$ 　　　　　　　　（b）$a = 0$

（c）$f(x,y) = x+y$，　$g(x,y) = x \cdot y$ 　　（d）$F(x,y)$ 为 $x = y$

写出下列公式在 I 下的解释，并指出公式的真假，哪些公式的真值不确定。

（1）$F(f(x,y), g(x,y))$

（2）$F(f(x,a), y) \rightarrow F(g(x,y), z)$

（3）$\neg F(g(x,y), g(y,z))$

（4） $\forall x F(g(x,y),z)$

（5） $\forall x F(g(x,a),x) \rightarrow F(x,y)$

（6） $\forall x F(g(x,a),x)$

解：

（1）在解释 I 下，该公式被解释成" $x+y=x \cdot y$ "，不是命题，真值不确定。

（2）在解释 I 下，该公式被解释成" $(x+0=y) \rightarrow (x \cdot y=z)$ "，不是命题，真值不确定。

（3）在解释 I 下，该公式被解释成" $x \cdot y \neq y \cdot z$ "，不是命题，真值不确定。

（4）在解释 I 下，该公式被解释成" $\forall x(x \cdot y=z)$ "，不是命题，真值不确定。

（5）在解释 I 下，该公式被解释成" $\forall x(x \cdot 0=x) \rightarrow (x=y)$ "，由于蕴涵式的前件为假，所以为真。

（6）在解释 I 下，该公式被解释成" $\forall x(x \cdot 0=x)$ "，假命题。

【例 6.16】 给定解释 I 如下：

（a）论域 $D=\{a,b\}$ ；

（b）函数 $f(x)$ 为 $f(a)=b$ ， $f(b)=a$ ；

（c）谓词 $P(x)$ 为 $P(a)=0$ ， $P(b)=1$ ； $Q(x,y)$ 为 $Q(i,j)=1$ ， $i,j=a,b$ ； $R(x,y)$ 为 $R(a,a)=R(b,b)=1$ ， $R(a,b)=R(b,a)=0$ 。

写出下列公式在 I 下的解释，并指出公式的真假，哪些公式的真值不确定。

（1） $\exists x(P(f(x)) \wedge Q(x,f(x)))$

（2） $\forall x \exists y R(x,y) \Leftrightarrow \forall x(R(x,a) \vee R(x,b))$

（3） $\exists y \forall x R(x,y) \Leftrightarrow \forall x R(x,a) \vee \forall x R(x,b)$

解：

（1）在解释 I 下，该公式被解释成
$$\exists x(P(f(x)) \wedge Q(x,f(x))) \Leftrightarrow (P(f(a)) \wedge Q(a,f(a))) \vee (P(f(b)) \wedge Q(b,f(b)))$$
$$\Leftrightarrow (P(b) \wedge Q(a,b)) \vee (P(a) \wedge Q(b,a))$$
$$\Leftrightarrow (1 \wedge 1) \vee (0 \wedge 1)$$
$$\Leftrightarrow 1 \vee 0$$
$$\Leftrightarrow 1$$

因此，该命题是真命题。

（2）在解释 I 下，该公式被解释成
$$\forall x \exists y R(x,y) \Leftrightarrow \forall x(R(x,a) \vee R(x,b))$$
$$\Leftrightarrow (R(a,a) \vee R(a,b)) \wedge (R(b,a) \vee R(b,b))$$
$$\Leftrightarrow (1 \vee 0) \wedge (0 \vee 1)$$
$$\Leftrightarrow 1 \wedge 1$$
$$\Leftrightarrow 1$$

因此，该命题是真命题。

（3）在解释 I 下，该公式被解释成
$$\exists y \forall x R(x,y) \Leftrightarrow \forall x R(x,a) \vee \forall x R(x,b)$$
$$\Leftrightarrow (R(a,a) \wedge R(b,a)) \vee (R(a,b) \wedge R(b,b))$$

$$\Leftrightarrow (1 \land 0) \lor (0 \land 1)$$
$$\Leftrightarrow 0 \lor 0$$
$$\Leftrightarrow 0$$

因此，该命题是假命题。

6.2 逻辑等价与逻辑蕴含

6.2.1 永真式、永假式和可满足式

在命题逻辑中，我们曾经给出过命题公式的永真式、永假式和可满足式。在谓词逻辑中，也有类似的概念。

【定义 6.2.1】 给定谓词公式 A，如果在任意个体域上，对于 A 的所有解释和赋值，A 都为真，则称 A 为永真式，并记作 $A \Leftrightarrow 1$。如果在任意个体域上，对于 A 的所有解释和赋值，A 都为假，则称 A 为永假式，并记作 $A \Leftrightarrow 0$。若至少存在 A 的一个解释和赋值使所得的命题为真，则称 A 为可满足式。

需要说明的是，永真式为可满足式，但反之不真。永假式为不可满足式，反之亦真。谓词公式的可满足性（永真性、永假性）是不可判定的。

作为零元谓词，命题逻辑中的永真式也是谓词逻辑中的永真式，命题逻辑中的代入原理在谓词逻辑中亦有效。

设 A_0 是含命题变元 $p_1, p_2, \cdots, p_n$ 的命题公式，$A_1, A_2, \cdots, A_n$ 是谓词公式，用 A_i 处处代替 A_0 中的 p_i，所得公式 A 称为 A_0 的代换实例。

例如，$F(x) \to G(x)$ 和 $\forall x F(x) \to \exists y G(y)$ 都是命题公式的代换实例。

永真式的代换实例都是永真式。永假式的代换实例都是永假式。

【例 6.17】 判断下列公式的类型。

（1） $\forall x F(x) \to \exists x F(x)$

（2） $\forall x F(x) \to (\forall x \exists y G(x, y) \to \forall x F(x))$

解：

（1）设 I 为任意的解释，若 $\forall x F(x)$ 为假，则 $\forall x F(x) \to \exists x F(x)$ 为真；若 $\forall x F(x)$ 为真，则 $\exists x F(x)$ 也为真，因此 $\forall x F(x) \to \exists x F(x)$ 也为真。故该公式为永真式。

（2）该公式是 $p \to (q \to p)$ 的代换实例，因此，该公式是永真式。

6.2.2 逻辑等价式和逻辑蕴含式

【定义 6.2.2】 设 A 和 B 是两个谓词公式，如果 $A \leftrightarrow B$ 是永真式，则称 A 和 B 逻辑等价，记作 $A \Leftrightarrow B$。

【定义 6.2.3】 设 A 和 B 是两个谓词公式，如果 $A \to B$ 是永真式，则称 A 逻辑蕴涵 B，记作 $A \Rightarrow B$。

给定两个谓词公式 A 和 B，如果它们有共同的个体域 E，且对 A 和 B 的任意一组变元进行赋值后所得命题的真值相同，则称谓词公式 A 和 B 在 E 上等价，记作 $A \Leftrightarrow B$。

命题演算中的等价公式都可以推广到谓词演算中使用，如

$$(\forall x)(P(x) \to Q(x)) \Leftrightarrow (\forall x)(\neg P(x) \lor Q(x))$$

$$(\exists x)(\neg(P(x) \land Q(x))) \Leftrightarrow (\exists x)(\neg P(x) \lor \neg Q(x))$$

$$\neg(\forall x(P(x) \to Q(x)) \lor \exists y P(y)) \Leftrightarrow \neg \forall x(P(x) \to Q(x)) \land \neg \exists y P(y)$$

下面讨论量词与联结词之间的关系。

1．量词与否定联结词

全称量词与否定有以下关系

$$\neg(\forall x)P(x) \Leftrightarrow (\exists x)\neg P(x)$$

这是因为"并非所有的 x，$P(x)$ 为真"必有"存在一些 x，使 $P(x)$ 为假（$\neg P(x)$ 为真）"，且反之亦然，所以上述等价式成立。

下面再以实例说明之，令 $P(x)$：x 为奇数，如果个体域为整数集合，那么命题 $\neg(\forall x)P(x)$ 表示"并非所有整数是奇数"，命题 $(\exists x)\neg P(x)$ 表示"有些整数不是奇数"。显然，这两个命题有相同的逻辑含义，所以 $\neg(\forall x)P(x) \Leftrightarrow (\exists x)\neg P(x)$。

由上述等价式，容易得到存在量词与否定之间的关系 $\neg(\exists x)P(x) \Leftrightarrow (\forall x)\neg P(x)$。

证明：

因为在等价式 $\neg(\forall x)P(x) \Leftrightarrow (\exists x)\neg P(x)$ 中，$P(x)$ 是任意命题函数，所以若把 $P(x)$ 换成 $\neg P(x)$，则

$$\neg(\forall x)\neg P(x) \Leftrightarrow (\exists x)\neg\neg P(x)$$

或者

$$(\exists x)P(x) \Leftrightarrow \neg(\forall x)\neg P(x)$$

等价式两边取否定后，即得

$$\neg(\exists x)P(x) \Leftrightarrow (\forall x)\neg P(x)。$$

证毕。

总结来说，量词 $\forall$、$\exists$ 与联结词 $\neg$ 有以下结论：

$$\neg(\exists x)P(x) \Leftrightarrow (\forall x)\neg P(x)$$

$$\neg(\forall x)P(x) \Leftrightarrow (\exists x)\neg P(x)$$

2．量词与析取、合取联结词

全称量词与合取有以下关系

$$(\forall x)(A(x) \land B(x)) \Leftrightarrow (\forall x)A(x) \land (\forall x)B(x)$$

这是因为"对于所有的 x，$A(x) \land B(x)$ 为真"必有"对于所有的 x，$A(x)$ 为真，并且对于所有的 x，$B(x)$ 为真"，且反之亦然，所以上述等价式成立。

下面用实例说明，令

$$A(x)：x \text{ 是食肉类动物。}$$

$$B(x)：x \text{ 是猫科动物。}$$

如果个体域为所有狮子的集合，那么命题 $(\forall x)(A(x) \land B(x))$ 表示"所有狮子是食肉类动物和猫科动物"，命题 $(\forall x)A(x) \land (\forall x)B(x)$ 表示"所有狮子是食肉类动物，并且所有狮子是猫科动物"。显然，这两个命题有相同的逻辑含义，所以

$$(\forall x)(A(x) \land B(x)) \Leftrightarrow (\forall x)A(x) \land (\forall x)B(x)$$

由上述等价式，容易得到存在量词与析取之间的关系

$$(\exists x)(A(x) \lor B(x)) \Leftrightarrow (\exists x)A(x) \lor (\exists x)B(x)$$

证明：

因为

$$(\forall x)(\neg A(x) \land \neg B(x)) \Leftrightarrow (\forall x)\neg A(x) \land (\forall x)\neg B(x)$$

等价式两边取否定后，可得

$$\neg(\forall x)(\neg A(x) \land \neg B(x)) \Leftrightarrow \neg((\forall x)\neg A(x) \land (\forall x)\neg B(x))$$

由摩根律可知

$$\neg(\forall x)(\neg(A(x) \lor B(x))) \Leftrightarrow \neg(\forall x)\neg A(x) \lor \neg(\forall x)\neg B(x)$$

再利用全称量词与否定的关系即得

$$(\exists x)(A(x) \lor B(x)) \Leftrightarrow (\exists x)A(x) \lor (\exists x)B(x)$$

证毕。

现在可得到 4 个等价式，即

$$\neg(\forall x)P(x) \Leftrightarrow (\exists x)\neg P(x)$$
$$\neg(\exists x)P(x) \Leftrightarrow (\forall x)\neg P(x)$$
$$(\forall x)(A(x) \land B(x)) \Leftrightarrow (\forall x)A(x) \land (\forall x)B(x)$$
$$(\exists x)(A(x) \lor B(x)) \Leftrightarrow (\exists x)A(x) \lor (\exists x)B(x)$$

其中第 1、2 个等价式称为量词转换律，第 3、4 个等价式称为量词分配律。利用这些等价式还可以推导出其他的等价式

【例 6.18】 证明 $(\exists x)(A(x) \to B(x)) \Leftrightarrow (\exists x)A(x) \to (\exists x)B(x)$。

证明：

因为左式

$$(\exists x)(A(x) \to B(x)) \Leftrightarrow (\exists x)(\neg A(x) \lor B(x))$$
$$\Leftrightarrow (\exists x)\neg A(x) \lor (\exists x)B(x)$$
$$\Leftrightarrow \neg(\forall x)A(x) \lor (\exists x)B(x)$$
$$\Leftrightarrow (\exists x)A(x) \to (\exists x)B(x)$$

证毕。

常用的逻辑等价式如下：

（1） $\neg(\forall x)A(x) \Leftrightarrow (\exists x)\neg A(x)$

（2） $\neg(\exists x)A(x) \Leftrightarrow (\forall x)\neg A(x)$

（3） $(\forall x)(A(x) \land B(x)) \Leftrightarrow (\forall x)A(x) \land (\forall x)B(x)$

（4） $(\exists x)(A(x) \lor B(x)) \Leftrightarrow (\exists x)A(x) \lor (\exists x)B(x)$

（5） $(\exists x)(A(x) \to B(x)) \Leftrightarrow (\exists x)A(x) \to (\exists x)B(x)$

（6） $(\exists x)(A \land B(x)) \Leftrightarrow A \land (\exists x)B(x)$ （x 不在 A 中出现）

（7） $(\forall x)(A \lor B(x)) \Leftrightarrow A \lor (\forall x)B(x)$ （x 不在 A 中出现）

（8） $(\forall x)(A(x) \to B) \Leftrightarrow (\exists x)(A(x) \to B)$ （x 不在 A 中出现）

（9） $(\exists x)(A(x) \to B) \Leftrightarrow (\forall x)(A(x) \to B)$ （x 不在 A 中出现）

（10） $A \to (\forall x)B(x) \Leftrightarrow (\forall x)(A \to B(x))$ （x 不在 B 中出现）

（11） $A \rightarrow (\exists x)B(x) \Leftrightarrow (\exists x)(A \rightarrow B(x))$ （x 不在 B 中出现）

式（6）～（11）常称为量词辖域的扩张和收缩等价式，式（6）和（7）可理解为命题逻辑中的分配律在谓词逻辑中的推广。

【例 6.19】 将下面命题用两种形式符号化。

（1）没有不死的人。

（2）不是所有的人都怕死。

解：

（1）令 $M(x)$：x 是人，$D(x)$：x 会死。

$$\neg\exists x(M(x) \wedge \neg D(x)) \Leftrightarrow \forall x \neg(M(x) \wedge \neg D(x))$$
$$\Leftrightarrow \forall x(\neg M(x) \vee D(x))$$
$$\Leftrightarrow \forall x(M(x) \rightarrow D(x))$$

（2）令 $M(x)$：x 是人，$F(x)$：x 怕死。

$$\neg\forall x(M(x) \rightarrow F(x)) \Leftrightarrow \exists x \neg(M(x) \rightarrow F(x))$$
$$\Leftrightarrow \exists x(M(x) \wedge F(x))$$

本着"全称量词是合取式的延伸而存在量词是析取式的延伸"的观点，量词分配律可理解为命题逻辑中的结合律在谓词逻辑中的推广。

但对于量词∀与联结词∨、量词∃与联结词∧，类似的等价式不成立，即

$$\forall x(P(x) \vee Q(x)) \not\Leftrightarrow \forall xP(x) \vee \forall xQ(x)$$
$$\exists x(P(x) \wedge Q(x)) \not\Leftrightarrow \exists xP(x) \wedge \exists xQ(x)$$

例如，设个体域是所有整数构成的集合。令

$$P(x)：\quad x \text{ 是奇数。}$$
$$Q(x)：\quad x \text{ 是偶数。}$$

那么有如下命题：

$\forall x(P(x) \vee Q(x))$：所有整数或是奇数，或是偶数。这是真命题。

$\forall xP(x) \vee \forall xQ(x)$：所有整数是奇数或所有整数是偶数。这是假命题。

$\exists x(P(x) \wedge Q(x))$：有些整数既是奇数又是偶数。这是假命题。

$\exists xP(x) \wedge \exists xQ(x)$：有些整数是奇数且有些整数是偶数。这是真命题。

由此可知

$$\forall x(P(x) \vee Q(x)) \not\Leftrightarrow \forall xP(x) \vee \forall xQ(x)$$
$$\exists x(P(x) \wedge Q(x)) \not\Leftrightarrow \exists xP(x) \wedge \exists xQ(x)$$

这表明量词∀对联结词∨、量词∃对联结词∧不满足分配律。它们之间却有以下蕴涵关系：

$$\forall xP(x) \vee \forall xQ(x) \Rightarrow \forall x(P(x) \vee Q(x))$$
$$\exists x(P(x) \wedge Q(x)) \Rightarrow \exists xP(x) \wedge \exists xQ(x)$$

证明：

因为 $\forall xP(x) \Rightarrow \forall x(P(x) \vee Q(x))$ 且 $\forall xQ(x) \Rightarrow \forall x(P(x) \vee Q(x))$，所以

$$\forall xP(x) \vee \forall xQ(x) \Rightarrow \forall x(P(x) \vee Q(x))$$

因为 $\exists x(P(x) \wedge Q(x)) \Rightarrow \exists xP(x)$ 且 $\exists x(P(x) \wedge Q(x)) \Rightarrow \exists xQ(x)$，所以

$$\exists x(P(x) \wedge Q(x)) \Rightarrow \exists xP(x) \wedge \exists xQ(x)$$

常用的逻辑蕴含公式列举如下：

（1）$\forall xA(x) \vee \forall xB(x) \Rightarrow \forall x\left(A(x) \vee B(x)\right)$

（2）$\exists x(A(x) \wedge B(x)) \Rightarrow \exists xA(x) \wedge \exists xB(x)$

（3）$\exists xA(x) \rightarrow \forall xB(x) \Rightarrow \forall x(A(x) \rightarrow B(x))$

（4）$\forall x(A(x) \rightarrow B(x)) \Rightarrow \forall xA(x) \rightarrow \forall xB(x)$

（5）$\forall x(A(x) \leftrightarrow B(x)) \Rightarrow \forall xA(x) \leftrightarrow \forall xB(x)$

利用上述基本等价公式和基本蕴涵公式，可以推导出一些其他等价公式和蕴涵公式。

【例 6.20】 证明：$\exists x(A(x) \rightarrow B(x)) \Leftrightarrow \forall xA(x) \rightarrow \exists xB(x)$。

证明：

$$\begin{aligned}
\exists x(A(x) \rightarrow B(x)) &\Leftrightarrow \exists x(\neg A(x) \vee B(x)) \\
&\Leftrightarrow \exists x\neg A(x) \vee \exists xB(x) \\
&\Leftrightarrow \neg \forall xA(x) \vee \exists xB(x) \\
&\Leftrightarrow \forall xA(x) \rightarrow \exists xB(x)
\end{aligned}$$

【例 6.21】 证明：$\exists xA(x) \rightarrow \forall xB(x) \Rightarrow \forall x(A(x) \rightarrow B(x))$。

证明：

$$\begin{aligned}
\exists xA(x) \rightarrow \forall xB(x) &\Leftrightarrow \neg \exists xA(x) \vee \forall xB(x) \\
&\Leftrightarrow \forall x\neg A(x) \vee \forall xB(x) \\
&\Rightarrow \forall x(\neg A(x) \vee B(x)) \\
&\Leftrightarrow \forall x(A(x) \rightarrow B(x))
\end{aligned}$$

3．多个量词的使用

关于多个量词之间的关系，情况比较复杂，这里仅对两个量词的情况进行讨论。对于二元谓词，如果不考虑自由变元，共有以下 8 种情况：$\forall x\forall yP(x,y)$，$\forall y\forall xP(x,y)$，$\exists x\forall yP(x,y)$，$\exists y\forall xP(x,y)$，$\forall x\exists yP(x,y)$，$\forall y\exists xP(x,y)$，$\exists x\exists yP(x,y)$，$\exists y\exists xP(x,y)$。

显然，对于任意解释论域 D，P：$\boldsymbol{P}$，如果 $\forall x\forall yP(x,y)$ 为真，即任意 $\alpha \in D$ 和任意 $\beta \in D$，$\boldsymbol{P}(\alpha,\beta)$ 为 T，此时对任意 $\beta \in D$ 和任意 $\alpha \in D$ 也有 $\boldsymbol{P}(\alpha,\beta)$ 为 T，所以 $\forall y\forall xP(x,y)$ 为 T。

同理可证，如果 $\forall y\forall xP(x,y)$ 为 T，则 $\forall x\forall yP(x,y)$ 也为 T。因此

$$\forall x\forall yP(x,y) \Leftrightarrow \forall y\forall xP(x,y)$$

同理有

$$\exists x\exists yP(x,y) \Leftrightarrow \exists y\exists xP(x,y)$$

但是 $\forall x\exists yP(x,y)$ 和 $\exists y\forall xP(x,y)$ 的含义不尽相同。

例如，设 $P(x,y)$：$x+y=0$，则 $\forall x\exists yP(x,y)$ 表示"对于任意的 x，存在 y，使得 $x+y=0$"是一个真命题。而 $\exists y\forall xP(x,y)$ 表示"存在 y，对于任意的 x，都有 $x+y=0$"是一个假命题。

由此可见，有多个量词出现的合式公式，全称量词与存在量词的顺序不能随意更换。

对于两个量词的谓词公式，有如下永真蕴含序列：

$$\forall x\forall yP(x,y) \Rightarrow \exists y\forall xP(x,y) \Rightarrow \forall x\exists yP(x,y) \Rightarrow \exists x\exists yP(x,y)$$

$$\forall y\forall xP(x,y) \Rightarrow \exists x\forall yP(x,y) \Rightarrow \forall y\exists xP(x,y) \Rightarrow \exists y\exists xP(x,y)$$

且

$$\forall x\forall yP(x,y) \Leftrightarrow \forall y\forall xP(x,y)$$

$$\exists x\exists yP(x,y) \Leftrightarrow \exists y\exists xP(x,y)$$

6.2.3 前束范式

为了把谓词公式的表示形式规范化，在谓词逻辑中也有多种范式表示，其中最常用的是前束范式。

【定义 6.2.4】 设 A 为一个谓词公式，若 A 具有如下形式 $Q_1 x_1 Q_2 x_2 \cdots Q_k x_k B$ ，则称 A 为前束范式，其中 $Q_i (1 \le i \le k)$ 为 $\forall$ 或 $\exists$ ，B 为不含量词的谓词公式。

例如，下列谓词公式是前束范式。

$$\forall x \neg (F(x) \wedge G(x))$$
$$\forall x \exists y (F(x) \rightarrow (G(x) \wedge H(x, y)))$$
$$(\forall y)(\forall x)(\neg H(x, y) \rightarrow F(y))$$
$$(\forall x)(\forall y)(\exists z)(H(x, y) \rightarrow G(z))$$

但是下列谓词公式不是前束范式。

$$\forall x (F(x) \rightarrow \exists y (G(y) \wedge H(x, y)))$$
$$\neg \exists x (F(x) \wedge G(x))$$

定理（前束范式存在定理）：任一谓词公式都存在与之等价的前束范式。

求前束范式的方法：使用重要等价式、置换规则、换名规则进行等价演算。

把谓词公式转化为前束范式，一般采用以下步骤：① 消去公式中的联结词 " $\rightarrow$ "" $\leftrightarrow$ "；② 否定词内移到原子谓词公式前（量词转化律）；③ 换名；④ 量词前移（量词辖域的扩张与收缩）。

【例 6.22】 求下列谓词公式的前束范式。

（1） $(\forall x) P(x) \rightarrow (\exists x) Q(x)$

（2） $\forall x F(x) \wedge \exists x G(x, y)$

（3） $\forall x (F(x, y) \rightarrow \exists y (G(x, y) \wedge H(x, z)))$

（4） $\neg (\forall x \exists y P(a, x, y) \rightarrow \exists x (\neg \forall y Q(y, b) \rightarrow R(x)))$

解：

（1）

$$\begin{aligned}
(\forall x) P(x) \rightarrow (\exists x) Q(x) &\Leftrightarrow \neg (\forall x) P(x) \vee (\exists x) Q(x) \\
&\Leftrightarrow (\exists x) \neg P(x) \vee (\exists x) Q(x) \\
&\Leftrightarrow (\exists x) \neg P(x) \vee (\exists y) Q(y) \\
&\Leftrightarrow (\exists x)(\exists y)(\neg P(x) \vee Q(y)) \\
&\Leftrightarrow (\exists x)(\neg P(x) \vee Q(x))
\end{aligned}$$

（2）

$$\begin{aligned}
\forall x F(x) \wedge \exists x G(x, y) &\Leftrightarrow \forall x F(x) \wedge \exists z G(z, y) \\
&\Leftrightarrow \forall x \exists z (F(x) \wedge G(z, y)) \\
&\Leftrightarrow \exists z \forall x (F(x) \wedge G(z, y))
\end{aligned}$$

（3）
$$\forall x(F(x,y) \to \exists y(G(x,y) \land H(x,z))) \Leftrightarrow \forall x(F(x,y) \to \exists u(G(x,u) \land H(x,z)))$$

$$\Leftrightarrow \forall x \exists u(F(x,y) \to G(x,u) \land H(x,z))$$

（4）
$$\neg(\forall x \exists y P(a,x,y) \to \exists x(\neg \forall y Q(y,b) \to R(x))) \Leftrightarrow \neg(\neg \forall x \exists y P(a,x,y) \lor \exists x(\neg \neg \forall y Q(y,b) \lor R(x)))$$
$$\Leftrightarrow \forall x \exists y P(a,x,y) \land \neg \exists x(\forall y Q(y,b) \lor R(x))$$
$$\Leftrightarrow \forall x \exists y P(a,x,y) \land \forall x \neg(\forall y Q(y,b) \lor R(x))$$
$$\Leftrightarrow \forall x \exists y P(a,x,y) \land \forall x(\neg \forall y Q(y,b) \land \neg R(x))$$
$$\Leftrightarrow \forall x \exists y P(a,x,y) \land \forall x(\exists y \neg Q(y,b) \land \neg R(x))$$
$$\Leftrightarrow \forall x(\exists y P(a,x,y) \land \exists z \neg Q(z,b) \land \neg R(x))$$
$$\Leftrightarrow \forall x \exists y \exists z(P(a,x,y) \land \neg Q(z,b) \land \neg R(x))$$

注意：（1）和（3）的全称量词"$\forall$"和存在量词"$\exists$"不能颠倒。（2）中的后面两步都是前束范式，这说明前束范式不唯一。

6.3 谓词演算的推理理论

由于谓词演算中的一些等价式和永真蕴涵式，都是命题演算中有关公式的推广，因此命题中的推理规则，如 P、T、CP 等规则都可相应的在谓词的推理理论中使用。但是在谓词推理中，某些前提与结论可能受量词的限制。为了便于使用命题演算的推理规则，必须在推理过程中消去和添加量词的规则。下面介绍有关规则。

1．全称指定规则（Universal Specification，US）

$$\forall x P(x) \Rightarrow P(c)$$

含义：如果 $\forall x P(x)$ 为真，则在论域内任何指定个体常元 c，都使得 $P(c)$ 为真。

注意，x 为 $P(x)$ 中的自由变元。

全称指定规则也称为 US 规则，它是日常推理中从一般到特殊的推理方法。

全称指定规则是为谓词"消去"全称量词，该规则简记为$\forall$-。

2．全称推广规则（Universal Generalization，UG）

$$P(c) \Rightarrow \forall x P(x)$$

含义：如果对于论域中的任意个体 c，都有 $P(c)$ 为真，则 $\forall x P(x)$ 为真。

注意，个体 c 必须是任意的。

全称推广规则也称为 UG 规则，它是日常推理中从特殊到一般的推理方法。

全称推广规则是为谓词"添加"全称量词，该规则简记为$\forall$+。

3．存在指定规则（Existential Specification，ES）

$$\exists x P(x) \Rightarrow P(c)$$

含义：如果 $\exists x P(x)$ 为真，则在论域内存在元素 c 使得 $P(c)$ 为真。

注意,这里个体 c 不是任意的,而是论域中某个或者某些确定的个体。因此,c 不能是 $P(x)$ 中的任意符号。

存在指定规则也称 ES 规则,存在指定规则是为谓词"消去"存在量词,该规则简记为∃-。

4．存在推广规则（Existential Generalization，EG）

$$P(c) \Rightarrow \exists x P(x)$$

含义：如果论域中的某个个体 c，使 $P(c)$ 为真，则 $\exists x P(x)$ 为真。

存在推广规则也称为 EG 规则,存在推广规则是为谓词"添加"存在量词,该规则简记为∃+。

【例 6.23】 证明本章的开始部分曾介绍的苏格拉底三段论：

所有的人都是会死的。

苏格拉底是人。

所以，苏格拉底是会死的。

证明：

采用全总个体域，令

$$M(x)：x\text{是人。}$$

$$D(x)：x\text{是会死的。}$$

$$s：\text{苏格拉底（个体词）。}$$

即证明：$\forall x(M(x) \rightarrow D(x))$，$M(s) \Rightarrow D(s)$。

证明如下：

（1）	$\forall x(M(x) \rightarrow D(x))$	P
（2）	$M(s) \rightarrow D(s)$	US（1）
（3）	$M(s)$	P
（4）	$D(s)$	T（2），（3）

【例 6.24】 证明：$\forall x(A(x) \rightarrow B(x))$，$\exists x A(x) \Rightarrow \exists x B(x)$。

证明：

（1）	$\exists x A(x)$	P
（2）	$A(c)$	ES（1）
（3）	$\forall x(A(x) \rightarrow B(x))$	P
（4）	$A(c) \rightarrow B(c)$	US（3）
（5）	$B(c)$	T（2），（4）
（6）	$\exists x B(x)$	EG（5）

【例 6.25】 证明：$\exists x(P(x) \land Q(x)) \Rightarrow \exists x P(x) \land \exists x Q(x)$。

证明：

用直接证明法。

（1）	$\exists x(P(x) \land Q(x))$	P
（2）	$P(c) \land Q(c)$	ES（1）
（3）	$P(c)$	T（2）
（4）	$Q(c)$	T（2）

（5）$\exists x P(x)$ EG（3）

（6）$\exists x Q(x)$ EG（4）

（7）$\exists x P(x) \wedge \exists x Q(x)$ T（5），（6）

【例 6.26】 证明：$\forall x P(x) \vee \forall x Q(x) \Rightarrow \forall x (P(x) \vee Q(x))$

证明：

用间接证明法。

（1）$\neg \forall x (P(x) \vee Q(x))$ P（附加前提）

（2）$\exists x \neg (P(x) \vee Q(x))$ T（1）

（3）$\neg (P(c) \vee Q(c))$ ES（2）

（4）$\neg P(c) \wedge \neg Q(c)$ T（3）

（5）$\neg P(c)$ T（4）

（6）$\neg Q(c)$ T（4）

（7）$\exists x \neg P(x)$ EG（5）

（8）$\neg \forall x P(x)$ T（7）

（9）$\forall x P(x) \vee \forall x Q(x)$ P

（10）$\forall x Q(x)$ T（8），（9）

（11）$Q(c)$ US（10）

（12）$Q(c) \wedge \neg Q(c)$（矛盾）   T（6），（11）

【例 6.27】 证明：$\exists x (P(x) \vee Q(x)) \Rightarrow \exists x P(x) \vee \exists x Q(x)$。

证明一：

反证法。

（1）$\neg (\exists x P(x) \vee \exists x Q(x))$ P（附加）

（2）$\neg \exists x P(x) \wedge \neg \exists x Q(x)$ T（1）

（3）$\neg \exists x P(x)$ T（2）

（4）$\forall x \neg P(x)$ T（3）

（5）$\exists x (P(x) \vee Q(x))$ P

（6）$P(c) \vee Q(c)$ ES（5）

（7）$\neg P(c)$ US（4）

（8）$Q(c)$ T（6），（7）

（9）$\exists x Q(x)$ EG（8）

（10）$\neg \exists x Q(x)$ T（2）

（11）$\exists x Q(x) \wedge \neg \exists x Q(x)$（永假式）   T（8），（9）

证明二：

因为 $\exists x P(x) \vee \exists x Q(x) \Leftrightarrow \neg \exists x P(x) \rightarrow \exists x Q(x)$，所以可用 CP 规则，即证明

$$\exists x (P(x) \vee Q(x)), \quad \exists x P(x) \Rightarrow \exists x Q(x)$$

（1）$\neg \exists x P(x)$ P（附加）

（2）$\forall x \neg P(x)$ T（1）

（3）$\exists x (P(x) \vee Q(x))$ P

（4）$P(c) \vee Q(c)$ ES（3）

(5) $\neg P(c)$	US（2）
(6) $Q(c)$	T（4），（5）
(7) $\exists x Q(x)$	EG（6）
(8) $\neg\exists x P(x) \to \exists x Q(x)$	CP 规则
(9) $\exists x P(x) \lor \exists x Q(x)$	T（8）

【例 6.28】 证明：所有有理数是实数，某些有理数是整数，所以有些实数是整数。

证明：

令 $R(x)$：x 是实数，$Q(x)$：x 是有理数，$I(x)$：x 是整数。

要证明 $\forall x(Q(x) \to R(x))$，$\exists x(Q(x) \land I(x)) \Rightarrow \exists x(R(x) \land I(x))$

(1) $\exists x(Q(x) \land I(x))$	P
(2) $Q(c) \land I(c)$	ES（1）
(3) $Q(c)$	T（2）
(4) $\forall x(Q(x) \to R(x))$	P
(5) $Q(c) \to R(c)$	US（4）
(6) $R(c)$	T（3），（5）
(7) $I(c)$	T（2）
(8) $R(c) \land I(c)$	T（6），（7）
(9) $\exists x(R(x) \land I(x))$	EG（8）

【例 6.29】 找出下面推导过程中的错误，问结论是否有效？若有效，写出正确的证明。

(1) $\forall x(A(x) \to B(x))$	P
(2) $A(c) \to B(c)$	US（1）
(3) $\exists x A(x)$	P
(4) $A(c)$	ES（3）
(5) $B(c)$	T（2），（4）
(6) $\exists x B(x)$	EG（5）

解：

该推论的前提是 $\forall x(A(x) \to B(x))$，$\exists x A(x)$；结论是 $\exists x B(x)$。

该结论是所给前提的有效结论。但推理过程不正确，错误在于步骤（4），由于在步骤（2）中使用了 US 规则已引入了 c，这时 c 已成为确定的值，所以在（4）中不能引用 c 而应改为 $P(d)$。正确的推理过程如下：

(1) $\exists x A(x)$	P
(2) $A(c)$	ES（1）
(3) $\forall x(A(x) \to B(x))$	P
(4) $A(c) \to B(c)$	US（3）
(5) $B(c)$	T（2），（4）
(6) $\exists x B(x)$	EG（5）

【例 6.30】 分析下列事实：“每个自然数或是偶数，或是奇数；如果是偶数，那么它能被 2 整除，并不是所有自然数都能被 2 整除，所以有些自然数是奇数”。请将其符号化，并构造推理证明。

解：

设个体域为所有自然数构成的集合。令 $E(x)$：x 是偶数，$O(x)$：x 是奇数，$D(x,y)$：x 能被 y 整除。那么上述命题可符号化为：

前提：$\forall x(E(x) \lor O(x))$，$\forall x(E(x) \to D(x,2))$，$\neg \forall x D(x,2)$

结论：$\exists x O(x)$。此结论为有效结论。

证明如下：

(1) $\neg \forall x D(x,2)$ P

(2) $\exists x \neg D(x,2)$ T（1）

(3) $\neg D(c,2)$ ES（2）

(4) $\forall x(E(x) \to D(x,2))$ P

(5) $E(c) \to D(c,2)$ US（4）

(6) $\neg E(c)$ T（3），（5）

(7) $\forall x(E(x) \lor O(x))$ P

(8) $E(c) \lor O(c)$ US（7）

(9) $O(c)$ T（6），（8）

(10) $\exists x O(x)$ EG（9）

由此证得 $\exists x O(x)$ 是有效结论。

习 题 6

1．将下列命题符号化：

(1) 所有运动员都是大学生。

(2) 并非所有大学生都是运动员。

(3) 没有不吃饭的人。

(4) 有些狗是黑色的且很聪明。

2．将下列命题符号化。其中个体域分别为：有理数集合、实数集合和全总个体域。

(1) 每个整数都是有理数。

(2) 有些有理数是整数。

(3) 所有整数都是素数。

(4) 并非每个有理数都是整数。

3．令 $P(x)$：x 是素数，$E(x)$：x 是偶数，$O(x)$：x 是奇数，$D(x,y)$：x 能整除 y。请用日常语言叙述下列命题：

(1) $(\forall x)(\neg D(2,x) \to O(x))$ (2) $\neg(\forall x)(E(x) \to D(3,x))$

(3) $((\exists x)(O(x) \land P(x))) \land (\neg(\forall x)(O(x) \to P(x)))$

4．将下列命题符号化，要求只使用全称量词。

(1) 有些素数是偶数。

(2) 有些有理数是整数，但并非所有有理数都是整数。

5．设个体域为 $D = \{1,2,3\}$，请消除下列谓词公式中的量词。

(1) $(\forall x)(P(x) \to Q(x))$ (2) $(\forall x)(\exists y)R(x,y)$

(3) $(\exists y)(\forall x)R(x,y)$ (4) $(\exists x)(P(x) \land Q(x))$

6. 对于下列谓词公式，指出约束元和自由元，并指明各量词的作用域。

(1) $(\exists x)P(x) \leftrightarrow P(y)$ (2) $(\forall x)(P(x) \vee Q(x)) \rightarrow \neg \exists x S(x)$

(3) $(\exists x)(\forall y)(P(x) \vee Q(y)) \leftrightarrow (\forall x)(R(x,y))$ (4) $(\forall x)(\exists y)(P(x,y,z) \vee Q(z))$

7. 利用谓词公式的约束元的改名规则，改写下列各式，以避免同一符号既是约束元又是自由元的混淆。

(1) $(\forall x)(P(x,y) \rightarrow Q(x)) \wedge R(x,y)$ (2) $(\exists x)(P(x) \wedge Q(x,y)) \vee R(x,y)$

8. 利用谓词公式的自由元的代入规则，改写下列各式，使约束元和自由元不使用同一符号。

(1) $(\exists x)(P(x) \wedge R(x,y)) \vee W(x)$ (2) $(\exists y)(P(x) \rightarrow Q(x,y)) \wedge R(x,y)$

9. 证明下列等价式。

(1) $(\forall x)P(x) \wedge \neg(\exists x)Q(x) \Leftrightarrow (\forall x)(P(x) \wedge \neg Q(x))$

(2) $(\exists x)(P(x) \vee Q(x)) \Leftrightarrow (\forall x)\neg P(x) \rightarrow (\exists x)Q(x)$

(3) $((\forall x)(\neg A(x) \wedge B(x))) \rightarrow (\exists x)A(x) \Leftrightarrow (\exists x)(B(x) \rightarrow A(x))$

(4) $(\neg(\exists x)\neg P(x)) \wedge (\forall x)(P(x) \rightarrow Q(x)) \Leftrightarrow (\forall x)P(x) \wedge (\forall x)Q(x)$

10. 设个体域为 $D = \{a, b\}$，验证下列等价式。

(1) $\neg(\forall x)P(x) \Leftrightarrow (\exists x)\neg P(x)$

(2) $\neg(\exists x)P(x) \Leftrightarrow (\forall x)\neg P(x)$

(3) $(\forall x)(A(x) \wedge B(x)) \Leftrightarrow (\forall x)A(x) \wedge (\forall x)B(x)$

(4) $(\exists x)(A(x) \vee B(x)) \Leftrightarrow (\exists x)A(x) \vee (\exists x)B(x)$

11. 将下列各式化为前束范式。

(1) $(\forall x)(P(x) \rightarrow (\exists y)Q(x,y))$

(2) $(\forall x)P(x) \wedge (\exists x)Q(x)$

(3) $(\exists x)(\neg(\exists y)P(x,y) \rightarrow ((\exists x)Q(z) \rightarrow R(x)))$

(4) $(\exists y)((\forall z)P(x,y,z) \vee (\forall u)Q(x,u)) \leftrightarrow (\forall v)(R(v,y))$

12. 证明下列推理成立。

(1) $(\forall x)P(x)$, $(\exists x)(P(x) \rightarrow Q(x)) \Rightarrow (\exists x)Q(x)$

(2) $(\forall x)(P(x) \rightarrow Q(x))$, $(\forall x)(Q(x) \rightarrow \neg R(x)) \Rightarrow (\forall x)(R(x) \rightarrow \neg P(x))$

(3) $(\forall x)\lceil \neg P(x) \rightarrow Q(x) \rceil$, $(\forall x)Q(x) \Rightarrow (\exists x)P(x)$

(4) $(\forall x)(P(x) \vee Q(x))$, $(\forall x)(Q(x) \rightarrow \neg R(x))$, $(\exists x)R(x) \Rightarrow (\exists x)P(x)$

13. 利用 CP 规则证明下列各式。

(1) $(\forall x)(P(x) \rightarrow Q(x)) \Rightarrow (\forall x)P(x) \rightarrow (\forall x)Q(x)$

(2) $(\forall x)(P(x) \wedge Q(x)) \Rightarrow (\forall x)P(x) \vee (\exists x)Q(x)$

(3) $(\forall x)(P(x) \rightarrow \neg Q(x))$, $(\forall x)(Q(x) \vee R(x)) \Rightarrow (\exists x)\neg R(x) \rightarrow (\exists x)\neg P(x)$

14. 将下列命题符号化，并构造推理证明。

（1）每个自然数或是奇数或是偶数，如果自然数是偶数，则它能被 2 整除，并不是任何自然数都能被 2 整除，所以有的自然数是奇数。

（2）所有自然数都是有理数；有些实数是自然数。因此，所以有些实数是有理数。

（3）有理数、无理数都是实数；虚数不是实数。因此，虚数既不是有理数，也不是无理数。

（4）如果一个人长期吸烟，那么他的身体不可能健康，有的人身体健康，所以有的人不长期吸烟。

第7章　代数系统简介

由集合及集合上的运算构成的系统称为代数系统。代数系统在数学理论的研究中有相当重要的地位。本章主要介绍代数系统的基本内容及一些特殊的代数系统：群、环、域、格等。

7.1　代数系统的基本概念

7.1.1　代数系统的定义

【定义 7.1.1】　设 A 和 B 是非空集合，f 是 A^n 到 B 的函数（其中 n 是正整数），则称 f 为 A（到 B）的 n 元运算，n 称为运算的元数。

当 $n=2$ 时，$(a_1, a_2) \in A \times A$，$b \in B$，对于二元运算 $f((a_1, a_2)) = b$，可记作 $a_1 f a_2 = b$ 或 $a_1 * a_2 = b$。

【例 7.1】　（1）普通四则运算（+、-、×、/）都是 S 上的二元运算，其中 S 可为 **N**（自然数集合）、**Z**（整数集合）、**Q**（有理数集合）、**R**（实数集合）、**C**（复数集合)。

（2）求相反数和求绝对值（模）的运算是 S 上的一元运算，S 可为 **N**、**Z**、**Q**、**R**、**C**。

（3）矩阵的加法和乘法运算是集合 $M_n = \{A \mid A$ 为 n 阶实数方阵$\}$ 上的二元运算，求逆矩阵的运算是 $M'_n = \{A \mid A$ 为 n 阶可逆实方阵$\}$ 上的一元运算。

（4）给定集合 S，并∪、交∩、差-和对称差 $\oplus$ 运算都是 $P(S) = \{A \mid A$ 是 S 的子集$\}$ 上的二元运算，补运算-是 $P(S)$ 上的一元运算。

（5）设 $A = \{P \mid P$ 是命题公式$\}$，析取∨、合取∧、条件→和双条件↔运算都是 A 上的二元运算，否定运算¬是 A 上的一元运算。

（6）函数的复合运算是 $S^S = \{f \mid f$ 是 S 上的函数$\}$ 上的二元运算。

（7）求逆函数的运算是 $A = \{f \mid f$ 是 S 上的双射$\}$ 上的一元运算。

（8）取大值 $a * b = \max\{a, b\}$ 和取小值运算 $a * b = \min\{a, b\}$ 都是 S 上的二元运算，其中 S 可为 **N**、**Z**、**Q**、**R**。

（9）求最小公倍数 $a * b = \text{lcm}\{a, b\}$ 和求最大公约数运算 $a * b = \gcd\{a, b\}$ 都是 **Z**$^+$ 上的二元运算，其中 **Z**$^+$ 表示正整数集合。

我们补充介绍 4 种常用的二元运算。

1. 模 k 的加法运算

设 **N**$_k = \{0, 1, \cdots, k-1\}$，$N_k$ 上的二元运算模 k 加法记作 $\oplus_k$，其定义为：对于 **N**$_k$ 中的任意元素 a 和 b，有

$$a \oplus_k b = \begin{cases} a+b, & a+b < k \\ a+b-k, & a+b \geqslant k \end{cases}$$

例如，在代数系统 $(\mathbf{N}_7, \oplus_7)$ 中，有 $3 \oplus_7 2 = 5$，$3 \oplus_7 6 = 2$。

这种"分段"表示形式可改为单一表达式：

$$a \oplus_k b = a+b-k\left[\frac{a+b}{k}\right]$$

其中，$[x]$ 表示实数 x 的整数部分，即取整运算。

如果把 N_7 中的元素 0、1、2、…、6 分别看做星期日、星期一、星期二、…、星期六，那么 $3 \oplus_7 2 = 6$，表示星期三再过两天是星期五，$3 \oplus_7 6 = 2$，表示星期三再过六天是星期二。这是模 7 加法运算实际意义的一种解释。

2．模 k 的乘法运算

模 k 的乘法运算记作 $\otimes_k$，其定义为：对于 $\mathbf{N}_k$ 中任意元素 a 和 b，有

$$a \otimes_k b = \begin{cases} a \times b, & a \times b < k \\ a \times b \text{被} k \text{除后的余数}, & a \times b \geqslant k \end{cases}$$

例如，在代数系统 $(\mathbf{N}_7, \otimes_7)$ 中，$3 \otimes_7 2 = 6$，$3 \otimes_7 6 = 4$。这种"分段"表示形式可改为单一表达式：

$$a \otimes_k b = a \times b - k\left[\frac{a \times b}{k}\right]$$

容易看到，模 k 的加法运算 $\oplus_k$ 和模 k 的乘法运算 $\otimes_k$ 实际上都是一种"取余数的运算"，它们都是 $\mathbf{N}_k = \{0, 1, \cdots, k-1\}$ 上的二元运算。

3．按位加运算

设 A 是由若干 n 位二进制序列作为元素的集合，A 上的按位加运算记作 $\oplus$，它是一种不计进位的二进制加法。例如：

$$\begin{array}{r} 11001 \\ \oplus\ 01101 \\ \hline 10100 \end{array}$$

由按位加的定义可知，按位加的运算规则是：同位数码相同时（同时为 0 或同时为 1），则该位的运算结果为 0；同位数码不相同时，则该位的运算结果为 1。

特别地，称 n 位 0 序列为 0 字。

按位加是编码中常用的二元运算。

4．字母表上的连接运算

设字母表 $\Sigma = \{a, b\}$，由字母表 Σ 中的字母构成的有限序列，称为 Σ 上的字符串，如 aab、baba 等都是 Σ 上的字符串，由 Σ 上的所有字符串构成的集合记作 Σ^*，在 Σ^* 上定义二元运算 $*$ 为字符串的连接，如字符串 p=baba，q=bbbaa，则 p*q=baba*bbbaa=bababbbaa。

连接运算是描述形式语言的重要工具。

【定义 7.1.2】 设 A 是非空集合，由 A 和 A 上若干运算 $*_1, *_2, \cdots, *_k$ 构成的系统称为代数系统，记作 $(A, *_1, *_2, \cdots, *_k)$。代数系统也可简称为代数。

由例 7.1 有以下结果。

【**例 7.2**】 （1）$(S,+)$、$(S,-)$、$(S,\times)$、$(S,+,\times)$ 分别是代数系统，其中 S 可为 **N**、**Z**、**Q**、**R**、**C**。

（2）$(\mathbf{N}_k,\oplus_k)$、$(\mathbf{N}_k,\otimes_k)$、$(\mathbf{N}_k,\oplus_k,\otimes_k)$ 分别是代数系统。

（3）$(M_n,+)$、$(M_n,\times)$、$(M_n,+,\times)$ 分别是代数系统。

（4）$(P(S),^-)$、$(P(S),\cup)$、$(P(S),\cap)$、$(P(S),-)$、$(P(S),\oplus)$、$(P(S),\cup,\cap)$ 分别是代数系统。

（5）$(A,\neg)$、$(A,\vee)$、$(A,\wedge)$、$(A,\rightarrow)$、$(A,\leftrightarrow)$、$(A,\vee,\wedge)$ 分别是代数系统。其中 $A=\{P \mid P$ 是命题公式$\}$。

（6）$(S^S,\circ)$ 是代数系统，其中 S 是集合，$S^S=\{f \mid$ 函数 $f\colon S\rightarrow S\}$，$\circ$ 是函数的复合运算。

（7）设 A 是由若干 n 位二进制序列作为元素的集合，$(A,\oplus)$ 是代数系统。

（8）$(S, \max)$、$(S, \min)$ 分别是代数系统，其中 S 可为 **N**、**Z**、**Q**、**R**。

（9）$(\mathbf{Z}^+, \mathrm{lcm})$、$(\mathbf{Z}^+, \gcd)$ 分别是代数系统。

（10）$(\Sigma^*, *)$ 是代数系统，其中 $*$ 为字符串的连接运算。

代数系统主要讨论二元运算。

当 A 为有限集合时，常用运算表来描述二元运算，构建方法如下所示：

如果有限集合 A 有 n 个元素，可先画出一个 $n\times n$ 的表格，在表格的上方（作为首行）和表格的左侧（作为首列）分别写上 A 中的元素。设 a 和 b 是 A 中的元素，在首列中 a 所在的行与首行中 b 所在的列交汇处的位置上写 $a*b$ 的运算结果，可得二元运算 $*$ 的运算表。

例如，$N_6=\{0,1,2,3,4,5\}$，对于模 6 乘法，其运算表如表 7.1-1 所示。

又如，集合 $A=\{00,01,10,11\}$，A 上的二元运算是按位加运算 $\oplus$，则其运算表如表 7.1-2 所示。

表 7.1-1

$\otimes_6$	0	1	2	3	4	5
0	0	0	0	0	0	0
1	0	1	2	3	4	5
2	0	2	4	0	2	4
3	0	3	0	3	0	3
4	0	4	2	0	4	2
5	0	5	4	3	2	1

表 7.1-2

$\oplus$	00	01	10	11
00	00	01	10	11
01	01	00	11	10
10	10	11	00	01
11	11	10	01	00

集合 A 上的二元运算实际上是对 A 中的任意两个元素规定一个运算结果，不同的规定就得到不同的二元运算。因此经常使用运算表来定义有限集合上的二元运算，运算表特别适用于不易用表达式表示有限集上的二元运算。例如，$A=\{1,2,3,4,5\}$，A 上的二元运算 $*$ 的定义如表 7.1-3 所示。

易见，A 上的二元运算 $*$ 无法用表达式表示，只能借助运算表来定义。

表 7.1-3

*	1	2	3	4	5
1	7	1	8	6	9
2	3	7	2	1	4
3	5	1	2	1	3
4	1	2	1	3	4
5	6	7	1	9	8

7.1.2 特殊运算与特殊元素

1．特殊运算

【定义7.1.3】 设$(A,*)$是代数系统，如果对于 A 中任意元素 a 和 b，都有 $a*b=c\in A$，则称二元运算*对于 A 是封闭的，也简称*是封闭的。

对于有限集 A，运算*是封闭的当且仅当其运算表中的元素都属于 A。

例如，表 7.1-1 中的元素都属于 $\mathbf{N}_6=\{0,1,2,3,4,5\}$，表明模 6 乘法对于 N_6 是封闭的；表 7.1-2 的元素都属于集合 $A=\{00,01,10,11\}$，表明按位加运算 $\oplus$ 对于 $A=\{00,01,10,11\}$ 是封闭的。

又如，表 7.1-3 中的元素 6、7、8、9 皆不属于 $A=\{1,2,3,4,5\}$，表明该二元运算对于 $A=\{1,2,3,4,5\}$ 是不封闭的。

【例 7.3】 （1）由于任何两个自然数（整数、有理数、实数、复数）相加后仍然是自然数（整数、有理数、实数、复数），$+$、$\times$对于 S 都是封闭的；但由于 0 不能作除数，$/$ 对于 S 都不封闭。其中，S 可为 $\mathbf{N}$、$\mathbf{Z}$、$\mathbf{Q}$、$\mathbf{R}$、$\mathbf{C}$。而/对于$S-\{0\}$又都封闭，其中 S 可为 $\mathbf{Q}$、$\mathbf{R}$、$\mathbf{C}$。$-$对于 $\mathbf{N}$ 不是封闭的，对于 $\mathbf{Z}$、$\mathbf{Q}$、$\mathbf{R}$、$\mathbf{C}$ 却是封闭的。对于有限集 $A=\{1,2,3\}$，四则运算都不是封闭的，因为 $2+3=5\notin A$，$2-3=-1\notin A$，$2\times 3=6\notin A$，$2/3\notin A$。

（2）模 k 加法运算 $\oplus_k$ 和模 k 乘法运算 $\otimes_k$ 对于集合 $\mathbf{N}_k$ 都是封闭的。表 7.1-1 是 $\otimes_6$ 对于 $\mathbf{N}_6$ 的情形。

（3）矩阵加法和矩阵乘法对于 M_n 都是封闭的。

（4）$\cup$、$\cap$、$-$、$\oplus$ 对于 $P(S)$ 都是封闭的。

（5）$\neg$、$\vee$、$\wedge$、$\rightarrow$、$\leftrightarrow$对于 A 都是封闭的。其中，$A=\{P\mid P$ 是命题公式$\}$。

（6）$\circ$对于 S^S 是封闭的。

（7）设 A 是由所有 n 位二进制序列作为元素的集合，$\oplus$ 对于 A 是封闭的。表 7.1-2 是 $n=2$ 的情形。

（8）max、min 对于 S 都是封闭的，其中 S 可为 $\mathbf{N}$、$\mathbf{Z}$、$\mathbf{Q}$、$\mathbf{R}$。

（9）lcm、gcd 对于 $\mathbf{Z}^+$ 都是封闭的。

（10）*对于 Σ^* 是封闭的，其中*为字符串的连接运算。

【定义 7.1.4】 设$(A,*)$是代数系统，如果对于 A 中任意元素 a 和 b，都有 $a*b=b*a$，则称*为可交换运算，或称*满足交换律。

对于有限集合，运算*是可交换的当且仅当其运算表中的元素关于主对角线对称。

例如，表 7.1-1 和表 7.1-2 中的元素关于主对角线都对称，表明它们对应的二元运算是可交换运算。

又如，表 7.1-3 中的元素关于主对角线不对称，表明该二元运算不是可交换运算。

容易验证以下结果。

【例 7.4】 （1）S 中，+和×都是可交换运算；但-和/都是不可交换运算，其中 S 可为 **N**、**Z**、**Q**、**R**、**C**。

（2）模 k 加法运算 $\oplus_k$ 和模 k 乘法运算 $\otimes_k$ 都是可交换运算。表 7.1-1 是 $\otimes_6$ 对 **N**$_6$ 的情形。

（3）矩阵加法是可交换运算；但矩阵乘法不是可交换运算。

（4）$P(S)$ 中，∪、∩、⊕ 是可交换运算，但-不是可交换运算。

（5）$A=\{P\,|\,P$ 是命题公式$\}$ 中，∨、∧、↔是可交换运算，但→不是可交换运算。

（6）S^S 中，∘不是可交换运算。

（7）设 A 是由若干 n 位二进制序列作为元素的集合，⊕ 是可交换运算。表 7.1-2 是 $n=2$ 的情形。

（8）S 中，max、min 都是可交换运算，其中 S 可为 **N**、**Z**、**Q**、**R**。

（9）**Z**$^+$ 中，lcm、gcd 都是可交换运算。

（10）Σ^* 中，*是不可交换运算，其中*为字符串的连接运算。

【定义 7.1.5】 设 $(A,*)$ 是代数系统，*是封闭的，对于 A 中任意元素 a、b、c，都有 $(a*b)*c=a*(b*c)$，则称*为可结合运算，或称*满足结合律。

【例 7.5】 （1）S 中，+和×都是可结合运算，但-和/都是不可结合运算，其中 S 可为 **N**、**Z**、**Q**、**R**、**C**。

（2）模 k 加法运算 $\oplus_k$ 和模 k 乘法运算 $\otimes_k$ 都是可结合运算，即对于 **N**$_k$ 中的任意元素 a、b、c，都有 $(a \oplus_k b) \oplus_k c = a \oplus_k (b \oplus_k c)$，$(a \otimes_k b) \otimes_k c = a \otimes_k (b \otimes_k c)$。事实上：

$$前式 = a+b+c-k\left[\frac{a+b+c}{k}\right]$$

$$后式 = a\times b\times c-k\left[\frac{a\times b\times c}{k}\right]$$

（3）矩阵加法和矩阵乘法都是可结合运算。

（4）$P(S)$ 中，∪、∩、⊕ 是可结合运算，但-不是可结合运算。

（5）$A=\{P\,|\,P$ 是命题公式$\}$ 中，∨、∧、↔是可结合运算，但→不是可结合运算。

（6）S^S 中，∘是可结合运算。

（7）设 A 是由若干 n 位二进制序列作为元素的集合，⊕ 是可结合运算。容易验证，对于二进制数码 0 和 1，按位加⊕是可结合运算，如 $(1 \oplus 1) \oplus 0=1 \oplus (1 \oplus 0)=0$，$(1 \oplus 1) \oplus 1=1 \oplus (1 \oplus 1)=1$，而对于 n 位二进制序列的按位加运算只与同位数码的运算有关。由此可见，对于 n 位二进制序列，按位加是可结合运算。

（8）S 中，max、min 都是可结合运算，其中 S 可为 **N**、**Z**、**Q**、**R**。因为 $(a*b)*c=(\max(a,b))*c=\max(\max(a,b),c)=\max(a,\max(b,c))=(a*\max(b,c))=a*(b*c)$，所以 max 是可结合运算。同理可证，min 是可结合运算。

（9）**Z**$^+$ 中，lcm、gcd 都是可结合运算。

（10）Σ^* 中，*对于是可结合运算，其中*为字符串的连接运算。

当代数系统 $(A,*)$ 中的运算是可结合运算时，括号内的优先作用已没有意义，即：只要不改变乘法顺序，括号随便删加。从而常把圆括号省略，写成 $(a*b)*c=a*(b*c)=a*b*c$。

特别当 $a=b=c$ 时，有 $(a*a)*a=a*(a*a)=a*a*a$，可把 $a*a*a$ 记作 a^3。由此可见，当*是可结

合运算时，$(A,*)$ 中元素 a 的幂是有意义的，于是可定义 a 的幂：$a^1=a$，$a^2=a\times a$，$\cdots$，$a^{n+1}=a^n\times a=a\times a^n$ …… 由结合律，当 m 和 n 为正整数时，有

$$a^m\times a^n=a^n\times a^m=a^{m+n}$$
$$(a^m)^n=(a^n)^m=a^{mn}$$

【定义 7.1.6】 设 $(A,*,\odot)$ 是含有两种二元运算的代数系统，对于 A 中任意元素 a、b、c，都有

$$a\odot(b*c)=(a\odot b)*(a\odot c)$$
$$(b*c)\odot a=(b\odot a)*(c\odot a)$$

则称运算 $\odot$ 对于 $*$ 是可分配的，或称 $\odot$ 对于 $*$ 满足分配律。

【例 7.6】 （1）在 S 中，$\times$ 对 $+$ 和 $-$ 是可分配的，即 $a(b+c)=ab+ac=(b+c)a$，$a(b-c)=ab-ac=(b-c)a$；但 $+$ 对 $\times$ 是不可分配的，其中 S 可为 $\mathbf{N}$、$\mathbf{Z}$、$\mathbf{Q}$、$\mathbf{R}$、$\mathbf{C}$。

（2）模 k 乘法运算 $\otimes_k$ 对模 k 加法运算 $\oplus_k$ 是可分配的，即 $a\otimes_k(b\oplus_k c)=(a\otimes_k b)\oplus_k(a\otimes_k c)$（证明请读者自补）。

（3）矩阵乘法对矩阵加法是可分配的；但矩阵加法对矩阵乘法是不可分配的。

（4）$P(S)$ 中，$\cup$ 与 $\cap$ 彼此可分配。

（5）$A=\{P\,|\,P$ 是命题公式$\}$ 中，$\vee$ 与 $\wedge$ 彼此可分配。

（6）$P(S)$ 中，$\cap$ 对 $\oplus$ 是可分配的。

（7）$A=\{P\,|\,P$ 是命题公式$\}$ 中，$\wedge$ 与 $\leftrightarrow$、$\vee$ 与 $\leftrightarrow$ 彼此不可分配。

（8）S 中，max 与 min 彼此可分配，其中 S 可为 $\mathbf{N}$、$\mathbf{Z}$、$\mathbf{Q}$、$\mathbf{R}$。

（9）$\mathbf{Z}^+$ 中，lcm 与 gcd 彼此可分配。

【定义 7.1.7】 设 $(A,*,\odot)$ 是含有两种二元运算的代数系统，对于 A 中元素 a 和 b，都有

$$a*(a\odot b)=a$$
$$a\odot(a*b)=a$$

则称 $*$ 和 $\odot$ 满足吸收律。

【例 7.7】 （1）S 中，$+$ 和 $\times$ 不满足吸收律，其中 S 可为 $\mathbf{N}$、$\mathbf{Z}$、$\mathbf{Q}$、$\mathbf{R}$、$\mathbf{C}$。

（2）模 k 加法运算 $\oplus_k$ 和模 k 乘法运算 $\otimes_k$ 不满足吸收律。

（3）矩阵加法和矩阵乘法不满足吸收律。

（4）$P(S)$ 中，$\cup$ 和 $\cap$ 满足吸收律。

（5）$A=\{P\,|\,P$ 是命题公式$\}$ 中，$\vee$ 和 $\wedge$ 满足吸收律。

（6）$P(S)$ 中，$\cap$ 和 $\oplus$ 不满足吸收律。

（7）$A=\{P\,|\,P$ 是命题公式$\}$ 中，$\wedge$ 和 $\leftrightarrow$、$\vee$ 和 $\leftrightarrow$ 不满足吸收律。

（8）S 中，max 和 min 满足吸收律，其中 S 可为 $\mathbf{N}$、$\mathbf{Z}$、$\mathbf{Q}$、$\mathbf{R}$。显然，$\max(a,b)\geqslant a\geqslant\min(a,b)$。因此，$\min(a,\max(a,b))=a$，$\max(a,\min(a,b))=a$，由此证得 max 和 min 满足吸收律。

（9）$\mathbf{Z}^+$ 中，lcm 和 gcd 满足吸收律。

2．特殊元素

【定义 7.1.8】 设 $(A,*)$ 是代数系统，如果 A 中存在元素 a，使得 $a*a=a$，则称 a 为 $(A,*)$ 的等幂元。

在有限集的运算表中，等幂元是那些对角线上与其首行（首列）相同的元素。

【例 7.8】 表 7.1-4 中等幂元对应的列给出了例 7.2 中 10 类常见的代数系统中的等幂元。

表 7.1-4

序号	集合	运算	等幂元	零元	幺元	元素 x 的逆元
①	**N**、**Z**、**Q**、**R**、**C**	普通加法+	0	—	0	$-x$
		普通乘法×	0，1	0	1	$1/x$（非零 x）
②	N_k	$\oplus_k$	0	—	0	$k-x$
		$\otimes_k$	0，1；可能有其他	0	1	情形复杂
③	$M_n(R)$	矩阵加法+	零矩阵 0_n	—	0_n	$-x$
		矩阵乘法×	零矩阵 0_n 和单位矩阵 I_n；可能有其他	0_n	I_n	x^{-1}（x 是可逆矩阵）
④	$P(S)$	并∪	S 的任一子集	S	$\varnothing$	$\varnothing$ 之逆为 $\varnothing$，余者无逆
		交∩	S 的任一子集	$\varnothing$	S	S 之逆为 S，余者无逆
		差-	$\varnothing$	—	—	—
		对称⊕	$\varnothing$	—	$\varnothing$	X
⑤	$\{P \mid P$ 是命题公式$\}$	∨	任一命题公式	**1**	**0**	0 之逆为 0，余者无逆
		∧	任一命题公式	永假式 0	**1**	1 之逆为 1，余者无逆
		↔	永真式 1	—	**1**	x
⑥	S^S	复合运算	恒同映射 I_S	—	I_S	逆函数 f^{-1}（f 是双射）
⑦	$\{n$ 位二进制序列$\}$	$\oplus$	0 字	—	0 字	x
⑧	**Z**、**Q**、**R**	max	任一元素	—	—	—
		min	任一元素	—	—	—
⑨	**Z**+	lcm	任一元素	—	1	1 之逆为 1，余者无逆
		gcd	任一元素	1	—	—
⑩	Σ^*	连接运算*	空字符串	—	空字符串	空字符串之逆为空字符串；余者无逆

表 7.1-1 表明 0、1、3、4 都是 $(\mathbf{N}_6, \otimes_6)$ 中的等幂元；表 7.1-2 是⑦中 $n=2$ 的情形，表明 00 是（$\{2$ 位二进制序列$\}$, $\oplus$ ）中唯一的等幂元；表 7.1-3 表明该代数系统中没有等幂元。在 $(M_2, \times)$ 中

$$\begin{bmatrix} 1 & 0 \\ 0 & 0 \end{bmatrix}\begin{bmatrix} 1 & 0 \\ 0 & 0 \end{bmatrix} = \begin{bmatrix} 1 & 0 \\ 0 & 0 \end{bmatrix}$$

亦为等幂元。

利用数学归纳法，容易证明以下定理（即等幂元的含义）。

【定理 7.1.1】 设 $(A, *)$ 是代数系统，$*$ 为 A 上的二元运算，a 是其等幂元，则对 $\forall n \in Z^+$ 都有 $a^n = a$。

【定义 7.1.9】 设 $(A, *)$ 是代数系统，如果 A 中存在元素 θ，使得对于 A 中任意元素 a，都有 $\theta * a = a * \theta = \theta$，则称 θ 为 $(A, *)$ 的零元。

在有限集的运算表中，零元所在行（列）的元素都是首列（首行）元素。

【例 7.9】 表 7.1-4 中，零元对应的列给出了例 7.2 中 10 类常见的代数系统中的零元。

表 7.1-1 表明 0 是 $(\mathbf{N}_6, \otimes_6)$ 中的零元；表 7.1-2 是⑦中 $n=2$ 的情形，表明（$\{2$ 位二进制序列$\}$, $\oplus$ ）中没有零元；表 7.1-3 也表明相应的代数系统中没有零元。而在 $(\mathbf{N}, \max)$ 中，没有最大元，从而也没有零元；在 $(\mathbf{N}, \min)$ 中，0 是最小元，从而是零元。

【定理 7.1.2】 设 $(A, *)$ 是代数系统，如果 $(A, *)$ 中存在零元，则零元是唯一的。

证明：

设 θ 和 θ' 是 $(A, *)$ 的零元，则由 θ 是零元可知，$\theta * \theta' = \theta$；由 θ' 是零元，可知 $\theta * \theta' = \theta'$。因此 $\theta = \theta'$，故零元是唯一的。

【定义 7.1.10】 设 $(A, *)$ 是代数系统，如果 A 中存在元素 e，使得对于 A 中任意元素 a，都

有 $e*a=a*e=a$，则称 e 为 $(A,*)$ 的幺元，亦称为单位元。

在有限集的运算表中，幺元所在行（列）的元素与首行（首列）元素相同。

【例 7.10】 表 7.1-4 中，幺元对应的列给出了例 7.2 中 10 类常见的代数系统中的幺元。

表 7.1-1 表明 1 是 $(\mathbf{N}_6,\otimes_6)$ 中的幺元；表 7.1-2 是 ⑦ 中 $n=2$ 的情形，表明 00 是（{2 位二进制序列},⊕）中的幺元；表 7.1-3 表明相应的代数系统中没有幺元。而在 $(\mathbf{N}, \max)$ 中，0 是最小元，从而是幺元；在 $(\mathbf{N}, \min)$ 中，没有最大元，从而也没有幺元。

同零元唯一性的证明相仿，幺元也有如下定理。

【定理 7.1.3】 设 $(A,*)$ 是代数系统，如果 $(A,*)$ 中存在幺元，则幺元是唯一的。

证明：

设 e 和 e' 是 $(A,*)$ 的幺元，则由幺元的定义可知 $e=e'*e=e'$，故幺元是唯一的。

在代数系统中，零元、幺元等显示出代数系统的整体特征，在讨论代数系统的性质时具有重要作用，常称这类特殊元素为代数常数。

【定义 7.1.11】 设 $(A,*)$ 是代数系统，e 是 $(A,*)$ 的幺元，$a\in A$，如果存在着 $b\in A$，使得 $a*b=b*a=e$，则称 b 为 a 的逆元。

由逆元的定义可知，如果 b 是 a 的逆元，那么 a 也是 b 的逆元，可称 a 和 b 互逆。

显然，幺元 e 的逆元就是其自身。

在有限集的运算表中，幺元对应的首行元素与首列元素互逆。

【例 7.11】 在表 7.1-4 中，元素 x 的逆元对应的列给出了例 7.2 中 10 类常见的代数系统中 x 的逆元。

在 $(\mathbf{N}_k,\otimes_k)$ 中，1 是自己的逆元，0 没有逆元，且除 0 外，情形比较复杂。例如，表 7.1-1 表明在 $(\mathbf{N}_6,\otimes_6)$ 中，1 和 5 分别是自己的逆元，0、2、3、4 都没有逆元；表 7.1-2 是 ⑦ 中 $n=2$ 的情形，它表明在（{2 位二进制序列},⊕）中，任一元素的逆元就是自身；表 7.1-3 相应的代数系统中没有幺元，便无逆元可言。

【定理 7.1.4】 设 $(A,*)$ 是代数系统，且 $*$ 是可结合运算，如果 A 中元素 a 有逆元，则 a 的逆元是唯一的。

证明：

设 b 和 c 是 a 的逆元，则 $b=b*e=b*(a*c)=(b*a)*c=e*c=c$。

定理 7.1.4 表明，当运算是可结合运算时，逆元是唯一的。a 的逆元记作 a^{-1}，且 $(a^{-1})^{-1}=a$。特别地，$e^{-1}=e$。

【例 7.12】 在代数系统 $(\mathbf{R},*)$ 中，运算 $*$ 定义为 $a*b=ab+a+b$，证明运算 $*$ 是可结合运算，并指出其幺元和零元、各元素的逆元。

证明：

易见，$*$ 对于 $\mathbf{R}$ 是封闭的。

由于 $(a*b)*c=(ab+a+b)*c=(ab+a+b)c+(ab+a+b)+c=abc+ab+ac+bc+a+b+c$，且 $a*(b*c)=a*(bc+b+c)=a(bc+b+c)+a+(bc+b+c)=abc+ab+ac+a+b+c$，因此 $(a*b)*c=a*(b*c)$，由此证得 $*$ 是可结合运算。

由 $a*0=0a+a+0=a$ 知，0 是 $(\mathbf{R},*)$ 的幺元。

由 $a*(-1)=(-1)a+a+(-1)=-1$ 知，-1 是 $(\mathbf{R},*)$ 的零元。

由 $a*((-a)/(a+1))=a(-a)/(a+1)+a+(-a)/(a+1)=0$ 知，-1 没有逆元，而每个不等于 -1 的实数

a 的逆元为 $(-a)/(a+1)$。

7.1.3 同构

当我们对代数系统进行抽象的讨论时，经常需要设定一些讨论对象，如选代数系统 $(A,*)$ 作为讨论对象，并确定其结构为：集合 $A=\{a,b,c\}$，二元运算 $*$ 的定义如表 7.1-5(a) 所示。易见，作为抽象的讨论对象，集合 A 和集合中的元素 a、b、c，以及二元运算 $*$ 等都是我们给出的名称而已，它们也可以取其他名称。如果把集合 A 改称为 B，集合中的元素改称为 x、z、y，把运算 $*$ 改称为 $*'$，并把运算表中的元素相应改为 x、y、z，由此得到 $*'$ 的运算表如表 7.1-5(b) 所示。

表 7.1-5

(a)

$*$	a	b	c
a	a	b	c
b	b	c	c
c	a	a	b

(b)

$*'$	x	y	z
x	x	y	z
y	x	z	x
z	z	y	y

显然，代数系统 $(B,*')$ 与 $(A,*)$ 具有相同的结构和特征，在本质上是一致的，只是用了不同的名称，通常称这样两个代数系统是同构的。

由以上分析可知，两个代数系统 $(A,*)$ 和 $(B,*')$ 是同构的，必须满足：集合 A 和 B 之间能建立一一对应关系，并且这种一一对应关系能保持在运算中。

由于双射函数建立了集合间的一一对应关系，下面将用双射函数来描述代数系统之间的同构。

仍以前面所提到的两个代数系统为例来分析代数系统同构的意义。

设 f 是 A 到 B 的双射函数，且 $f(a)=x,\ f(b)=y,\ f(c)=z$，为了使运算 $*$ 也保持这种一一对应关系，还需要：

$$a*b \rightarrow f(a)*'f(b)=x*'y=y=f(b)=f(a*b)$$
$$b*c \rightarrow f(b)*'f(c)=y*'z=z=f(c)=f(b*c)$$
$$a*c \rightarrow f(a)*'f(c)=x*'z=z=f(b)=f(a*c)$$
$$\cdots$$

由以上分析可得以下定义。

【定义 7.1.12】 设 $(A,*)$ 和 $(B,*')$ 是代数系统，如果存在着 A 到 B 的双射函数 f，使得对于 A 中任意元素 a 和 b，都有 $f(a*b)=f(a)*'f(b)$，则称 f 为 $(A,*)$ 到 $(B,*')$ 的一个同构映射，称 $(B,*')$ 同构于 $(A,*)$，$(B,*')$ 是 $(A,*)$ 的同构象，或称 $(A,*)$ 和 $(B,*')$ 同构。

例如，设 $(A,*)$ 是代数系统。其中 $A=\{a,b,c,d\}$，$*$ 的运算表如表 7.1-6(a) 所示。证明 $(A,*)$ 与 $(N_4,\oplus_4)$ 同构。

证明：

$(N_4,\oplus_4)$ 的运算表如表 7.1-6(b) 所示，可知定义 A 到 N_4 的函数 f：$f(a)=0$，$f(b)=1$，$f(c)=2$，$f(d)=3$，易见 f 是 A 到 N_4 的双射函数，且对于 A 中任意元素 x 和 y，都有 $f(x*y)=f(x)\oplus_4 f(y)$。由此可得，f 是 $(A,*)$ 到 $(N_4,\oplus_4)$ 的同构映射，即 $(A,*)$ 和 $(N_4,\oplus_4)$ 同构。

表 7.1-6

(a)				
*	*a*	*b*	*c*	*d*
a	*a*	*b*	*c*	*d*
b	*b*	*c*	*d*	*a*
c	*c*	*d*	*a*	*b*
d	*d*	*a*	*b*	*c*

(b)				
$\oplus_4$	0	1	2	3
0	0	1	2	3
1	1	2	3	0
2	2	3	0	1
3	3	0	1	2

又如，设 **Z** 是全体整数的集合，**E** 是全体偶数的集合，证明(**Z**,+)和(**E**,+)同构。

证明：

定义 **Z** 到 **E** 的函数 f： $f(n)=2n$。

显然，f 是 **Z** 到 **E** 的双射函数，且对于任意 $i,j \in \mathbf{Z}$ ，$f(i+j)=2(i+j)=f(i)+f(j)$，故 f 是(**Z**,+)到(**E**,+)的同构映射，即(**Z**,+)和(**E**,+)同构。

再如，设 **R** 是全体实数的集合，$\mathbf{R}^+$ 是全体正实数的集合，证明(**R**,+)与($\mathbf{R}^+$,×)同构。

证明：

定义 **R** 到 $\mathbf{R}^+$ 的函数 f： $f(x)=2^x$，易验证：f 是 **R** 到 $\mathbf{R}^+$ 的双射函数，且对于任意 $x,y \in \mathbf{R}$ ，$f(x+y)=2^{x+y}=2^x \times 2^y=f(x) \times f(y)$，故 f 是(**R**,+)到($\mathbf{R}^+$,×)的同构映射，即(**R**,+)与($\mathbf{R}^+$,×)同构。

由双射的性质不难证明，同构是定义在以代数系统为元素的集合上的等价关系。当两个代数系统同构时，它们具有相同的结构和特征，只是用了不同的符号。因此，两个同构的代数系统常被看做同一个代数系统。

定义 7.1.12 中，"$f(a*b)=f(a)*'f(b)$" 即 "先乘后映=先映后乘"，或 "积的像=像的积"（其中的两个 "乘" 或 "积" 因所在的代数系统不同而不同），表明函数 f 保持运算性质，称为同态映射。可以证明：如果存在(A,*)到(B,*')存在同态映射 f，$f(A)$ 是 A 在 f 下的同态像，那么：

① 若 * 在 A 中是封闭的，则 *' 在 $f(A)$ 中是封闭的。

② 若 * 在 A 中是可交换的，则 *' 在 $f(A)$ 中是可交换的。

③ 若 * 在 A 中是可结合的，则 *' 在 $f(A)$ 中是可结合的。

④ 等幂元的同态象是同态像中的等幂元。

⑤ 零元的同态象是同态像中的零元。

⑥ 幺元的同态象是同态像中的幺元。

⑦ 逆元的同态象是同态像的逆元。

①～③说明同态映射保持了特殊运算，④～⑦说明同态映射保持了特殊元素。

7.2　半群和独异点

本节介绍两种特殊的代数系统：半群和独异点，它们在形式语言、自动机理论中都有具体的应用。

7.2.1　半群和子半群

1. 半群的定义

【定义 7.2.1】 设(A,*)是代数系统，且二元运算 * 满足：* 对于 A 是封闭的、* 是可结合运算，则称$(A, *)$为半群。

在例 7.2 的代数系统中，选择满足结合律的运算（见例 7.5）可得：

【例 7.13】 （1）$(S,+)$、$(S,\times)$分别是半群，而$(S,-)$、$(S,/)$均不是半群（因为运算-和/都不满足结合律），其中 S 可为 **N**、**Z**、**Q**、**R**、**C**。

（2）$(\mathbf{N}_k, \oplus_k)$、$(\mathbf{N}_k, \otimes_k)$分别是半群。

（3）$(M_n, +)$、$(M_n, \times)$分别是半群。

（4）$(P(S), \cup)$、$(P(S), \cap)$、$(P(S), \oplus)$分别是半群，但$(P(S), -)$不是半群。

（5）$(A, \vee)$、$(A, \wedge)$、$(A, \leftrightarrow)$分别是半群，但$(A, \rightarrow)$不是半群，其中 $A=\{P \mid P$ 是命题公式$\}$。

（6）$(S^S, \circ)$是半群。特别地，有限集合上的一个双射函数被称为一个置换。

当 $S=\{a_1, a_2, \cdots, a_n\}$时，用

$$f = \begin{pmatrix} a_1 & a_2 & \cdots & a_n \\ f(a_1) & f(a_2) & \cdots & f(a_n) \end{pmatrix}$$

表示 S 的一个置换。

S 上 $n!$个不同的置换的集合记为 S_n，S_n 上的左合成运算"$*$"的含义同二元关系的合成，则$(S_n, *)$是半群。例如，$S=\{a,b,c\}$，f 是 S 到 S 的双射函数，且$f(a)=a$，$f(b)=c$，$f(c)=b$，可表示为

$$f = \begin{pmatrix} a & b & c \\ a & c & b \end{pmatrix}$$

$$\begin{pmatrix} a & b & c \\ a & c & b \end{pmatrix} * \begin{pmatrix} a & b & c \\ c & b & a \end{pmatrix} = \begin{pmatrix} a & b & c \\ c & a & b \end{pmatrix} \qquad \begin{pmatrix} a & b & c \\ c & b & a \end{pmatrix} * \begin{pmatrix} a & b & c \\ c & a & b \end{pmatrix} = \begin{pmatrix} a & b & c \\ b & a & c \end{pmatrix}$$

$S_3 = \{f_1, f_2, f_3, f_4, f_5, f_6\}$，其中：

$$f_1 = \begin{pmatrix} a & b & c \\ a & b & c \end{pmatrix} \qquad f_2 = \begin{pmatrix} a & b & c \\ a & c & b \end{pmatrix} \qquad f_3 = \begin{pmatrix} a & b & c \\ b & a & c \end{pmatrix}$$

$$f_4 = \begin{pmatrix} a & b & c \\ b & c & a \end{pmatrix} \qquad f_5 = \begin{pmatrix} a & b & c \\ c & a & b \end{pmatrix} \qquad f_6 = \begin{pmatrix} a & b & c \\ c & b & a \end{pmatrix}$$

其运算表如表 7.2-1 所示。

表 7.2-1

$*$	f_1	f_2	f_3	f_4	f_5	f_6
f_1	f_1	f_2	f_3	f_4	f_5	f_6
f_2	f_2	f_1	f_4	f_3	f_6	f_5
f_3	f_3	f_5	f_1	f_6	f_2	f_4
f_4	f_4	f_6	f_2	f_5	f_1	f_3
f_5	f_5	f_3	f_6	f_1	f_4	f_2
f_6	f_6	f_4	f_5	f_2	f_3	f_1

（7）设 A 是由若干 n 位二进制序列作为元素的集合，$(A, \oplus)$是半群。

（8）$(S, \max)$、$(S, \min)$分别是半群，其中 S 可为 **N**、**Z**、**Q**、**R**。

（9）$(\mathbf{Z}^+, \mathrm{lcm})$、$(\mathbf{Z}^+, \gcd)$分别是半群。

（10）$(\Sigma^*, *)$是半群，其中，$*$为连接运算。

设$(A,*)$是半群，若$*$是可交换运算，则称$(A,*)$为可交换半群。

在例7.13的半群中，选择满足交换律的运算（见例7.4）可得：

【例7.14】 （1）$(S,+)$、$(S,\times)$分别是可交换半群，其中S可为$\mathbf{N}$、$\mathbf{Z}$、$\mathbf{Q}$、$\mathbf{R}$、$\mathbf{C}$。

（2）$(\mathbf{N}_k,\oplus_k)$、$(\mathbf{N}_k,\otimes_k)$分别是可交换半群。

（3）$(M_n,+)$是可交换半群，但$(M_n,\times)$不是可交换半群。

（4）$(P(S),\cup)$、$(P(S),\cap)$、$(P(S),\oplus)$分别是可交换半群。

（5）$(A,\vee)$、$(A,\wedge)$、$(A,\leftrightarrow)$分别是可交换半群，其中$A=\{P\mid P$是命题公式$\}$。

（6）$(S^S,\circ)$是不可交换半群。

例如，$(S_3,*)$是不可交换半群。因为表7.2-1不对称，如$f_2*f_6=f_5\neq f_4=f_6*f_2$。

（7）设A是由若干n位二进制序列作为元素的集合，$(A,\oplus)$是可交换半群。

（8）$(S,\max)$、$(S,\min)$分别是可交换半群，其中S可为$\mathbf{N}$、$\mathbf{Z}$、$\mathbf{Q}$、$\mathbf{R}$。

（9）$(\mathbf{Z}^+,\mathrm{lcm})$、$(\mathbf{Z}^+,\gcd)$分别是可交换半群。

（10）$(\sum*,*)$不是可交换半群，因为连接运算$*$是不可交换的。

【例7.15】 设$(A,*)$是半群，$\forall x,y\in A$，如果$x\neq y$，则$x*y\neq y*x$。证明：

（1）$\forall x\in A$，有$x*x=x$（A中每个元素是等幂元）。

（2）$\forall x,y\in A$，有$x*y*x=x$。

（3）$\forall x,y,z\in A$，有$x*y*z=x*z$。

证明：

已知条件"如果$x\neq y$，则$x*y\neq y*x$"等价于"如果$x*y=y*x$，则$x=y$"。

由于$(A,*)$是半群，因此：

（1）$\forall x\in A$，$x*x\in A$，且$(x*x)*x=x*(x*x)$，故$x*x=x$。

（2）$\forall x,y\in A$，$x*y*x\in A$，且$(x*y*x)*x=x*y*(x*x)=x*y*x=(x*x)*y*x=x*(x*y*x)$，故$x*y*x=x$。

（3）$\forall x,y,z\in A$，$x*y*z$，$x*z\in A$，$x*y*z=(x*z*x)*y*z=x*(z*(x*y)*z)=x*z$。

有限半群有如下定理。

【定理7.2.1】 设$(A,*)$是有限半群，则$(A,*)$中必存在等幂元。

证明：

任取$a\in A$，考察序列$a^{3^0},a^{3^1},a^{3^2},\cdots,a^{3^n},\cdots$。由于$(A,*)$是有限半群，必存在$i<j$，使得$a^{3^i}=a^{3^j}$。记$k=3^j-3^i\geq 3\times 3^i-3^i=2\times 3^i>3^i$，则

$$a^k*a^k=a^{k+k}=a^{k+3^j-3^i}=a^{k-3^i+3^j}=a^{k-3^i}\times a^{3^j}=a^{k-3^i}\times a^{3^i}=a^{k-3^i+3^i}=a^k$$

即a^k为$(A,*)$的等幂元，故$(A,*)$中必存在等幂元。

例如，找出半群$(\mathbf{N}_5,\oplus_5)$的等幂元。

解：

取$a=2$，观察序列2^1，2^3，2^9，2^{27}，2^{81}，$\cdots$，即序列$2,1,3,4,2,\cdots$，则有$2^1=2^{81}$，取$i=0$，$j=4$，得$k=81-1=80$，于是$2^{80}=0$为等幂元。

【例7.16】 设$(A,*)$是半群，其中$A=\{a,b,c\}$，且有$a*a=b$，$b*b=c$。证明：

（1）$c*c=c$。

（2）$*$是可交换运算。

（3）$a*b=c$。

证明：

（1）显然，$(A,*)$是有限半群，$(A,*)$中必有等幂元。但$a^2=a*a=b\neq a$，$b^2=b*b=c\neq b$，故c为等幂元，即$c*c=c$。

（2）由于A中仅有三个元素a、b和c，且$b=a^2$，$c=b^2=a^4$，因此$\forall x,y\in A$，$x*y=a^i*a^j=a^{i+j}=a^j*a^i=y*x$。由此可见，$*$是可交换运算。

（3）由题设可知，$a*b=a^3$。若$a*b=a$，则$b=a^2=a*a=a^3*a=a^4=c\neq b$，矛盾；若$a*b=b=a^2$，则$b=a^2=a^3=a^2*a=a^3*a=a^4=c\neq b$，矛盾。故$a*b=c$。其运算表如表7.2-2所示。

对于该半群，有$a=a^1$，$b=a^2$，$c=a^3=a^4=\cdots=a^n=\cdots$。

表 7.2-2

$*$	a	b	c
a	b	c	c
b	c	c	c
c	c	c	c

2．子半群的定义

【定义7.2.2】 设$(A,*)$是半群，B是A的非空子集，且$(B,*)$也是半群，则称$(B,*)$为$(A,*)$的子半群。

【例7.17】

（1）$(\mathbf{N},+)$、$(\mathbf{Z},+)$、$(\mathbf{Q},+)$、$(\mathbf{R},+)$分别是$(\mathbf{C},+)$的子半群；$(\mathbf{N},\times)$分别是$(\mathbf{Z},\times)$、$(\mathbf{Q},\times)$、$(\mathbf{R},\times)$、$(\mathbf{C},\times)$的子半群，等等。

（2）$(\{0\},\oplus_k)$、$(\{0,1\},\otimes_k)$分别是$(\mathbf{N}_k,\oplus_k)$、$(\mathbf{N}_k,\otimes_k)$的子半群。例如，在$\mathbf{N}_6$中，令$A=\{0,2,4\}$，$B=\{1,3,5\}$，$C=\{1,2,3\}$。运算$\oplus_6$为可结合运算，并且不难验证$\oplus_6$对于A是封闭的，但对于B和C都不封闭；由此可知，$(A,\oplus_6)$是$(\mathbf{N}_6,\oplus_6)$的子半群，$(B,\oplus_6)$和$(C,\oplus_6)$都不是$(\mathbf{N}_6,\oplus_6)$的子半群。

运算$\otimes_6$为可结合运算，由表7.1-1可知，$\otimes_6$对于A和B都是封闭的，但对于C不封闭；由此可知，$(A,\otimes_6)$和$(B,\otimes_6)$都是$(\mathbf{N}_6,\otimes_6)$的子半群，$(C,\otimes_6)$却不是$(\mathbf{N}_6,\otimes_6)$的子半群。

可以证明，对于$\mathbf{N}_n$的非空子集A，如果$(A,\oplus_n)$是$(\mathbf{N}_n,\oplus_n)$的子半群，那么$(A,\otimes_n)$必是$(\mathbf{N}_n,\otimes_n)$的子半群。

（3）$(\{n\text{阶实对角阵}\},*)$是$(M_n,*)$的子半群，其中$*$可分别为$+$、$\times$运算。

（4）$(\{\varnothing,S\},*)$是$(P(S),*)$的子半群，其中$*$可分别为$\cup$、$\cap$、$\oplus$运算。

（5）$(\{0,1\},*)$是$(A,*)$的子半群，其中$*$可分别为$\vee$、$\wedge$、$\leftrightarrow$运算。

（6）$(\{S\text{上的双射}\},\circ)$是$(S^S,\circ)$的子半群。

（7）设A是由若干n位二进制序列作为元素的集合，$(\{0\text{字}, A\text{中任一元素}\},\oplus)$是$(A,\oplus)$的子半群。

（8）$(S\text{的任一子集},\max)$、$(S\text{的任一子集},\min)$分别是$(S,\max)$、$(S,\min)$的子半群，其中S可为$\mathbf{N}$、$\mathbf{Z}$、$\mathbf{Q}$、$\mathbf{R}$。

（9）(E,lcm)、$(E,\gcd)$分别是$(\mathbf{Z}^+,\mathrm{lcm})$、$(\mathbf{Z}^+,\gcd)$的子半群，其中$E$为偶数集合。

（10）$(\{\text{空字符串}\},*)$是$(\Sigma^*,*)$的子半群，其中，$*$为连接运算。

当B是A的子集，$(A,*)$是半群时，要验证$(B,*)$是否是$(A,*)$的子半群，只需验证运算$*$对于B是否封闭即可，因为$*$的可结合性是可以"继承"的。

【定理7.2.2】 设$(A,*)$是半群，B是A的非空子集，如果$*$对于B是封闭的，则$(B,*)$是$(A,*)$的子半群。

证明：

（1）运算*对于 B 是封闭的。

（2）$\forall x,y,z \in B \subseteq A$，有 $(x*y)*z = x*(y*z)$，即在 B 中，*满足结合律。

因此 $(B,*)$ 是半群，由定义，$(B,*)$ 是 $(A,*)$ 的子半群。

7.2.2　独异点和子独异点

1. 独异点的定义

【定义 7.2.3】　设 $(A,*)$ 是代数系统，且满足：① *对于 A 是封闭的；② *是可结合运算；③ $(A,*)$ 中含有幺元；则称 $(A,*)$ 为独异点。

易见，独异点就是含幺元的半群。

在例 7.13 的半群中，选择含有幺元者（见例 7.10）可得：

【例 7.18】　（1）$(S,+)$、$(S,\times)$ 分别是独异点，其中 S 可为 **N**、**Z**、**Q**、**R**、**C**，但 $(\mathbf{Z}^+,+)$、$(\mathbf{E},\times)$ 都不是独异点。

（2）$(\mathbf{N}_k,\oplus_k)$、$(\mathbf{N}_k,\otimes_k)$ 分别是独异点。

（3）$(M_n,+)$、$(M_n,\times)$ 是独异点。

（4）$(P(S),\cup)$、$(P(S),\cap)$、$(P(S),\oplus)$ 分别是独异点。

（5）$(A,\vee)$、$(A,\wedge)$、$(A,\leftrightarrow)$ 分别是独异点，其中 $A=\{P\,|\,P$ 是命题公式$\}$。

（6）$(S^S,\circ)$ 是独异点。特别地，$(S_n,*)$ 是独异点。例如，$(S_3,*)$ 的幺元为

$$f = \begin{pmatrix} a & b & c \\ a & b & c \end{pmatrix}$$

（7）设 A 是由若干 n 位二进制序列作为元素的集合，$(A,\oplus)$ 是独异点。

（8）$(\mathbf{N},\max)$ 是独异点，而 $(\mathbf{N},\min)$ 不是独异点；$(S,\max)$ 和 $(S,\min)$ 也都不是独异点，其中 S 可为 **Z**、**Q**、**R**。

（9）$(\mathbf{Z}^+,\mathrm{lcm})$ 是独异点，而 $(\mathbf{Z}^+,\gcd)$ 不是独异点。

（10）若设空字符串也是 Σ^* 中的元素，$(\Sigma^*,*)$ 是独异点。

【定理】　一个有限独异点 $(A,*)$ 的运算表中任何两行或两列元素不会完全相同。

证明：

设 A 中的幺元是 e，对于任意的 $a,b \in A$ 且 $a \neq b$ 时，总有 $e*a=a \neq b=e*b$ 和 $a*e=a \neq b=b*e$。因此，在*的运算表中不可能有两行或两列是相同的。

2. 子独异点的定义

由于代数常数是代数系统的重要标志之一，因此在定义代数系统的子代数系统时，必须要求它们具有相同的代数常数。独异点中含有幺元，因此其子独异点的定义如下所述。

【定义 7.2.4】　设 $(A,*)$ 是独异点，B 是 A 的子集，如果 $(B,*)$ 也是独异点，且其幺元与 $(A,*)$ 的幺元相同，则称 $(B,*)$ 为 $(A,*)$ 的子独异点。

定义 7.2.4 中，关于"$(B,*)$ 的幺元与 $(A,*)$ 的幺元相同"的要求等价于"$(A,*)$ 的幺元在 $(B,*)$ 中"。

在例 7.17 的子半群中，选择幺元相同者（见例 7.10）可得：

【例 7.19】　（1）$(\mathbf{N},+)$ 分别是 $(\mathbf{Z},+)$、$(\mathbf{Q},+)$、$(\mathbf{R},+)$、$(\mathbf{C},+)$ 的子独异点；$(\mathbf{N},\times)$、$(\mathbf{Z},\times)$、$(\mathbf{Q},\times)$、$(\mathbf{R},\times)$ 分别是 $(\mathbf{C},\times)$ 的子独异点，等等。

（2）$(\{0\},\oplus_k)$、$(\{0,1\},\otimes_k)$ 分别是 $(\mathbf{N}_k,\oplus_k)$、$(\mathbf{N}_k,\otimes_k)$ 的子独异点。

例如，在 $\mathbf{N}_6$ 中，令 $A=\{0,2,4\}$，$B=\{1,3,5\}$。$(\mathbf{N}_6,\oplus_6)$ 的幺元 0 在 $(A,\oplus_6)$ 中，$(A,\oplus_6)$ 是 $(\mathbf{N}_6,\oplus_6)$ 的子独异点；$(B,\oplus_6)$ 不是 $(\mathbf{N}_6,\oplus_6)$ 的子半群，$(B,\oplus_6)$ 也不是 $(\mathbf{N}_6,\oplus_6)$ 的子独异点。$(\mathbf{N}_6,\otimes_6)$ 的幺元 1 在 $(B,\otimes_6)$ 中，$(B,\otimes_6)$ 是 $(\mathbf{N}_6,\otimes_6)$ 的子独异点；$(\mathbf{N}_6,\otimes_6)$ 的幺元 1 不在 $(A,\otimes_6)$（$(A,\otimes_6)$ 的幺元是 4）中，$(A,\otimes_6)$ 不是 $(\mathbf{N}_6,\otimes_6)$ 的子独异点。

由此可见，对于 $\mathbf{N}_n$ 的非空子集 A，"$(A,\oplus_n)$ 是 $(\mathbf{N}_n,\oplus_n)$ 的子独异点" 与 "$(A,\otimes_n)$ 是 $(\mathbf{N}_n,\otimes_n)$ 的子独异点"没有必然联系，因为两个运算的幺元并不一致。这不同于子半群。

（3）（$\{n$ 阶实对角阵$\}$,*）是 $(M_n,*)$ 的子独异点，其中*可分别为+、×运算。

（4）（$\{\varnothing,S\}$,*）是 $(P(S),*)$ 的子独异点，其中*可分别为∪、∩、⊕ 运算。

（5）（$\{0,1\}$,*）是 $(A,*)$ 的子独异点，其中*可分别为∨、∧、↔运算。

（6）（$\{S$ 上的双射$\}$,∘）是 $(S^S,\circ)$ 的子独异点。

（7）设 A 是由若干 n 位二进制序列作为元素的集合，（$\{0$ 字, A 中任一元素$\}$,⊕）是 $(A,\oplus)$ 的子独异点。

（8）$(\mathbf{Z}^+,\max)$ 和 $(\mathbf{N},\max)$ 都是独异点；但 $(\mathbf{Z}^+,\max)$ 不是 $(\mathbf{N},\max)$ 的子独异点。因为，$(\mathbf{Z}^+,\max)$ 的幺元为 1，而 $(\mathbf{N},\max)$ 的幺元为 0，二者的幺元不同。

例如，设 $A=\{1,2,3,4,5\}$，二元运算*定义为：$a*b=\max\{a,b\}$，则 1 是 $(A,*)$ 的幺元，即 $(A,*)$ 是独异点。设 $B=\{1,2,3\}$，则 $(B,*)$ 是独异点，1 是 $(B,*)$ 的幺元，故 $(B,*)$ 是 $(A,*)$ 的子独异点。设 $C=\{4,5\}$，则 $(C,*)$ 是独异点，$(C,*)$ 的幺元是 4，而非 $(A,*)$ 的幺元 1，故 $(C,*)$ 不是 $(A,*)$ 的子独异点。

（9）$(\mathbf{E},\mathrm{lcm})$ 和 $(\mathbf{Z}^+,\mathrm{lcm})$ 都是独异点；但 $(\mathbf{E},\mathrm{lcm})$ 不是 $(\mathbf{Z}^+,\mathrm{lcm})$ 的子独异点。因为，$(\mathbf{E},\mathrm{lcm})$ 的幺元为 2，而 $(\mathbf{Z}^+,\mathrm{lcm})$ 的幺元为 1，二者的幺元不同。

（10）（$\{$空字符串$\}$,*）是 $(\Sigma^*,*)$ 的子独异点，其中，*为连接运算。

（2）、（8）和（9）都说明：对独异点 $(A,*)$ 而言，尽管 B 是 A 的子集，并且 $(B,*)$ 是独异点，但 $(B,*)$ 的幺元与 $(A,*)$ 的幺元可能不同，此时 $(B,*)$ 不是 $(A,*)$ 的子独异点。

换言之，独异点的子半群未必是它的子独异点。

【例 7.20】 写出 $(\mathbf{N}_4,\otimes_4)$ 的所有子半群，并说明哪些子半群又是 $(\mathbf{N}_4,\otimes_4)$ 的子独异点。

解：

由于 $\mathbf{N}_4=\{0,1,2,3\}$，要找 $(\mathbf{N}_4,\otimes_4)$ 的子半群，只需找 $\mathbf{N}_4$ 的子集，并使运算 $\otimes_4$ 对此子集是封闭的即可。若取 $\mathbf{N}_4$ 的子集为 $A_1=\{0\}$，$A_2=\{1\}$，$A_3=\{0,1\}$，$A_4=\{0,2\}$，$A_5=\{1,3\}$，$A_6=\{0,1,2\}$，$A_7=\{0,1,3\}$，$A_8=\{0,1,2,3\}$，则 $(A_i,\otimes_4)$（$i=1,2,\cdots,8$）都是 $(\mathbf{N}_4,\otimes_4)$ 的子半群。由于 $(\mathbf{N}_4,\otimes_4)$ 的幺元为 1，因此其中 $(A_2,\otimes_4)$、$(A_3,\otimes_4)$、$(A_5,\otimes_4)$、$(A_6,\otimes_4)$、$(A_7,\otimes_4)$、$(A_8,\otimes_4)$ 都是 $(\mathbf{N}_4,\otimes_4)$ 的子独异点。

7.3 群

群是用途广泛且得到充分研究的、重要的代数系统。

7.3.1 群的定义和性质

1．群的定义

【定义 7.3.1】 设 $(G,*)$ 是代数系统，且满足：① *对于 G 是封闭的；② *是可结合运算；

③ $(G,*)$ 中含有幺元；④ G 中每个元素都有逆元；则称 $(G,*)$ 为群。

显然，群是每个元素都有逆元的独异点。

在例 7.17 的独异点中，选择每个元素都有逆元者（见表 7.1-4）可得：

【例 7.21】 （1）$(S,+)$ 分别是群（$\forall a \in S$，$a^{-1}=-a$），其中 S 可为 $\mathbf{Z}$、$\mathbf{Q}$、$\mathbf{R}$、$\mathbf{C}$；但 $(\mathbf{N},+)$ 不是群（除 0 外，其他元素无逆元）。$(S,\times)$ 不是群（0 无逆元），其中 S 可为 $\mathbf{N}$、$\mathbf{Z}$、$\mathbf{Q}$、$\mathbf{R}$、$\mathbf{C}$。而 $(S-\{0\},\times)$ 分别是群（$\forall a \in S-\{0\}$，$a^{-1}=1/a$），其中 S 可为 $\mathbf{Q}$、$\mathbf{R}$、$\mathbf{C}$；但 $(S-\{0\},\times)$ 还不是群，其中 S 可为 $\mathbf{N}$、$\mathbf{Z}$。

（2）$(\mathbf{N}_k,\oplus_k)$ 是群（$\forall a \in \mathbf{N}_k$，$a^{-1}=k-a$）；$(\mathbf{N}_k,\otimes_k)$ 不是群（0 无逆元）。

当 k 为素数时，$(\mathbf{N}_k-\{0\},\otimes_k)$ 是群。

例如，在 $(\mathbf{N}_6-\{0\},\otimes_6)$ 中，元素 2、3、4 都没有逆元，且 $2\otimes_6 3=0 \notin \mathbf{N}_6-\{0\}$，即 $\otimes_6$ 对于 $\mathbf{N}_6-\{0\}$ 不是封闭的，因此 $(\mathbf{N}_6-\{0\},\otimes_6)$ 不是群。

又如，$(\mathbf{N}_7-\{0\},\otimes_7)$ 是群。$(\mathbf{N}_7-\{0\},\otimes_7)$ 的运算表如表 7.3-1 所示，由于表中的元素都属于 $\mathbf{N}_7-\{0\}$，因此 $\otimes_7$ 对于 $\mathbf{N}_7-\{0\}$ 是封闭的。仍由表 7.3-1 可知，1 是幺元。且 $1\otimes_7 1=1$，$2\otimes_7 4=4\otimes_7 2=1$，$3\otimes_7 5=5\otimes_7 3=1$，$6\otimes_7 6=1$，因此 1 的逆元为 1、2 和 4 互为逆元，3 和 5 互为逆元，6 的逆元为 6。由此证得 $(\mathbf{N}_7-\{0\},\otimes_7)$ 是群。

表 7.3-1

$\otimes_7$	1	2	3	4	5	6
1	1	2	3	4	5	6
2	2	4	6	1	3	5
3	3	6	2	5	1	4
4	4	1	5	2	6	3
5	5	3	1	6	4	2
6	6	5	4	3	2	1

（3）$(M_n,+)$ 是群（$\forall X \in M_n$，$X^{-1}=-X$，X^{-1} 是 X 的逆矩阵），$(M_n,\times)$ 不是群（0_n 无逆元）。（{n 阶可逆矩阵},×) 是群。

（4）$(P(S),\cup)$、$(P(S),\cap)$ 都不是群；$(P(S),\oplus)$ 是群（$\forall X \in P(S)$，$X^{-1}=X$）。

（5）$(A,\vee)$、$(A,\wedge)$ 都不是群，$(A,\leftrightarrow)$ 是群（$\forall P \in A$，$P^{-1}=P$），其中 $A=\{P \mid P$ 是命题公式$\}$。

（6）$(S^S,\circ)$ 不是群，$(\{f \mid$ 函数 $f: S \to S$ 的双射$\},\circ)$ 是群（f^{-1} 是 f 的逆函数）。$(S_n,*)$ 是群，称之为集合 S 的 n 次对称群。例如，3 次对称群 $S_3=\{f_1,f_2,f_3,f_4,f_5,f_6\}$，其中：

$$f_1=\begin{pmatrix} a & b & c \\ a & b & c \end{pmatrix} \qquad f_2=\begin{pmatrix} a & b & c \\ a & c & b \end{pmatrix} \qquad f_3=\begin{pmatrix} a & b & c \\ b & a & c \end{pmatrix}$$

$$f_4=\begin{pmatrix} a & b & c \\ b & c & a \end{pmatrix} \qquad f_5=\begin{pmatrix} a & b & c \\ c & a & b \end{pmatrix} \qquad f_6=\begin{pmatrix} a & b & c \\ c & b & a \end{pmatrix}$$

由表 7.2-1 可知，f_1 是幺元，$f_1^{-1}=f_1$，$f_2^{-1}=f_2$，$f_3^{-1}=f_3$，$f_4^{-1}=f_5$，$f_5^{-1}=f_4$，$f_6^{-1}=f_6$。

（7）设 A 是由若干 n 位二进制序列作为元素的集合，$(A,\oplus)$ 是群（$\forall x \in A$，$x^{-1}=x$）。例如，设 $A=\{000, 001, 010, 011, 100, 101, 110, 111\}$。$(A,\oplus)$ 的运算表如表 7.3-2 所示，由于表中元素都属于 A，因此 $\oplus$ 对于 A 是封闭的。易见，000 是 $(G,\oplus)$ 的幺元。因为 $001\oplus 001=000$，$010\oplus 010=000$，$\cdots$，$111\oplus 111=000$，所以 G 中每个元素都有逆元，且逆元都是其自身，即 $a \in G$，$a^{-1}=a$。由此证得 $(G,\oplus)$ 是群。

表 7.3-2

⊕	000	001	010	011	100	101	110	111
000	000	001	010	011	100	101	110	111
001	001	000	011	010	101	100	111	110
010	010	011	000	001	110	111	100	101
011	011	010	001	000	111	110	101	100
100	100	101	110	111	000	001	010	001
101	101	100	111	110	001	000	011	010
110	110	111	100	101	010	011	000	001
111	111	110	101	100	011	010	001	000

（8）$(S, \max)$、$(S, \min)$都不是群。

（9）$(\mathbf{Z}^+, \mathrm{lcm})$、$(\mathbf{Z}^+, \gcd)$都不是群。

（10）$(\Sigma*, *)$不是群，其中，*为连接运算。

【定义 7.3.2】设$(G, *)$是群，如果G是有限集合，则称$(G, *)$为有限群，称$|G|$（G中元素的个数）为群$(G, *)$的阶数；如果G是无限集合，称$(G, *)$为无限群。

【例 7.22】考察例 7.21 中的群，有：

（1）$(S, +)$分别是无限群，其中S可为$\mathbf{Z}$、$\mathbf{Q}$、$\mathbf{R}$、$\mathbf{C}$；$(S-\{0\}, \times)$也分别是无限群，其中S可为$\mathbf{Q}$、$\mathbf{R}$、$\mathbf{C}$。

（2）$(\mathbf{N}_k, \oplus_k)$是有限群，$|\mathbf{N}_k| = k$；当p为素数时，$(\mathbf{N}_p - \{0\}, \otimes_p)$是有限群，$|\mathbf{N}_p - \{0\}| = p - 1$|。例如，$(\mathbf{N}_6, \oplus_6)$和$(\mathbf{N}_7 - \{0\}, \otimes_7)$都是有限群，且都是 6 阶群。

（3）$(M_n, +)$是无限群，$(\{n \text{ 阶可逆实方阵}\}, \times)$也是无限群。

（4）群$(P(S), \oplus)$是否有限依S是否有限而定。

（5）$(A, \leftrightarrow)$是无限群，其中$A = \{P \mid P \text{ 是命题公式}\}$。

（6）群$(\{f \mid \text{ 函数 } f: S \to S \text{ 的双射}\}, \circ)$是否有限依$S$是否有限而定。例如，$(S_n, *)$是有限群，其阶数$= n!$。$(S_3, *)$是 6 阶群。

（7）设A是由若干n位二进制序列作为元素的集合，$(A, \oplus)$是有限群。$|A| = 2^n$。

表 7.1-2 和表 7.3-2 分别是$n = 2$和$n = 3$的情形。

【定义 7.3.3】设$(G, *)$是群，如果运算*是可交换的，则称$(G, *)$为可交换群或阿贝尔（Abel）群。

在例 7.21 的群中，选择满足交换律的运算（见例 7.4 或例 7.14）可得：

【例 7.23】（1）$(S, +)$分别是可交换群，其中S可为$\mathbf{Z}$、$\mathbf{Q}$、$\mathbf{R}$、$\mathbf{C}$。$(S-\{0\}, \times)$也分别是可交换群，其中S可为$\mathbf{Q}$、$\mathbf{R}$、$\mathbf{C}$。

（2）$(\mathbf{N}_k, \oplus_k)$是可交换群，$(\mathbf{N}_p - \{0\}, \otimes_p)$是可交换群（$p$为素数）。

（3）$(M_n, +)$是可交换群，但$(\{n \text{ 阶可逆实方阵}\}, \times)$不是可交换群。

（4）$(P(S), \oplus)$是可交换群。

（5）$(A, \leftrightarrow)$是可交换群，其中$A = \{P \mid P \text{ 是命题公式}\}$。

（6）$G = \{f \mid \text{ 函数 } f: S \to S \text{ 的双射}\}$，$(G, \circ)$不是可交换群；$(S_n, *)$不是可交换群。

例如，$(S_3, *)$不是可交换群，表 7.2-1 不对称，如$f_2 * f_6 = f_5$，$f_6 * f_2 = f_4$，有$f_2 * f_6 \neq f_6 * f_2$。

（7）设A是由若干n位二进制序列作为元素的集合，$(A, \oplus)$是可交换群。

表 7.1-2 和表 7.3-2 分别是 $n=2$ 和 $n=3$ 的情形。

【例 7.24】 设 $\mathbf{R}_2$ 是所有不等于 2 的实数构成的集合，即 $\mathbf{R}_2=\mathbf{R}-\{2\}$，$\mathbf{R}_2$ 上的二元运算*定义为：$a*b=ab-2(a+b-3)$。证明：$(\mathbf{R}_2,*)$ 是群。

证明：

首先，验证*对于 $\mathbf{R}_2$ 是封闭的。由于 $a*b-2=ab-2(a+b-3)-2=ab-2a-2b+4=(a-2)(b-2)$，因此当 a 和 b 都是不等于 2 的实数时，$a-2\neq0$，$b-2\neq0$。由此可知，$a*b=(a-2)(b-2)+2$ 也是不等于 2 的实数，故*对于 $\mathbf{R}_2$ 是封闭的。

再证*是可结合运算。由于 $(a*b)*c-2=(a*b-2)(c-2)=(a-2)(b-2)(c-2)=(a-2)(b*c-2)=a*(b*c)-2$，因此 $(a*b)*c=a*(b*c)$。

由此证得，*是可结合运算。

以下求 $(\mathbf{R}_2,*)$ 的幺元。设 e 是 $(\mathbf{R}_2,*)$ 的幺元，则对于 $\mathbf{R}_2$ 中任何元素 a，都有 $a*e=e*a=a$，于是可得 $a-2=a*e-2=(a-2)(e-2)=(e-2)(a-2)=e*a-2$。$a$ 任意，可得 $e=3$，即 $(\mathbf{R}_2,*)$ 的幺元为 3。

最后求 $(\mathbf{R}_2,*)$ 中各元素的逆元。设任意实数 a 的逆元为 b，由于 3 是幺元，因此 $(a-2)(b-2)=a*b-2=e-2=3-2=1$。由此可得 $b=1/(a-2)+2$，因此当 $a\neq2$ 时，a 的逆元 $a^{-1}=1/(a-2)+2\neq2$。

综上所证，$(\mathbf{R}_2,*)$ 是群。

注意：本运算*下，2 是 $(\mathbf{R},*)$ 的零元。

因为设 θ 是 $(\mathbf{R},*)$ 的零元，则对于 $\mathbf{R}$ 中任何元素 a，都有 $a*\theta=\theta*a=\theta$。由于*是可交换运算，上述两等式中仅考虑一个等式即可。由*的定义可知，$\theta-2=(a-2)(\theta-2)$。a 任意，可得 $\theta=2$，即 $(\mathbf{R},*)$ 的零元为 2，2 没有逆元。因此，取 $\mathbf{R}_2=\mathbf{R}-\{2\}$。

该证明抓住了*与四则运算的本质关系，过程简明清晰，较好地把握和预测了运算过程及其运算结果，有效避免了盲目性。此方法可以推广至一般情形：

❖ $a*b=ab+k(a+b+(k-1))$：零元是 $-k$，幺元是 $1-k$，a 的逆元 $a^{-1}=1/(a+k)-k$。

❖ $a*b=-ab+k(a+b+(1-k))$：零元是 k，幺元是 $k-1$，a 的逆元 $a^{-1}=k-1/(k-a)$。

特别地，当 $k=1$ 时，前式为 $a*b=a+b+ab$（见例 7.12），后式为 $a*b=a+b-ab$（见例 7.42）；当 $k=2$ 时，前式为习题 25，后式为习题 7；当 $k=-2$ 时，前式为本例。

【例 7.25】 设 $(G,*)$ 是群，如果对于 G 中任意元素 a 和 b，都有 $(a*b)^3=a^3*b^3$ 和 $(a*b)^5=a^5*b^5$，证明 $(G,*)$ 是可交换群。

证明：

由题设 $(a*b)^3=a^3*b^3$ 可知，$a*b*a*b*a*b=a*a*a*b*b*b$。

由消去律可得 $b*a*b*a=a*a*b*b$，即 $(b*a)^2=a^2*b^2$。

同理，由题设 $(a*b)^5=a^5*b^5$，可得 $(b*a)^4=a^4*b^4$。

又 $a^2*a^2*b^2*b^2=a^4*b^4=(b*a)^4=(b*a)^2*(b*a)^2=a^2*b^2*a^2*b^2$，可得 $a^2*b^2=b^2*a^2$。

而 $a*a*b*b=a^2*b^2=b^2*a^2=(a*b)^2=a*b*a*b$，由此可得 $a*b=b*a$。

故 $(G,*)$ 是可交换群。

2．群的基本性质

由半群、独异点、群的定义可知，独异点是含有幺元的半群，群是每个元素都有逆元的独异点。

从表面来看，独异点比半群多了一个条件"含有幺元"，群比独异点多了一个条件"每个元素都有逆元"。但在代数性质方面，半群与独异点的差异甚小，而群与独异点之间有着极大差异，群是一个具有很多实用特性的代数系统，下面介绍群的基本性质。

性质 1：群中有唯一的等幂元——幺元。

证明：

设 $(G,*)$ 是群，$a \in G$ 且 a 是等幂元，即 $a*a=a$。设 a 的逆元为 a^{-1}，则 $a=e*a=a^{-1}*a*a=a^{-1}*a=e$。由此可知，群中等幂元必是幺元，而幺元是唯一的，因此群中有唯一的等幂元：幺元。

在独异点中，除幺元外，还可以有多个等幂元。例如，表 7.1-1 表明在独异点 $(\mathbf{N}_6, \otimes_6)$ 中，除幺元 1 外，0、3、4 都是等幂元。

因此，当某个代数系统具有两个以上的等幂元时，就能判定此代数系统不是群。

性质 2：当 $|G|>1$ 时，群 G 中不存在零元。

证明：

设 G 中存在零元 θ，则 $e=\theta*\theta^{-1}=\theta$。对于 G 中的任一元素 a，有 $a=a*e=a*\theta=\theta$，即 $G=\{\theta\}$。得证。

推论 具有两个以上元素的代数系统中，零元没有逆元。

性质 3：设 $(G,*)$ 是群，$a \in G$，如果对于 G 中某一个元素 b，有 $a*b=b$（或 $b*a=b$），则 a 是群 G 的幺元。

证明：

若 $a*b=b$，则以 b^{-1} 右乘等式两边可得 $a*b*b^{-1}=b*b^{-1}$，于是 $a=a*e=e$，即 a 是幺元。

性质 3 说明，当 $(G,*)$ 是群，要验证 G 中的元素 a 是否是幺元，只须对 G 中某个元素 b，考察是否有 $a*b=b$（或 $b*a=b$）成立即可，无须对 $\forall x \in G$，逐一验证 $a*x=x$。而对一般代数系统 $(A,*)$，这种方法不行。仅仅对 A 中某一个元素 b，有 $a*b=b$（或 $b*a=b$），还不能确定 a 是幺元，例如，表 7.1-1 表明在独异点 $(\mathbf{N}_6, \otimes_6)$ 中，$4 \otimes_6 2=2$，但 4 不是 $(\mathbf{N}_6, \otimes_6)$ 的幺元。

性质 4：设 $(G,*)$ 是群，对于 G 中任意元素 a 和 b，都有：$(a^{-1})^{-1}=a$，$(a*b)^{-1}=b^{-1}*a^{-1}$。

证明：

由 $a*a^{-1}=a^{-1}*a=e$ 知，a^{-1} 的逆元是 a，即 $(a^{-1})^{-1}=a$。

由于 $(a*b)*(b^{-1}*a^{-1})=a*(b*b^{-1})*a^{-1}=a*e*a^{-1}=a*a^{-1}=e$，$(b^{-1}*a^{-1})*(a*b)=b^{-1}*(a^{-1}*a)*b=b^{-1}*e*b=b^{-1}*b=e$，因此 $b^{-1}*a^{-1}$ 是 $a*b$ 的逆元，即有 $(a*b)^{-1}=b^{-1}*a^{-1}$。

令 $a=b$ 及数学归纳法不难证明：

推论：设 $(G,*)$ 是群，$a \in G$，则有 $(a^{-1})^n=(a^n)^{-1}$。

可把 $(a^{-1})^n$ 和 $(a^n)^{-1}$ 记作 a^{-n}。

性质 5：设 $(G,*)$ 是群，a、b 是 G 中的元素：

（1）G 中存在一个唯一的元素 x，使得 $a*x=b$。

（2）G 中存在一个唯一的元素 y，使得 $y*a=b$。

证明：

（1）若 $a*x=b$，则用 a^{-1} 左乘等式两边可得 $a^{-1}*a*x=a^{-1}*b$。即存在 $x=a^{-1}*b \in G$，是满足 $a*x=b$ 的唯一元素。

同理可证（2）。

性质 5：说明群中可解方程。事实上，可解方程的半群就是群。

性质 6：设 $(G,*)$ 是群，a、b、c 是 G 中的元素，若 $a*b=a*c$（或 $b*a=c*a$），则必有 $b=c$。

证明：

若 $a*b=a*c$，则用 a^{-1} 左乘等式两边可得 $a^{-1}*a*b=a^{-1}*a*c$，即 $e*b=e*c$，故 $b=c$。

性质 6 说明群中运算满足消去律。

但半群、独异点的运算不一定满足消去律。如在独异点 $(\mathbf{N}_6,\otimes_6)$ 中，$1\otimes_6 2=2$，$4\otimes_6 2=2$，于是有 $1\otimes_6 2=4\otimes_6 2$，但 $1\neq 4$。

另一方面，性质 6 的逆命题不成立。即一个代数系统 $(A,*)$，其上的二元运算 $*$ 具有消去律，不一定是群。例如，在 $(\mathbf{N},+)$ 中，$+$ 运算具有消去律，但 $(\mathbf{N},+)$ 不是群。

性质 7：设 $(G,*)$ 是有限群，则在运算表中，各行（列）的元素都不相同。

证明：

设 $G=\{a_1,a_2,\cdots,a_n\}$，运算表中第 i 行元素为 $a_i*a_1,a_i*a_2,\cdots,a_i*a_n$。

设 $a_i*a_k=a_i*a_l$（$k\neq l$），由于群运算满足消去律，因此有 $a_k=a_l$。这与 $a_k\neq a_l$ 的假设矛盾。因而，群的运算表中每行的元素都不相同。

同理可证，运算表中每列的元素都不相同。

由有限群运算表的特点可知，在同构意义下：

表 7.3-3

*	e
e	e

① 1 阶群只有一个，同构于 $(\mathbf{N}_1,\oplus_1)$，其运算表如表 7.3-3 所示，其中 e 为幺元。

② 2 阶群只有一个，同构于 $(\mathbf{N}_2,\oplus_2)$，其运算表如表 7.3-4 所示，其中 e 为幺元。

③ 3 阶群只有一个，同构于 $(\mathbf{N}_3,\oplus_3)$，其运算表如表 7.3-5 所示，其中 e 为幺元。

④ 4 阶群仅有两个，其运算表如表 7.3-6 和表 7.3-7 所示，其中 e 为幺元。

表 7.3-4

*	e	a
e	e	a
a	a	e

表 7.3-5

*	e	a	b
e	e	a	b
a	a	b	e
b	b	e	a

表 7.3-6

*	e	a	b	c
e	e	a	b	c
a	a	b	c	e
b	b	c	e	a
c	c	e	a	b

表 7.3-7

*	e	a	b	c
e	e	a	b	c
a	a	e	c	b
b	b	c	e	a
c	c	b	a	e

例如，群 $(\mathbf{N}_4,\oplus_4)$ 同构于运算表为表 7.3-5 的群。又如，表 7.1-2 表明：设 $G=\{00,01,10,11\}$，G 上的二元运算为按位加 $\oplus$，$(G,\oplus)$ 同构于运算表为表 7.3-6 的群。这类群称为克来因（Klein）群，其中每个元素的逆元都是其自身。

⑤ 5 阶群只有一个，同构于 $(\mathbf{N}_5,\oplus_5)$，其运算表如表 7.3-8 所示，其中 e 为幺元。

表 7.3-8

*	e	a	b	c	d
e	e	a	b	c	d
a	a	b	c	d	e
b	b	c	d	e	a
c	c	d	e	a	b
d	d	e	a	b	c

⑥ 6 阶群仅有两个，其运算表如表 7.3-9 和表 7.3-10 所示，其中 e 为幺元。其中，运算表为表 7.3-9 的群同构于 $(\mathbf{N}_6, \oplus_6)$。

运算表为表 7.3-10 的群同构于三次对称群 $(S_3, *)$，是最低阶的不可交换群。

⑦ 7 阶群只有一个，同构于 $(\mathbf{N}_7, \oplus_7)$，其运算表如表 7.3-11 所示，其中 e 为幺元。

表 7.3-9

*	e	a_1	a_2	a_3	a_4	a_5
e	e	a_1	a_2	a_3	a_4	a_5
a_1	a_1	a_2	a_3	a_4	a_5	e
a_2	a_2	a_3	a_4	a_5	e	a_1
a_3	a_3	a_4	a_5	e	a_1	a_2
a_4	a_4	a_5	e	a_1	a_2	a_3
a_5	a_5	e	a_1	a_2	a_3	a_4

表 7.3-10

*	e	a_1	a_2	a_3	a_4	a_5
e	e	a_1	a_2	a_3	a_4	a_5
a_1	a_1	e	a_3	a_2	a_5	a_4
a_2	a_2	a_4	e	a_5	a_1	a_3
a_3	a_3	a_5	a_1	a_4	e	a_2
a_4	a_4	a_2	a_5	e	a_3	a_1
a_5	a_5	a_3	a_4	a_1	a_2	e

表 7.3-11

*	e	a_1	a_2	a_3	a_4	a_5	a_6
e	e	a_1	a_2	a_3	a_4	a_5	a_6
a_1	a_1	a_2	a_3	a_4	a_5	a_6	e
a_2	a_2	a_3	a_4	a_5	a_6	e	a_1
a_3	a_3	a_4	a_5	a_6	e	a_1	a_2
a_4	a_4	a_5	a_6	e	a_1	a_2	a_3
a_5	a_5	a_6	e	a_1	a_2	a_3	a_4
a_6	a_6	e	a_1	a_2	a_3	a_4	a_5

至于 8 阶群和 8 阶以上群的情况比较复杂，这里不再详述。

从以上列出的群可知 1～5 阶群全是可交换群，但 6 阶群不全是。

7.3.2　子群

1．子群的定义

【定义 7.3.4】 设 $(G, *)$ 是群，H 是 G 的非空子集且 $(H, *)$ 是群，则称 $(H, *)$ 是 $(G, *)$ 的子群，

记为$(H,*)\leqslant(G,*)$。

在子独异点的定义中，要求子独异点必须与独异点有相同的幺元，而在子群的定义中却没有提出这样的要求。

可以证明，对于群 G 的非空子集 H，如果$(H,*)$是群，那么$(H,*)$和$(G,*)$的幺元相同。

设 e 和 e' 分别为$(G,*)$和$(H,*)$的幺元，则 $e'*e=e'$。而 e 是群 G 中唯一的等幂元，故 $e'=e$。

进一步，任一 $a\in S$，a 在$(H,*)$和$(G,*)$中的逆元相同。

设 a' 和 a^{-1} 分别为 a 在$(H,*)$和$(G,*)$中的逆元，则 $a'*a=e=a^{-1}*a$。由于$(G,*)$有消去律，因此 $a'=a^{-1}$。

显然，由于 $\{e\}$ 和 G 也都是 G 的子集，因此$(\{e\},*)$和$(G,*)$也都是$(G,*)$的子群，称这两个子群为平凡子群。

由子群的定义可知，如果 H 是群 G 的子集，在验证$(H,*)$是其子群时，只需验证$(H,*)$是群。除了运算*的可结合性是"继承"的外，还应当验证：① *对于 H 是封闭的；② 群 G 中幺元也属于 H；③ H 中任意元素 a，其逆元 a^{-1} 也属于 H。

在上述条件中，只需满足①、③，就可以满足②。

因为任一 $a\in H$，由③可知，$a^{-1}\in H$；又由①知，*对于 H 是封闭的，于是 $e=a*a^{-1}\in H$。因此，$(H,*)$中存在幺元 e。得证$(H,*)$是$(G,*)$的子群。

①和③还可合并为以下一个条件。

【定理 7.3.1】 设$(G,*)$是群，H 是 G 的非空子集，$(H,*)$是$(G,*)$的子群当且仅当对于 H 中的任意元素 a 和 b，有 $a*b^{-1}$ 属于 H。

证明：

（必要性）对于子群 H 中的任意元素 a 和 b，有 $b^{-1}\in H$，于是 $a*b^{-1}\in H$。

（充分性）由于 H 非空，必存在 $a\in H$，群$(G,*)$的幺元 $e=a*a^{-1}\in H$。

对于 H 中的任意元素 a，且 $a^{-1}=e*a^{-1}\in H$；对于 H 中的任意元素 a 和 b，有 $b^{-1}\in H$，$a*b=a*(b^{-1})^{-1}\in H$，说明运算*对于 H 是封闭的。

如前所述，$(H,*)$是$(G,*)$的子群。

特别地，如果 H 是 G 的非空有限子集，则只需满足①。

【定理 7.3.2】 设$(G,*)$是群，H 是 G 的非空有限子集，如果运算*对于 H 是封闭的，则$(H,*)$是$(G,*)$的子群。

证明：

不妨设 $|H|=n$（$n>1$），任取 $a\in H$，考察以下 $n+1$ 个元素 $a^1,a^2,\cdots,a^n,a^{n+1}$。

由于运算*对于 H 是封闭的，因此这 $n+1$ 个元素都属于 H。

由鸽巢原理可知，存在 $1\leqslant i$，$k\leqslant n$，使得 $a^i=a^{i+k}=a^i*a^k$。

由群的性质 3 可知，a^k 是幺元 e，即 $e=a^k\in H$。

又记 $a^0=e=a^k=a*a^{k-1}$，因此 $a^{-1}=a^{k-1}\in H$。

由此可见，$(H,*)$是$(G,*)$的子群。证毕。

特别当$(G,*)$为有限群时，其子集必然是有限集，因此要验证$(H,*)$是其子群，只需验证*对于 H 是封闭的即可。换言之，有限群的子半群都是其子群。

【例 7.26】 （1）$(\mathbf{Z},+)$分别是$(\mathbf{Q},+)$、$(\mathbf{R},+)$、$(\mathbf{C},+)$的子群；$(\mathbf{Q}-\{0\},\times)$、$(\mathbf{R}-\{0\},\times)$分别是$(\mathbf{C}-\{0\},\times)$的子群，等等。

（2）$(\{0\},\oplus_k)$、$(\{1\},\otimes_k)$ 分别是 $(\mathbf{N}_k,\oplus_k)$、$(\mathbf{N}_p-\{0\},\otimes_p)$（$p$ 为素数）的平凡子群。例如，由表 7.1-6（b）所示，在群 $(\mathbf{N}_4,\oplus_4)$ 中，若取 N_4 的子集 $A=\{0,2\}$，容易验证，运算 $\oplus_4$ 对于 A 是封闭的，因此 $(A,\oplus_4)$ 是 $(\mathbf{N}_4,\oplus_4)$ 的子群。

又如，11 是素数，因此 $(\mathbf{N}_{11}-\{0\},\otimes_{11})$ 是群，其中 $\mathbf{N}_{11}-\{0\}=\{1,2,\cdots,10\}$。在 $\mathbf{N}_{11}-\{0\}$ 中，取其子集 $A=\{1,3,4,5,9\}$，$(A,\otimes_{11})$ 的运算表如表 7.3-12 所示，由于运算表中的元素都属于 A，因此 $\otimes_{11}$ 对于 A 是封闭的，$(A,\otimes_{11})$ 是 $(\mathbf{N}_{11}-\{0\},\otimes_{11})$ 的子群。

表 7.3-12

$\otimes_{11}$	1	3	4	5	9
1	1	3	4	5	9
3	3	9	1	4	5
4	4	1	5	9	3
5	5	4	9	3	1
9	9	5	3	1	4

（3）（$\{n$ 阶实对角阵$\},+$）是 $(M_n,+)$ 的子群；（$\{n$ 阶可逆实对角阵$\},\times$）是（$\{n$ 阶可逆阵$\},\times$）的子群。

（4）$(\{\varPhi,A\},\oplus)$ 是 $(P(S),\oplus)$ 的子群，其中 A 是 S 的任一子集。

（5）$(\{\mathbf{1},P\},\leftrightarrow)$ 是 $(A,\leftrightarrow)$ 的子群，其中 P 是任一命题公式，$A=\{P\,|\,P$ 是命题公式$\}$。

（6）$(\{I_S\},\circ)$ 是（$\{S$ 上的双射$\},\circ$）的一阶平凡子群。

集合 S 的 n 次对称群 $(S_n,*)$ 的任意子群称为集合 S 的 n 次置换群。

例如，3 次对称群 $S_3=\{f_1,f_2,f_3,f_4,f_5,f_6\}$，其中：

$$f_1=\begin{pmatrix} a & b & c \\ a & b & c \end{pmatrix} \qquad f_2=\begin{pmatrix} a & b & c \\ a & c & b \end{pmatrix} \qquad f_3=\begin{pmatrix} a & b & c \\ b & a & c \end{pmatrix}$$

$$f_4=\begin{pmatrix} a & b & c \\ b & c & a \end{pmatrix} \qquad f_5=\begin{pmatrix} a & b & c \\ c & a & b \end{pmatrix} \qquad f_6=\begin{pmatrix} a & b & c \\ c & b & a \end{pmatrix}$$

设 $H_1=\{f_1,f_4,f_5\}$，$H_2=\{f_1,f_2\}$，$H_3=\{f_1,f_3\}$，$H_4=\{f_1,f_6\}$，则由表 7.2-1 可知，平凡子群 $(S_3,*)$ 是 6 阶的 3 次置换群，非平凡子群 $(H_1,*)$ 是 3 阶的 3 次置换群，非平凡子群 $(H_2,*)$、$(H_3,*)$ 和 $(H_4,*)$ 都是 2 阶的 3 次置换群，平凡子群 $(\{f_1\},*)$ 是 1 阶的 3 次置换群。

可以证明，任一 n 阶有限群皆与一个 n 次置换群同构。这就是说，有限群的性质可以通过置换群的性质来讨论。但 n 次置换群的结构也过于复杂，因此这项工作远没有完结。

（7）设 A 是由若干 n 位二进制序列作为元素的集合，$(\{0\ \text{字},A\ \text{中任一元素}\},\oplus)$ 是 $(A,\oplus)$ 的子群。

【例 7.27】 设 $(G,*)$ 是群，a 是 G 中的元素，记 $<a>=\{a^k|\,k\in Z\}$，则 $<a>$ 是 $(G,*)$ 的子群。

证明：

在 $<a>$ 中任取两个元素 a^i 和 a^j，$a^i*a^j=a^{i+j}\in<a>$，由定理 7.3.1 可知，$(<a>,*)$ 是 $(G,*)$ 的子群。

$(<a>,*)$ 称为 a 的生成子群。

定理 7.3.2 给出了验证有限子群的简便方法，但在群 $(G,*)$ 中找出一个对运算 $*$ 封闭的有限子集却并非易事。

为了进一步讨论群中元素的性质，下面介绍一个重要概念：群中元素的阶数。

2. 群中元素的阶数

【定义 7.3.5】 设 $(G,*)$ 是群，$a \in G$，如果存在正整数 k，使得 $a^k=e$，则称 a 为<u>有限阶元素</u>，满足上述等式的最小正整数称为 a 的<u>阶数</u>，记为 $o(a)$。如果不存在这样的正整数 k，使得 $a^k=e$，则称 a 为<u>无限阶元素</u>。

显然，群中的幺元 $o(e)=1$。

【例 7.28】 （1）$(S,+)$ 中，$o(0)=1$，其他元素都是无限阶元素，其中 S 可为 **Z**、**Q**、**R**、**C**；$(S-\{0\},×)$ 中，$o(1)=1$，$o(-1)=2$，其他元素都是无限阶元素，其中 S 可为 **Q**、**R**、**C**。

（2）$(\mathbf{N}_k, \oplus_k)$ 中，$o(0)=1$，$o(1)=o(k-1)=k$；$(\mathbf{N}_p - \{0\}, \otimes_p)$ 中，$o(1)=1$，$o(p-1)=2$。

例如，在群 $(\mathbf{N}_6, \oplus_6)$ 中，0 是幺元，$o(0)=1$。易知，$2^3=2 \oplus_6 2 \oplus_6 2=0$，$2^6=2^3 \oplus_6 2^3=0 \oplus_6 0=0$，$2^9=2^3 \oplus_6 2^3 \oplus_6 2^3=0 \oplus_6 0 \oplus_6 0=0$……由此可见，存在正整数 $k=3,6,9,\cdots$，使得 $2^k=0$，其中最小正整数为 3，因此 $o(2)=3$。

由于 $3^1=3$，$3^2=3 \oplus_6 3=0$，$3^3=3 \oplus_6 3 \oplus_6 3=3$，$3^4=3 \oplus_6 3 \oplus_6 3 \oplus_6 3=0$……因此 $o(3)=2$。不难验证，在群 $(\mathbf{N}_6, \oplus_6)$ 中，$o(1)=6$，$o(4)=3$，$o(5)=6$。

又如，在群 $(\mathbf{N}_{11} - \{0\}, \otimes_{11})$ 中，幺元是 1，$o(1)=1$。由于 $3^1=3$，$3^2=3 \otimes_{11} 3=9$，$3^3=3^2 \otimes_{11} 3=5$，$3^4=3^3 \otimes_{11} 3=4$，$3^5=3^4 \otimes_{11} 3=1$。由此可知，$o(3)=5$。类似地，$o(4)=o(5)=o(9)=5$。

不难验证，其他元素的阶数分别为：$o(2)=o(6)=o(7)=o(8)=10$，$o(10)=2$。

（3）$(M_n,+)$ 中，$o(0_n)=1$，其他元素为无限阶元素；$(\{n \text{ 阶可逆矩阵}\},×)$ 中，$o(I_n)=1$，$o(-I_n)=2$。

（4）$(P(S),\oplus)$ 中，$o(\Phi)=1$，$o(A)=2$，其中 A 是 S 的任一子集。

（5）$(A,\leftrightarrow)$ 中，$o(\mathbf{1})=1$，$o(P)=2$，其中 P 是任一命题公式，$A=\{P \mid P \text{ 是命题公式}\}$。

（6）$G=\{f \mid$ 函数 $f: S \to S$ 的双射$\}$，$(G,\circ)$ 中，$o(I_S)=1$。

例如，在 $(S_3,*)$ 中，由表 7.2-1 不难验证 $o(f_1)=1$，$o(f_2)=o(f_3)=o(f_6)=2$，$o(f_4)=o(f_5)=3$。

（7）设 A 是由若干 n 位二进制序列作为元素的集合，$(A,\oplus)$ 中，$o(0 \text{ 字})=1$，$o(a)=2$，a 是 A 中任一元素。例如，$G=\{000,001,010,011,100,101,110,111\}$，$o(000)=1$；$G-\{000\}$ 中的任意元素 x，$o(x)=2$。

元素的阶具有如下性质。

【定理 7.3.3】 设 $(G,*)$ 是群，$a \in G$ 且 $o(a)=k$。则 $a^n=e$ 当且仅当 n 是 k 的倍数。

证明：

由于 $o(a)=k$，有 $a^k=e$：

（充分性）令 $n=qk$，则 $a^n=a^{qk}=(a^k)^q=e$。

（必要性）设 $n=qk+r$（$0 \leqslant r < k$），则 $a^r=a^{n-qk}=a^n * a^{-qk}=a^n * (a^k)^{-q}=e$，由元素的阶的定义知，$r=0$，$m=qk$。

此定理说明：作为满足等式 $a^n=e$ 的最小正整数的元素的阶是这类正整数的最大公因子。

以下定理指出了作为局部性质的元素的阶与作为整体性质的群的阶之间的密切联系——元素的阶就是其生成的子群的阶。

【定理 7.3.4】 设 $(G,*)$ 是群，a 是 G 中的元素，并且 $o(a)=|<a>|$。

证明：

若 $a^i=a^j$（$i \leqslant j$），则 $a^{j-i}=a^j * a^{-i}=a^i * a^{-i}=e$。

当 a 是无限阶元素时，由元素的阶定义可知，$i=j$；于是，$\{a^k|\ k\in \mathbf{Z}\}$ 中的元素两两不同，即 $<a>=\{a^k|\ k\in \mathbf{Z}\}$ 是无限群。

当 a 是有限阶元素时，不妨设 $o(a)=k$，由元素的阶定义可知：$i=j$ 或 $k\leqslant j-i$；于是，$a,a^2,\cdots,a^k$ 两两不同。

另一方面，$a^{i+k}=a^i* a^k =a^i*e=a^i$；故 $<a>=\{a,a^2,\cdots,a^k=e\}$，$|<a>|=k$。

根据此定理，无限阶元素生成的子群必是无限群。有限群中的元素必是有限阶元素。

【推论】 设 $(G,*)$ 是有限群，a 是 G 中的元素，则 $<a>=\{a,a^2,\cdots,a^k=e\}$，$o(a)\leqslant |G|$。

证明：

由定理 7.3.4 的证明过程可知，$<a>=\{a,a^2,\cdots,a^k\}$ 是 G 的子群，$o(a)=|<a>|\leqslant |G|$。

【例 7.29】 证明偶数阶群必有 2 阶子群。

证明：

设 $(G,*)$ 是偶数阶群，由于有限群 G 中阶数大于 2 的元素成对出现，即 G 中阶大于 2 的元素必是偶数个，因此 G 中阶小于等于 2 的元素也是偶数个。而幺元 e 是唯一的 1 阶元，知 G 中 2 阶元必是奇数个，因此至少有一个 2 阶元 a，$a*a=e$，且 $a^{-1}\neq a$。

令 $H=\{a,a^2\}=\{a,e\}$，则 $(H,*)$ 是 $(G,*)$ 的 2 阶子群。

【例 7.30】 设 $(G,*)$ 是群，a 和 b 是 G 中的元素，证明：

（1）$o(a^{-1})=o(a)$（群中任一元素和它的逆元有相同的阶）。

（2）$o(b)=o(a*b*a^{-1})$。

（3）$o(b*a)=o(a*b)$。

证明：

（1）设 $a\in G$，如果 a 是无限阶元素，可证明 a^{-1} 也是无限阶元素（证明略）。

若 a 是有限阶元素，$o(a)=n$，则 $(a^{-1})^n=(a^n)^{-1}=e^{-1}=e$，可得 $o(a^{-1})\leqslant n= o(a)$；又因为 $a=(a^{-1})^{-1}$，有 $o(a)=o((a^{-1})^{-1})\leqslant o(a^{-1})\leqslant o(a)$；故 $o(a^{-1})=o(a)$。

（2）如果 b 是无限阶元素，可证明 $a*b*a^{-1}$ 也是无限阶元素（证明略）。

若 b 是有限阶元素，$o(b)=n$，则 $(a*b*a^{-1})^n=a*b^n*a^{-1}=a*e*a^{-1}=a*a^{-1}=e$，可得 $o(a*b*a^{-1})\leqslant n= o(a)$；又因 $b=a^{-1}*(a*b*a^{-1})*a= a^{-1}*(a*b*a^{-1})*(a^{-1})^{-1}$，有 $o(b)=o(a*b*a^{-1})\leqslant o(a)$；故 $o(b)=o(a*b*a^{-1})$。

（3）由于 $b*a=(a^{-1}*a)*(b*a)=a^{-1}*(a*b)*(a^{-1})^{-1}$，有 $o(b*a)=o(a*b)$。

也可以这样证明：设 $(a*b)$ 是 n 阶元素，因此 $(a*b)^n=e$，于是 $(a*b)^{n+1}=(a*b)$，由消去律可知，$(b*a)^n=e$，可得 $o(b*a)\leqslant n=o(a*b)$；设 $(a*b)$ 是 m 阶元素，因此 $(a*b)^m=e$，于是 $(a*b)^{m+1}=(a*b)$，由消去律可知，$(b*a)^m=e$，可得 $o(a*b)\leqslant m= o(b*a)$；故 $o(b*a)=o(a*b)$。

下面介绍利用群中元素的阶数来构造子群的方法。例如，在群 $(\mathbf{N}_{12},\oplus_{12})$ 中，容易验证 $o(2)=6$，令 $A_6=\{2,2^2,2^3,2^4,2^5,2^6\}=\{2,4,6,8,10,0\}$，则 $(A_6,\oplus_{12})$ 是 $(N_{12},\oplus_{12})$ 的 6 阶子群。还可以验证 $o(3)=4,o(4)=3,o(6)=2$。令 $A_4=\{3,3^2,3^3,3^4\}=\{3,6,9,0\}$，$A_3=\{4,4^2,4^3\}=\{4,8,0\}$，$A_2=\{6,6^2\}=\{6,0\}$，则 $(A_4,\oplus_{12})$，$(A_3,\oplus_{12})$，$(A_2,\oplus_{12})$ 分别是 $(\mathbf{N}_{12},\oplus_{12})$ 的 4 阶、3 阶、2 阶子群。

又如，在群 $(\mathbf{N}_{11}-\{0\},\otimes_{11})$ 中，曾验证 $o(3)=5$，令 $A=\{3,3^2,3^3,3^4,3^5\}=\{3,9,5,4,1\}$，则 $(A,\otimes_{11})$ 是 $(\mathbf{N}_{11}-\{0\},\otimes_{11})$ 的 5 阶子群。

再如，求 $(\mathbf{N}_{13}-\{0\},\otimes_{13})$ 的 2 阶、3 阶、4 阶和 6 阶子群，只需求 $(\mathbf{N}_{13}-\{0\},\otimes_{13})$ 的 2 阶、3 阶、4 阶和 6 阶元素即可。不妨先试一试求元素 2 的阶：$2^1=2$，$2^2=4$，$2^3=8$，$2^4=3$，$2^5=6$，$2^6=12$，$2^7=11$，$2^8=9$，$2^9=5$，$2^{10}=10$，$2^{11}=7$，$2^{12}=1$。易见，$o(2)=12$。

由此可得到 $(\mathbf{N}_{13}-\{0\},\otimes_{13})$ 的 2 阶、3 阶、4 阶和 6 阶元素，因为 $(2^6)^2=2^{12}=1$，因此 $o(12)=o(2^6)=2$；同样，因为 $(2^4)^3=2^{12}=1$，$(2^3)^4=2^{12}=1$，$(2^2)^6=2^{12}=1$，因此 $o(3)=o(2^4)=3$，$o(8)=o(2^3)=4$，$o(4)=o(2^2)=6$。令 $A_2=\{2^6,2^{12}\}=\{12,1\}$，$A_3=\{2^4,(2^4)^2,(2^4)^3\}=\{3,9,1\}$，$A_4=\{2^3,(2^3)^2,(2^3)^3,(2^3)^4\}=\{8,12,5,1\}$，$A_6=\{2^2,(2^2)^2,(2^2)^3,(2^2)^4,(2^2)^5,(2^2)^6\}=\{4,3,12,9,10,1\}$，则 $(A_2,\otimes_{13})$、$(A_3,\otimes_{13})$、$(A_4,\otimes_{13})$、$(A_6,\otimes_{13})$ 分别是 $(\mathbf{N}_{13}-\{0\},\otimes_{13})$ 的 2 阶、3 阶、4 阶、6 阶子群。

可见，利用 k 阶元素去构造 k 阶子群是寻求子群的一种途径。但这并非是唯一的途径，对于更复杂情况的讨论已超出本书的范围，不再作进一步介绍。

下面介绍一类经常使用的且结构比较简单的群——循环群。

7.3.3 循环群

1. 循环群的定义

【定义 7.3.6】 设 $(G,*)$ 是群，如果在 G 中存在元素 a，使得对于群 G 中的任意元素 g，都有 $g=a^k$（$k\in\mathbf{Z}$），则称 a 为群 $(G,*)$ 的生成元，称 $(G,*)$ 为循环群。

由定义可知，$G\leqslant<a>$，而 $<a>\leqslant G$，故 $G=<a>$。

根据生成元的阶数，循环群分为有限循环群和无限循环群两种类型。

【例 7.31】 （1）$(\mathbf{Z},+)$ 是无限循环群，1 和 -1 为其生成元，即 $\mathbf{Z}=<1>=<-1>$。但 $(S,+)$ 都不是循环群，其中 S 可为 $\mathbf{Q}$、$\mathbf{R}$、$\mathbf{C}$；$(S-\{0\},\times)$ 都不是循环群，其中 S 可为 $\mathbf{Q}$、$\mathbf{R}$、$\mathbf{C}$。

（2）$(\mathbf{N}_k,\oplus_k)$ 都是有限循环群，1 和 $k-1$ 为其生成元，即 $\mathbf{N}_k,\oplus_k=<1>=<k-1>$，$(\mathbf{N}_p-\{0\},\otimes_p)$ 也都是有限循环群。

例如，在群 $(\mathbf{N}_6,\oplus_6)$ 中，由于

$$1^1=1$$
$$1^2=1\oplus_6 1=2$$
$$1^3=1\oplus_6 1\oplus_6 1=3$$
$$1^4=1\oplus_6 1\oplus_6 1\oplus_6 1=4$$
$$1^5=1\oplus_6 1\oplus_6 1\oplus_6 1\oplus_6 1=5$$
$$1^6=1\oplus_6 1\oplus_6 1\oplus_6 1\oplus_6 1\oplus_6 1=0$$

因此元素 1 是群 $(\mathbf{N}_6,\oplus_6)$ 的生成元，$(\mathbf{N}_6,\oplus_6)$ 是循环群。

又由于 $5^1=5$，$5^2=4$，$5^3=3$，$5^4=2$，$5^5=1$，$5^6=0$，因此元素 5 也是 $(\mathbf{N}_6,\oplus_6)$ 的生成元。由此可见，循环群中的生成元未必是唯一的（只有 1 阶、2 阶循环群的生成元唯一）。

又如，$(\mathbf{N}_7-\{0\},\otimes_7)$ 也是循环群，因为

$$3^1=3$$
$$3^2=3\otimes_7 3=2$$
$$3^3=3\otimes_7 3\otimes_7 3=6$$
$$3^4=3\otimes_7 3\otimes_7 3\otimes_7 3=4$$
$$3^5=3\otimes_7 3\otimes_7 3\otimes_7 3\otimes_7 3=5$$
$$3^6=3\otimes_7 3\otimes_7 3\otimes_7 3\otimes_7 3\otimes_7 3=1$$

因此元素 3 是生成元，$(\mathbf{N}_7-\{0\},\otimes_7)$ 是循环群，可以验证，3 和 $3^5=5$ 是其所有生成元。

（3）$(M_n,+)$ 不是循环群；（{n 阶可逆矩阵},×）也不是循环群。

（4）$(P(S),\oplus)$ 不是循环群。

（5）$(A,\leftrightarrow)$ 不是循环群。

（6）$G=\{f|$ 函数 $f: S{\rightarrow}S$ 的双射}，$(G,°)$ 不是循环群。

（7）设 A 是由所有 n 位二进制序列作为元素的集合，$(A,\oplus)$ 不是循环群。

例如，在 $G=\{00,01,10,11\}$ 中，除幺元外，每个元素都是 2 阶元素，因此每个非幺元的幂只能"生成"幺元和自身，如对于非幺元 01，由于 $(01)^1=01$，$(01)^2=00$，$(01)^3=01$，$(01)^4=00\cdots\cdots$ 01 不是 $(G,\oplus)$ 的生成元。以此类推，$(G,\oplus)$ 中不存在生成元，$(G,\oplus)$ 不是循环群。

它是最低阶的非循环群的可交换群。

由此可见，并非所有群都有生成元，也并非所有循环群的元素都是生成元。

2．循环群的性质

性质 1：$(G,*)$ 是 n 阶循环群，当且仅当 n 阶群 $(G,*)$ 有 n 阶元。此元是循环群的生成元。

证明：

（必要性）设 $(G,*)$ 是 n 阶循环群，a 是生成元，则 $G=<a>$，于是 $o(a)=|<a>|=|G|=n$，即 a 是 $(G,*)$ 中的 n 阶元。

（充分性）设 $a\in G$，$o(a)=n$，则 $n=o(a)=|<a>|\leqslant|G|=n$，从而 $|<a>|=|G|$。而 G 是有限集合，$<a>=G$，即 $(G,*)$ 是 n 阶循环群，a 是生成元。

推论：生成元的逆元亦为生成元。2 阶以上的循环群的生成元不唯一。

性质 2：无限循环群和 $(\mathbf{Z},+)$ 同构，k 阶循环群同构于 $(\mathbf{N}_k,\oplus_k)$。

证明：

（1）设无限循环群 $G=<a>=\{a^k|\ k\in\mathbf{Z}\}$，令 f 是 G 到 $\mathbf{Z}$ 的函数：$f(a^k)=k$（$k\in\mathbf{Z}$），则任取 $l\in\mathbf{Z}$，有 $a^l\in G$，使得 $f(a^l)=1$，即 f 是 G 到 $\mathbf{Z}$ 的满射；若 $a^i,a^j\in G$，且 $f(a^i)=f(a^j)$，则 $i=j$，于是 $a^i=a^j$，即 f 是 G 到 $\mathbf{Z}$ 的单射；因此 f 是 G 到 $\mathbf{Z}$ 的双射。

同时，$f(a^i*a^j)=f(a^{i+j})=i+j=f(a^i)+f(a^j)$，故 f 是 $(G,*)$ 到 $(\mathbf{Z},+)$ 的同构映射，$(G,*)$ 和 $(\mathbf{Z},+)$ 同构。

（2）设有限循环群 $G=<a>=\{a,a^2,\cdots,a^k\}$，令 f 是 G 到 $\mathbf{N}_k$ 的函数：$f(a^k)=k$（$k\in\mathbf{N}_k$），则任取 $l\in\mathbf{N}_k$，有 $a^l\in G$，使得 $f(a^l)=1$，即 f 是 G 到 $\mathbf{N}_k$ 的满射；若 $a^i,a^j\in G$ 且 $f(a^i)=f(a^j)$，则 $i=j$，于是 $a^i=a^j$，即 f 是 G 到 $\mathbf{N}_k$ 的单射；因此 f 是 G 到 $\mathbf{N}_k$ 的双射。

同时，$f(a^i*a^j)=f(a^{i+j})=i+j=f(a^i)+f(a^j)$，故 f 是 $(G,*)$ 到 $(\mathbf{Z},+)$ 的同构映射，$(G,*)$ 和 $(\mathbf{Z},+)$ 同构。

对于 G 中任意元素 a^i 和 a^j，当 $i+j<k$ 时，有 $f(a^i*a^j)=f(a^{i+j})=i+j$；当 $i+j\geqslant k$ 时，有 $f(a^i*a^j)=f(a^{i+j})=f(a^{i+j-k+k})=f(a^{i+j-k}*a^k)=f(a^{i+j-k}*e)=f(a^{i+j-k})=i+j-k$。由此可知，$f(a^i*a^j)=i\oplus_k j$。

故 f 是 $(G,*)$ 到 $(\mathbf{N}_k,\oplus_k)$ 的同构映射，$(G,*)$ 和 $(\mathbf{N}_k,\oplus_k)$ 同构。

性质 2 表明，研究循环群，只需研究 $(\mathbf{Z},+)$ 和 $(\mathbf{N}_k,\oplus_k)$ 即可，这给研究循环群带来很大的方便。

性质 3：循环群必是可交换群。

证明：

由于 $(\mathbf{Z},+)$ 和 $(\mathbf{N}_k,\oplus_k)$ 皆为可交换群，与它们同构的循环群也必是可交换群。

性质 4：循环群的子群是循环群。

证明：

设 $G=<a>$，$(H,*)$ 是循环群 $(G,*)$ 的子群。

如果 $H=\{e\}$，则 $H=(e)$。

如果 $H\neq\{e\}$，有 $a^m\in H$，由于 $(H,*)$ 是 $(G,*)$ 的子群，因此 $a^{-m}\in H$。因此，H 中必存在 a 的正方幂，取 k 为最小正方幂，$a^k\in H$，对任一 $a^m\in H$，$m=qk+r$（$0\leqslant r<k$），则 $a^r=a^{m-qk}=a^m*a^{-qk}\in H$，于是 $r=0$，$m=qk$。

从而，$a^m=a^{qk}=(a^k)^q$，即 $H=(a^k)$。

性质 5：n 阶循环群中任一子群的阶能整除群的阶。

证明：设 $G=<a>$，子群为 $(H,*)$，则 $o(a)=n$，$H=(a^k)$。

设 $n=qk+r$（$0\leqslant r<k$），则 $a^r=a^{n-qk}=a^n*a^{-qk}=e*a^{-qk}=(a^k)^{-q}\in H$，于是 $r=0$，$n=qk$。

$H=(a^k)=\{a^k,a^{2k},a^{3k},\cdots,a^{qk}=a^n=e\}$，其阶数为 $q=n/k$ 能整除群的阶 n。

性质 6：设 $(G,*)$ 是 n 阶循环群，正整数 k 能整除 n，则 $(G,*)$ 必有 k 阶子群，且仅有一个 k 阶子群。

证明：

设 a 是 n 阶循环群 $(G,*)$ 的生成元，于是 $G=\{a,a^2,\cdots,a^n\}$，因为 k 能整除 n，因此可令 $n=qk$，构造 $H=\{a^q,a^{2q},\cdots,a^{kq}=e\}$，易见，运算 $*$ 对于 H 是封闭的，因此 $(H,*)$ 是 $(G,*)$ 的子群，且是以 a^q 为生成元的 k 阶循环子群。

再证 $(G,*)$ 仅有一个 k 阶子群。设 $(H',*)$ 是 $(G,*)$ 的 k 阶子群，由性质 4 可知，$(H',*)$ 是循环群，设其生成元为 a^i。由于 a^i 是 k 阶循环群的生成元，因此 a^i 是 k 阶元素，即 $a^{ik}=(a^i)^k=e$；又由于 a 是 n 阶元素，由定理 7.3.3 可知，ik 是 qk 的倍数，即 $ik=mqk$。

因此，$i=mq$，$a^i=a^{mq}=(a^q)^m\in H$。

于是，H' 中任一的元素 $(a^i)^l=(a^q)^{ml}\in H$，可得 H' 是 H 的子集。而 $|H|=|H'|=k$，故 $H'=H$。由此得知，$(G,*)$ 有且仅有一个 k 阶子群。

【例 7.32】设 $G=\{1,-1,(1+3i)/2,(1-3i)/2,(-1+3i)/2,(-1-3i)/2\}$，对于复数乘法运算，证明 $(G,\times)$ 是循环群。

证明：

将 G 中元素写成复数的指数形式，依次为 $1=e^{i6\times\frac{\pi}{3}}$，$-1=e^{i3\times\frac{\pi}{3}}$，$(1+3i)/2=e^{i\frac{\pi}{3}}$，

$(1-3i)/2=e^{i5\times\frac{\pi}{3}}$，$(-1+3i)/2=e^{i2\times\frac{\pi}{3}}$，$(-1-3i)/2=e^{i4\times\frac{\pi}{3}}$。显然：

$$e^{im\times\frac{\pi}{3}}=(e^{i\frac{\pi}{3}})^m\ (m=1,2,3,4,5,6)$$

故 $G=<e^{i\frac{\pi}{3}}>=<(1+3i)/2>$ 是循环群。

7.3.4　陪集和拉格朗日定理

本节将说明有限群的重要特征。

1．陪集

【定义 7.3.7】 设 $(G,*)$ 是群，$(H,*)$ 是其子群，g 是群 G 中的元素，集合 $\{g*h|h\in H\}$ 称为 g 关于子群 $(H,*)$ 的 <u>左陪集</u>，记作 gH。同样，集合 $\{h*g|h\in H\}$ 称为 g 关于子群 $(H,*)$ 的 <u>右陪集</u>，记作 Hg。当左陪集和右陪集相等时，则可统称为 <u>陪集</u>。

易见，在可交换群中，其子群的左陪集和右陪集必然相等，可统称为陪集。

下面对陪集进一步讨论。例如，群 $(\mathbf{Z},+)$ 中各元素关于子群 $(\mathbf{E},+)$ 的陪集为：$0+\mathbf{E}=2+\mathbf{E}=(-2)+\mathbf{E}=4+\mathbf{E}=(-4)+\mathbf{E}=\cdots=\mathbf{E}$，$1+\mathbf{E}=(-1)+\mathbf{E}=3+\mathbf{E}=(-3)+\mathbf{E}=5+\mathbf{E}=(-5)+\mathbf{E}=\cdots=\mathbf{Z}-\mathbf{E}$。群 $(\mathbf{Z},+)$ 中各元素关于子群 $(\{0\},+)$ 的陪集为设 $H=\{0\}$，$H+0=\{0\}$，$H+1=\{1\}$，$H+(-1)=\{-1\}$，$H+2=\{2\}$，$H+(-2)=\{-2\}\cdots\cdots$

但对于不可交换群，其子群的左陪集和右陪集可能相等，也可能不等，需分别讨论。

例如，3 次对称群 $(S_3,*)=\{f_1,f_2,f_3,f_4,f_5,f_6\}$，其中由表 7.2-1 可知，元素 f_6 关于子群 $H_1=\{f_1,f_4,f_5\}$ 的左陪集为 $f_6H_1=\{f_2,f_3,f_6\}$，关于子群 $H_1=\{f_1,f_4,f_5\}$ 的右陪集为 $H_1f_6=\{f_2,f_3,f_6\}$。显然，$H_1f_6=f_6H_1$。

同样由表 7.2-1 可知，元素 f_6 关于子群 $H_2=\{f_1,f_2\}$ 的左陪集为 $f_6H_2=\{f_6,f_4\}$，关于子群 $H_2=\{f_1,f_2\}$ 的右陪集为 $H_2f_6=\{f_6,f_5\}$。显然，$f_6H_2\neq H_2f_6$。

又如，在群 $(\mathbf{N}_{12},\oplus_{12})$ 中，令 $H=\{0,4,8\}$，易知 $(H,\oplus_{12})$ 是群 $(\mathbf{N}_{12},\oplus_{12})$ 的 3 阶子群，现写出群 $(\mathbf{N}_{12},\oplus_{12})$ 中各元素关于子群 $(H,\oplus_{12})$ 的左陪集（这里 $(\mathbf{N}_{12},\oplus_{12})$ 是可交换群，其子群的左陪集和右陪集是相等的，但为了使讨论具有普遍意义，仍称为左陪集）。

$$0\oplus_{12}H=\{0\oplus_{12}0,0\oplus_{12}4,0\oplus_{12}8\}=\{0,4,8\}$$
$$1\oplus_{12}H=\{1\oplus_{12}0,1\oplus_{12}4,1\oplus_{12}8\}=\{1,5,9\}$$
$$2\oplus_{12}H=\{2\oplus_{12}0,2\oplus_{12}4,2\oplus_{12}8\}=\{2,6,10\}$$
$$3\oplus_{12}H=\{3\oplus_{12}0,3\oplus_{12}4,3\oplus_{12}8\}=\{3,7,11\}$$

同样可得

$$4\oplus_{12}H=\{4\oplus_{12}0,4\oplus_{12}4,4\oplus_{12}8\}=\{4,8,0\}$$
$$5\oplus_{12}H=\{5\oplus_{12}0,5\oplus_{12}4,5\oplus_{12}8\}=\{5,9,1\}$$
$$6\oplus_{12}H=\{6\oplus_{12}0,6\oplus_{12}4,6\oplus_{12}8\}=\{6,10,2\}$$
$$7\oplus_{12}H=\{7\oplus_{12}0,7\oplus_{12}4,7\oplus_{12}8\}=\{7,11,3\}$$
$$8\oplus_{12}H=\{8\oplus_{12}0,8\oplus_{12}4,8\oplus_{12}8\}=\{8,0,4\}$$
$$9\oplus_{12}H=\{9\oplus_{12}0,9\oplus_{12}4,9\oplus_{12}8\}=\{9,1,5\}$$
$$10\oplus_{12}H=\{10\oplus_{12}0,10\oplus_{12}4,10\oplus_{12}8\}=\{10,2,6\}$$
$$11\oplus_{12}H=\{11\oplus_{12}0,11\oplus_{12}4,11\oplus_{12}8\}=\{11,3,7\}$$

于是，$0\oplus_{12}H=4\oplus_{12}H=8\oplus_{12}H=H=\{0,4,8\}$，$1\oplus_{12}H=5\oplus_{12}H=9\oplus_{12}H=\{1,5,9\}$，$2\oplus_{12}H=6\oplus_{12}H=10\oplus_{12}H=\{2,6,10\}$，$3\oplus_{12}H=7\oplus_{12}H=11\oplus_{12}H=\{3,7,11\}$。

由此可见，在群 $(\mathbf{N}_{12},\oplus_{12})$ 中，12 个元素可得到 12 个左陪集，但在这 12 个左陪集中，仅有 4 个左陪集是不相同的。这 4 个不同的左陪集具有以下特点：① 群 $(\mathbf{N}_{12},\oplus_{12})$ 中的每个元素必属于某一个左陪集；② 不相同的左陪集之间没有公共元素；③ 每个左陪集中的元素个数相同。因此用这 4 个不同的左陪集为元素构成的集合是集合 $\mathbf{N}_{12}$ 上的一个划分，每个左陪集就是一个块。由于每块（左陪集）中有同样数目的元素，因此 $\mathbf{N}_{12}$ 中元素的个数应是左陪集中元素个数的整数倍，而子群的元素个数与其左陪集的元素个数相等，故群 $(\mathbf{N}_{12}, \oplus_{12})$ 的元素个数应是其子群的元素个数的整数倍。

上述特点在任何有限群中仍然存在，这就是著名的拉格朗日定理。

2．拉格朗日定理

引理 1：G 中任意元素 g 必属于某一个 g 关于子群 $(H,*)$ 的左陪集。

证明：

由于子群 $(H,*)$ 中含有幺元 e，因此对于 G 中任意元素 g，都有 $g = g*e \in gH$。

引理 2：设 $(G,*)$ 是群，$(H,*)$ 是其子群，g_1 和 g_2 是 G 中的任意元素，则 g_1H 和 g_2H（Hg_1 和 Hg_2）或相等，或无交。

证明：

只需证明当左陪集 $g_1H \cap g_2H \neq \Phi$ 时，必有 $g_1H = g_2H$。

设 g 是 $g_1H \cap g_2H$ 中的元素，由于 $h_1 \in H$，$h_2 \in H$，使得 $g = g_1*h_1 = g_2*h_2$，于是任取 $h \in H$，$g_1h = g_2h_2h_1^{-1}h \in g_2H$。同理，$g_2h = g_1h_1h_2^{-1}h \in g_1H$。

从而证得 $g_1H = g_2H$。

同理可证关于右陪集的结论。

引理 3：设 $(G,*)$ 是有限群，$(H,*)$ 是其子群，h 是 H 中的任意元素，g 是 G 中任意元素，则 $|gH| = |H| = |Hg|$。

证明：

定义函数 f：$gH \rightarrow H$，$f(gh) = h$，则任取 $h \in H$，有 $gh \in gH$，使得 $f(gh) = h$，即 f：$gH \rightarrow H$ 是满射。

若 $h_1 \in H$，$h_2 \in H$，使得 $f(gh_1) = f(gh_2)$，则 $h_1 = h_2$，有 $gh_1 = gh_2$，即 f：$gH \rightarrow H$ 是单射；因此 f：$gH \rightarrow H$ 是双射。故 $|gH| = |H|$。

同理可证 $|Hg| = |H|$。

综上所述，引理 1 和引理 2 说明 $\{gH \mid g \in G\}$ 是 G 的划分，引理 3 说明这个划分的各块规模相同。

【定理 7.3.5（拉格朗日定理）】 设 $(G,*)$ 是 n 阶群，$(H,*)$ 是其 k 阶子群，则 k 必能整除 n。

证明：

对于 n 阶群 $(G,*)$ 中的元素，共可构造 n 个左陪集。这 n 个左陪集或是相等，或是无交。如果在相等的左陪集中仅取一个，从而得到 m 个两两不相交的左陪集，不妨设为 $g_1H, g_2H, \cdots, g_mH$。它们有如下特征：① $G = (g_1H) \cup (g_2H) \cup \cdots \cup (g_mH)$；② $(g_iH) \cap (g_jH) = \varnothing$（$g_i \neq g_j$）；③ $|g_iH| = |H| = k$；则

$$|G| = |(g_1H) \cup (g_2H) \cup \cdots \cup (g_mH)| = |g_1H| + |g_2H| + \cdots + |g_mH| = mk$$

由此可知，$|G|/|H| = n/k = m$，即 k 能整除 n。

注意：拉格朗日定理只说明当 n 阶群具有 k 阶子群时，则 k 能整除 n，但其逆命题不为真，也就是说，如果 k 能整除 n，那么 n 阶群不一定有 k 阶子群。

由拉格朗日定理可得以下重要推论，

推论 1：$(G,*)$ 是 n 阶群，$a \in G$，且 a 是 k 阶元素，则 k 能整除 n。

证明：

由于 a 是 k 阶元素，则 $<a>=\{a,a^2,\cdots,a^k\}$ 是 $(G,*)$ 的 k 阶子群，由拉格朗日定理可知，k 能整除 n。证毕。

推论 2：$(G,*)$ 是 n 阶群，a 是 G 中任意元素，则 $a^n=e$。

证明：

设元素 a 的阶数为 k，由推论 1 可知，k 能整除 n，因此 $n=qk$，于是 $a^n=a^{qk}=(a^k)^q=e^q=e$。证毕。

推论 3：素数阶群没有非平凡子群。

证明：

设 $(G,*)$ 是 p 群，如果 $(G,*)$ 有 k 阶子群，则由拉格朗日定理可知，k 能整除 p；而 p 是素数，只能 $k=1$ 和 $k=p$，即 $(G,*)$ 有 k 阶子群是平凡子群。

推论 4：素数阶群是循环群，任一非幺元都是其生成元。

证明：

设 $(G,*)$ 是 p 群，任一非幺元 $a\in G$，则 $o(a)\neq 1$ 且 $o(a)$ 能整除 p；而 p 是素数——只能被 1 和 p 整除，于是 $o(a)=p$。故 $(G,*)$ 是循环群，a 是其生成元。

于是，在同构意义下，2、3、5 和 7 阶群各有一个，皆为循环群。

【**例 7.33**】 证明 9 阶群必有 3 阶子群。

证明：

设 a 是 9 阶群中的一个非幺元。易知 a 的阶数只能是 3 或 9。

如果 a 是 3 阶元素，可构造 $H_1=\{a,a^2,a^3=e\}$，则 $(H_1,*)$ 是其 3 阶子群。

如果 a 是 9 阶元素，可构造 $H_2=\{a^3,a^6,a^9=e\}$，则 $(H_2,*)$ 是其 3 阶子群。

本题得证。

一般地，p^2 阶群必有 p 阶子群。

【**例 7.34**】 证明：

（1）6 阶群必有 3 阶子群。

（2）6 阶可交换群必是循环群。

（3）在同构意义下，6 阶群只有两个，分别同构于 $(\mathbf{N}_6,\oplus_6)$ 和 $(S_3,*)$。

证明：

设 $(G,*)$ 是 6 阶群，e 是幺元。由推论 1 知：任一 $a\in G$，$o(a)=1,2,3$ 或 6。

（1）如果 G 中有 6 阶元 a，即 $o(a)=6$，则 G 是 6 阶循环群，由循环群的性质可知 $(G,*)$ 必有 3 阶子群。

如果 G 中有 3 阶元 a，设 $H=<a>$，显然 $(H,*)$ 是 $(G,*)$ 的 3 阶子群。

否则任一 $a\in G-\{e\}$，有 $o(a)=2$，此时 $(G,*)$ 是可交换群，在 G 中任取两个不同的非幺元的 a 和 b，令 $H=\{e,a,b,a*b\}$，通过验证可知，$*$ 对于 H 是封闭的，$(H,*)$ 是 $(G,*)$ 的 4 阶子群，而 $(G,*)$ 是 6 阶群，根据 Lagrange 定理，这是不可能的。故 6 阶群必有 3 阶子群。

亦即 6 阶群必有 3 阶元，设为 a。又由例 7.26 知，6 阶群必有 2 阶元，设为 b。则 $G=\{e,a,a^2,b,a*b,a^2*b\}$ 是 6 元集。

注意到 $o(a)=3\neq o(b)=2$，$b^{-1}=b\neq a$，且 $b*a\neq e$，$b*a\neq a$，$b*a\neq a^2$，$b*a\neq b$。

（2）由于 G 是可交换群，因此 $b*a=a*b$，有 $(a*b)^i=a^i*b^i$，于是：

  $a*b\neq e$，$o(a*b)\neq 1$

$(a*b)^2=a^2*b^2=a^2\neq e$，$o(a*b)\neq 2$

$(a*b)^3=a^3*b^3=b\neq e$，$o(a*b)\neq 3$

$(a*b)^6=a^6*b^6=e$，$o(a*b)=6$

由此可知，$a*b$ 为 6 阶元素，即为生成元。

$G=<a*b>=\{e,a*b,(a*b)^2=a^2,(a*b)^3=b,(a*b)^4=a,(a*b)^5=a^2*b\}$ 是 6 阶循环群。

（3）若 $b*a=a*b$，则该 6 阶群是可交换群，由（2）知，必是循环群，同构于 $(\mathbf{N}_6,\oplus_6)$。

若 $b*a=a^2*b\neq a*b$，则该 6 阶群不是可交换群，$b*a=(a*b)^{-1}$，其运算表如表 7.3-13 所示，同构于 $(S_3,*)$，见表 7.3-10。

一般，$2p$ 阶群必有 p 阶子群，$2p$ 阶可交换群必是循环群。在同构意义下，$2p$ 阶群只有两个。

表 7.3-13

*	e	b	a	$a*b$	a^2	a^2*b
e	e	b	a	$a*b$	a^2	a^2*b
b	b	e	a^2*b	a^2	$a*b$	a
a	a	$a*b$	a^2	a^2*b	e	b
$a*b$	$a*b$	a	b	e	a^2*b	a^2
a^2	a^2	a^2*b	e	b	a	$a*b$
a^2*b	a^2*b	a^2	$a*b$	a	b	e

7.3.5 群码

群码是群的一种应用。字母表是一个非空有限集合，由字母、数字或其他符号作为元素构成，字母表中的元素统称为字母。用字母表中的字母组成的序列称为字，字中所含字母的个数称为字的长度．由表示不同信息的字组成的集合称为码，码中的字也称为码字。

最简单又常用的字母表是二进制数字表 $\{0,1\}$；由数字 0 和 1 组成的序列（即二进制序列）就是字，如 10011 和 001010 等都是字。如果选定一些二进制序列来表示某种信息，则由这些二进制序列构成的集合称为码，这些二进制序列都是码字。

简单而常用的码是等长码。等长码是由长度相同的字组成，如 $\{00000,01001,10111,11011\}$ 是一个等长码。设计等长码的准则之一是它的纠错能力。假设一个码字从发送点传输到接收点，在传输过程中，由于各种干扰可能引起码字中的某些位在接收时，1 变为 0 或 0 变为 1，因此收到的字可能不再是被传送的字，我们要求尽可能地恢复被传送的那个字，这就是码的纠错问题。这也是本节讨论的主要内容。

设 A 表示所有长度为 n 的二进制序列组成的集合，对于二元运算按位加 $\oplus$，如例 7.19，$(A,\oplus)$ 是群，其幺元是 0 字：$00\cdots0$，每个元素的逆元是自身，即 $a\in A$，$a\oplus a=00\cdots0$。

下面给出字的重量、字之间的距离和等长码的距离等概念。

【定义 7.3.8】 设 a 是 A 中的一个元素（本节中可称为字），a 中所含 1 的个数称为 a 的重量，并记作 $W(a)$。

例如，$a=10100$，$W(a)=2$；$b=11011$，$W(b)=4$。由定义易知，$W(a\oplus b)\leq W(a)+W(b)$。

【定义 7.3.9】 设 a 和 b 是 A 中任意两个元素，$a\oplus b$ 的重量 $W(a\oplus b)$ 称为 a 与 b 之间的距离，并记作 $d(a,b)$。

例如，$a=01101$，$b=10100$，$a\oplus b=11001$，$W(a\oplus b)=3$，因此 $d(a,b)=3$。

由按位加的定义可知，两个字的距离，正是两个字的不同数字位的数量。

对于 A 中任意元素 a 和 b，有 $d(a,a)=0$，$d(a,b)=d(b,a)$。另外，距离还满足三角不等式。

【定理 7.3.6】 设 x、y、z 是 A 中任意元素，则 $d(x,y) \leqslant d(x,z)+d(z,y)$。

证明：

$$d(x,y) = W(x \oplus y) = W(x \oplus e \oplus y) = W(x \oplus z \oplus z \oplus y)$$
$$\leqslant W(x \oplus z) + W(z \oplus y) = d(x,z) + d(z,y)$$

设 G 是等长码，其码字为 n 位二进制序列（即长度为 n 的二进制序列）。显然，G 是 A 的子集。下面给出码距离的定义。

定义 7.3.10 设 G 是等长码，G 中任意两个不同码字距离最小者，称为等长码 G 的距离，记为 $d(G)$。

例如，$G=\{000000,111000,001111,111111\}$，由于 G 中任意不同的两个码字的距离最小为 2，因此等长码 G 的距离 $d(G)=2$。

等长码的距离与其纠错能力有密切联系。

假设对应于等长码 G 中的一个发送字，在接收点收到的字为 x，问题是由 x 如何来确定被传输的发送字。

下面介绍两种确定发送字的准则。

① 最大概率译码准则：设等长码 $G=\{a_1, a_2, \cdots, a_n\}$ 对于接收到的字 x，求出条件概率 $p(a_1|x)$，$p(a_2|x), \cdots$，$p(a_n|x)$，其中 $p(a_i|x)$ 表示在接收到的字是 x 的条件下，a_i 是发送字的概率。如果 $p(a_k|x)$ 是所有条件概率中的最大者，那么就认为 a_k 是发送字。这就是最大概率译码准则。

由于在通信系统中，概率的计算依赖于很多因素，因此计算条件概率 $p(a_i|x)$ 是相当麻烦的。下面介绍另一种确定发送字的准则。

② 最小距离译码准则：对于等长码 G 中的所有码字，计算它们与接收字 x 的距离 $d(a_1,x)$，$d(a_2,x), \cdots, d(a_n,x)$，如果其中最小的是 $d(a_k,x)$，那么就认为 a_k 是发送字。这就是最小距离译码准则。

可以证明，最小距离译码准则和最大概率译码准则是等价的。

如果假设在码字（n 位二进制序列）的各位上出现误差的事件是独立的，且各位出现误差的概率都是 p，那么条件概率 $p(a,x) = p^t(1-p)^{n-t}$。其中，t 表示发送字中发生误差的位数，即 $d(a_i,x) = t$，因此如果设 $p<1/2$（一般情况下这样的假设是合理的），那么当距离 $d(a_i,x) = t$ 越小，则 $p(a_i|x)$ 越大。由此可见，最小距离译码准则和最大概率译码准则是等价的。今后，在确定发送字时只采用最小距离译码准则。

由最小距离译码准则可得下列定理。

【定理 7.3.7】 设 G 是等长码，$d(G)=2t+1$，则 G 能纠正 t 个或小于 t 个传输误差。

证明：

设 a 是发送字，x 是接收字。如果在传输过程中出现的误差不超过 t，即 $d(a,x) \leqslant t$。

设 a_i 是 G 中任一字，由距离三角不等式可知

$$2t+1 = d(G) \leqslant d(a,a_i) \leqslant d(a,x) + d(x,a_i) \leqslant t + d(x,a_i)$$

于是

$$d(a_i,x) \geqslant (2t+1) - t = t+1$$

由此可知，除码字 a 和 x 的距离小于等于 t 外，其他码字与 x 的距离都大于等于 $t+1$，因此由最小距离译码准则可知，应选取 a 作为发送字。

例如，$G=\{00000,11100,00111,11011\}$，易知 G 的距离为 3，因此 G 能纠正码字中的 1 位的传输误差。如当接收字为 $x=10111$ 时，计算 x 与 G 中各码字的距离为：$d(00000, x)=4$，$d(11100, x)=3$，$d(00111, x)=1$，$d(11011, x)=2$。由此可知，x 的发送字为 00111。

由定理 7.3.6 可知，一个等长码的距离与其纠错能力密切相关。等长码的距离越大，其纠错能力越强。但求出一个等长码的距离并不容易，需要把两两不同的码字的距离计算出来，再取其最小值。下面介绍一类特殊的等长码——群码，它使求等长码的距离变得比较容易，还有其他优点。

如果 G 是等长码且 $(G,\oplus)$ 是群，则称 G 为群码。易知，$(G,\oplus)$ 是 $(A,\oplus)$ 的子群，G 的幺元为 $00\cdots0$，常称幺元为 0 字。

【定理 7.3.8】 设 G 是群码，则 G 的距离是 G 中非 0 字的最小重量。

证明：

设 $G=\{e,a_1,a_2,\cdots,a_n\}$，其中 e 是幺元，即 0 字。

设 $d(G)=d(a_i,a_j)=W(a_ia_j)$ （字 a_i 与 a_j 不同），由于群的运算是封闭的，因此 $a_ia_j=a_k\in G$，于是 $d(G)=d(a_i,a_j)=W(a_k)\geqslant G$ 中非 0 字的最小重量。

另一方面，对于 G 中任一不同的非 0 字 x，其重量满足 $W(x)=d(x,0)\geqslant d(G)$；由此可知，$G$ 的距离是 G 中非 0 字的最小重量。

例如，$G=\{00000,11100,00111,11011\}$，容易验证 $(G,\oplus)$ 是群，G 中非 0 字的最小重量为 3，因此 G 的距离为 3。

对于群码，还可以方便地构造译码表。设群码 $G=\{a_1,a_2,\cdots,a_n\}$，当接收字为 x 时，要求出其发送字，需计算 x 与 G 中各码字的距离 $d(a_1,x)$，$d(a_2,x)$，$\cdots$，$d(a_n,x)$，并取其最小值，即求 $W(a_1x)$, $W(a_2x)$,$\cdots$, $W(a_nx)$ 的最小者。

于是求 G 中各码字与 x 距离最小者，即求陪集 $G\oplus x$ 中各字的重量最小者。

如果陪集 $G\oplus x$ 中的字 $a_k\oplus x$ 的重量最小，这说明 x 的发送字为 a_k，而求 a_k 是简单的。由于 $x\oplus(a_k\oplus x)=a_k$，因此只要把陪集 $G\oplus x$ 中重量最小的字 $a_k\oplus x$ 与 x 运算后，即得 a_k。

例如，群码 $G=\{00000,11100,00111,11011\}$，当接收字为 11000 时，求发送字。

可令 $x=11000$，陪集

$$G\oplus x=\{00000\oplus11000, 11100\oplus11000, 00111\oplus11000, 11011\oplus11000\}$$
$$=\{11000, 00100, 11111, 00011\}$$

易见，陪集 $G\oplus x$ 中，重量最小的字为 00100，计算 $00100\oplus x=00100\oplus11000=11100$，于是可知 x 的发送字为 11100。

对于陪集 $G\oplus x$ 中的其他字 $z=a_i\oplus x$，同样可把 z 与陪集中重量最小的字 $a_k\oplus x$ 运算，运算后的结果就是 z 的发送字，这是因为

$$z(a_k\oplus x)=(a_i\oplus x)\oplus(a_k\oplus x)=a_i\oplus a_k\oplus x\oplus x=a_i\oplus a_k$$

而 $a_i\oplus a_k$ 与 z 的距离为

$$d(a_i\oplus a_k,z)=W(a_i\oplus a_k\oplus z)=W(a_i\oplus a_k\oplus a_i\oplus x)=W(a_k\oplus x)$$

由于 $a_k\oplus x$ 是重量最小的字，因此 $a_i\oplus a_k$ 与 z 的距离最小，$a_i\oplus a_k$ 是 z 的发送字。

仍以群码 $G=\{00000, 11100, 00111, 11011\}$ 为例，若接收字为 $x=00001$，则其陪集

$$G \oplus x = \{00000 \oplus 00001, 11100 \oplus 00001, 00111 \oplus 00001,$$
$$11011 \oplus 00001\}$$
$$= \{00001, 11101, 00110, 11010\}。$$

表 7.3-14

00000	11100	00111	11011
00001	11101	00110	11010
00010	11110	00101	11001
00100	11000	00011	11111
01000	10100	01111	10011
10000	01100	10111	01011
10001	01101	10110	01010
10010	01110	10101	01001

其中重量最小的字 a=00001，于是对于陪集中的字：00001，11101，00110，11010，如果它们作为接收字，则其发送字为

$$00001 \oplus a = 00001 \oplus 00001 = 00000$$
$$11101 \oplus a = 11101 \oplus 00001 = 11100$$
$$00110 \oplus a = 00110 \oplus 00001 = 00111$$
$$11010 \oplus a = 11010 \oplus 00001 = 11011$$

由于陪集中的字很容易找到它的发送字，因此可方便地构造译码表。

构造译码表时，首先把群码中的码字写在第一行上，并且把幺元（0 字）写在首位。然后写出 G 的所有陪集，一个陪集占一行，把陪集中字与其发送字写在同一列上。

例如，群码 G={00000, 11100, 00111, 11011}的译码表如表 7.3-14 所示。其中的第一行是 G 中元素。

注意：前 6 行均可以唯一判定发送字，但后 2 行无法唯一判定。

例如，$d(10001, 00000) = d(10001, 11011) = 2$，当接收字为 10001 时，就无法确定发送字是 00000 还是 11011。如前所述，G 的距离为 3，只能纠正码字中的 1 位的传输误差，对这种出现 2 位的传输误差的情况就无能为力了。

7.4 环和域

环、域和格都是含有两种二元运算的代数系统。

7.4.1 环

1．环的定义

【定义 7.4.1】 设$(A, \oplus, \otimes)$是代数系统，如果满足：① 对于 $\oplus$，$(A, \oplus)$是可交换群；② 对于 $\otimes$，$(A, \otimes)$是半群；③ 运算 $\otimes$ 对于 $\oplus$ 是可分配的，即：

$$a \otimes (b \oplus c) = (a \otimes b) \oplus (a \otimes c)$$
$$(b \oplus c) \otimes a = (b \otimes a) \oplus (c \otimes a)$$

则称$(A, \oplus, \otimes)$是环。

结合例 7.23 的可交换群$(A, \oplus)$和例 7.13 的半群$(A, \otimes)$，选择运算 $\otimes$ 对于 $\oplus$ 是可分配者（见例 7.6）可得：

【例 7.35】 表 7.4-1 中，环对应的列给出了 10 类常见的代数系统是否为环的情形。

下面介绍环的重要性质。

【定理 7.4.1】 设$(A, \oplus, \otimes)$是环，则可交换群$(A, \oplus)$中的幺元 θ 是半群$(A, \otimes)$中的零元。

证明：

由 θ 是$(A, \oplus)$的幺元，有 $\theta \oplus \theta = \theta$；又因 $\otimes$ 对于 $\oplus$ 是可配的，因此$(a \otimes \theta) \oplus (a \otimes \theta) = a \otimes (\theta \oplus \theta) = a \otimes \theta$。

表 7.4-1

序号	代数系统	环	可交换环	含幺元环	无零因子环	整环	域
①	$(S,+,\times)$，S为 **E**、**Z**、**Q**、**R**、**C**	√	√	S为**Z**、**Q**、**R**、**C**	√	S为**Z**、**Q**、**R**、**C**	S为**Q**、**R**、**C**
②	$(\mathbf{N}_k,\oplus_k,\otimes_k)$	√	√	√	k为素数	k为素数	k为素数
③	$(M_n(R),+,\times)$ $M_n=\{A\mid A$是n阶方阵$\}$	√	—	√	—	—	—
④	$(P(S),\oplus,\cap)$	√	√	√	—	—	—
⑤	$(A,\vee,\wedge)$，$A=\{P\mid P$是命题公式$\}$	—	—	—	—	—	—
⑥	$(P(S),\cup,\cap)$　　$(P(S),\oplus,\cup)$	—	—	—	—	—	—
⑦	$(A,\leftrightarrow,\wedge)$　　$(A,\leftrightarrow,\vee)$	—	—	—	—	—	—
⑧	$(S,\max,\min)$						
⑨	$(\mathbf{Z}+,\text{lcm},\gcd)$						
⑩	$(A,+,\times)$，$A=\{f\mid f$是实系数多项式$\}$	√	√	√	√	√	—

由于$(A,\oplus)$是群，$\oplus$有消去律，于是$a\otimes\theta=\theta$，同理可证$\theta\otimes a=\theta$。此即θ是$(A,\otimes)$的零元。

例如：

（1）在环$(S,+,\times)$中，$(S,+)$的幺元 0 是$(S,\times)$的零元；其中S可为**Z**、**Q**、**R**、**C**。

（2）在环$(\mathbf{N}_k,\oplus_k,\otimes_k)$中，$(\mathbf{N}_k,\oplus_k)$的幺元 0 是$(\mathbf{N}_k,\otimes_k)$的零元。

（3）在环$(M_n,+,\times)$中，$(M_n,+)$的幺元 0_n 是$(M_n,\times)$的零元。

（4）在环$(P(S),\oplus,\cap)$中，$(P(S),\oplus)$的幺元 $\varnothing$ 是$(P(S),\cap)$的零元。

（5）在环$(A,+,\times)$中，$(A,+)$的幺元零多项式$f=0$是$(A,\times)$的零元，其中$A=\{f\mid f$是实系数多项式$\}$。

【定理 7.4.2】 设$(A,\oplus,\otimes)$是环，对于可交换群$(A,\oplus)$，元素a的逆元为a^{-1}，则

（1） $a^{-1}\otimes b=a\otimes b^{-1}=(a\otimes b)^{-1}$

（2） $a^{-1}\otimes b^{-1}=a\otimes b$

证明：

（1）由于$\otimes$对于$\oplus$是可分配的，因此

$$(a^{-1}\otimes b)\oplus(a\otimes b)=(a^{-1}\otimes a)\otimes b=\theta\otimes b=\theta$$

另外

$$(a\otimes b)\oplus(a^{-1}\otimes b)=(a\oplus a^{-1})\otimes b=\theta\otimes b=\theta$$

而θ是$(A,\oplus)$的幺元，因此$a^{-1}\otimes b$是$a\otimes b$的逆元，即

$$a^{-1}\otimes b=(a\otimes b)^{-1}$$

同理可证

$$a\otimes b^{-1}=(a\otimes b)^{-1}$$

因此

$$a^{-1}\otimes b=a\otimes b^{-1}=(a\otimes b)^{-1}$$

（2）利用（1）的证明结果可知

$$a^{-1}\otimes b^{-1}=a\otimes(b^{-1})^{-1}=a\otimes b$$

由此得证。

如果把可交换群$(A,\oplus)$中元素以的逆元记作$-a$，那么定理 7.4.1 和定理 7.4.2 的结论可改写成

$$a \oplus -a = \theta$$
$$a \otimes \theta = \theta \otimes a = \theta$$
$$(-a) \otimes b = a \otimes (-b) = -(a \otimes b)$$
$$(-a) \otimes (-b) = a \otimes b$$

由此可知，一般环$(A,\oplus,\otimes)$中的第一种运算$\oplus$和第二种运算$\otimes$的运算性质及它们的联系酷似$(\mathbf{R},+,\times)$中的加法和乘法所具有的性质及联系，因此常把环$(A,\oplus,\otimes)$直接写作$(\mathbf{R},+,\times)$；对于可交换群$(\mathbf{R},+)$，a 的逆元$-a$ 也称为负元，于是定理 7.4.1 和定理 7.4.2 的结论又可改写为

$$a + (-a) = \theta$$
$$a \times \theta = \theta \times a = \theta$$
$$(-a) \times b = a \times (-b) = -(a \times b)$$
$$(-a) \times (-b) = a \times b$$

如果把$a + (-b)$ 记作$a - b$，则

$$a \times (b - c) = a \times b - a \times c$$
$$(b - c) \times a = b \times a - c \times a$$

2．特殊环

【定义 7.4.2】 设$(\mathbf{R},+,\times)$是环，如果半群$(\mathbf{R},\times)$中的运算$\times$是可交换运算，则称$(\mathbf{R},+,\times)$是可交换环。

在例 7.35 的环$(\mathbf{R},+,\times)$中，选择$\times$是可交换运算者（见例 7.4 或例 7.14）可得：

【例 7.36】 表 7.4-1 中可交换环对应的列给出了 5 类常见的环是否为可交换环的情形。

【定义 7.4.3】 设$(\mathbf{R},+,\times)$是环，如果半群$(\mathbf{R},\times)$中含有幺元，则称$(\mathbf{R},+,\times)$是含幺元环。

在例 7.35 的环$(\mathbf{R},+,\times)$中，选择$(\mathbf{R},\times)$中含有幺元者（见例 7.10 或例 7.17）可得：

【例 7.37】 表 7.4.1 中，含幺元环对应的列给出了 5 类常见的环为含幺元环或所需的条件。在表 7.4-1 的⑩中，常值多项式$f \equiv 1$ 是多项式乘法的幺元，因此$(\{f|f$ 是实系数多项式$\},+,\times)$是含幺元环。

对于含幺元环$(\mathbf{R},+,\times)$，当$|\mathbf{R}| \geqslant 2$ 时，$\theta \neq e$（$(\mathbf{R},\times)$的幺元）。

证明：

（反证法）假设$\theta = e$，则对于 $\mathbf{R}$ 中任意元素 x 有 $x = x \times e = x \times \theta = \theta$，于是得到 $\mathbf{R} = \{\theta\}$，$|\mathbf{R}| = 1$，与$|\mathbf{R}| \geqslant 2$ 的假设矛盾，得证。

【定义 7.4.4】 如果$(\mathbf{R},\times)$中存在非零元 a 和 b，使得 $a \times b = \theta$，则称 a 和 b 是零因子。设$(\mathbf{R},+,\times)$是环，对于半群$(\mathbf{R},\times)$，如果 $\mathbf{R}$ 不含零因子，则称$(\mathbf{R},+,\times)$为无零因子环。

【例 7.38】 表 7.4-1 中，无零因子环对应的列给出了 5 类常见的环为无零因子环或所需的条件。具体说明如下：

（1）任二非零数 a、b 之积非零，$(S,+,\times)$中无零因子，其中 S 可为 $\mathbf{E}$、$\mathbf{Z}$、$\mathbf{Q}$、$\mathbf{R}$、$\mathbf{C}$。

（2）例如，$2 \neq 0$，$3 \neq 0$，而 $2 \otimes_6 3 = 0$，即 2 和 3 是零因子；于是，$(\mathbf{N}_6,\oplus_6,\otimes_6)$含零因子。显然，当 k 为合数时，$(\mathbf{N}_k,\oplus_k,\otimes_k)$是有零因子环。

（3）例如，$n=2$ 时，矩阵

$$A = \begin{bmatrix} 1 & 0 \\ 0 & 0 \end{bmatrix} \neq \begin{bmatrix} 0 & 0 \\ 0 & 0 \end{bmatrix} \qquad B = \begin{bmatrix} 0 & 0 \\ 0 & 1 \end{bmatrix} \neq \begin{bmatrix} 0 & 0 \\ 0 & 0 \end{bmatrix}$$

但 $A \times B = \mathbf{0}_n$，即 A 和 B 是零因子；于是，$(M_2,+,\times)$ 含零因子。

（4）任一 S 的非空真子集 A，$A \cap (S-A) = \varnothing$，即 A 和 S-A 是零因子；于是，$((P(S), \oplus, \cap)$ 含零因子。

（5）任二非零多项式之积非零，$(\{f \mid f \text{是实系数多项式}\},+,\times)$ 中无零因子。

【定理 7.4.3】 设 $(\mathbf{R},+,\times)$ 是环，$(\mathbf{R},+,\times)$ 无零因子当且仅当运算 $\times$ 满足消去律（即当 a$\neq\theta$ 且 $a \times b = a \times c$ 时，必有 $b=c$）。

证明：

（必要性）由假设可知 $a \times b = a \times c$，于是 $a \times (b-c) = a \times b - a \times c = \theta$。当 a$\neq\theta$，且环 $(\mathbf{R},+,\times)$ 中无零因子，因此 $b - c = \theta$，即 $b=c$。

（充分性）设 $a \times b = \theta$，且 $a \neq \theta$，则 $a \times b = a \times \theta$，由乘法运算满足消去律的假设可知 $b = \theta$，即 $(\mathbf{R},+,\times)$ 是无零因子环。

【定义 7.4.5】 可交换、含幺元、无零因子环的环称为整环。

结合例 7.36 的可交换环、例 7.37 的含幺元环和例 7.38 的无零因子环可得：

【例 7.39】 表 7.4-1 中，整环对应的列给出了 5 类常见的环为整环或所需的条件。②中的整环通常记为 $(\mathbf{N}_p, \oplus_p, \otimes_p)$，其中 p 为素数。

【例 7.40】 设 $(A,+,\times)$ 是环，对于 A 中任意元素 a，都有 $a \times a = a$，证明：

（1）$a+a=\theta$

（2）$(A,+,\times)$ 是可交换环

（3）当 $|A| \geqslant 3$ 时，$(A,+,\times)$ 不是整环。

证明：

（1）因为 $a = a \times a = (-a) \times (-a) = -a$，因此 $a+a=\theta$。

也可以如下证明：设 $a \in A$，由题设可知 $(a+a) \times (a+a) = (a+a)$，由于 $\times$ 对 $+$ 是可分配的，因此有 $a \times a + a \times a + a \times a + a \times a = a+a$；又由于 $a \times a = a$，于是 $(a+a)+(a+a) = (a+a)$。

由此可知，$a+a$ 是群 $(A,+)$ 中的等幂元，即幺元 θ，故 $a+a = \theta$。

（2）$a+b = (a+b) \times (a+b) = a \times a + a \times b + b \times a + b \times b = a + a \times b + b \times a + b$，可得 $a \times b + b \times a = \theta$，因此 $a \times b = -a \times b = b \times a$，即 $(A,+,\times)$ 是可交换环。

（3）在含幺环 $(A,+,\times)$ 中，设 e 是 $(A,\times)$ 的幺元，当 $|A| \geqslant 3$ 时，有 A 中元素 $a \neq \theta$ 且 $a \neq e$，则 $a \times (e-a) = a \times e - a \times a = a - a = \theta$，即 a 与 e-a 是 $(A,\times)$ 中的零因子，$(A,+,\times)$ 不是无零因子环，故 $(A,+,\times)$ 不是整环。

7.4.2 域

【定义 7.4.6】 设 $(\mathbf{R},+,\times)$ 是代数系统，如果满足：

（1）$(\mathbf{R},+)$ 是可交换群

（2）$(\mathbf{R}-\{\theta\},\times)$ 是可交换群

（3）$\times$ 对十是可分配的

则称 $(\mathbf{R},+,\times)$ 是域。

结合例 7.23 的可交换群$(A,\oplus)$和$(A,\otimes)$，选择运算$\otimes$对于$\oplus$是可分配者（见例 7.6）可得：

【例 7.41】 表 7.4.1 中，域对应的列给出了 5 类常见的环为域或所需的条件。数学上，依次称①中的$(\mathbf{Q},+,\times)$、$(\mathbf{R},+,\times)$、$(\mathbf{C},+,\times)$为有理数域、实数域、复数域；但$(\mathbf{Z},+,\times)$不是域，故有整数环之谓。

由域的定义可知，域中至少有 2 个元素——乘法的零元和幺元。

$\forall a,b \in \mathbf{R}$，如果 $a \neq \theta$ 且 $b \neq \theta$，此时 $a,b \in \mathbf{R}-\{\theta\}$，由于 $(\mathbf{R}-\{\theta\},\times)$ 是可交换群，因此 $a \times b \in \mathbf{R}-\{\theta\}$，得证 $a \times b \in \mathbf{R}$；否则，$a \times b \in \theta$，也有 $a \times b \in \mathbf{R}$。于是，$\times$对于 $\mathbf{R}$ 是封闭的。

$\forall a,b,c \in \mathbf{R}$，如果 $a \neq \theta$、$b \neq \theta$ 且 $c \neq \theta$，此时 $a,b,c \in \mathbf{R}-\{\theta\}$，由于 $(\mathbf{R}-\{\theta\},\times)$ 是可交换群，$\times$对于 $\mathbf{R}-\{\theta\}$ 是可结合运算，因此 $(a \times b) \times c = a \times (b \times c)$；否则，$(a \times b) \times c = \theta$，$a \times (b \times c) = \theta$，亦有 $(a \times b) \times c = a \times (b \times c)$。于是，$\times$对于 $\mathbf{R}$ 是可结合运算，即$(\mathbf{R},\times)$是半群。

根据环的定义，域必是环。

【定理 7.4.4】 域必是整环。

证明：

易证 $(\mathbf{R}-\{\theta\},\times)$ 的幺元就是$(\mathbf{R},\times)$的幺元及$(\mathbf{R},\times)$中的运算$\times$是可交换的，因此该环是含幺元的，交换环。

现证$(\mathbf{R},+,\times)$无零因子。由定理 7.4.3，只须证运算$\times$满足消去律。

$\forall a,b,c \in \mathbf{R}$，如果 $a \times b = a \times c$ 且 $a \neq \theta$，则

$$b = e \times b = (a^{-1} \times a) \times b = a^{-1} \times (a \times b) = a^{-1} \times (a \times c) = (a^{-1} \times a) \times c = e \times c = c$$

同理，如果 $b \times a = c \times a$ 且 $a \neq \theta$，则 $b=c$。

故$(\mathbf{R},+,\times)$是整环。

反之，整环未必是域。例如，$(\mathbf{Z},+,\times)$是整环，但不是域。

当整环中的集合为有限集合时，有如下定理。

【定理 7.4.5】 有限整环是域。

证明：

设$(\mathbf{R},+,\times)$是有限整环，由域的定义，只须证明 $(\mathbf{R}-\{\theta\},\times)$ 是可交换群。

又由于$(\mathbf{R},\times)$是含幺元的、交可换的、无零因子的有限半群，因此只需证明 $(\mathbf{R}-\{\theta\},\times)$ 中每个元素都存在逆元，即证得 $(\mathbf{R}-\{\theta\},\times)$ 是可交换群。

设 $\mathbf{R}-\{\theta\}=\{e,a_1,a_2,\cdots,a_n\}$，其中 e 是$(\mathbf{R},\times)$的幺元。显然，e 是 $(\mathbf{R}-\{\theta\},\times)$ 的幺元。$\forall a_i \in \mathbf{R}-\{\theta\}$，考察 $a_i \times e, a_i \times a_1, \cdots, a_i \times a_n$。

由于整环是无零因子的，因此运算$\times$对于 $\mathbf{R}-\{\theta\}$ 是封闭的，因此 $a_i \times e, a_i \times a_1, \cdots, a_i \times a_n$ 都属于 $\mathbf{R}-\{\theta\}$。又由于定理 7.4.3，因此它们两两不同，因此

$$\{a_i \times e, a_i \times a_1, \cdots, a_i \times a_n\} = \{e,a_1,a_2,\cdots,a_n\}$$

于是存在 $a_k \in \mathbf{R}-\{\theta\}$，使得 $a_i \times a_k = e$，因为$\times$是交换运算，所以 $a_k \times a_i = e$，即 a_k 为 a_i 的逆元。

例如，当 p 为素数时，$(\mathbf{N}_p,\oplus_p,\otimes_p)$ 是整环，由于 N_p 是有限集，因此 $(\mathbf{N}_p,\oplus_p,\otimes_p)$ 是域。

【例 7.42】 在代数系统$(\mathbf{R},\oplus,\otimes)$中，二元运算$\oplus$定义为 $a \oplus b = a+b-1$；二元运算$\otimes$定义为 $a \otimes b = a+b-ab$。证明$(\mathbf{R},\oplus,\otimes)$是域。

证明：

首先证明$(\mathbf{R},\oplus)$是可交换群。

由于 $a \oplus b = a + b - 1$，因此当 a、b 为实数时，$a \oplus b$ 也是实数，即 $\oplus$ 对于实数集 $\mathbf{R}$ 是封闭的。又由于

$$(a \oplus b) \oplus c = a + b + c - 2$$
$$a \oplus (b \oplus c) = a + b + c - 2$$

因此 $\oplus$ 是可结合运算。易见 $a \oplus b = b \oplus a$，因此 $\oplus$ 是可交换运算。

又由于 $a \oplus 1 = a + 1 - 1 = a$，因此 1 是 $(\mathbf{R}, \oplus)$ 的幺元，且对于任意实数 a，都有 $a \oplus (2 - a) = a + 2 - a - 1 = 1$，因此 a 的逆元为 $2 - a$。

由此证得 $(\mathbf{R}, \oplus)$ 是可交换群。

由于 1 是 $(\mathbf{R}, \oplus)$ 的幺元，因此需证明 $(\mathbf{R} - \{1\}, \otimes)$ 是可交换群。

首先验证 $\otimes$ 对于 $\mathbf{R} - \{1\}$ 是封闭的，由于 $a \otimes b = a + b - ab = 1 - (1 - a)(1 - b)$，因此当 a 和 b 都是不等于 1 的实数时，$1 - a \neq 0, 1 - b \neq 0$。由此可知，$a \otimes b = 1 - (1 - a)(1 - b)$ 也是不等于 1 的实数，因此 $\otimes$ 对于 $\mathbf{R} - \{1\}$ 是封闭的。

再证明 $\otimes$ 是可结合运算。由于

$$(a \otimes b) \otimes c = (a + b - ab) \otimes c = a + b - ab + c - c(a + b - ab) = a + b + c - ab - ac - bc + abc$$
$$a \otimes (b \otimes c) = a \otimes (b + c - bc) = a + b + c - bc - a(b + c - bc) = a + b + c - bc - ab - ac + abc$$

因此 $(a \otimes b) \otimes c = a \otimes (b \otimes c)$，由此证得 $\otimes$ 是可结合运算。

易见，$\otimes$ 是可交换运算。

$0 \otimes a = 0 + a - 0a = a$，因此 0 是 $(\mathbf{R} - \{1\}, \times)$ 的幺元，由于

$$a \otimes a / (a - 1) = a + a / (a - 1) - aa / (a - 1) = 0$$

因此每个不等于 1 的实数 a 的逆元为 $a / (a - 1)$，由此证得 $(\mathbf{R} - \{1\}, \times)$ 是可交换群。

最后证明 $\otimes$ 对 $\oplus$ 是可分配的，有

$$a \otimes (b \oplus c) = a \otimes (b + c - 1) = a + b + c - 1 - a(b + c - 1) = 2a + b + c - ab - ac - 1$$
$$(a \otimes b) \oplus (a \otimes c) = (a + b - ab) \oplus (a + c - ac) = a + b - ab + a + c - ac - 1 = 2a + b + c - ab - ac - 1$$

由此可见，$a \otimes (b \oplus c) = (a \otimes b) \oplus (a \otimes c)$，即 $\otimes$ 对 $\oplus$ 是可分配的。

综上证得 $(\mathbf{R}, \oplus, \otimes)$ 是域。

7.5　格

7.5.1　格的定义

【定义 7.5.1】　设 $(A, \vee, \wedge)$ 是代数系统，二元运算 $\vee$ 和 $\wedge$ 对于 L 是封闭的，且对于 A 中任意元素 a、b、c，满足：

（1）$a \vee b = b \vee a$，$a \wedge b = b \wedge a$　　　　　　　（交换律）

（2）$(a \vee b) \vee c = a \vee (b \vee c)$，$(a \wedge b) \wedge c = a \wedge (b \wedge c)$　　　（结合律）

（3）$a \vee (a \wedge b) = a$，$a \wedge (a \vee b) = a$　　　　　　（吸收律）

则称 $(A, \vee, \wedge)$ 为格。

常称二元运算 $\vee$ 为并，$\wedge$ 为交。

由定义可知，$(A, \vee, \wedge)$ 为格当且仅当 $(A, \vee)$、$(A, \wedge)$ 都是可交换半群，且 $\vee$ 与 $\wedge$ 满足吸收律。

在例 7.14 的可交换半群 $(A, \vee)$ 和 $(A, \wedge)$ 中，选择 $\vee$ 与 $\wedge$ 满足吸收律者（见例 7.7）可得：

【例 7.43】 表 7.5-1 中，格对应的列给出了 10 类常见的代数系统是否为格的情形。

表 7.5-1

序号	代数系统	格	偏序格	分配格	有界格	有补格	布尔格
①	$(S,+,\times)$, S 为 **E**、**Z**、**Q**、**R**、**C**	—	—	—	—	—	—
②	$(\mathbf{N}_k,\oplus_k,\otimes_k)$	—	—	—	—	—	—
③	$(M_n(R),+,\times)$ $M_n=\{A\mid A$ 是 n 阶方阵$\}$	—	—	—	—	—	—
④	$(P(S),\cup,\cap)$	√	$(P(S),\subseteq)$	√	√	√	√
⑤	$(A,\vee,\wedge)$, $A=\{P\mid P$ 是命题公式$\}$	√	$(A,\Rightarrow)$	√	√	√	√
⑥	$(P(S),\oplus,\cap)$ $(P(S),\oplus,\cup)$	—	—	—	—	—	—
⑦	$(A,\leftrightarrow,\wedge)$ $(A,\leftrightarrow,\vee)$	—	—	—	—	—	—
⑧	$(S,\max,\min)$	√	$(S,\leq)$	√	—	—	—
⑨	$(\mathbf{Z}^+,\text{lcm},\gcd)$	√	$(\mathbf{Z}^+,\mid)$	√	—	—	—
⑩	$(A,+,\times)$, $A=\{f\mid f$ 是实系数多项式$\}$	—	—	—	—	—	—

例如，在代数系统 $(A,\vee,\wedge)$ 中，$A=\{1,2,3,4,6,12\}$，A 上的二元运算 $\vee$ 和 $\wedge$ 分别定义为 $a\vee b=$ lcm(a,b)，$a\wedge b=\gcd(a,b)$，其中 lcm(a,b) 表示 a 和 b 的最小公倍数，$\gcd(a,b)$ 表示 a 和 b 的最大公约数。可以证明 $(A,\vee,\wedge)$ 是格。

因为集合 A 是由数 12 的所有乘法因子作为元素构成的，因此 $\vee$ 和 $\wedge$ 对于 A 是封闭的。显然，$\vee$ 和 $\wedge$ 满足交换律、结合律，现证 $\vee$ 和 $\wedge$ 满足吸收律。

由于 $a\wedge b$ 是 a 和 b 的最大公约数，因此 $a\wedge b$ 必能整除 a；又由于 $a\vee(a\wedge b)$ 是 a 和 $a\wedge b$ 的最小公倍数，而 $a\wedge b$ 能整除 a，因此 a 和 $a\wedge b$ 的最小公倍数就是 a，由此可见 $a\vee(a\wedge b)=a$，同理有 $a\wedge(a\vee b)=a$，因此 $(A,\vee,\wedge)$ 满足吸收律，

故 $(A,\vee,\wedge)$ 是格。

【定理 7.5.1】 设 $(A,\vee,\wedge)$ 是格，a 是 A 中任意元素，则 $a\vee a=a$，$a\wedge a=a$。

证明：

$\forall a\in A$，由于格中的运算满足吸收律，因此 $a\vee a=a\vee(a\wedge(a\vee b))=a$。

同理可证 $a\wedge a=a$，得证。

该定理说明格中每个元素都是等幂元。

设 $(A,\vee,\wedge)$ 是格，B 是 A 的非空子集，如果 $\vee$ 和 $\wedge$ 对于 B 是封闭的，则称 $(B,\vee,\wedge)$ 是 $(A,\vee,\wedge)$ 的子格。

显然，子格是格。

【例 7.44】

（1）对于 **R** 的任意非空子集 B，则有 $(B,\max,\min)$ 是格 $(\mathbf{R},\max,\min)$ 的子格。

（2）任意正整数 n 的因子构成的集合 D_n，$(D_n,\text{lcm},\gcd)$ 是格 $(\mathbf{Z}^+,\text{lcm},\gcd)$ 的子格。

例如，$D_{12}=\{1,2,3,4,6,12\}$，$(D_{12},\text{lcm},\gcd)$ 是格 $(\mathbf{Z}^+,\text{lcm},\gcd)$ 的子格；但令 $A=\{1,2,3,4,12\}$，$(A,\text{lcm},\gcd)$ 不是格 $(\mathbf{Z}^+,\text{lcm},\gcd)$ 的子格，因为 lcm$(2,3)=6$ 不在 A 中。

（3）$(\{\varnothing,S\},\cup,\cap)$ 是格 $(P(S),\cup,\cap)$ 的子格。

（4）$(\{1,0\},\vee,\wedge)$ 是格 $(A,\vee,\wedge)$ 的子格，其中 $A=\{P\mid P$ 是命题公式$\}$。

7.5.2　格和偏序集

格与偏序集有着密切联系，下面简要介绍。

引理：$a \vee b = b$ 当且仅当 $a \wedge b = a$。

证明：

由 $a \vee b = b$，可得 $a \wedge b = a \wedge (a \vee b) = a$；由 $a \wedge b = a$，可得 $a \vee b = (a \wedge b) \vee b = b$。

故 $a \vee b = b$ 当且仅当 $a \wedge b = a$。

【定理 7.5.2】 设 $(A, \vee, \wedge)$ 是格，在 A 上定义二元关系 **R** 为：当且仅当 $a \vee b = b$（或 $a \wedge b = a$）时，$(a,b) \in \mathbf{R}$，则 **R** 是 A 上的偏序关系，可以记为 $\prec$，偏序集 $(A, \prec)$ 称为由格 $(A, \vee, \wedge)$ 导出的偏序集。

证明：

$\forall a \in A$，由于 $(A, \vee, \wedge)$ 是格，A 中每个元素是等幂元，即 $a \vee a = a$，因此 $a \prec a$，得证 $\prec$ 是 A 上的自反关系。

$\forall a, b \in A$，如果 $a \prec b$ 且 $b \prec a$，即 $a \vee b = b$ 且 $b \vee a = a$，由于 $(A, \vee, \wedge)$ 是格，$\vee$ 具有交换律，即 $a \vee b = b \vee a$，因此 $a = b$，得证 $\prec$ 是 A 上的反对称关系。

$\forall a, b, c \in A$，如果 $a \prec b$ 且 $b \prec c$，即 $a \vee b = b$ 且 $b \vee c = c$，因此 $a \vee c = a \vee (b \vee c) = (a \vee b) \vee c = b \vee c = c$，因此 $a \prec c$，得证 $\prec$ 是 A 上的传递关系。

故 $\prec$ 是 A 上的偏序关系。

【定理 7.5.3】 设 $(A, \prec)$ 是偏序集，且 A 中任意两个元素 a 和 b 构成的子集都有上确界和下确界（以下简称为 a 和 b 有上确界和下确界）；如果在 A 上定义二元运算 $\vee$ 和 $\wedge$ 分别为 $a \vee b = \sup(a,b)$，$a \wedge b = \inf(a,b)$，其中 $\sup(a,b)$ 表示 a 和 b 的上确界，$\inf(a,b)$ 表示 a 和 b 的下确界．则代数系统 $(A, \vee, \wedge)$ 是格，并称 $(A, \vee, \wedge)$ 是由偏序集 $(A, \prec)$ 导出的格。

证明：

设 $(A, \prec)$ 是偏序集，由 $\vee$ 和 $\wedge$ 的定义可知，二元运算 $\vee$ 和 $\wedge$ 对于 A 是封闭的且满足交换律。以下证明 $\vee$ 和 $\wedge$ 满足结合律。

$\forall a, b, c \in A$，由于 $a \prec a \vee (b \vee c)$，$b \prec b \vee c \prec a \vee (b \vee c)$，即 $a \vee (b \vee c)$ 是 a 和 b 的上界，而 $a \vee b$ 是 a 和 b 的上确界，因此 $a \vee b \prec a \vee (b \vee c)$。又 $c \prec b \vee c \prec a \vee (b \vee c)$，即 $a \vee (b \vee c)$ 是 $a \vee b$ 和 c 的上界，而 $(a \vee b) \vee c$ 是 $a \vee b$ 和 c 的上确界，因此 $(a \vee b) \vee c \prec a \vee (b \vee c)$。

同理可证，$a \vee (b \vee c) \prec (a \vee b) \vee c$。

由于 $(A, \prec)$ 是偏序集，因此 $(a \vee b) \vee c = a \vee (b \vee c)$。

同理可证，$(a \wedge b) \wedge c = a \wedge (b \wedge c)$。

再证 $\vee$ 和 $\wedge$ 满足吸收律。$\forall a, b \in A$，由于 $a \wedge b \prec a$ 且 $a \prec a$，即 a 是 $a \wedge b$ 和 a 的上界，而 $a \vee (a \wedge b)$ 是 $a \wedge b$ 和 a 的上确界，因此 $a \vee (a \wedge b) a$；另一方面，$a \prec a \vee (a \wedge b)$，由于 $(A, \prec)$ 是偏序集，因此 $a \vee (a \wedge b) = a$。

同理可证 $a \wedge (a \vee b) = a$。故 $(A, \vee, \wedge)$ 是格。

【定理 7.5.4】 设 $(A, \vee, \wedge)$ 是格，由格 $(A, \vee, \wedge)$ 导出的偏序集为 $(A, \prec)$，则由偏序集 $(A, \prec)$ 导出的格就是 $(A, \vee, \wedge)$。

证明：

由定理 7.5.2 和定理 7.5.3 可知，由格 $(A, \vee, \wedge)$ 导出的偏序集 $(A, \prec)$ 又导出的一个格。现证此格就是原格 $(A, \vee, \wedge)$。

只需证∀$a,b∈A$，a 和 b 的最小上界 $\sup(a,b)=a\vee b$；最大下界 $\inf(a,b)=a\wedge b$。

首先证明 $\sup(a,b)=a\vee b$。由于 $a\vee(a\vee b)=(a\vee a)\vee b=a\vee b$，因此 $a\prec a\vee b$；又由于 $b\vee(a\vee b)=(b\vee a)\vee b=(a\vee b)\vee b=a\vee(b\vee b)=a\vee b$，因此 $b\prec a\vee b$；即 $a\vee b$ 是 a 和 b 的上界。

设 $c∈A$ 且 c 是 a 和 b 的上界，则 $a\prec c$ 即 $a\vee c=c$，$b\prec c$ 即 $b\vee c=c$，因此 $(a\vee b)\vee c=a\vee(b\vee c)=a\vee c=c$，即 $(a\vee b)\prec c$。

故 $\sup(a,b)=a\vee b$。

由引理，因此 $a\prec b$ 当且仅当 $a\vee b=b$，当且仅当 $a\wedge b=a$。

利用 $a\prec b$ 当且仅当 $a\wedge b=a$，可类似证明 $\inf(a,b)=a\wedge b$。

由以上定理可得格的另一等价定义。

定理 7.5.4 表明了格和偏序集之间的互导性，由此可得到关于格的另一种定义。

【定义 7.5.2】 设 $(L,\prec)$ 为偏序集且 L 中任意两个元素都有上确界和下确界，则称 $(L,\prec)$ 为（偏序）格。

【例 7.45】 表 7.5-1 中，偏序格对应的列给出了与 4 类常见的代数格互导的偏序格。具体说明如下：

（1）可推广到一般，当 $(A,\prec)$ 是全序集（链）时，A 中任意两个元素都可比，因此它们的最小上界和最大下界都存在，因此 $(A,\prec)$ 是格。

（2）$(\mathbf{Z}^+,|)$ 中，$|$ 是整除关系。

例如，设 $A=\{1,2,3,4,6,12\}$，A 上的二元运算 $\vee$ 和 $\wedge$ 分别定义为：$a\vee b=\mathrm{lcm}(a,b)$，即 a 和 b 的最小公倍数；$a\wedge b=\gcd(a,b)$，即 a 和 b 的最大公约数。若在 A 上定义二元关系 R 为：仅当 $a\vee b=b$ 时，$(a,b)∈R$，也即当 a 和 b 的最小公倍数为 b 时，$(a,b)∈R$，由此可知，R 是 A 上的整除关系 $|$，因此由格 $(A,\vee,\wedge)$ 导出的偏序集为：$(A,|)$；另一方面，在整除意义下，A 中任意两个元素 a 和 b 的上确界 $\sup(a,b)$ 和下确界 $\inf(a,b)$ 分别为同时被它们整除的最小者（即最小公倍数 $\mathrm{lcm}(a,b)$）和同时整除它们的最大者（即最大公约数 $\gcd(a,b)$）。由此可知，由偏序格 $(A,\prec)$ 导出的格就是 $(A,\mathrm{lcm},\gcd)$。偏序集 $(A,\prec)$ 的哈斯图如图 7.5-1 所示。

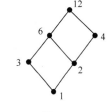

图 7.5-1

代数格 $(A,\mathrm{lcm},\gcd)$ 的二元运算 lcm 和 gcd 的运算表如表 7.5-2 所示。

表 7.5-2

(a)

lcm	1	2	3	4	6	12
1	1	2	3	4	6	12
2	2	2	6	4	6	12
3	3	6	3	12	6	12
4	4	4	12	4	12	12
6	6	6	6	12	6	12
12	12	12	12	12	12	12

(b)

gcd	1	2	3	4	6	12
1	1	1	1	1	1	1
2	1	2	1	2	2	2
3	1	1	3	1	3	3
4	1	2	1	4	2	4
6	1	2	3	2	6	6
12	1	2	3	4	6	12

（3）$(P(S),\subseteq)$ 是偏序格，与代数格 $(P(S),\cup,\cap)$ 互导。例如，在格 $(P(S),\cup,\cap)$ 中，定义 $P(S)$ 上的二元关系 R 为：对于 $P(S)$ 中的元素 A 和 B（A 和 B 是 A 的子集），当 $A\cup B=B$ 时，$(A,B)∈R$。由于 $A\cup B=B$ 当且仅当 $A\subseteq B$，因此 R 是 $P(S)$ 上的包含关系，是偏序关系。由此可知，$(P(S),\cup,\cap)$ 导出的偏序集为 $(P(S),\subseteq)$。再考察由偏序集 $(P(S),\subseteq)$ 导出的格。对 $P(S)$ 中任意两个元素 A 和 B，由 $\cup,\cap$ 的定义可知，$A\cup B$ 是同时包含 A、B 的最小集合，即 $\sup(A,$

B）；　$A \cap B$ 是同时包含 A、B 的最大集合，即 $\inf(A,B)$。由此可知，由偏序集 $(P(S),\subseteq)$ 导出的格就是 $(P(S),\cup,\cap)$。

（4）$(A,\Rightarrow)$ 是偏序格，它与代数格 $(A,\vee,\wedge)$ 互导，其中 $A=\{P\,|\,P$是命题公式$\}$，$\Rightarrow$ 是其上的蕴涵关系。

由于偏序集可以用哈斯图形象地表示，因此这种定义方式使格的表示更形象、直观，在讨论格的有关特征时，可按情况分别采用格的两种定义方式。

在同构意义下：① 1 元格只有 1 个，如图 7.5-2(a)所示；② 2 元格只有 1 个，如图 7.5-2(b)所示；③ 3 元格只有 1 个，如图 7.5-2(c)所示；④ 4 元格仅有 2 个，如图 7.5-2(d)所示；⑤ 5 元格有 5 个，如图 7.5-2(e)所示。

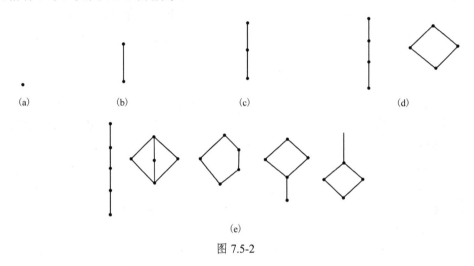

图 7.5-2

7.5.3　特殊格

1．分配格

【定理 7.5.5】　设 $(L,\vee,\wedge)$ 是格 $(L,\prec)$ 导出的代数系统，$\forall a,b,c \in L$，以下三式等价：

（1）　$a \wedge (b \vee c) = (a \wedge b) \vee (a \wedge c)$

（2）　$a \vee (b \wedge c) = (a \vee b) \wedge (a \vee c)$

（3）　$(a \wedge b) \vee (b \wedge c) \vee (c \wedge a) = (a \vee b) \wedge (b \vee c) \wedge (c \vee a)$

证明：

在此只证（1）和（2）等价。

（1）$\Rightarrow$（2）

$$
\begin{aligned}
(a \wedge b) \vee (a \wedge c) &= ((a \vee b) \wedge a) \vee ((a \vee b) \wedge c) && （由（1）） \\
&= (a \wedge (a \vee b)) \vee (c \wedge (a \vee b)) && （交换律） \\
&= a \vee ((c \wedge a) \vee (c \wedge b)) && （吸收律和（1）） \\
&= (a \vee (a \wedge c)) \vee (b \wedge c) && （结合律） \\
&= a \vee (b \wedge c) && （吸收律）
\end{aligned}
$$

（2）$\Rightarrow$（1）

$$
a \wedge (b \vee c) = (a \wedge (a \vee b)) \wedge (b \vee c) \qquad （吸收律）
$$

$$= a \wedge ((a \vee b) \wedge (b \vee c)) \qquad （结合律）$$
$$= a \wedge (b \vee (a \wedge c)) \qquad （由（2））$$
$$= (a \vee (a \wedge c)) \wedge (b \vee (a \wedge c)) \qquad （吸收律）$$
$$= (a \wedge b) \vee (a \wedge c) \qquad （由（2））$$

【定义 7.5.3】 设$(L,\vee,\wedge)$是格，$\forall a,b,c \in L$，如果满足上述定理中的三式之一，则称$(L,\vee,\wedge)$是分配格。

在例 7.43 的格中，选择 $\vee$ 与 $\wedge$ 满足分配律者（见例 7.6）可得：

【例 7.46】 表 7.5-1 中，分配格对应的列给出了与 4 类常见的格是否为分配格的情形。具体说明如下：

（1）可推广到一般，全序集（链）$(A,\prec)$是分配格。

例如，$\forall a,b,c \in \mathbf{R}$，如果 $a \prec b$ 或 $a \prec c$，则 $a \prec b \vee c$，有 $a \wedge (b \vee c)=a$；而 $(a \wedge b) \vee (a \wedge c) \prec a \vee (a \wedge c) = a$ 或 $(a \wedge b) \vee (a \wedge c) \prec (a \wedge b) \vee a = a$，即 $(a \wedge b) \vee (a \wedge c) = a$。

如果 $a > b$ 且 $a > c$，有 $a > b \vee c$，因此 $a \wedge (b \vee c) = b \vee c$，$(a \wedge b) \vee (a \wedge c) = b \vee c$。

皆得 $a \wedge (b \vee c) = (a \wedge b) \vee (a \wedge c)$。

故$(\mathbf{R},\vee,\wedge)$是分配格。

（2）例如，$D_{12}=\{1,2,3,4,6,12\}$，$(D_{12},\mathrm{lcm},\mathrm{gcd})$是分配格。

另外，图 7.5-3（a）和图 7.5-3（b）所示的格不是分配格。

对于图 7.5-3（a）所示的格，$c \wedge (b \vee d) = c \wedge e = c$，而 $(c \wedge b) \vee (c \wedge d) = a \vee a = a \neq c$，因此图 7.5-3（a）所示的格不是分配格。对于图 7.5-3（b）所示的格，$c \wedge (b \vee d) = c \wedge e = c$，而 $(c \wedge b) \vee (c \wedge d) = a \vee d = d \neq c$，因此图 7.5-3（b）所示的格不是分配格。

当 $|L| \leqslant 5$ 时，除以上两格，其余的格$(L,\prec)$皆为分配格。

进一步地，我们不加证明介绍如下定理。

【定理 7.5.6】 格$(L,\vee,\wedge)$是分配格当且仅当它不含与图 7.5-3 同构的子格。

例如，如图 7.5.4 所示的格不是分配格。由于它含有同构于图 7.5-3（b）所示的子格，根据定理，它不是分配格。

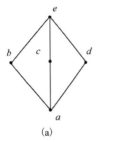

图 7.5-3

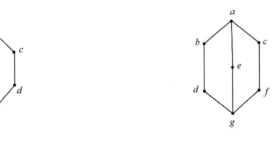

图 7.5-4

【定理 7.5.7】 设$(L,\vee,\wedge)$是一分配格，a、b 和 c 是 L 中的元素，如果 $a \wedge b = a \wedge c$ 且 $a \vee b = a \vee c$，那么 $b=c$。

证明：
$$b = b \vee (a \wedge b) \qquad （吸收律）$$
$$= b \vee (a \wedge c) \qquad （a \wedge b = a \wedge c）$$

$$= (b \vee a) \wedge (b \vee c) \quad （分配格）$$
$$= (a \vee c) \wedge (b \vee c) \quad （a \vee b = a \vee c）$$
$$= c \vee (a \wedge b) \quad （分配格）$$
$$= c \vee (a \wedge c) \quad （a \wedge b = a \wedge c）$$
$$= c \quad （吸收律）$$

由于分配格的运算满足消去律，因此运算不满足消去律的格一定不是分配格。

在图 7.5-3(a) 和图 7.5-3(b) 所示的格中都有 $b \wedge c = a = b \wedge d$ 且 $b \vee c = e = b \vee d$，但 $c \neq d$，因此此二格都不是分配格。这又一次证明这两个格不是分配格。

2．有界格

【定义 7.5.4】 设 $(L, \prec)$ 是格，如果 L 中存在元素 a，使得对于 L 中任意元素 b 都有 $a \leqslant b$，则称 a 为格 $(L, \prec)$ 的全下界。

【定义 7.5.5】 设 $(L, \prec)$ 是格，如果 L 中存在元素 a，使得对于 L 中任意元素 b 都有 $b \leqslant a$，则称 a 为格 $(L, \prec)$ 的全上界。

显然，全下界是偏序格中的最小元，全上界即是偏序格中的最大元。

【定理 7.5.8】 如果格 $(L, \prec)$ 有全下界，则全下界是唯一的；如果格 $(L, \prec)$ 有全上界，则全上界是唯一的。

证明：

如果格 $(L, \prec)$ 有两个全下界 a_1 和 a_2，则由全下界的定义有 $a_1 \leqslant a_2 \leqslant a_1$，因此 $a_1 = a_2$，即全下界唯一。

同理可证，全上界唯一。

通常，格的全下界记为 0，全上界记为 1。

例如：

（1）$(S, \prec)$ 中，全下界、全上界都不存在。其中，S 可为 **Z**、**Q**、**R**；而 $(N, \prec)$ 中，全下界为 0，全上界不存在；而 $([0,1], \prec)$ 中，全下界为 0，全上界为 1。

（2）$(\mathbf{Z}^+, |)$ 中，全下界为 1，全上界不存在；而 $(D_n, |)$ 中，全下界为 1，全上界为 n。例如，$D_{12} = \{1,2,3,4,6,12\}$，$(D_n, |)$ 中，全下界为 1，全上界为 12。

（3）$(P(S), \subseteq)$ 中，全下界为 $\varnothing$，全上界为 S。

（4）$(A, \Rightarrow)$ 中，全下界为 0，全上界为 1，其中 $A = \{P \mid P$ 是命题公式$\}$。

（5）在图 7.5-3 所示的格中，全下界均为 a，全上界均为 e。

【定义 7.5.6】 如果一个格既有全下界又有全上界，则称此格为有界格。

【例 7.47】 表 7.5-1 中，有界格对应的列给出了与 4 类常见的格是否为有界格的情形。具体分析如下：

（1）$(S, \prec)$ 都不是有界格，其中 S 可为 **N**、**Z**、**Q**、**R**；而 $([0,1], \prec)$ 是有界格。

（2）$(\mathbf{Z}^+, |)$ 也不是有界格，但 $(D_n, |)$ 是有界格。

（3）例如，设 $S = \{a,b,c\}$，则偏序集 $(P(S), \subseteq)$ 的哈斯图如图 7.5-5 所示，此格既有全下界 $\varnothing$，又有全上界 S，因此它是有界格。

另外，在图 7.5-3 所示的格皆为有界格。

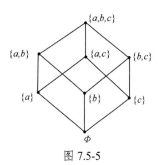
图 7.5-5

推而广之，有以下定理。

【定理 7.5.10】 有限格必定是有界格。

证明：

设 $(L, \prec)$ 是有限格，其中 $L = \{a_1, a_2, \cdots, a_n\}$，则

$$a_1 \vee a_2 \vee \cdots \vee a_n \in L$$

$$a_1 \wedge a_2 \wedge \cdots \wedge a_n \in L$$

且对 $\forall a_i \in L$，都有

$$a_i \leqslant a_1 \vee a_2 \vee \cdots \vee a_n$$

$$a_1 \wedge a_2 \wedge \cdots \wedge a_n \leqslant a_i$$

即 $a_1 \wedge a_2 \wedge \cdots \wedge a_n$ 为 $(L, \prec)$ 的全下界，$a_1 \vee a_2 \vee \cdots \vee a_n$ 为 $(L, \prec)$ 的全上界，

故 $(L, \prec)$ 是有界格。

全下界和全上界在代数上有着重要的性质：

【定理 7.5.9】 设 $(L, \prec)$ 是有界格，则对于 L 中任意元素 a 都有：$a \vee 0 = a$，$a \wedge 0 = 0$；$a \vee 1 = 1$，$a \wedge 1 = a$。

证明：

由格的定义知，$a \vee 0 \in L$, $a \wedge 0 \in L$, $a \vee 1 \in L$, $a \wedge 1 \in L$，且 $a \wedge 0 \leqslant 0$, $1 \leqslant a \vee 1$；由全下界的定义知，$0 \leqslant a \wedge 0$，因此 $a \wedge 0 = 0$；由全上界的定义知，$a \vee 1 \leqslant 1$，因此 $a \vee 1 = 1$。

由 $a \leqslant a$ 及 $0 \leqslant a \leqslant 1$ 知，$a \vee 0 \leqslant a$，$a \leqslant a \wedge 1$；又因为 $a \leqslant a \vee 0$，$a \wedge 1 \leqslant a$，故 $a \vee 0 = a$，$a \wedge 1 = a$。

$a \vee 0 = 0 \vee a$，说明全下界 0 是格关于运算 $\vee$ 的幺元。

$a \wedge 1 = 1 \wedge a$，说明全上界 1 是格关于运算 $\wedge$ 的幺元。

$a \vee 1 = 1 \vee a = 1$，说明全上界 1 是格关于运算 $\vee$ 的零元。

$a \wedge 0 = 0 \wedge a = 0$，说明全下界 0 是格关于运算 $\wedge$ 的零元。

换言之，有界格是含幺元和零元的代数格。

3．有补格

【定义 7.5.7】 设 $(L, \prec)$ 是有界格，$a \in L$，如果存在 $b \in L$ 使得 $a \vee b = 1$ 且 $a \wedge b = 0$，则称 b 是 a 的补元。

显然，在格中，如果 b 是 a 的补元，则 a 也是 b 的补元。因此可称 a 和 b 互补。

【例 7.48】

（1）有界格 $([0,1], \prec)$ 中，0 和 1 互补，其他元素没有补元。

（2）有界格 $(D_n, |)$ 中，1 和 n 互补，其他元素的补元情形较为复杂。

例如，$n = 12$ 时，$D_{12} = \{1,2,3,4,6,12\}$，其中 1 和 12 互补，3 和 4 互补，但 2 和 6 都没有补元。

又如，$A = \{1,2,3,4,6,9,72\}$，$(A, |)$ 的 Hasse 图如图 7.5-6 所示。其中，全下界是 1，全上界是 72。1 和 72 互补，2 和 9 互补，3 和 4 互补，4 和 9 互补。即 2 和 3 各有一个补元，分别是 9 和 4，而 4 有两个补元 3 和 9，9 也有两个补元 2 和 4，6 却没有补元。

需要指出的是，$(A, |)$ 导出的格并不是 $(A, \mathrm{lcm}, \gcd)$。因为 $\sup(4,6) = 72$ 而 $\mathrm{lcm}(4,6) = 12$。这也说明，尽管 A 是 D_{72} 的子集，但 $(A, |)$ 导出的格不是 $(D_{72}, \mathrm{lcm}, \gcd)$ 的子格。

（3）有界格$(P(S),\subseteq)$中，A和$S-A$互补；因为对于S的任一非空真子集A，$A\cap(S-A)=S$，$A\cap(A)=\varnothing$。例如，设$S=\{a,b,c\}$中，$\varnothing$和S互补，$\{a\}$和$\{b,c\}$互补，$\{b\}$和$\{a,c\}$互补，$\{c\}$和$\{a,b\}$互补。

（4）有界格$(A,\vee,\wedge)$中，P和$\neg P$互补；因为对于任一命题公式P，$P\vee\neg P\Leftrightarrow 1$，$P\wedge\neg P\Leftrightarrow 0$。

（5）在图7.5-3(a)所示的有界格中，$a=0$与$e=1$互补；b、c和d中的任意两个元素互补。在图7.5-3(b)所示的有界格中，$a=0$与$e=1$互补；b的补元是c和d，c的补元是b，d的补元也是b。而在图7.5-7所示的有界格中，0和1互补，a、b、c没有补元。

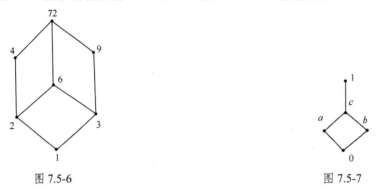

图7.5-6　　　　　　　　　　　　　图7.5-7

由此可见，有界格中，不一定每个元素都有补元；元素的补元也未必唯一；但0是1唯一的补元，1是0唯一的补元。

【定义7.5.8】　在有界格中，如果每个元素都有补元，则称格是有补格。

在例7.43的格中，选择每个元素都有补元者（见例7.48）可得：

【例7.49】　表7.5-1中，有补格对应的列给出了4类常见的代数系统是否为有补格的情形。详细分析如下：

（1）当$|L|\geqslant 3$时，链$(L,\prec)$都不是有补格。

（2）有界格$(D_n,|)$的情形较为复杂。

例如，$(D_6,|)$对应的Hasse图如图7.5-8所示，有补格$D_6=\{1,2,3,6\}$，其中全下界为1，全上界为6。格中每个元素都有补元（1和6互补，2和3互补），因此该格是有补格。但$(D_{12},|)$不是有补格。

另外，在图7.5-3所示的格是有补格，而其他5元格都不是有补格。例如，在图7.5-7所示的有界格中，0和1互补，a、b、c没有补元，故它不是有补格。

1元格、2元格及非链的4元格都是有补格。

又如，设格$(L,\prec)$的Hasse图如图7.5-9所示，全下界0和全上界1互补。

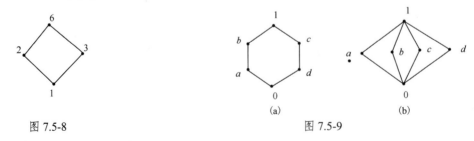

图7.5-8　　　　　　　　　　　　　图7.5-9

在图7.5-9(a)中，c和d是a的补元，c和d是b的补元，a和b是c的补元，a和b是d

的补元，即格中每个元素都有补元，因此该格是有补格。在图 7.5-9(b) 中，a、b、c 和 d 中的任意两个元素互补，即格中每个元素都有补元，因此该格是有补格。

4．布尔代数

【定理 7.5.11】 在有界分配格中，如果某元素有补元，则补元是唯一的。

证明：

设 $(L, \prec)$ 是有界分配格，$a \in L$ 且 a 有补元 b 和 c，于是 $a \vee b = 1 = a \vee c$ 和 $a \wedge b = 0 = a \wedge c$；又由于分配格中的运算具有消去律，因此 $b = c$。

推论： 有补分配格中，每个元素有唯一补元，将 a 的补元记为 $\bar{a}$。

【定义 7.5.9】 一个有补分配格称为布尔格。由布尔格 $(L, \prec)$ 导出的代数系统 $(L, \vee, \wedge, ^-)$ 称为布尔代数。

结合例 7.46 中的分配格和例 7.49 的有补格，可得：

【例 7.50】 在表 7.5-1 中，布尔格对应的列给出了 4 类常见的代数系统是否为布尔格的情形。详细说明如下：

（1）1 元格和 2 元格都是布尔格；非链的 4 元格所示的格是布尔格。

（2）当 $n = p_1 p_2 \cdots p_m$（$p_1, p_2, \cdots, p_m$ 皆为素数）时，$(D_n, |)$ 是布尔格，否则不是。

例如，$(D_6, |)$ 是布尔格，但 $(D_{12}, |)$ 不是布尔格。

此外，3 元格、5 元格都不是布尔格，4 元链也不是布尔格。

一般，有限布尔格中恰有 2^n 元素，同构于 $(P(S), \cup, \cap, ^-)$（其中，S 为 n 个元素的集合）。

【定理 7.5.11】 在布尔代数中，$\overline{a \wedge b} = \bar{a} \vee \bar{b}$，$\overline{a \vee b} = \bar{a} \wedge \bar{b}$（摩根律）。

证明：

因为

$$(\bar{a} \vee \bar{b}) \vee (a \wedge b) = (\bar{a} \vee \bar{b} \vee a) \wedge (\bar{a} \vee \bar{b} \vee b) = (\bar{a} \vee a \vee \bar{b}) \wedge (\bar{a} \vee \bar{b} \vee b) = 1 \wedge 1 = 1$$

$$(\bar{a} \vee \bar{b}) \wedge (a \wedge b) = (\bar{a} \wedge a \wedge b) \vee (\bar{b} \wedge a \wedge b) = (\bar{a} \wedge a \wedge b) \vee (a \wedge b \wedge \bar{b}) = 0 \vee 0 = 0$$

因此，$\overline{a \wedge b} = \bar{a} \vee \bar{b}$。

同理可证，$\overline{a \vee b} = \bar{a} \wedge \bar{b}$。

习 题 7

1．设集合 $A = \{1, 2, 3, 4\}$，$*$ 是 A 上的二元运算，其定义为：$a * b = a + b$，请写出 $*$ 的运算表。

2．写出 $(\mathbf{N}_5, \oplus_5)$ 的运算表，其中 $\mathbf{N}_5 = \{0, 1, 2, 3, 4\}$，$\oplus_5$ 是模 5 加法运算。

3．设 $A = \{1, 2, 3, 4\}$，$*$ 是 A 上的二元运算，其定义为：$a * b = \min(a, b)$，请写出 $*$ 的运算表。

4．设 $(\mathbf{Z}, *)$ 是代数系统，$*$ 的定义分别如下。哪些运算对于 z 是封闭的？哪些运算是可交换运算？哪些运算是可结合运算？说明理由。

（1）$a * b = a$ 　　　　　　　　　　（2）$a * b = |a + b|$

（3）$a * b = 2ab$ 　　　　　　　　　（4）$a * b = a + 2b$

5．写出 $(\mathbf{N}_{10}, \oplus_{10})$ 中的所有等幂元。

6．设 $*$ 是实数集合 $\mathbf{R}$ 上的二元运算，其定义分别如下，分别指出 $\mathbf{R}$ 中在各运算下的等幂元。

（1）$a * b = b$ 　　　　　　　　　　（2）$a * b = |a + b|$

（3）$a*b=ab+a$ （4）$a*b=a+b-1$

7. 在代数系统$(\mathbf{Z},*)$中，运算定义为：$a*b=2(a+b-1)-ab$，证明*是可结合运算，并指出其幺元。

8. 设$A=\{a,b,c,d\}$，*的定义如表7.XT-1所示，哪个元素是幺元，哪个元素是零元？

表 7.XT-1

*	a	b	c	d
a	a	b	c	d
b	b	b	b	b
c	a	b	c	d
d	a	b	d	a

9. 写出$(\mathbf{N}_{11},\oplus_{11})$的幺元和各元素的逆元。

10. 设代数系统$(A,*)$，其中$A=\{a,b,c\}$，*是A上的一个二元运算。对于由表7.XT-2确定的运算，分别讨论它们的交换性、等幂性以及在A中关于*是否有幺元。如果有幺元，那么A中的每个元素是否有逆元。

表 7.XT-2

(a)

*	a	b	c
a	a	b	c
b	b	c	a
c	c	a	b

(b)

*	a	b	c
a	a	b	c
b	a	b	c
c	a	b	c

(c)

*	a	b	c
a	a	b	c
b	b	a	c
c	c	c	c

(d)

*	a	b	c
a	a	b	c
b	b	b	c
c	c	c	b

11. 设$(A,*)$是代数系统，其中$A=\{a,b,c,d\}$，*的运算表如表7.XT-3所示。证明$(A,*)$和$(\mathbf{N}_4,\otimes_4)$同构。

12. 在$(A,*)$中，$A=\{0,1,2,3\}$，*的运算表如表7.XT-4所示。设$B=\{a,b\}$，其幂集为$P(B)$，证明$(A,*)$与$(P(B),\cup)$同构。

表 7.XT-3

*	a	b	c	d
a	a	a	a	a
b	a	b	c	d
c	a	c	a	c
d	a	d	c	b

表 7.XT-4

*	0	1	2	3
0	0	1	2	3
1	1	1	3	3
2	2	3	2	3
3	3	3	3	3

13. 在$(\mathbf{Z},*)$中，*的定义分别如下。哪些运算*可使$(\mathbf{Z},*)$成为半群？

（1）$a*b=a+b-1$ （2）$a*b=(a+b)^2$

（3）$a*b=a^2+b^2$ （4）$a*b=b$

14. 设$(S,*)$是一个半群，$a\in S$，在S上定义一个二元运算**，使得对于S中的任意元素x和y，都有$x**y=x*a*y$，证明二元运算是可结合的。

15. 设 $A=\{1,2,3,4,5,6\}$，A 上的运算*定义如下。哪些运算*可使$(A,*)$成为独异点？

(1) $a*b=|a+b|$　　　　　　　　(2) 模 7 乘法

(3) 模 7 加法　　　　　　　　　(4) $a*b=a^2+b$

16. 设$(A,*)$是代数系统，$A=\{a,b,c\}$，*的定义如表 7.XT-5 所示，则$(A,*)$是否是独异点？

17. 设

$$A=\left\{\begin{bmatrix} a & 0 \\ b & a \end{bmatrix} \middle| a,b\in \mathbf{Z}\right\}$$

对于矩阵的乘法运算，证明$(A,\times)$是独异点。

18. 写出 $(\mathbf{N}_{10},\oplus_{10})$ 的所有子独异点。

19. 设 $A=\{1,2,3,4\}$，*为取大值运算，即 $a*b=\max(a,b)$，写出$(A,*)$的所有子独异点。

20. 在独异点$(\mathbf{N}_{10},\otimes_{10})$中，取$(\mathbf{N}_{10},\otimes_{10})$的子集为 $A=\{0,2,4,6,8\}$，说明$(A,\otimes_{10})$是独异点，但不是$(\mathbf{N}_{10},\otimes_{10})$的子独异点。

21. 设 $A=\{1,2,3,4\}$，下列哪些运算使得$(A,*)$为群？

(1) $a*b=a+b$　　　　　　　　(2) 模 5 乘法

(3) 模 5 加法　　　　　　　　　(4) $a*b=\max(a,b)$

22. 集合 $A=\{a,b,c,d\}$，*的定义如表 7.XT-6～表 7.XT-8 所示。哪些表确定的运算*使$(A,*)$成为群？

表 7.XT-5

*	a	b	c
a	a	b	c
b	b	a	a
c	c	a	a

表 7.XT-6

*	a	b	c	d
a	a	b	c	d
b	b	a	d	c
c	c	d	a	a
d	d	c	b	c

表 7.XT-7

*	a	b	c	d
a	a	b	c	d
b	b	c	d	c
c	c	d	b	a
d	d	b	a	c

表 7.XT-8

*	a	b	c	d
a	c	a	d	b
b	a	b	c	d
c	d	c	b	a
d	b	d	a	c

23. 设集合

$$G=\left\{\begin{bmatrix} 1 & 0 \\ 0 & 1 \end{bmatrix}, \begin{bmatrix} 1 & 0 \\ 0 & -1 \end{bmatrix}, \begin{bmatrix} -1 & 0 \\ 0 & 1 \end{bmatrix}, \begin{bmatrix} -1 & 0 \\ 0 & -1 \end{bmatrix}\right\}$$

对于矩阵乘法，证明$(G,\times)$是群。

24. 设 $G=\{x\,|\,x=2^n, n\in Z\}$，其中 $\mathbf{Z}$ 是整数集合，对于普通乘法运算，证明$(G,\times)$是群。

25. 设 $\mathbf{R}_{-2}$ 是不含-2 的实数集，即 $\mathbf{R}_{-2}=\mathbf{R}-\{2\}$，二元运算为 $a*b=ab+2a+2b+2$，证明$(\mathbf{R}_{-2},*)$是群。

26. 写出群$(\mathbf{N}_{13}-\{0\},\oplus_{13})$中各元素的逆元。

27. 设$(G,*)$是偶数阶群，证明在 G 中必存在非幺元 a，使得 $a*a=e$。

28. 设$(G,*)$是群，如果对于 G 中任意元素 a 和 b，都有 $(a*b)^2=a^2*b^2$，证明$(G,*)$是可交

换群。

29. 设$(G,*)$是群，如果对于G中任意元素a和b，都有$(a*b)^{-1}=a^{-1}*b^{-1}$，证明$(G,*)$是可交换群。

30. 设$(G,*)$是群，如果对于G中任意元素a，都有$a*a=e$，证明$(G,*)$是可交换群。

31. 集合A是$\mathbf{N}_6$的子集，对于模6加法运算$\oplus_6$，哪些代数系统$(A,\oplus_6)$是群$(\mathbf{N}_6,\oplus_6)$的子群？

(1) $A=\{0,1,3,5\}$

(2) $A=\{0,3\}$

(3) $A=\{0,2,4\}$

(4) $A=\{1,5\}$

32. 集合A是$\mathbf{N}_7-\{0\}$的子集，对于模7乘法运算$\otimes_7$，哪些代数系统$(A,\otimes_7)$是群$(\mathbf{N}_7-\{0\},\otimes_7)$的子群？

(1) $A=\{1,3,5\}$

(2) $A=\{1,6\}$

(3) $A=\{1,2,4,6\}$

33. 设$(G,*)$是群，$(A,*)$和$(B,*)$都是$(G,*)$的子群，证明$(A\cap B,*)$也是$(G,*)$的子群。

34. 写出$((\mathbf{N}_7,\oplus_7))$中各元素的阶数。

35. 写出$(\mathbf{N}_{17}-\{0\},\otimes_{17})$中各元素的阶数，并写出其2阶、4阶、8阶子群。

36. 设$G=\{000,001,010,011,100,101,110,111\}$，$G$上的运算为按位加$\oplus$，写出群$G$的所有2阶子群和一个4阶子群。

37. 设$(G,*)$是可交换群，$a,b\in G$，且a和b都是2阶元素，证明$(G,*)$必有4阶子群。

38. 设$G=\{1,-1,i,-1\}$，对于复数乘法，证明$(G,\times)$是循环群。

39. 写出循环群$(\mathbf{N}_8,\oplus_8)$中各元素的阶数。

40. 证明p^2阶群必有p阶子群。

41. 设$(A,+,\times)$是代数系统，其中$+$和$\times$是普通加法和乘法运算，A为下列集合，那么哪些$(A,+,\times)$是环？

(1) A是所有偶数组成的集合

(2) A是所有奇数组成的集合

(3) A是正整数集合

(4) A是整数集合

42. 设集合

$$A=\left\{\begin{bmatrix}a&0\\0&b\end{bmatrix}\middle|a,b\in\mathbf{R}\right\}$$

对于矩阵加法与乘法运算，证明$(A,+,\times)$是环。

43. 设$A=\{a+b\sqrt{2}\,|\,a,b\in Q\}$，$+$和$\times$分别为通常的加法和乘法运算，证明$(A,+,\times)$是域。

44. 在$(\mathbf{R},\oplus,\otimes)$中，运算$\oplus$定义为：$a\oplus b=a+b-3$，运算$\otimes$定义为：$a\otimes b=3-(3-a)(3-b)$。证明$(\mathbf{R},\oplus,\otimes)$是域。

45. 写出具有5个元素的域。

46. 下列各集合对于整除关系都构成偏序集，判断哪些偏序集是格。

（1）$L=\{1,2,3,4,5\}$

（2）$L=\{1,2,3,6,12\}$

（3）$L=\{1,2,3,4,9,12,18,36\}$

（4）$L=\{1,2,22,\cdots,2n\}$，$n\in\mathbf{Z}_+$

47．图 7.XT-1 所示的偏序集中，哪一个是格？为什么？

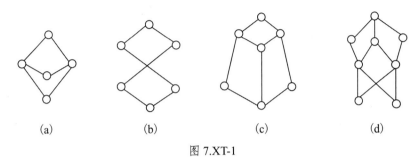

     （a）   （b）   （c）   （d）

图 7.XT-1

48．在图 7.XT-2 中给出的格中，哪个是分配格？

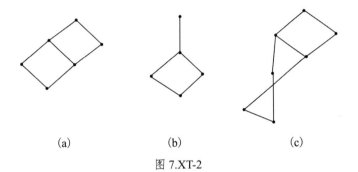

     （a）   （b）   （c）

图 7.XT-2

49．设 $(A,\prec)$ 是一个有界格，对于 $x,y\in A$，证明：

（1）若 $x\vee y=0$，则 $x=y=0$

（2）若 $x\wedge y=1$，则 $x=y=1$

50．证明具有两个或更多个元素的格中不存在以自身为补元的元素。

参考文献

[1]　邓米克等．离散数学[M]．北京：清华大学出版社，2014．

[2]　（美）Kenneth H. Rosen．离散数学及其应用（原书第 8 版）．徐六通等，译．北京：机械工业出版社，2019．

[3]　邵学才等．离散数学[M]．北京：中国铁道出版社，2012．